21世纪应用型本科“十二五”规划教材——汽车类
省级精品资源共享课程规划建设教材

机械制图

主　编　张　鄂
副主编　陈建明
主　审　郑　镁
参　编　李　曼　孟会玲
　　　　张改莲　高丽娜

西南交通大学出版社
·成　都·

内容简介

本书是根据教育部工程图学教学指导委员会 2005 年修订的“普通高等院校工程图学课程基本要求”，以科学性、先进性、系统性和实用性为目标，并在总结近年来的教学改革和研究经验的基础上编写的。本书为“21 世纪应用型本科‘十二五’规划教材——汽车类”之一，也是省级精品资源共享课程的规划建设教材。

全书内容主要包括：绪论，制图的基本知识和技能，点、直线及平面的投影，立体的投影，组合体的视图，轴测图，机件的常用表达方法，标准件和常用件，零件图，装配图，其他工程图样，计算机辅助绘图和附录。全书采用迄今为止的最新国家标准。

本书配有与之配套的《机械制图习题集》，并与本书同时出版，以供读者选用。

本书及其习题集可作为高等院校机械类、近机类各专业制图课程的教材，也可作为高职高专院校相应专业的制图课程教学用书，并可作为工程技术人员的参考书。

图书在版编目（CIP）数据

机械制图 / 张鄂主编. —成都：西南交通大学出版社，2014.8

21 世纪应用型本科“十二五”规划教材. 汽车类

ISBN 978-7-5643-3427-7

Ⅰ. ①机… Ⅱ. ①张… Ⅲ. ①机械制图－高等学校－教材 Ⅳ. ①TH126

中国版本图书馆 CIP 数据核字（2014）第 198120 号

21 世纪应用型本科“十二五”规划教材——汽车类

机械制图

主编　张　鄂

*

责任编辑　金雪岩

封面设计　何东琳设计工作室

西南交通大学出版社出版发行

四川省成都市金牛区交大路 146 号　邮政编码：610031

发行部电话：028-87600564

http://www.xnjdcbs.com

四川五洲彩印有限责任公司印刷

*

成品尺寸：185 mm × 260 mm　　印张：21.5

字数：537 千字

2014 年 8 月第 1 版　　2014 年 8 月第 1 次印刷

ISBN 978-7-5643-3427-7

定价：39.80 元

前　言

“机械制图”是高等院校工科各专业的一门重要的专业基础课，在生产实践中充当着机械工程与产品信息的载体，在工程界起着表达、交流设计思想的语言作用。随着我国高等教育教学改革的不断深化，高等院校工程图学教育在课程体系、教学内容、教学手段和方法等方面都发生了深刻的变化。本书是根据创新应用型人才培养目标，以及教育部工程图学教学指导委员会最新修订的“普通高等院校工程图学课程教学基本要求”，总结了作者多年的教学经验和改革实践编写而成的。本书为21世纪应用型本科“十二五”规划教材（汽车类），也是省级精品资源共享课程的规划建设教材。

本书的编写有如下特点：

（1）重视基础理论。本书以点、线、面、体的投影理论为基础，在此基础上适当补充了换面法构形设计内容，经过立体-平面-立体的思维过程，加强了投影理论、构形设计、表达方法、绘图能力、制图规范五大基础内容的教学，立足于培养学生形象思维能力、空间想象力和表达创新设计思想的能力。

（2）注重实用性。本书在编写中按照培养本科应用型人才的特点，精选教学内容，注重科学性、时代性、实用性和工程实践相结合，将能够说明投影基本原理和投影制图的丰富的实际应用案例纳入教学内容。

（3）重视手工绘图。尽管计算机绘图给人们带来极大的方便，而且随着计算机绘图的发展，尺规绘图的应用越来越少。但是作为工程师的基本技能训练需要，而且在日常的设计及科技思想交流时，用手工绘图比较方便，故本书介绍了徒手绘图方法，重视手工绘图。

（4）培养跟踪现代机械设计绘图学科前沿的意识。本书介绍了现代机械工程设计绘图主流软件，让学生了解计算机绘图的现状和发展，适度打开科学前沿窗口，激励学生对本课程的学习兴趣。同时专门编写了“计算机辅助绘图”一章，以国际著名绘图软件AutoCAD为基础，培养学生的计算机绘图能力。

（5）遵循国家标准，科学规范。本书所涉及的国家标准全部采用最新的国家标准。

本书除绪论、附录外，共11章，并且有与之配套的《机械制图习题集》。

本书由西安交通大学、西安外事学院张鄂教授任主编，西昌学院陈建明任副主编。参加编写工作的有：张鄂（绪论，第1、10章，附录）、李曼（第2、3章）、孟会玲（第4、6、9章）、陈建明（第5、7章）、高丽娜（第8章）、张改莲（第11章）。

本书承蒙西安交通大学郑镁教授、西安理工大学邓述慈教授、陕西理工学院石德生教授和西安思源学院白玲高级工程师审阅，编者在此表示衷心的感谢。

本书的出版得到了西南交通大学出版社相关工作人员的大力支持和帮助，在此一并深致谢意。

由于编者水平有限，对于在编写过程中可能出现的错漏之处，恳请读者批评指正。

编　者

2014年4月

目 录

0 绪 论

0.1 本课程的研究对象

在工程中，根据国家标准和有关规定，应用正投影理论准确地表达物体的形状、大小及技术要求的图纸，称为图样。图样是人们表达设计思想、传递设计信息、交流创新构思的重要工具之一，也是现代工业生产部门、管理部门和科技部门中的一种重要的技术资料，在工程设计、制造、施工、检验、技术交流等方面起着极其重要的作用，因此，图样被喻为“工程界的语言”。

机械图样是指准确地表达机件（机器或零、部件）的形状和尺寸以及制造和检验该机件时所需要的技术要求的图纸。“机械制图”是一门研究绘制和阅读机械图样的技术基础课。在工科院校中，它是相关专业培养高级工程技术应用型人才所必须学习的一门主干课程，是每个从事机械行业的工程技术人员都必须学习和熟练掌握的技能。

本课程的研究对象包括画法几何、机械制图和计算机辅助绘图。

画法几何：以初等几何和正投影法为基础，把空间几何体用平面图样表达出来，从而在平面图样上解决空间几何问题。

机械制图：培养学生以国家标准为基础绘制、阅读工程图样的能力。

计算机绘图：以交互式计算机绘图为重点，介绍 AutoCAD 绘图软件，使学生通过学习能够绘制各种机械图样，初步掌握计算机绘图能力。

0.2 本课程的学习任务和内容

本课程学习绘制和阅读机械图样的原理和方法，培养学生的形象思维能力，是一门既有系统理论又有较强实践性的技术基础课。设置本课程的目的是培养学生绘制和阅读机械图样的基本能力。

本课程的学习任务是：

（1）学习和掌握正投影的基本理论及应用，培养学生绘制和阅读机械图样的能力。

（2）熟悉和掌握《机械制图》国家标准的有关规定，培养学生查阅有关标准、手册的能力。

（3）培养和发展学生的空间思维和空间想象能力。

（4）熟练地掌握 AutoCAD 绘图技能，同时培养学生在尺规绘图和徒手绘图方面的综合能力。

（5）培养学生一丝不苟的工作作风和严谨的工作态度。

本课程包括的内容如图 0-1 所示。

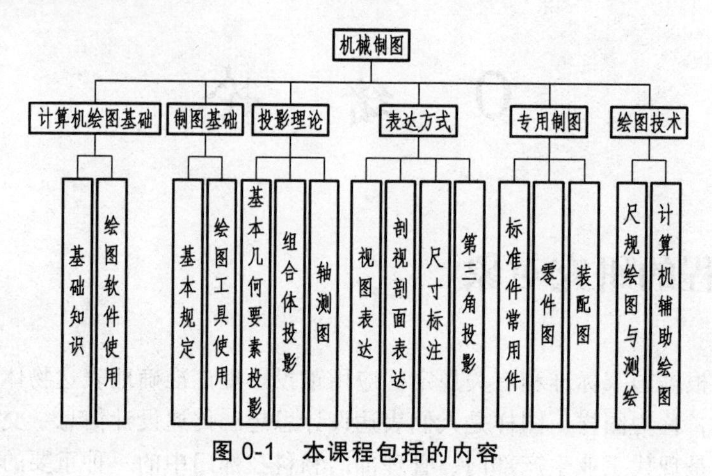

图 0-1　本课程包括的内容

0.3　本课程的学习方法及注意事项

（1）本课程是实践性很强的技术基础课，在学习中除了掌握基本理论知识外，还必须密切联系实际，更多注意在具体作图时如何运用这些理论。因此，必须通过一系列绘图、看图练习，才能掌握本课程的基本原理和基本方法。

（2）在学习中，必须经常注意空间几何关系的分析以及空间几何元素与其投影之间的相互关系。

考虑问题“从空间到平面，再回到空间”（即实物→图样→实物，见图 0-2），进行反复研究和思考，才是学好本课程的有效方法。

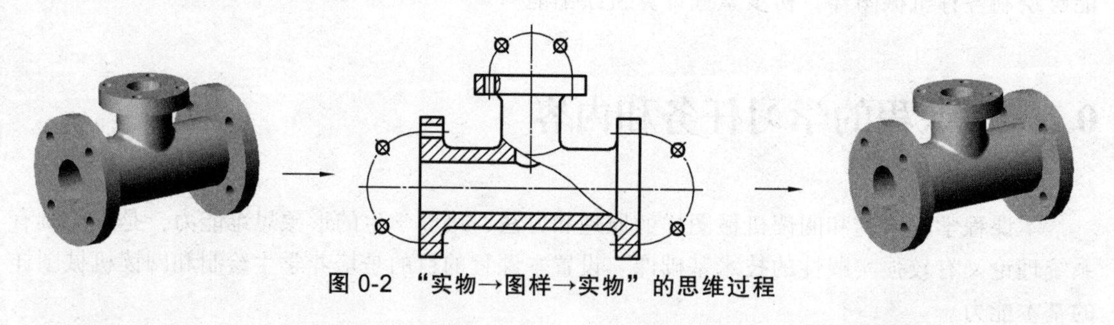

图 0-2　“实物→图样→实物”的思维过程

（3）在计算机绘图的训练中，应掌握 AutoCAD 的绘图设置、编辑和绘图方法，不断提高综合应用 AutoCAD 各种命令的绘图技能。

（4）注意正确使用绘图仪器，不断提高尺规绘图技能和绘图速度。

（5）认真听课，及时复习，独立完成作业，多做习题。严格遵守机械制图的国家标准，并具备查阅有关标准和资料的能力。

0.4 我国工程图学的发展概况

我国工程图学具有悠久的历史，早在公元前 1059 年的《尚书》一书中，就有工程中使用图样的记载。宋代（公元 1100 年）李诫所著《营造法式》一书，是世界上最早的一部建筑技术著作，其中大量的工程图样，采用了正投影、轴测投影和透视图等画法。而法国人加斯帕拉·蒙日直到 1795 年才发表了《画法几何》一书。这充分说明我国古代在图学方面已达到了很高的水平。我国古代，具有各种器械图样的著作也相当多，如宋代苏颂的《新仪象法要》和曾公亮的《武经总要》、元代王祯的《农书》、明代宋应星的《天工开物》和徐光启的《农政全书》以及清代程大位的《算法统筹》等。其中，机械制图以曾公亮的《武经总要》为代表，书中已能用透视投影、平行投影等投影法来绘制物体形状，其中图样绘制、线型采用及文字技术说明等都能反映制图的规范化和标准化情况。明代宋应星所著《天工开物》中大量图例正确运用了轴测图表示工程结构，清代程大位所著《算法统筹》中有丈量步车的装配图和零件图等。

20 世纪 50 年代，我国著名学者赵学田教授总结了三视图的简明而通俗的投影规律为“长对正，高平齐，宽相等”，从而使工程图易学易懂。

1959 年，我国正式颁布国家标准《机械制图》，1970 年、1974 年、1984 年相继做了必要的修订。为了适应各行业间及国际间的技术交流，1983 年我国发布了各行业应共同遵守的国家标准《技术制图》，并对 1984 年颁布的《机械制图》国家标准逐步开始了全面的修订。这标志着我国工程图学已步入了一个新阶段。此外，我国在制图技术、图学教育方面也卓有成效。

20 世纪 50 年代，世界上第一台平台式自动绘图机诞生，计算机技术的广泛应用，大大促进了图形学的发展。20 世纪 70 年代后期，随着微型计算机的问世，应用图形软件通过计算机绘图，使计算机绘图进入高速发展和更加普及的新时期。

21 世纪，计算机绘图（CG，Computer Graphics）和计算机辅助设计（CAD，Computer Aided Design）技术推动了现代制造业的发展。随着计算机科学、信息科学和管理科学的不断进步，工业生产将进一步走向科学、规范的管理模式。过去，人们把工程图样作为表达零件形状、传递零件分析和制造的各种数据的唯一方法。现在，应用高性能的计算机绘图软件生成的实体模型可以清晰而完整地描述零件的几何特征形状，并且可以利用基于特征造型的实体模型直接生产该零件的工程图或数据代码，完成零件的工程分析和制造。

随着科学技术的飞速发展和计算机技术的广泛应用，手工绘图必将被计算机绘图所取代，生产中图样不再是传递信息的唯一手段，最终将实现计算机辅助设计、计算机辅助工艺规划和计算机辅助制造一体化的无图纸生产。但是，计算机的广泛应用，并不意味着可以取代人的作用。同时，无图纸生产并不等于无图生产，任何设计都离不开运用图形来表达、构思，图形的作用不仅不会降低，反而显得更加重要。

第1章 制图的基本知识和技能

机械图样是设计和制造机械的重要技术文件，是交流技术思想的一种工程语言。因此，在设计和绘制机械图样时，必须严格遵守国家标准《技术制图》、《机械制图》和有关的技术标准。

为方便各工业部门进行生产、管理和交流，我国对技术图样的图纸幅面、格式、比例、字体、图线和尺寸标注等方面做了统一规定，制图国家标准是绘制和阅读技术图样的准则和依据。本章主要介绍由国家质量技术监督局最新颁布的《技术图纸》、《机械制图》国家标准中的有关规定，同时介绍绘图工具的使用、几何作图和平面图形的绘图方法等有关的制图基本知识。

国家标准简称国标，代号为“GB”，斜线后的字母为标准类型，分强制标准和推荐标准，其中“T”为推荐标准，其后的数字为标准顺序号和发布的年份，例如“图纸幅面和格式”的标准编号为 GB/T 14689—2008。

图样在国际上也有统一的标准，即 ISO 标准（International Standardization Organization 的缩写），这个标准是由国际标准化组织（ISO）制定的。我国 1978 年参加国际标准化组织后，为了加强与世界各国的技术交流，国家标准的许多内容已经与 ISO 标准相同了。

1.1 国家标准关于制图的规定

1.1.1 图纸幅面和格式、标题栏

1. 图纸幅面和格式（GB/T 14689—2008）

图纸幅面是指图纸宽度与长度组成的图面。绘制技术图样时，应采用表 1-1 中规定的图纸基本幅面尺寸。基本幅面代号有 A0、A1、A2、A3、A4 五种。必要时，可以按规定（GB/T 14689—2008）加长图纸的幅面，幅面的尺寸由基本幅面的短边成整数倍增加后得出，如图 1-1 所示。图中粗实线幅面为第一选择，细实线幅面为第二选择，虚线幅面为第三选择。

表 1-1 图纸幅面及图框格式尺寸 （单位：mm）

幅面代号	A0	A1	A2	A3	A4
$B \times L$	841×1 189	594×841	420×594	297×420	210×297
e	20		10		
c	10			5	
a	25				

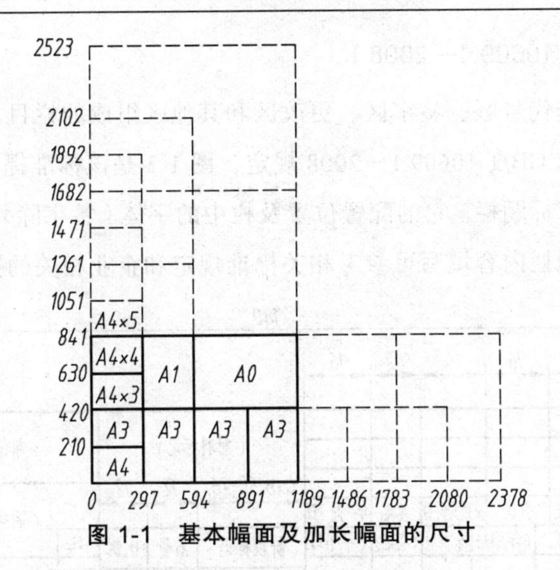

图 1-1　基本幅面及加长幅面的尺寸

2. 图框格式

图纸上限定绘图区域的线框称为图框。图纸可以横放，也可以竖放。图框在图纸上必须用粗实线画出，图样绘制在图框内部。其格式分为不留装订边和留装订边两种，如图 1-2 所示。同一产品的图样只能采用一种格式。

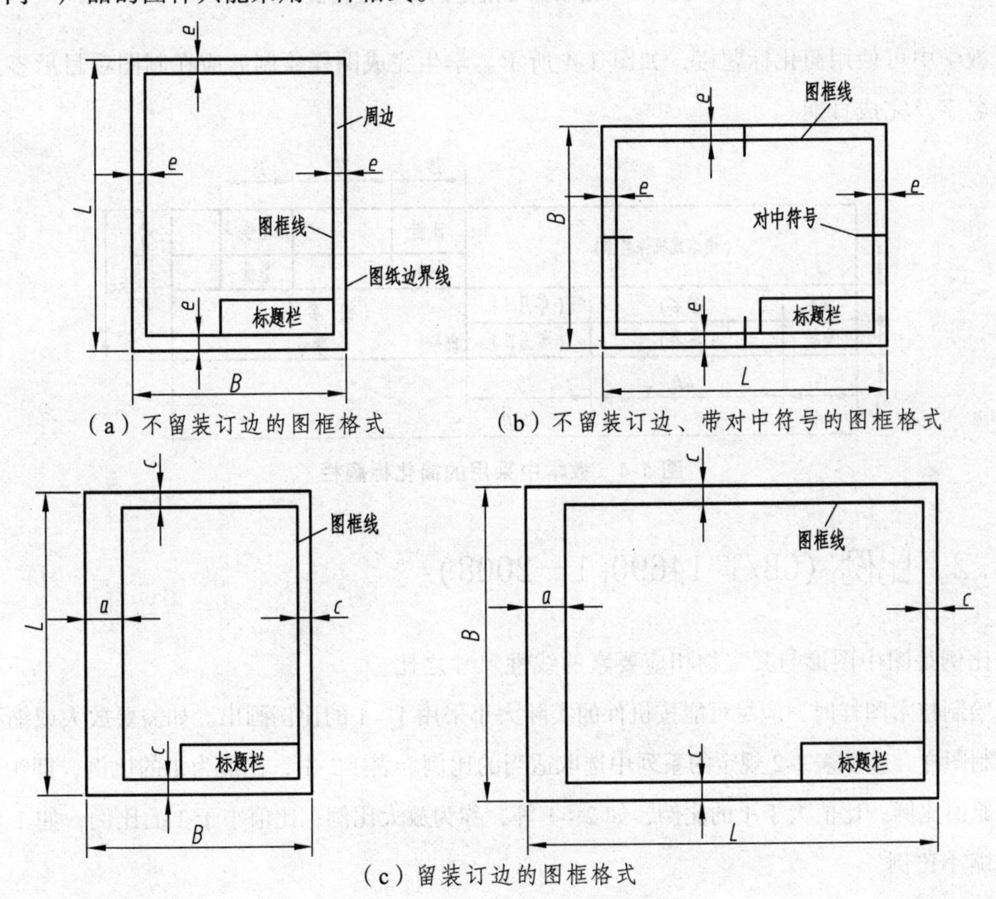

图 1-2　图框格式及标题栏方位

3. 标题栏（GB/T 10609.1—2008）

标题栏是由名称及代号区、签字区、更改区和其他区组成的栏目。标题栏位于图纸的右下角，其格式和尺寸由 GB/T 10609.1—2008 规定，图 1-3 是该标准提供的标题栏格式。

每张图样中均应有标题栏。它的配置位置及栏中的字体（签字除外）、线型等均应符合有关国家标准规定。标题栏内容填写可参考相关标准规定和企业相关的技术文件。

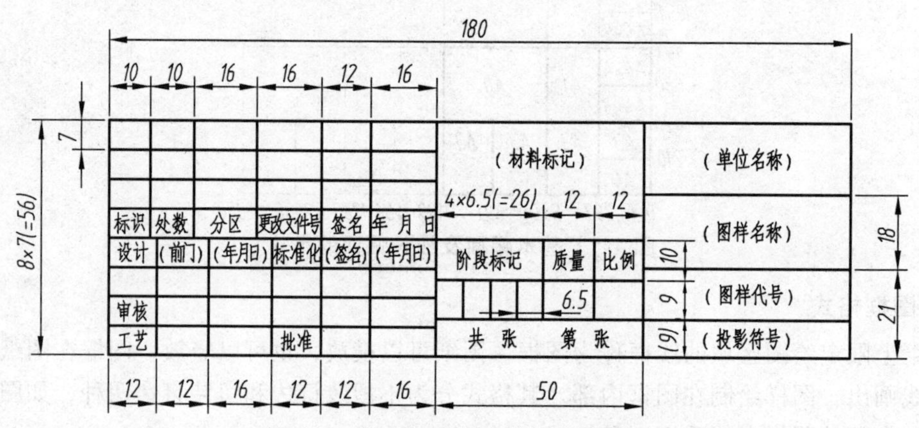

图 1-3　国家标准规定的标题栏格式

教学中可使用简化标题栏，如图 1-4 所示。学生完成图样绘制后应在制图项目后签上自己的名字及完成日期。

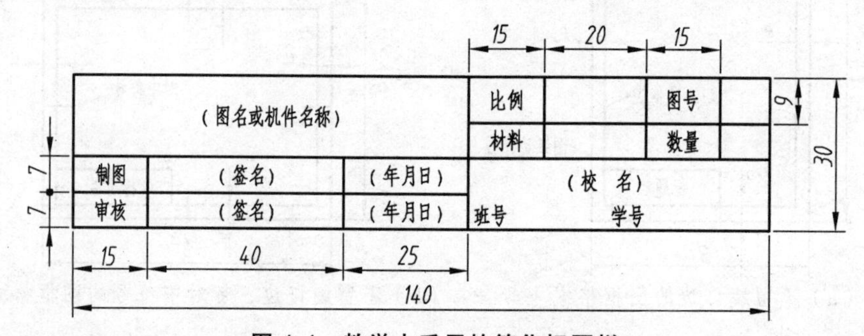

图 1-4　教学中采用的简化标题栏

1.1.2　比例（GB/T 14690.1—2008）

比例是图中图形与其实物相应要素的线性尺寸之比。

绘制技术图样时，应尽可能按机件的实际大小采用 1∶1 的比例画出。如需要放大或缩小比例绘制图样，应从表 1-2 规定的系列中选取适当的比例。表 1-2 中，比值为 1 的比例，即 1∶1，称为原值比例；比值大于 1 的比例，如 2∶1 等，称为放大比例；比值小于 1 的比例，如 1∶2，称为缩小比例。

表 1-2　绘图比例系列

种类	优先选用比例	允许选用比例
原值比例	1∶1	
放大比例	5∶1　2∶1 5×10^n∶1　2×10^n∶1　1×10^n∶1	4∶1　2.5∶1 4×10^n∶1　2.5×10^n∶1
缩小比例	1∶2　1∶5　1∶10 1∶2×10^n　1∶5×10^n　1∶1×10^n	1∶1.5　1∶2.5　1∶3　1∶4　1∶6 1∶1.5×10^n　1∶2.5×10^n　1∶3×10^n 1∶4×10^n　1∶6×10^n

1.1.3　字体 (GB/T 14691—1993)

字体包括汉字、数字和字母。国家标准（GB/T 14691—1993）对字体的正确书写作了规定。字体的书写要做到：字体工整、笔画清楚、排列整齐、间隔均匀。

图样中书写的字体应采用国标规定号数。字体的号数及字体高度（用 h 表示）为：1.8、2.5、3.5、5、7、10、14、20，单位为 mm。若书写更大的字，字体高度按 $\sqrt{2}$ 的比率递增。

1. 汉　字

图样上的汉字应写成长仿宋体，并采用国家正式公布的简化字，汉字高度不小于 3.5 mm，字宽一般为 $h/\sqrt{2}$。长仿宋体的书写要领是：横平竖直，起落有锋，结构均匀，填满方格。图 1-5 是长仿宋体汉字示例。

10 号字：

字体工整 笔画清楚 间隔均匀 排列整齐

7 号字：

横平竖直 排列匀称 注意起落 填满方格

5 号字：

机械制图 技术制图 电子 冶金 化工 建筑 学院 班级

图 1-5　长仿宋体汉字书写示例

2. 字母和数字

字母和数字分 A 型和 B 型。A 型字体的笔画宽度（d）为字高（h）的 1/14；B 型字体的笔画宽度为字高的 1/10。同一图样只允许一种字体。

字母和数字可写成斜体或直体。斜体字字头向右倾斜，与水平基准线成 75°角，如图 1-6 所示。

大写斜体：

ABCDEFGHIJKLMN

OPQRSTUVWXYZ

小写斜体：

abcdefghijklmn

opqrstuvwxyz

斜体：

1234567890

直体：

1234567890

图 1-6 字母和数字书写示例

1.1.4 图线（GB/T 17450—1998 和 GB/T 4457.4—2002）

机械图样是用不同形式的图线画成的，为了统一、便于看图和绘图，绘制图样时应采用 GB/T 17450—1998 标准中规定的图线。

1. 图线线型及应用

国标 GB/T 17450—1998《技术制图 图线》规定了绘制各种技术图样的基本线型。在实际应用时，各专业（如机械、电气、土木工程等）要根据该标准制定相应的图线标准。国标 GB/T 4457.4—2002《机械制图 图样画法 图线》中规定的 9 种图线（见表 1-3）符合 GB/T 17450—1998 的规定，是机械制图使用的图线标准。各种图线的名称、型式、图线宽度及其应用见表 1-3。图 1-7 为线型应用举例。

表 1-3 机械制图使用的图线

代码 No.	线 型	一般应用
01.1	细实线 ————————	过渡线；尺寸线；尺寸界线；指引线和基准线；剖面线；重合断面的轮廓线；短中心线；螺纹的牙底线；尺寸线的起止线；表示平面的对角线；零件形成前的弯折线；范围线及分界线；重复要素表示线，例如齿轮的齿根线；锥形结构的基面位置线；叠片结构位置线，例如变压器叠钢片；辅助线；不连续的同一表面的连线；成规律分布的相同要素的连线；投射线；网格线

续表 1-3

代码 No.	线　型	一般应用
01.1	波浪线	断裂处的边界线；视图和剖视图的分界线
	双折线	断裂处的边界线；视图和剖视图的分界线
01.2	粗实线	可见棱边线；可见轮廓线；相贯线；螺纹的牙顶线；螺纹长度终止线；齿顶圆（线）；表格图、流程图中的主要表示线；系统结构线（金属结构工程）；模样分型线；剖切符号用线
02.1	细虚线 1 4～6	不可见棱边线
02.2	粗虚线	允许表面处理的表示线
04.1	细点画线 15～30 3	轴线；对称中心线；分度圆（线）；孔系分布的中心线；剖切线
04.2	粗点画线	限定范围表示线
05.1	细双点画线 15～20 5	相邻辅助零件的轮廓线；可动零件的极限位置的轮廓线；重心线；成形前轮廓线；剖切面前的结构轮廓线；轨迹线；特定区域线；延伸公差带表示线；工艺用结构的轮廓线；中断线

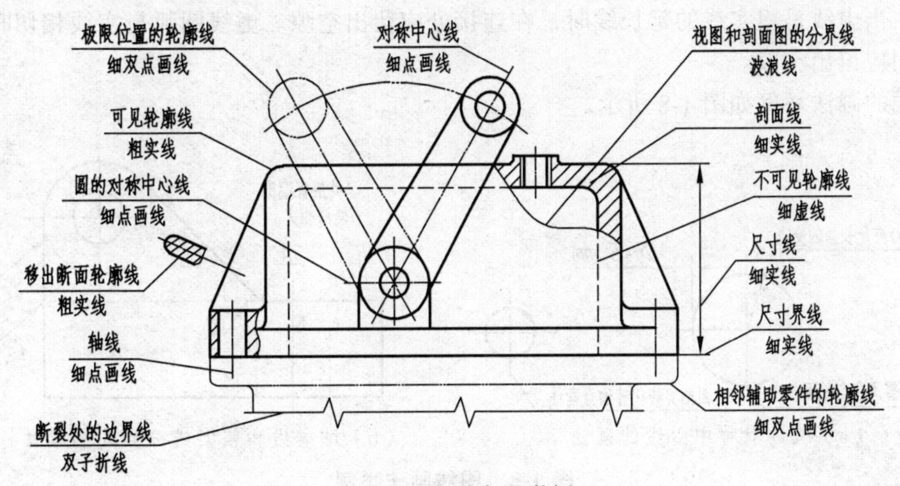

图 1-7　线型应用举例

2. 图线的宽度

根据国家标准 GB/T4457.4—2002《机械制图　图样画法　图线》规定，机械图样中只采用粗、细两种线宽，其比例为 2∶1。图线宽度和图线组别如表 1-4 所示。

表 1-4　图线宽度和组别　（单位：mm）

图线组别	0.25	0.35	0.5	0.7	1	1.4	2
粗线宽度	0.25	0.35	0.5	0.7	1	1.4	2
	对应的线型代码：01.2						
细线宽度	0.13	0.18	0.25	0.35	0.5	0.7	1
	对应的线型代码：01.1；02.1；04.1；05.1						

绘图时，优先采用图线的组别为 0.5 mm 和 0.7 mm。

图样中各类线素（如点、间隔、画等）的长度应符合国家标准规定，如表 1-5 所示。

表 1-5　线素长度

线素	长度	线素	长度
点	≤0.5d	画	12d
短间隔	3d	长画	12d

注：d 为图线的宽度。

3. 画图时的注意事项

（1）同一图样中，同类图线的宽度应该保持一致。

（2）虚线、点画线、双点画线等线素的线段长度间隔应大致相等，并符合国家标准规定（见表 1-5）。

（3）对称中心线或轴线，应超出轮廓线外 2 ~ 5 mm；图线相交应为画与画相交，不应该为点或间隔。在较小的圆上（直径小于 12 mm）绘制细点画线或双画划线时，可用细实线代替；

（4）细点画线及细双点画线的首末两端应是长画，而不应是点。

（5）当虚线是粗实线的延长线时，在连接处应留出空隙。虚线圆弧与实线相切时，虚线与圆弧间应留出空隙。

图线的画法举例如图 1-8 所示。

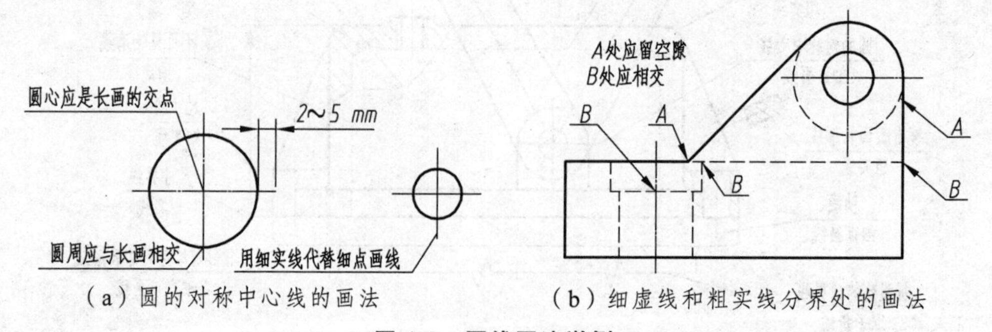

（a）圆的对称中心线的画法　（b）细虚线和粗实线分界处的画法

图 1-8　图线画法举例

1.1.5 尺寸注法（GB/T 4458.4—2003、GB/T 16675.2—1996）

在机械图样中，图形仅表达了机件的结构形状，而大小则必须由尺寸来确定。在图样上标注尺寸时，应严格遵守国家标准有关尺寸标注的规定，做到正确、完整、清晰、合理。

1. 尺寸标注的基本规则

（1）图样中所标注的尺寸为机件的真实尺寸，与绘图比例和绘图的准确度无关。

（2）图样中的尺寸以毫米为单位；如采用其他单位时，必须注明相应的单位名称。

（3）图样中的尺寸为该图样所示机件的最后完工尺寸，否则应加以说明。

（4）机件的每一尺寸只标注一次，并应标注在最能清晰地反映结构特征的视图上。

2. 尺寸的组成

机械图样上一个完整的尺寸标注由尺寸界线、尺寸线、尺寸数字和表示尺寸终端的箭头或斜线组成，如图 1-9 所示。

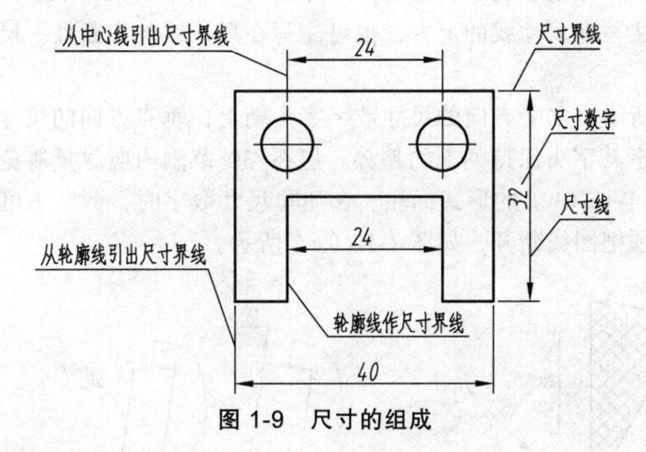

图 1-9　尺寸的组成

（1）尺寸界线。尺寸界线用细实线绘制，用以表示所注的尺寸范围。尺寸界线一般由图形的轮廓线、轴线或对称中心线处引出，也可利用这些线代替，并超出尺寸线 3 mm 左右。尺寸界线一般应与尺寸线垂直，必要时允许倾斜。在光滑过渡处标注尺寸时，应用细实线将轮廓线延长，从交点处引出尺寸界线，如图 1-10 所示。

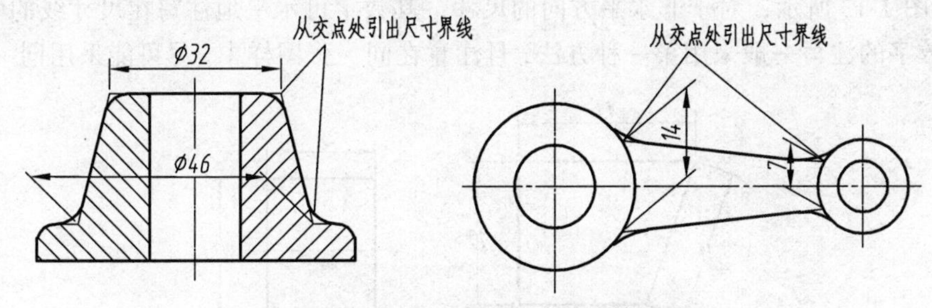

图 1-10　光滑过渡处尺寸界线的画法

（2）尺寸线。尺寸线用细实线绘制在尺寸界线之间，表示尺寸度量的方向。

尺寸线必须单独绘制，不能用其他图线代替，也不得与其他图线重合或画在其他图线的延长线上。标注线性尺寸时，尺寸线必须与所标注的线段平行，如图 1-9 所示。

（3）尺寸线终端。尺寸线的终端有两种形式：箭头和斜线，如图 1-11 所示。机械图样的尺寸线终端一般用箭头，空间狭小时也可用 45°斜线，同一图样应采用一种尺寸线终端形式。斜线用细实线绘制，其高度应与尺寸数字的高度相等。

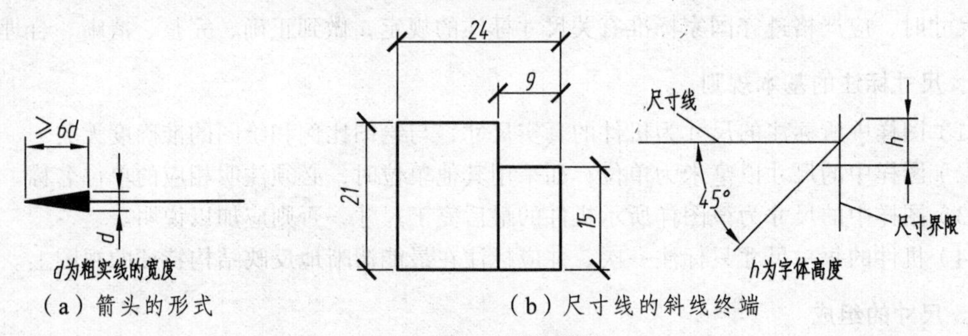

图 1-11 尺寸线终端

（4）尺寸数字。尺寸数字表示所注机件尺寸的实际大小。

尺寸数字一般注写在尺寸线的上方，也可注写在尺寸线的中断处。尺寸数字的书写方法有两种：

① 如图 1-12 所示，水平方向的尺寸数字字头朝上；垂直方向的尺寸数字，字头朝左；倾斜方向的尺寸数字其字头保持朝上的趋势。但在 30°范围内应尽量避免标注尺寸，当无法避免时，可参考图 1-12（b）的形式标注。在注写尺寸数字时，数字不可被任何图线通过，当不可避免时，必须把图线断开，如图 1-12（c）所示。

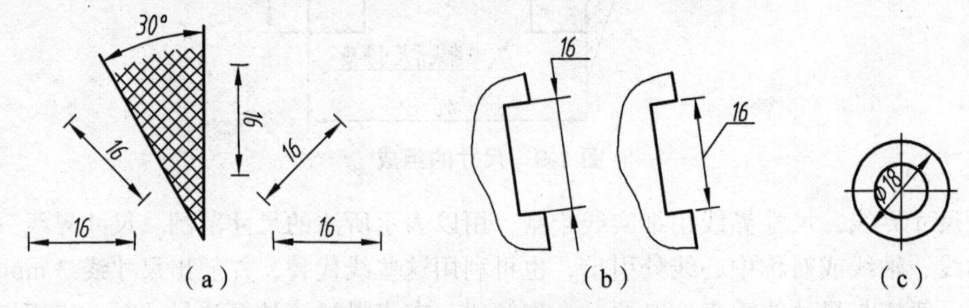

图 1-12 尺寸数字的方向

② 如图 1-13 所示，对于非水平方向的尺寸，其数字可水平地注写在尺寸线的中断处。尺寸数字的注写一般采用第一种方法，且注意在同一张图样中，尽可能采用同一种方法。

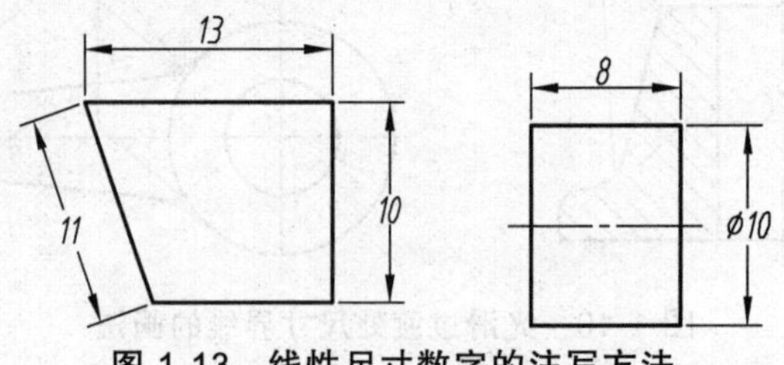

图 1-13 线性尺寸数字的注写方法

3. 常用的尺寸标注方法

标注尺寸时，应尽可能使用符号和缩写词。尺寸符号及缩写词见表 1-6。

表 1-6　尺寸符号及缩写词（GB/T 4458.4—2003）

含　义	符号或缩写词	含　义	符号或缩写词
直径	ϕ	正方形	□
半径	R	深度	↧
球直径	$S\phi$	沉孔或锪平	⌴
球半径	SR	埋头孔	⌵
厚度	t	弧长	⌒
均布	EQS	斜度	∠
45°倒角	C	锥度	▷

（1）线性尺寸的标注

标注线性尺寸时，尺寸线必须与所标注的线段平行。非水平方向的尺寸常用图 1-14（a）所示的标注方法，也可以水平地注写在尺寸线的中断处，如图 1-14（b）所示。必要时尺寸界线与尺寸线允许倾斜，如图 1-14（c）所示。

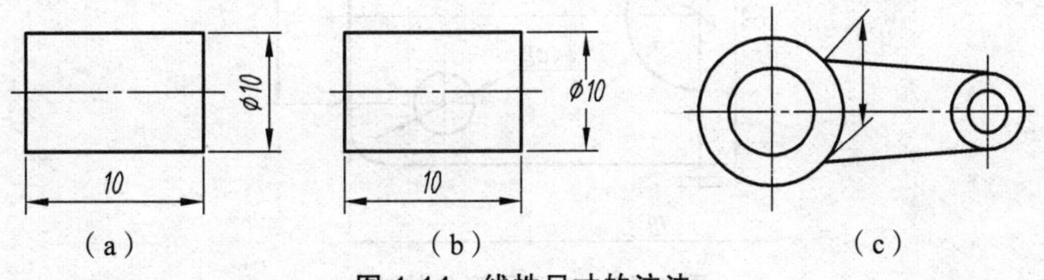

（a）　（b）　（c）

图 1-14　线性尺寸的注法

（2）直径和半径尺寸的标注

标注圆的直径和圆弧半径时，应在尺寸数字前加注符号“ϕ”或“R”；圆的直径和圆弧半径的尺寸线的终端应画成箭头；当圆的直径一端无法画出箭头时，尺寸线应超过圆心一段；圆弧半径的尺寸线一般过圆心，如图 1-15（a）所示。

当圆弧半径过大或在图纸范围内无法标出其圆心位置时，可按图 1-15（b）标注。

标注球面的直径或半径时，应在符号“ϕ”或“R”前再加注符号“S”，如图 1-15（c）所示。对于螺钉冒顶的头部、轴和手柄的端部等，在不致引起误解的情况下，可省略符号“S”。

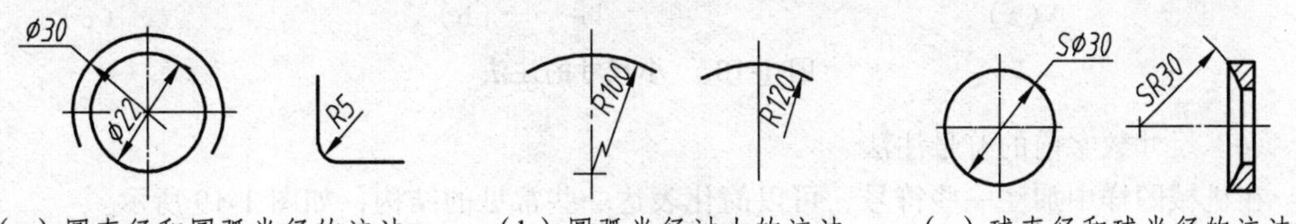

（a）圆直径和圆弧半径的注法　（b）圆弧半径过大的注法　（c）球直径和球半径的注法

图 1-15　直径和半径尺寸的标注

（3）角度和弧长的注法

角度的尺寸线为圆弧，角度的数字一律水平书写；一般注写在尺寸线的中断处，如图 1-16（a）所示，必要时也可按图 1-16（b）形式注写；弦长的尺寸界线平行于对应弧长的垂直平分线，如图 1-16（c）所示。

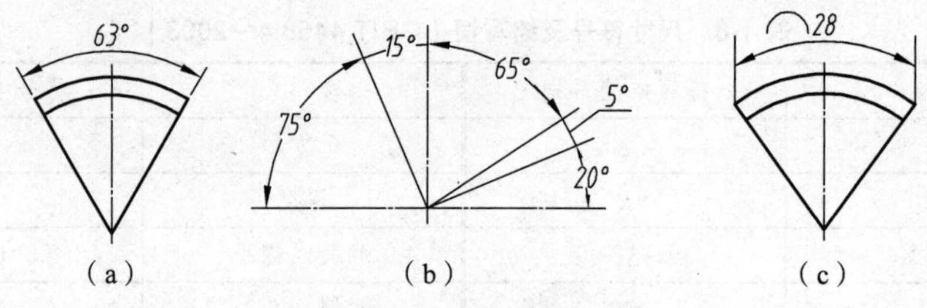

图 1-16　角度和弧长的注法

（4）对称图形的注法

当对称机件的图形只画出一半或略大于一半时，尺寸线应略超过对称中心线或断裂处的边界线，此时仅在尺寸线的一端画处箭头，如图 1-17 所示。

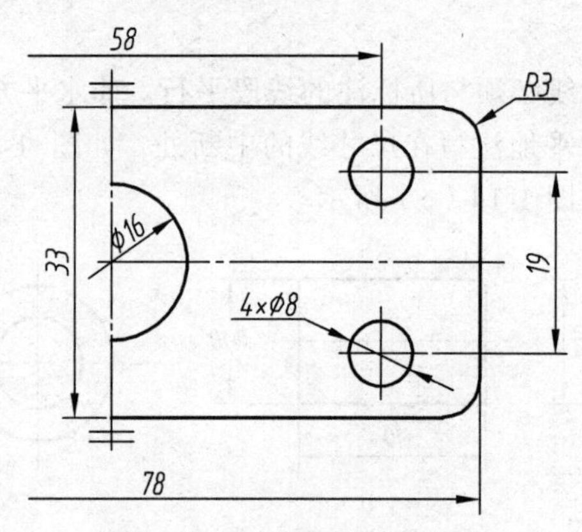

图 1-17　对称图形的的注法

（5）小尺寸的注法

在较小图形中，若没有足够的位置画尺寸箭头或注写尺寸数字时，箭头可外移，也可用圆点或斜线代替，尺寸数字可写在尺寸界线外或引出标注，如图 1-18 所示。

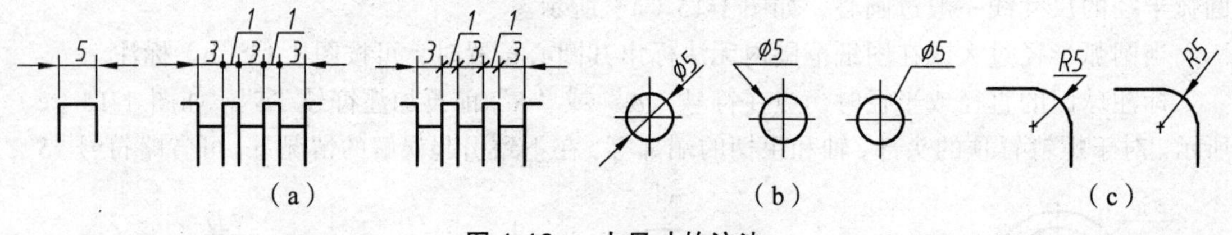

图 1-18　小尺寸的注法

（6）尺寸数字前的符号注法

在机械图样中加注一些符号，可以简化表达一些常见的结构，如图 1-19 所示。

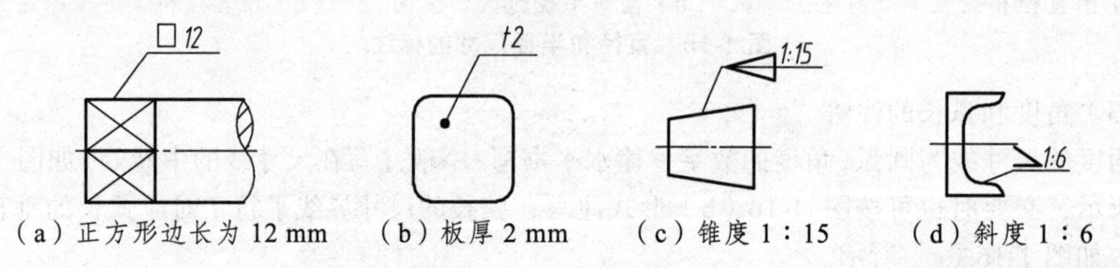

（a）正方形边长为 12 mm　（b）板厚 2 mm　（c）锥度 1∶15　（d）斜度 1∶6

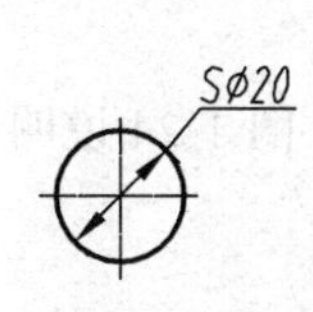

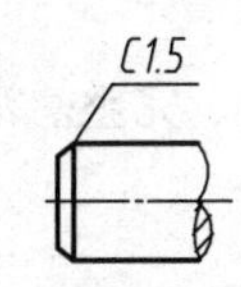

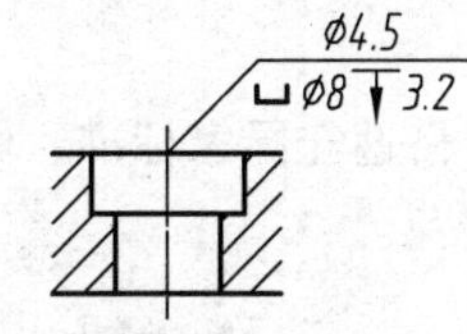

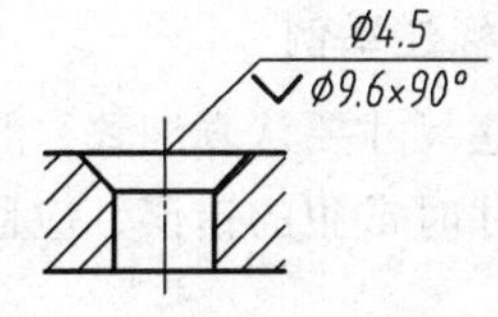

（e）圆球直径 20 mm （f）倒角 1.5×45° （g）深孔ϕ8 mm，深 3.2 mm （h）埋头孔ϕ9.6×90°

图 1-19　尺寸数字前的符号

（7）图线通过尺寸线时的处理

尺寸数字不可被任何图线通过，当尺寸数字无法避开时，图线应断开，如图 1-20 所示。

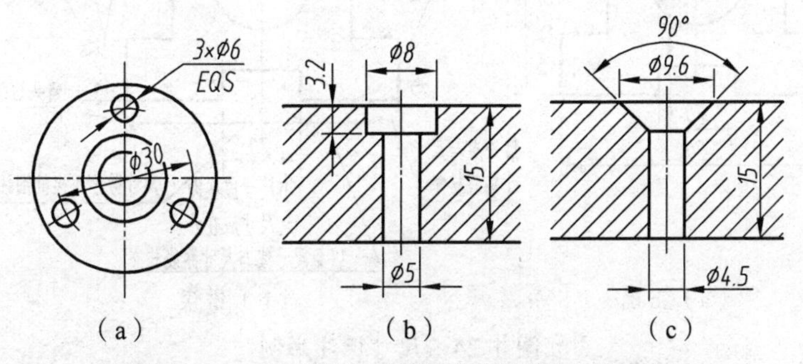

图 1-20　尺寸数字不被任何图线通过的注法

（8）简化标注（GB/T 16675.2—1996）

① 标注尺寸时，可采用带箭头或不带箭头的指引线，如图 1-21 所示。

② 从同一基准出发的线性尺寸和角度尺寸，可按简化形式标注，如图 1-22 所示。

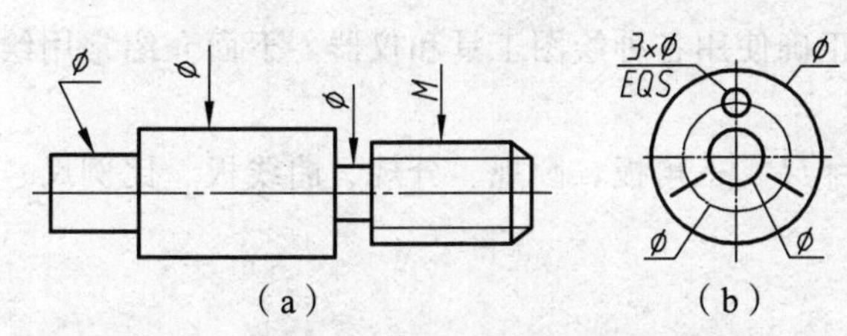

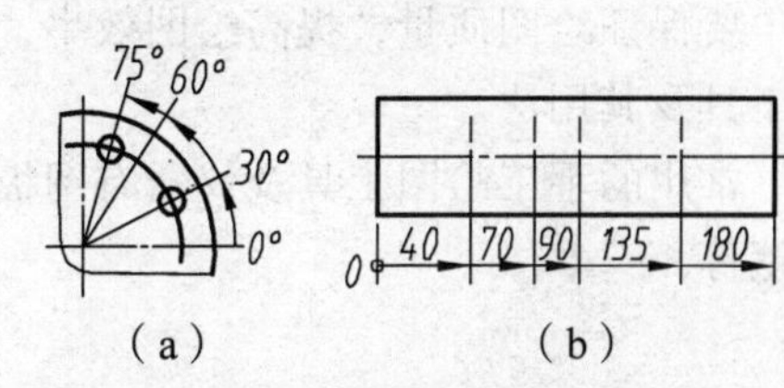

图 1-21　带箭头或不带箭头的指引线的注法　　**图 1-22　同一基准尺寸的简化注法**

③ 一组同心圆弧或圆心位于同一条直线上的多个不同心圆弧的尺寸，可用共用的尺寸线和箭头依次表示，如图 1-23（a）、图 1-23（b）所示。一组同心圆或尺寸较多的阶梯孔的尺寸，也可用共同的尺寸线和箭头依次表示，如图 1-23（c）、图 1-23（d）所示。

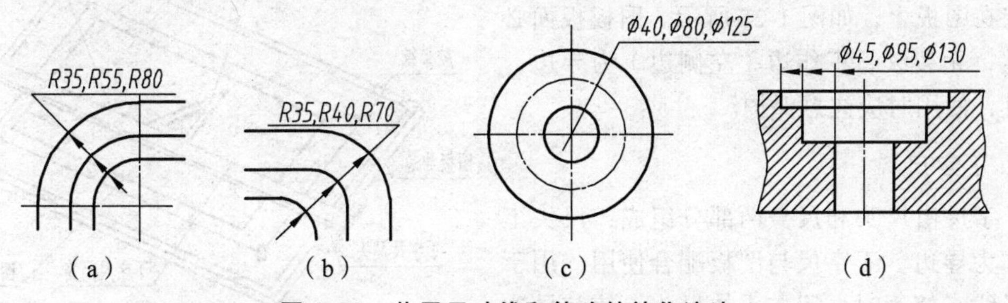

图 1-23　共用尺寸线和箭头的简化注法

4. 标注举例

标注尺寸要认真细致，严格遵守国家标准，做到正确、完整、清晰。图 1-24 说明了初学标注尺寸时常犯的错误，应避免。

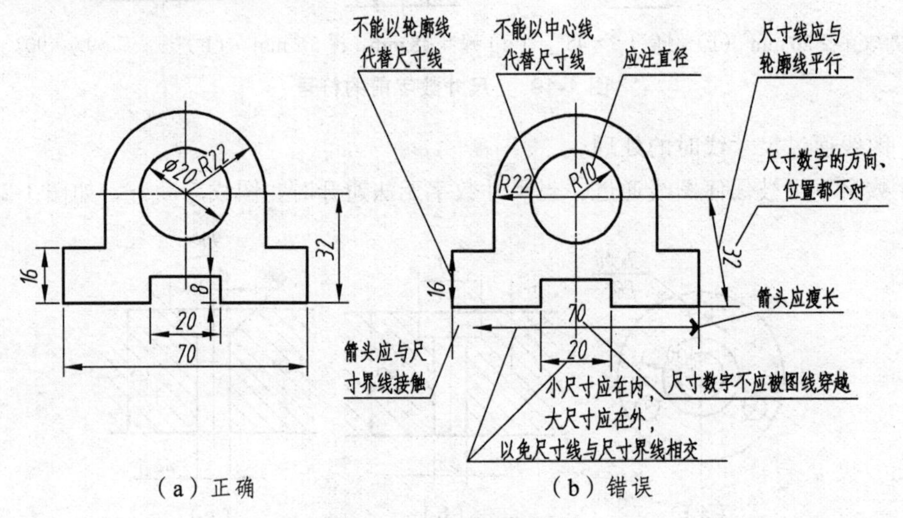

（a）正确　　　　（b）错误

图 1-24　尺寸标注举例

1.2　手工绘图工具及使用方法

要保证绘图质量，提高绘图效率，必须正确使用各种绘图工具和仪器。下面介绍常用绘图工具及其用法。

常用的手工绘图工具及仪器有图板、丁字尺、三角板、圆规、分规、曲线板、比例尺、铅笔等。

1.2.1　绘图工具

1. 图　板

图板用来摆放图纸，图纸一般用透明胶带纸固定在图板上，如图 1-25 所示。图板板面必须平整，无裂纹，工作边（左侧边）为导边，应平直，使用时应注意保护。

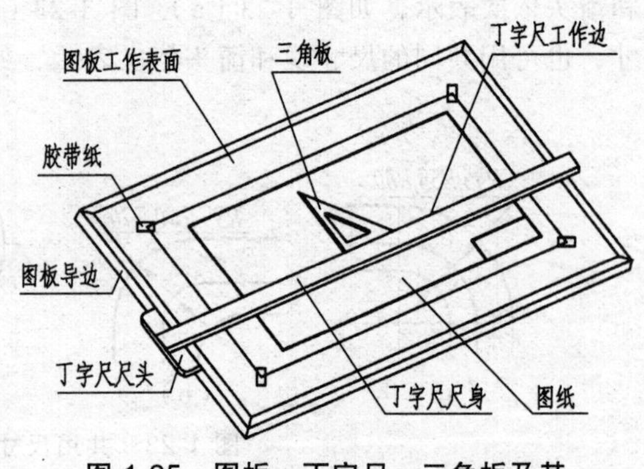

图 1-25　图板、丁字尺、三角板及其图纸固定方法

2. 丁字尺

丁字尺由尺头和尺身两部分组成，尺头工作边称为导边。丁字尺与图板配合使用，用于画水平线。使用时，用左手扶尺头，使其导边与图板导边靠紧，上下移动丁字尺至画线位置，按住尺身，沿尺身工作边从左向右画出水平线。用铅笔沿尺边画线时，笔杆应稍向外倾斜，笔尖应贴靠尺边，如图 1-26 所示。

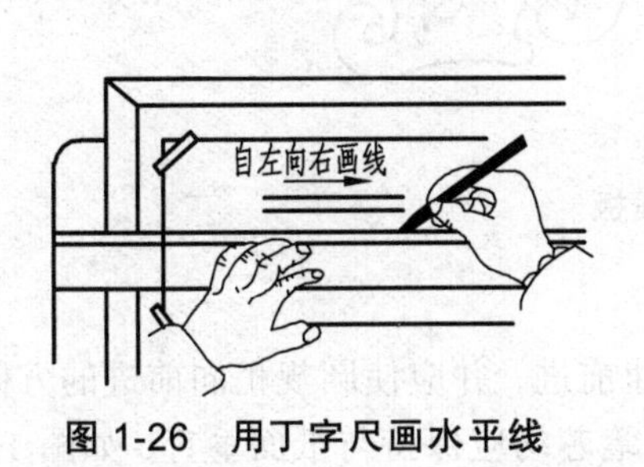

图 1-26　用丁字尺画水平线

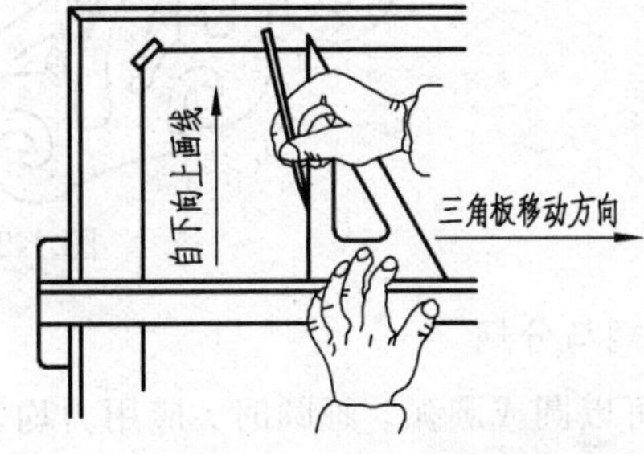

图 1-27　用丁字尺和三角板画垂直线

3. 三角板

三角板由 45°和 60°（30°）的直角三角形板组成。利用三角板的直角边与丁字尺配合，可画出水平线的垂直线，如图 1-27 所示。三角板与丁字尺配合还可以画出与水平线成 15°整倍数的角度或倾斜线，如图 1-28 所示。

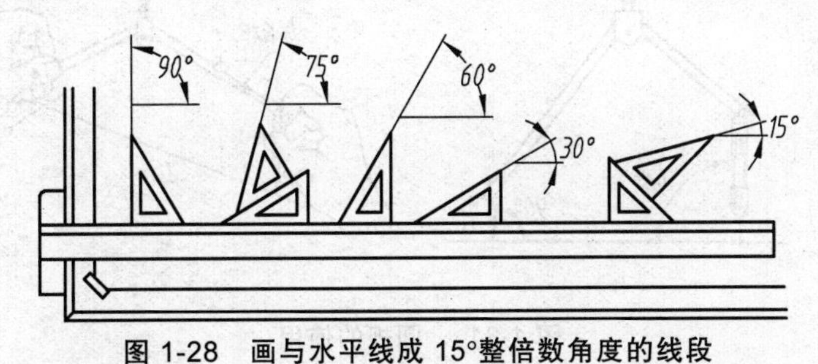

图 1-28　画与水平线成 15°整倍数角度的线段

此外，利用一副三角板还可以画出任意已知直线的平行线或垂直线，如图 1-29 所示。

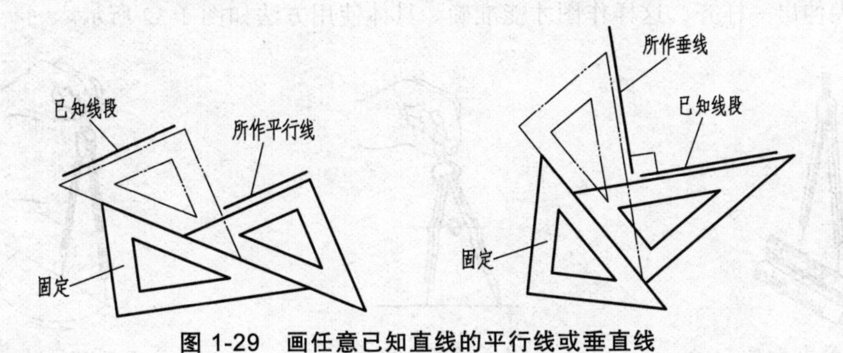

图 1-29　画任意已知直线的平行线或垂直线

4. 曲线板

曲线板是用来绘制非圆曲线的工具，其轮廓线由多段不同曲率半径的曲线组成（见图 1-30）。作图时，先徒手用铅笔轻轻地把曲线上一系列的点顺次地连接成一条光滑曲线，然后选择曲线板上曲率合适的部分与徒手连接的曲线贴合，并将曲线加深。每次连接应至少通过曲线上三个点，并注意每画一段线，都要比曲线板边与曲线贴合的部分稍短一些，这样才能使所画的曲线光滑地过渡。

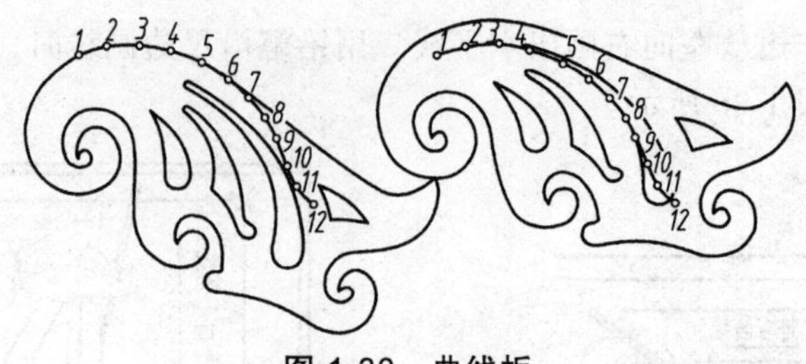

图 1-30　曲线板

5. 圆规与分规

圆规可以圆或圆弧。画圆时，应用力均匀，匀速前进，并应使圆规稍向前进的方向倾斜，如图 1-31（a）所示。画大圆时，大圆规的针脚和铅笔芯均应保持与纸面垂直，如图 1-31（b）所示。画大直径圆时，需接加长杆，如图 1-31（c）所示。画小圆时，圆规两脚应向内弯取或用弹簧圆规，如图 1-31（d）所示。

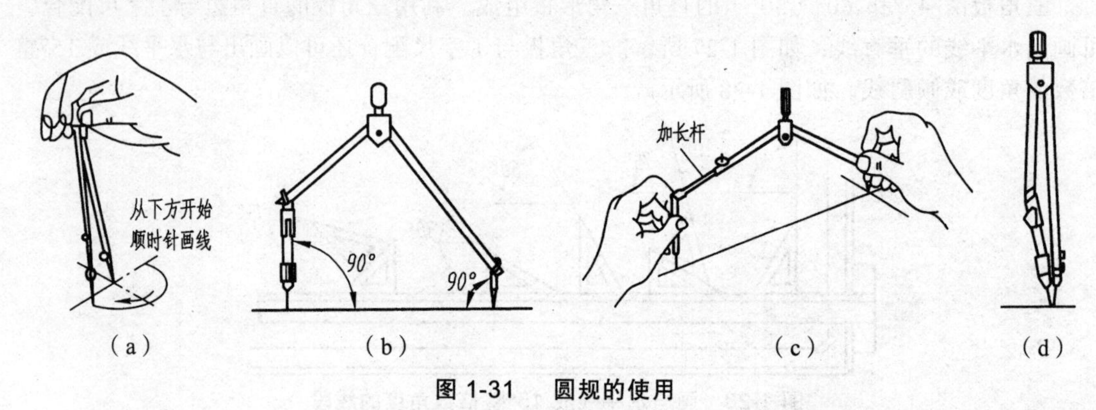

图 1-31　圆规的使用

分规是用来量取线段和等分线段的工具，常用的有大分规和弹簧分规两种。使用分规时，应使两针尖伸出一样齐，这样作图才能准确。具体使用方法如图 1-32 所示。

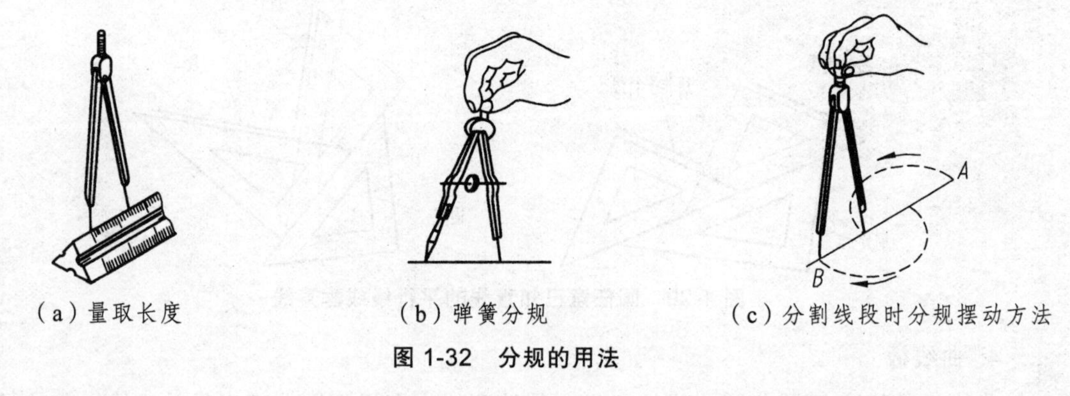

图 1-32　分规的用法

6. 铅　笔

铅笔是重要的绘图工具。根据铅芯的软硬程度，铅笔分为：B、2B、HB、H、2H 等型号。绘图时，建议：B 或 2B 用于画粗实线；HB 用于写字、加深尺寸等；H 或 2H 用于打底稿。

削铅笔时，加深粗实线用的铅芯磨成矩形，其余的磨成圆锥形，如图 1-33 所示。

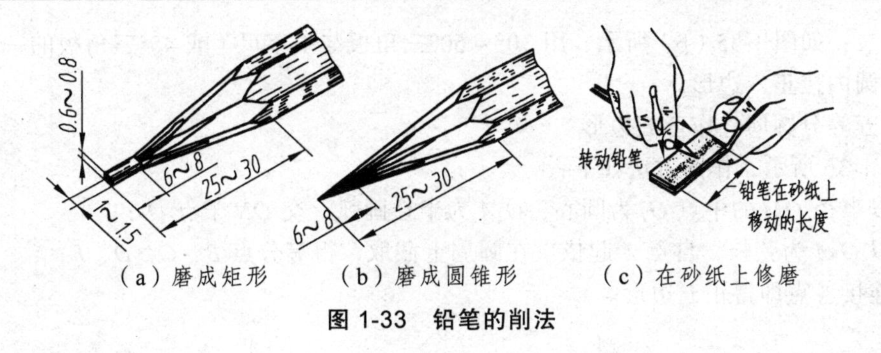

（a）磨成矩形　（b）磨成圆锥形　（c）在砂纸上修磨

图 1-33　铅笔的削法

1.2.2　几何作图

在绘制机械图样时，常会遇到等分线段、等分圆周、作正多边形、作斜度和锥度、圆弧连接以及绘制非圆曲线等几何作图问题，熟练掌握这些基本几何作图方法，能够提高绘图速度和保证作图的准确性。

1. 等分直线段

如图 1-34 所示，以五等分线段 *AB* 为例，求其等分点方法如下：

（1）过点 *A* 任意作一直线 *AC*，用分规以任意长度为单位长度，在 *AC* 上量得 *1*、*2*、*3*、*4*、*5* 各个等分点；

（2）连接 *5*、*B* 两点，过 *1*、*2*、*3*、*4* 点分别作 *5B* 的平行线，与 *AB* 交于 *1′*、*2′*、*3′*、*4′*，即得各等分点。

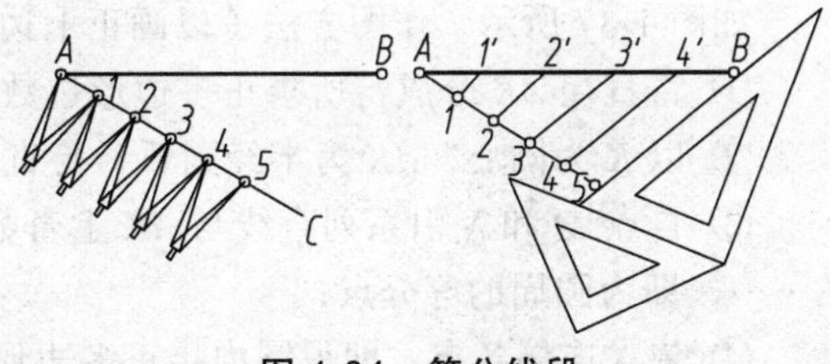

图 1-34　等分线段

2. 等分圆周、作正多边形

正多边形一般采用等分其外接圆，连接等分点的方法作图。

（1）六等分圆周，作正六边形

方法一：利用外接圆直径 *D*，用圆的半径六等分圆周，然后将等分点依次连线，画正六边形，如图 1-35（a）所示。

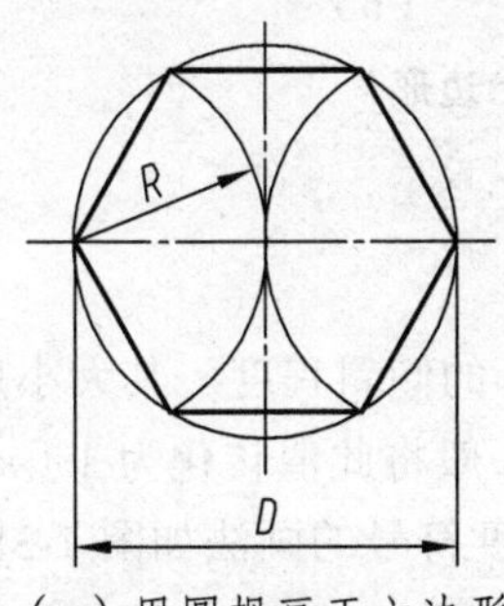

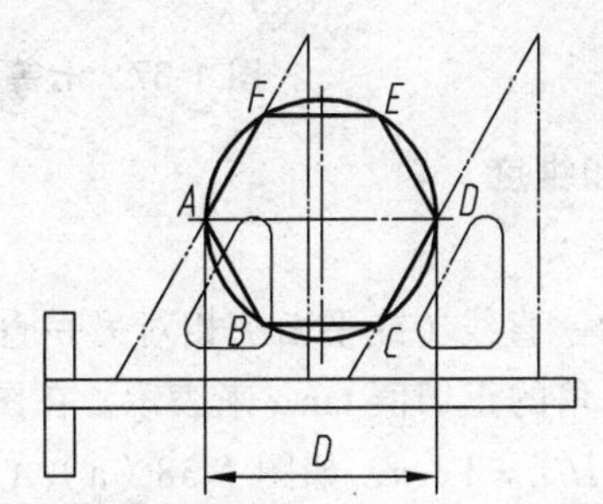

（a）用圆规画正六边形　（b）用丁字尺和三角板画正六边形

图 1-35　六等分圆周和作正六边形

方法二：如图 1-35（b）所示，用 30°～60°三角板与丁字尺（或 45°三角板的一边）相配合，可得圆内接正六边形。

（2）五等分圆周，作正五边形

如图 1-36 所示，作图方法如下：

① 以半径 OM 的中点 O_1 为圆心，O_1A 为半径画弧，交 ON 于点 O_2；

② 以 O_2A 为弦长，自点 A 起依次在圆周上截取，得等分点 B、C、D、E；

③ 连接各点即得正五边形。

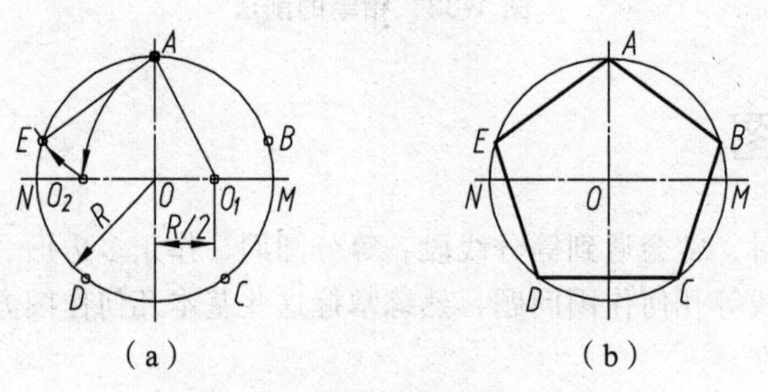

图 1-36　五等分圆周和作正五边形

（3）任意等分圆周及作内接圆正多边形

如图 1-37 所示，作图方法（以画正七边形为例）如下：

① 将直径 AK 分成与所求正多边形边数相同的等分（图中正多边形边数 $n=7$）；

② 以 K 为圆心，AK 为半经画弧，与直径 PQ 的延长线相交于 M、N 两点；

③ 自点 M 和 N 引系列直线与 AK 上奇数点（或偶数点）相连，延长交圆周于 B、C、D、E……，即为圆周的等分点；

④ 依次连接各点，即得圆内接正多边形。

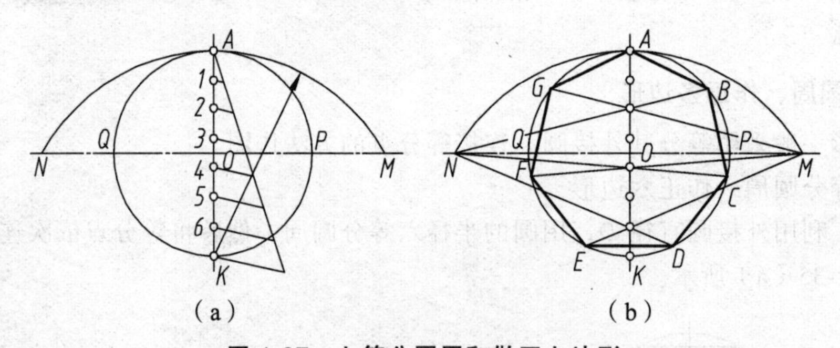

图 1-37　七等分圆周和做正七边形

3. 斜度和锥度

（1）斜度

斜度是指一直线（或平面）相对另一直线（或平面）的倾斜程度，其大小用两直线（或两平面）间夹角的正切值 $\tan\alpha$ 来表示。在图中标注时，一般将此值转化为 1∶n 的形式，即：斜度 $=\tan\alpha=H/L=1:n$，如图 1-38（a）、（b）所示。斜度符号的画法如图 1-38（c）所示，图中 h 为尺寸数字的高度，符号的线宽为 $h/10$。

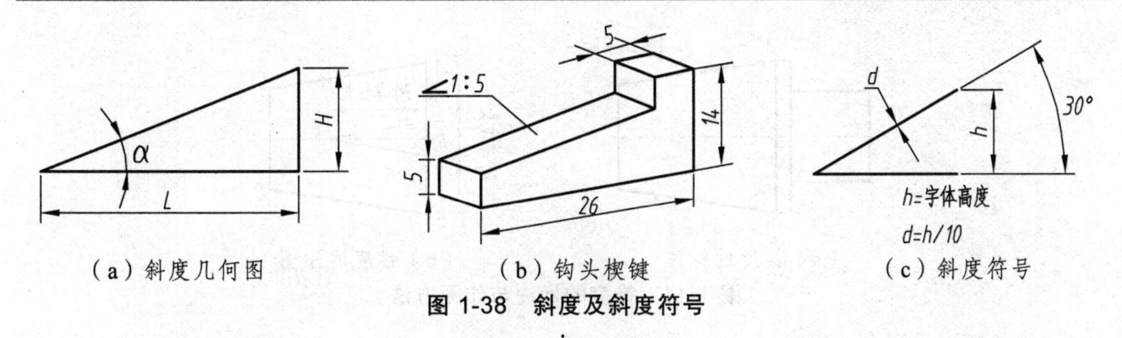

（a）斜度几何图　　（b）钩头楔键　　（c）斜度符号

图 1-38　斜度及斜度符号

标注斜度时，斜度符号"∠"的方向应与倾斜方向一致，如图 1-39（a）所示。

图 1-39（b）所示为斜度 1∶6 的作图方法如下：

① 在对称线上取 *AM* = 1 个单位长；

② 在 *AB* 线上取 *AN* = 6 个单位长；

③ 连接 MN，其斜度即为 1∶6；

④ 过点 *K* 作 *CD*∥*MN*，*CD* 即为所求。

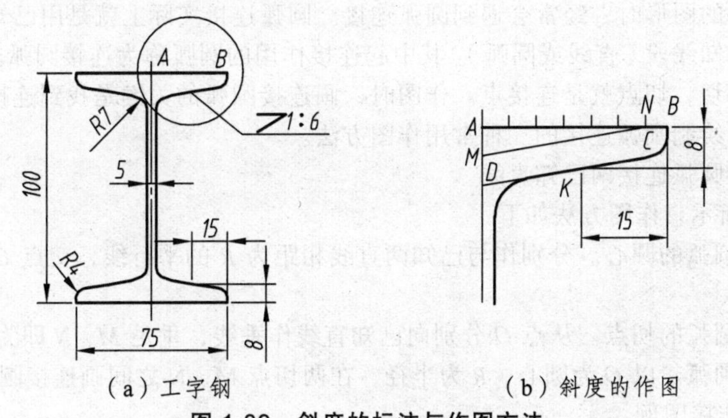

（a）工字钢　　（b）斜度的作图

图 1-39　斜度的标注与作图方法

（2）锥度

锥度是指正圆锥体的底面直径与高度之比。如是锥台，则为上下两底面圆直径差与锥台高度之比，即：锥度 = 2tan（*α*/2）= *D*/*L* =（*D*-*d*）/*l*。锥度及锥度符号的画法如图 1-40 所示，图中 *h* 为尺寸数字的高度，符号的线宽为 *h*/10。

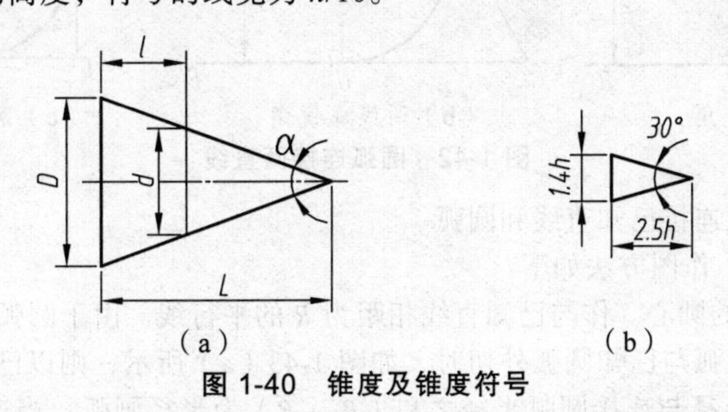

（a）　　（b）

图 1-40　锥度及锥度符号

锥度在图样中也是以 1∶*n* 的形式标注。标注时，要在前面加注符号"▷"，并且符号所示的方向应与锥度方向一致，必要时可在比值后面加注角度，如图 1-41（a）所示。

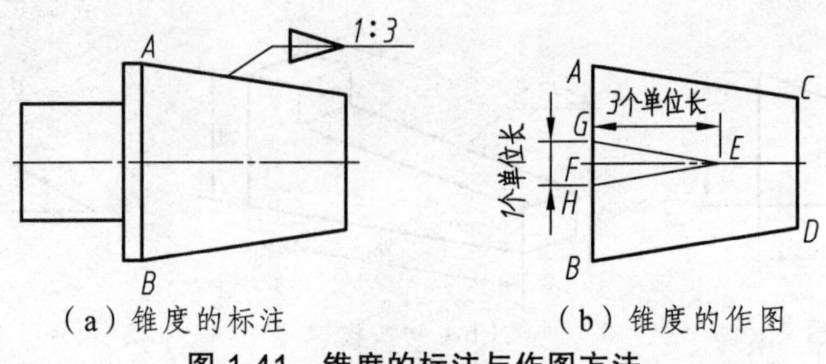

（a）锥度的标注　　（b）锥度的作图

图 1-41　锥度的标注与作图方法

现以图 1-41（b）为例，说明锥度 1∶3 的作图步骤如下：

① 以直线 *AB* 的中点 *F* 为对称点，取 *GH* = 1 个单位长；

② 在轴线上取 *EF* = 3 个单位长；

③ 连接 *GE*、*HE*，两直线的锥度即为 1∶3；

④ 过 *A*、*B* 作 *AC*∥*GE*、*BD*∥*HE*，*AC*、*BD* 即为所求。

4. 圆弧连接

在绘制机件的图形时，经常会遇到圆弧连接。圆弧连接实际上就是用已知半径的圆弧去光滑地连接两已知线段（直线或圆弧）。其中起连接作用的圆弧称为连接圆弧。这种光滑连接在几何中即为相切，切点就是连接点。作图时，画连接圆弧的关键是找到连接圆弧的圆心和切点。下面介绍绘制圆弧连接的三种常用作图方法。

（1）用连接圆弧连接两已知直线

如图 1-42 所示，作图方法如下：

① 求连接圆弧的圆心。分别作与已知两直线相距为 *R* 的平行线，交点 *O* 即为连接圆弧的圆心。

② 求连接圆弧的切点。从点 *O* 分别向已知直线作垂线，垂足 *M*、*N* 即为切点。

③ 作连接圆弧。以 *O* 为圆心，*R* 为半径，在两切点 M、N 之间画连接圆弧，即为所求。图 1-42 所示为连接图例。

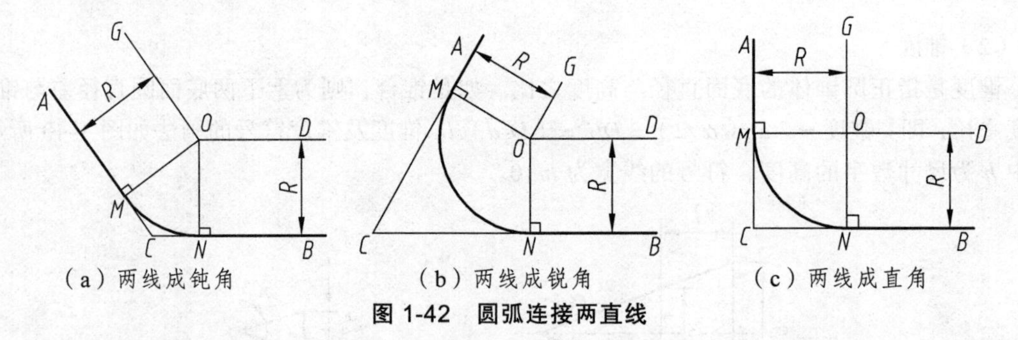

（a）两线成钝角　　（b）两线成锐角　　（c）两线成直角

图 1-42　圆弧连接两直线

（2）用连接圆弧连接已知直线和圆弧

如图 1-43 所示，作图方法如下：

① 求连接圆弧的圆心。作与已知直线相距为 *R* 的平行线。由于圆弧与圆弧相切有外切、内切之分，当连接圆弧与已知圆弧外切时，如图 1-43（a）所示，则以已知圆弧的圆心 O_1 为圆心、以已知圆弧半径与连接圆弧半径之和（$R_1 + R$）为半径画弧；当连接圆弧与已知圆弧内切时，如图 1-43（c）所示，则以已知圆弧的圆心 O_1 为圆心、以已知圆弧半径与连接圆弧半径之差（$R_1 - R$）为半径画弧。交点 *O* 即为连接圆弧的圆心。

② 求连接圆弧的切点。从点 O 向已知直线作垂线，垂足 A 即为切点。连接已知圆弧圆心 O_1 和点 O，与已知圆弧交于点 B，即为另一切点。

③ 作连接圆弧。以 O 为圆心，R 为半径，画出连接圆弧。

图 1-43（b）、（d）所示为连接的图例。

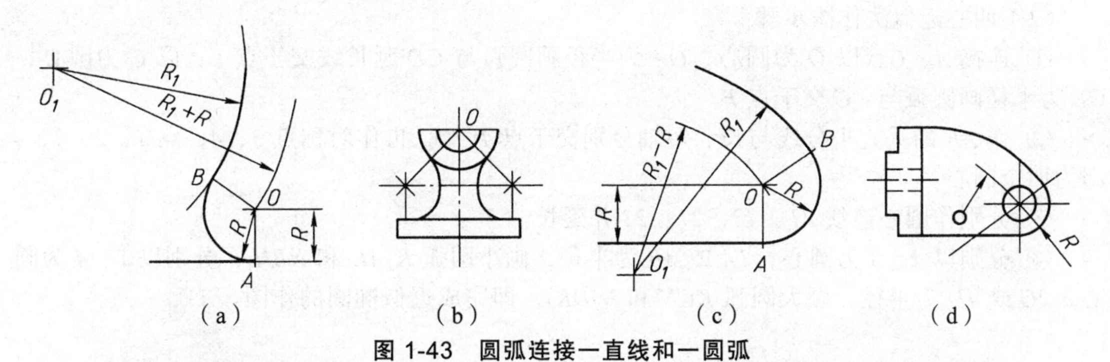

图 1-43　圆弧连接一直线和一圆弧

（3）用连接圆弧连接两已知圆弧

用连接圆弧连接两已知圆弧可分两种情况，即外切和内切。外切时找圆心的半径为（$R_{外}+R$），内切时找圆心的半径为（$R_{内}-R$）。

① 用 R_3 圆弧外切两已知圆弧（R_1、R_2）的作图方法

分别以 O_1、O_2 为圆心，（R_1+R_3）和（R_2+R_3）为半径画圆弧得交点 O_3，即为连接圆弧的圆心；连接 O_1O_3、O_2O_3，与已知圆弧分别交于点 K_1、K_2，即为切点，如图 1-44（a）所示。以 O_3 为圆心，R_3 为半径在两切点 K_1、K_2 之间作圆弧，即为所求，如图 1-44（b）所示。

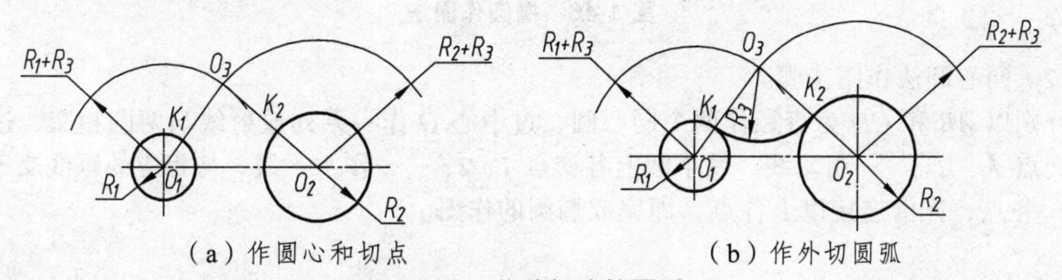

（a）作圆心和切点　　（b）作外切圆弧

图 1-44　作外切连接圆弧

② 用 R_4 圆弧内切两已知圆弧（R_1、R_2）的作图方法

分别以 O_1、O_2 为圆心，（R_4-R_1）和（R_4-R_2）为半径画圆弧得交点 O_4，即为连接圆弧的圆心；连接 O_1O_4、O_2O_4 与已知圆弧分别交于点 K_1、K_2，即为切点，如图 1-45（a）所示。以 O_4 为圆心，R_4 为半径在两切点 K_1、K_2 之间作圆弧，即为所求，如图 1-45（b）所示。

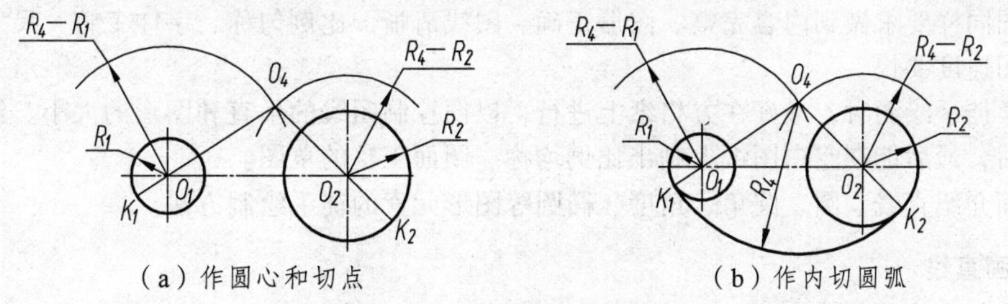

（a）作圆心和切点　　（b）作内切圆弧

图 1-45　作内切连接圆弧

5. 椭圆近似的画法

工程中常用的曲线有椭圆、圆的渐开线和阿基米德螺线等。已知长轴 *AB*、短轴 *CD*，常用的两种画椭圆的方法如图 1-46 所示。图 1-46（a）为四心法（近似画法），图 1-46（b）为同心圆法（准确画法）。

（1）四心近似法作图步骤

① 连接 *A*、*C*，以 *O* 为圆心、*OA* 为半径画圆弧与 *CD* 延长线交于点 *E*；以 *C* 为圆心、*CE* 为半径画圆弧与 *AC* 交于点 *F*。

② 作 *AF* 的垂直平分线与长、短轴分别交于点 *1*、*2*，再作对称点 *3*、*4*；点 *1*、*2*、*3*、*4* 即为四个圆心。

③ 分别作圆心连线 *41*、*43*、*21*、*23* 并延长。

④ 分别以 *1*、*3* 为圆心，*1A* 或 *3B* 为半径，画小圆弧 K_1AK 和 NBN_1；分别以 *2*、*4* 为圆心，*2C* 或 *4D* 为半径，画大圆弧 *KCN* 和 N_1DK_1，即完成近似椭圆的作图。

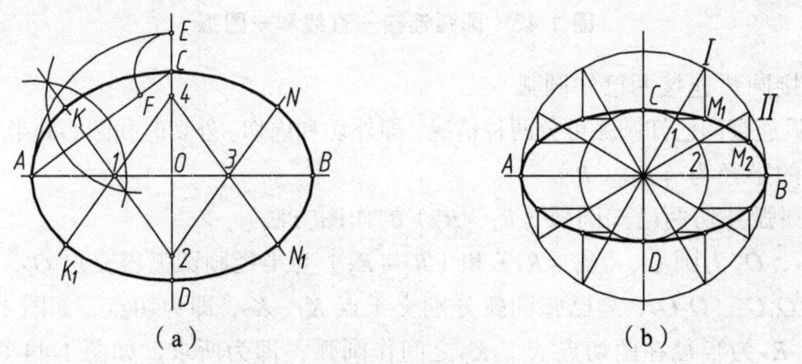

图 1-46　椭圆作图法

（2）同心圆法作图步骤

分别以 *AB* 和 *CD* 为直径作两个同心圆，过中心 *O* 作一系列放射线与两圆相交，过大圆上各交点 *I*、*II*、……引垂线，过小圆上各交点 *1*、*2*、……作水平线，与相应的垂线交于 M_1、M_2……各点，光滑连接以上各点，即完成椭圆的作图。

1.2.3　徒手绘图

作为工程技术人员，还应具备一定的徒手绘图能力。徒手绘图是指不借助绘图仪器、工具，用目测比例徒手绘制图样，这样的图又叫草图。绘制草图在机器测绘、讨论设计方案和技术交流中应用广泛，是一项重要的基本技能。

草图同样要求做到内容完整、图形正确、图线清晰、比例匀称、字体工整、尺寸准确，同时绘图速度要快。

初学徒手绘图时，最好在方格纸上进行，以便控制图线的平直和图形的大小。经过一定的训练后，最后能在空白图纸上画出比例均称、图面工整的草图。

下面介绍直线、圆、圆角、角度、椭圆等图形元素的徒手绘制方法。

1. 画直线

徒手绘制直线时，手指应握在离笔尖约 35 mm 处，水平线应自左向右、垂直线应从上向下画出，小手指轻压纸面，眼睛看着画线的终点，手腕轻轻靠着纸面随线移动，不要转动。

画斜线时，用眼睛估计斜线的倾斜度，根据线段的长度定出两点，用笔方法同上。当绘制较长斜线时，为了运笔方便，可将图纸旋转一定角度，把斜线当作水平线或垂直线来画，如图 1-47 所示。

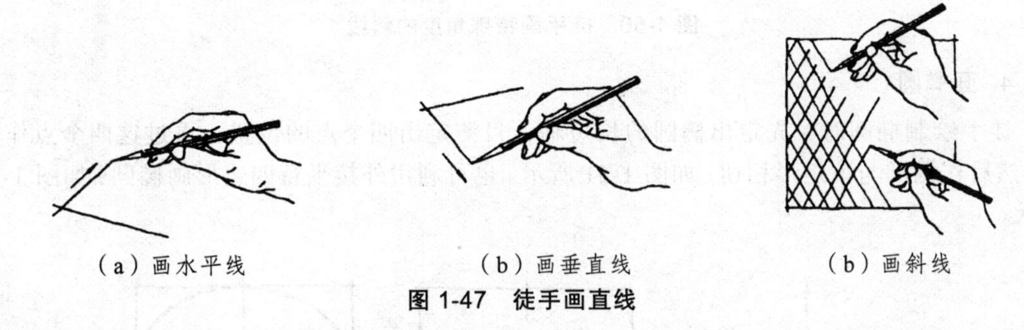

（a）画水平线　（b）画垂直线　（b）画斜线

图 1-47　徒手画直线

2. 画圆及圆弧

画圆时，应先画两条互相垂直的中心线，定出圆心位置，再根据半径用目测在中心线上定出四个端点，然后圆滑连接成圆形，如图 1-48（a）所示。当圆的直径较大时，可以通过圆心再增加两条 45°斜线，在斜线上找出四个半径的端点，然后依次圆滑连接这些端点即成圆形，如图 1-48（b）所示。

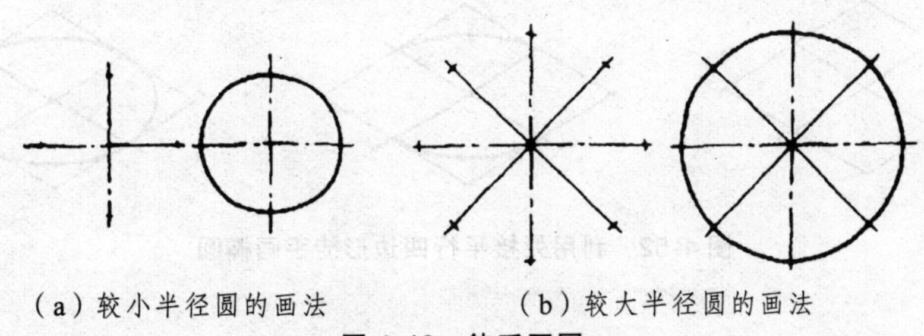

（a）较小半径圆的画法　（b）较大半径圆的画法

图 1-48　徒手画圆

画圆弧时，先用目测在分角线上选取圆心位置，使它与角的两边的距离等于圆角的半径。过圆心向两边引垂线定出圆弧的起点和终点，并在分角线上也定出圆弧上的一点，然后徒手把这三点圆滑连接起来，即画出圆弧，如图 1-49 所示。

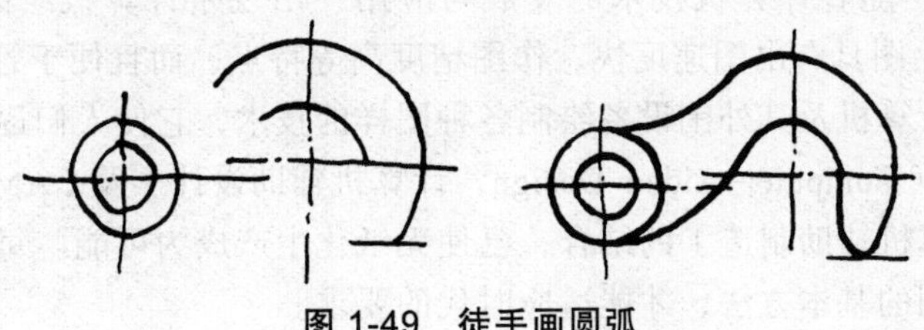

图 1-49　徒手画圆弧

3. 画特殊角度

在绘制一些常用特殊角度如 30°、45°、60°等角度的斜线时，可根据其近似正切值 3/5、1、5/3 作为直角三角形的斜边来画出，如图 1-50 所示。

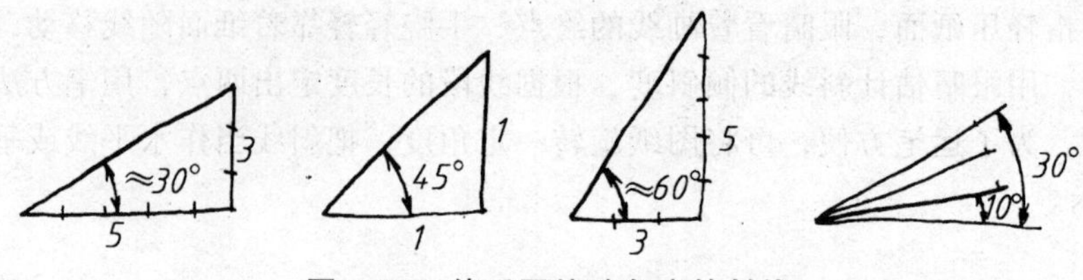

图 1-50　徒手画特殊角度的斜线

4．画椭圆

徒手绘制椭圆时，先定出椭圆的长短轴，目测定出四个点的位置，再过这四个点作矩形，然后作椭圆与该矩形相切，如图 1-51 所示。也可利用外接平行四边形画椭圆，如图 1-52 所示。

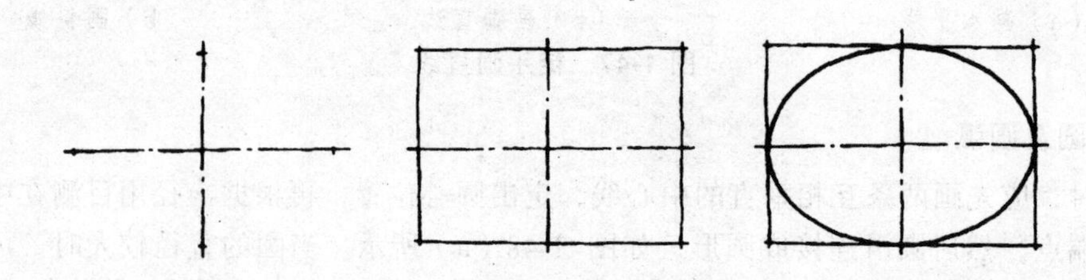

图 1-51　利用矩形徒手画椭圆

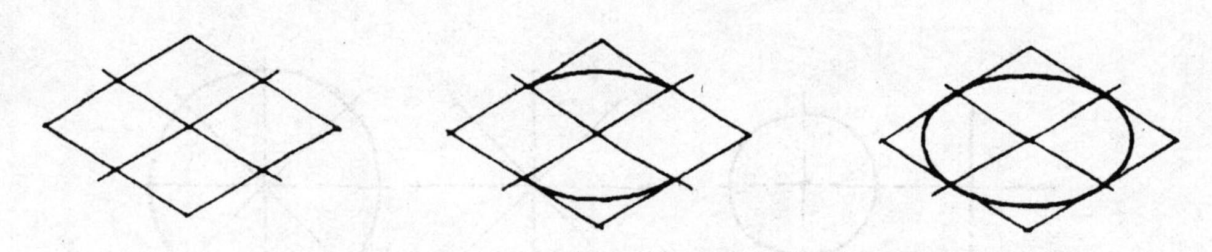

图 1-52　利用外接平行四边形徒手画椭圆

1.3　计算机绘图技术

长期以来，人们一直以尺规为工具进行手工绘图，其效率低、精度差、劳动量大。自 20 世纪 70 年代开始，随着计算机技术的发展与应用，出现了计算机绘图（CG，Computer Graphics）。计算机绘图具有出图速度快、作图精度高等特点，而且便于管理、检索和修改。计算机绘图是利用计算机及其外围设备绘制各种图样的技术，它使人们逐渐摆脱了繁重的手工绘图，它与 CAD（Computer Aided Design，计算机辅助设计）及 CAM（Computer Aided Manufacturing，计算机辅助制造）的结合，已使无纸化生产成为可能。每个工程技术人员都应该掌握计算机绘图的基本方法，才能适应时代的要求。

计算机绘图的基本过程为：应用输入设备进行图形输入；计算机主机进行图形处理；输出设备进行图形显示和图形输出。计算机绘图除作图精度高，出图速度快外，它还可以结合设计计算工作，实现“设计—绘图”自动化。详见第 11 章计算机辅助绘图。

1.3.1 计算机绘图系统的组成

计算机绘图需要计算机绘图系统的支持，目前的微型计算机均支持计算机绘图。所谓计算机绘图系统是指能用计算机和外部设备输入数据和图形信息、运用运算并在计算机屏幕或其他外部设备上进行图形输出的一整套设备及其应用软件。即计算机绘图系统主要由硬件系统和软件系统两部分组成。在计算机绘图系统中，硬件系统主要包括计算机及其必要的外部设备、图形输入和输出设备等；软件系统是能使计算机进行编辑、编译、计算和实现图形输出的信息加工处理系统。一个完整的计算机绘图系统组成如图 1-53 所示。

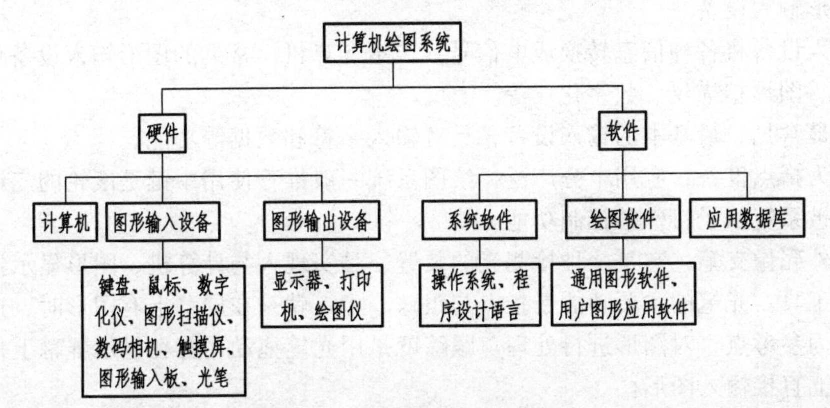

图 1-53　计算机绘图系统组成

目前，计算机绘图系统具备的基本功能主要如下：

（1）图形输入功能。把各种图形数据和图形处理命令输入到计算机中。

（2）图形存储功能。存放图形数据，数据能够随时检索和调用。

（3）图形计算功能。对图形数据进行分析计算，进行各种几何变换和特殊处理，如曲线、曲面的生成，图形剪裁，三维立体的消隐和渲染着色等。

（4）图形输出功能。输出图形和计算结果。

（5）人机交互功能。进行人—机对话，实现绘图过程中的实时人工干预。

1. 硬件系统

计算机绘图系统的硬件系统包括计算机主机和图形输入、输出设备，如图 1-54 所示。

图 1-54　计算机绘图系统硬件基本配置

(1) 计算机

计算机通常有以下四种不同类型：

① 主机系统。这种系统一般以大型机为主机，集中配备某些公用的外部设备，如绘图机、打印机、磁带机等，同时可外接许多用户工作站及字符终端。

② 小型机系统。这种系统与主机系统在形式上非常相似，只不过用小型机或超小型机代替主机，用户工作站的数量较少，一般为 4～6 个。

③ 微机系统。一般由一台微机配备一个图形显示器及若干图形输入、输出设备，即构成一个微机绘图系统。目前，更多的用户采用网络技术将多台及公共外设连在一起，实现网内资源共享。

④ 工作站系统。

（2）图形输入设备

图形输入设备将各种信息转换成电信号，传给计算机。常见的图形输入设备包括键盘、鼠标、光笔、图形扫描仪、数字化仪等。

键盘是最常见、最基本的输入设备，具有输入字符和数据等功能。

鼠标作为指点设备，应用十分广泛，绘图系统一般推荐使用中键是滚轮的三键鼠标，因为中键往往被系统赋予特殊的控制功能。

光笔的外壳像支笔，它是一种检测光的装置，是实现人与计算机、图形显示器之间联系的一种有效工具。光笔的主要功能是指点与跟踪。指点就是在屏幕上有图形时，选取图形上的某一点作为参考点，对图形进行处理。跟踪就是用光笔拖动光标在显示屏幕上任意移动，从而在屏幕上直接输入图形。

图形扫描仪可以把图形或图像以像素点为单位输入到计算机中。通常把扫描得到的像素图用专门的软件处理得到矢量图，这个过程称为矢量化处理。这种输入方法可将原有纸质图样数字化，而且效率比较高。对于用计算机做的全新设计，这种方法就没用了。

数字化仪是一种图形数据采集装置，如图 1-55 所示。它由固定图纸的平板、检测器和电子处理器三部分组成。工作时，将十字游标对准图纸上的某一点，按下按钮，则可输入该点的坐标。连续移动游标，可将游标移动轨迹上的一连串点的坐标输入。因此，它可以把图形转换成坐标数据的形式存储，也可以重新在图形显示器或绘图仪上复制成图。

图 1-55　数字化仪

（3）图形输出设备

常用的图形输出设备一般可以分为两大类。一类是用于交互式作用的图形显示设备，另一类是在纸上或其他介质上输出可以永久保存图形的绘图设备。常用的图形输出设备有以下几种。

① 图形显示器。显示器是人机交互的重要设备之一，它能让设计者观察到设计结果，以便在必要时对设计进行相应的调整、修改等。显示器常用有 CRT（Cathode Ray Tube，阴极射线管）显示器和 LCD 显示器（Liquid Crystal Display，液晶显示器）。

② 打印机。打印机是一种常用的图形硬拷贝设备，它的种类繁多，一般分为撞击式与非撞击式两种。撞击式如针式打印机；非撞击式如喷墨打印机、激光打印机等，可以实现高速度、高质量低噪声的打印输出。

③ 绘图仪。绘图仪按工作原理可分为笔式绘图仪和非笔式绘图仪，按结构可分为平板（台）式绘图仪和滚筒式绘图仪。

笔式绘图仪以墨水笔作为绘图工具，计算机通过程序指令控制笔和纸的相对运动，同时对图形的颜色、图形中的线型以及绘图过程中抬笔、落笔动作加以控制，由此输出屏幕显示的图形或存储器中的图形。非笔式绘图仪的作图工具不是笔，有静电绘图仪、喷墨绘图仪、热敏绘图仪等几种类型。

笔式平板（台）式绘图仪如图 1-56（a）所示；喷墨滚筒绘图仪如图 1-56（b）所示。

（a）笔式平板绘图仪

（b）喷墨滚筒式绘图仪

图 1-56　绘图仪

2. 软件系统

计算机及相应的图形输入、输出设备提供了实现计算机绘图的硬件部分必要条件，但能否实现计算机绘图以及能在多大程度上方便、准确、快速地画出各种图形，还需要配置适合硬件系统的绘图软件以及提高绘图软件的完善程度。目前使用的多数为交互式图形软件。

绘图软件系统通常可分为三部分：系统应用程序、数据库和图形系统。

系统应用程序将信息存入数据库或从数据库中提取信息，向图形系统传送图形命令，说明物体的几何特征，并要求图形系统读取输入设备的值，将一系列画图子程序转换为图形并显示在终端上；而数据库则用以保存被显示物体的信息；图形系统能提供对图形的数据描述，包括物体的几何坐标数据、物体的属性以及物体各部分连接关系的坐标数据，并为用户提供交互绘图的环境。

交互式图形软件一般具有良好的用户界面，通常以菜单和工具栏图标的方式为用户提供二维或三维图形的绘制、编辑和打印等功能。一些功能较完备的交互式图形软件还提供自动标注尺寸、标准件调用、参数化绘图等功能。

目前，常用的交互式绘图软件有 AutoCAD、SolidWorks、Pro/Engineer、Unigraphics（UG）、I-DEAS、CATIA、SolidEdge、MDT、CAXA、PICAD 等。

1.3.2 计算机绘图常用绘图软件简介

下面简要介绍在现代计算机辅助设计 CAD（Computer Aided Design）中，常用的几种主要绘图软件及其功能。

1. AutoCAD

AutoCAD 是美国 AutoDesk 公司为微机开发的二维、三维工程绘图软件。AutoCAD 作为当今最流行的二维绘图软件，具有强大的二维绘图功能，如绘图、编辑、剖面线、图形绘制、尺寸标注以及二次开发等功能，同时还有部分三维功能。AutoCAD 还提供有 AutoLISP、ARX、VBA 等作为二次开发的工具。

详细的 AutoCAD 的有关绘图功能及其使用方法，详见第 11 章。

2. SolidWorks

SolidWorks 是美国 SolidWorks 公司于 1995 年研制开发的一套基于 Windows 平台的全参数化特征造型软件，它可以十分方便地实现复杂的三维零件实体造型、复杂装配和生成工程图。图形界面友好，用户上手快。该软件采用自顶向下基于特征的实体建模设计方法，可动态模拟装配过程，自动生成装配明细表、装配爆炸图、动态装配仿真、干涉检查、装配形态控制，其先进的特征树结构使操作更加简便和直观。该软件提供了完整的、免费的开发工具（API），用户可以用微软的 Visual Basic、Visual C++或其他支持 OLE 的编程语言建立自己的应用方案。通过数据转换接口，SolidWorks 可以很容易地将不同的机械 CAD 软件集成到同一个设计环境中。

3. Pro/Engineer

Pro/Engineer 系统是美国参数技术公司（PTC）的产品。Pro/Engineer 采用技术指标化设计、基于特征的实体模型化系统，工程设计人员采用具有智能特性的基于特征的功能去生成模型，如腔、壳、倒角及圆角，可以随意勾划草图，轻易改变模型。Pro/Engineer 系统用户界面简洁，概念清晰，符合工程技术人员的设计思想与习惯。整个系统建立在统一的数据库上，具有完整而统一的模型。

4. Unigraphics（UG）

Unigraphics（UG）是 Unigraphics Solutions 公司开发出的一款功能强大的 CAD/CAM 软件，针对于整个产品开发的全过程，从产品的概念设计直到产品建模、分析和制造过程，它提供给用户一个灵活的复合建模模块，具有独特的知识驱动自动化（KDA）的功能，使产品和过程的知识能够集成在一个系统里。

5. I-DEAS

I-DEAS 是美国 SDRC 公司开发的 CAD/CAM 软件。I-DEAS 可以进行核心实体造型及设计、数字化验证（CAE）、数字化制造（CAM）、二维绘图及三维产品标注。I-DEASCAMAND 可以方便地仿真刀具及机床的运动，可以从简单的 2 轴、2.5 轴加工到以 7 轴 5 联动方式来加工极为复杂的工件表面，并可以对数控加工过程进行自动控制和优化。

6. CATIA

CATIA 是由法国著名飞机制造公司 Dassault 开发并由 IBM 公司负责销售的 CAD/CAM/CAE/PDM 应用系统。该系统采用了先进的混合建模技术，在整个产品生命周期内具有方便的修改能力，所有模块具有全相关性，具有并行工程的设计环境，支持从概念设计到产品实行的全过程。它也是世界上第一个实现产品数字化样机开发（DMU）的软件。

7. SolidEdge

SolidEdge 是 EDS 公司开发的中档 CAD 系统。SolidEdge 为机械设计量身定制，它利用相邻零件的几何信息，使新零件的设计可在装配造型内完成；模塑加强模块直接支持复杂塑料零件的造型设计；钣金模块使用户可以快速简捷地完成各种钣金零件的设计；利用二维几何图形作为实体造型的特征草图，实现三维实体造型，为从 CAD 绘图升至三维实体造型设计提供了简单、快速的方法。

8. MDT

MDT 是 AutoDesk 公司在 PC 平台上开发的三维机械 CAD 系统。它以三维设计为基础，集设计、分析、制造以及文档管理等多种功能为一体。MDT 基于特征的参数化实体造型和基于 NURBSde1 的曲面造型，可以比较方便地完成几百甚至上千个零件的大型装配，提供相关联的绘图和草图功能，提供完整的模型和绘图的双向联接。该软件与 AutoCAD 完全融为一体，用户可以方便地实现三维向二维的转换。MDT 为 AutoCAD 用户向三维升级提供了一个较好的选择。

9. CAXA

CAXA 是我国北京航空航天大学海尔软件有限公司面向我国工业界自主开发的中文界面、三维复杂形面 CAD/CAM 软件，是我国制造业信息化 CAD/CAM/PLM 领域自主知识产权软件的优秀代表。CAXA 包括 CAXA 电子图版 V52D、CAXA 三维电子图版 V53D 等设计绘图软件。CAXA 实体设计是国家“十五”重点支持的“三维 CAD 系统”项目的重要成果。CAXA 实体设计专注于产品创新工程，为用户提供三维创新设计的 CAD 平台，支持概念设计、总体设计、详细设计、工程设计、分析仿真、数控加工的应用需求，已成为企业加快产品上市与更新速度、赢取国际化市场先机的核心工具。

10. PICAD

PICAD 是北京凯思博宏计算机应用工程有限公司开发的具有自主版权的 CAD 软件。该软件具有智能化、参数化和较强的开放性，对特征点和特征坐标可自动捕捉及动态导航，系统提供局部图形参数化、参数化图素拼装及可扩充的参数图符库；提供交互环境下的开放的二次开发工具，智能标注系统可自动选择标注方式；该软件首先推出了全新的“所绘即所得”自动参数化技术，并具有可回溯的、安全的历史记录管理器，是真正的面向对象和面向特征的 CAD 系统。

计算机绘图在 CAD/CAM 领域中占有极其重要的位置。据不完全统计，在设计制造整个系统中，计算机绘图工作量约占 53%，辅助设计占 30%，分析占 7%，辅助制造占 10%。随着时代的发展和科学技术的不断进步，计算机硬件质量和功能在不断地提高，软件研究飞速发展，特别是微机芯片集成度大幅度增加，计算机绘图已进入高技术应用阶段。

1.4　平面图形的尺寸分析及绘图步骤

平面图形都是由若干直线段和曲线段连接而成的，有些线段可根据给定的尺寸关系直接画出，而有些线段则要根据两线段的几何条件作图。要想正确而又迅速地画好平面图形，首先必须对图形中的尺寸进行分析。通过分析，可以了解平面图形中各种线段的形状、大小、位置，以便确定正确的绘图顺序，准确迅速地绘图。

1.4.1 平面图形的尺寸分析

平面图形的尺寸分析就是分析平面图形中所有尺寸的作用以及图形与尺寸之间的关系，确定尺寸的基准及尺寸的类型，明确尺寸的作用。在标注和分析尺寸时，必须确定基准。尺寸基准就是标注尺寸的起点。平面图形中的尺寸按其作用分为定形尺寸和定位尺寸两类。

1. 尺寸基准

在图形上标注尺寸时，应首先确定标注的起始点，即尺寸基准。在平面图形中，有水平和垂直两个方向上的基准。基准一般采用图形的对称线、圆的中心线、重要的轮廓线等。图 1-57 的水平方向和垂直方向的尺寸基准分别为 ϕ27 mm 圆的垂直中心线和水平中心线。

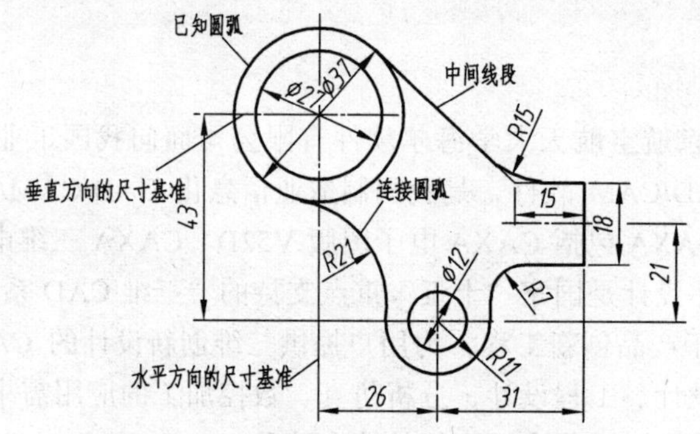

图 1-57 平面图形的尺寸和线段分析

2. 定形尺寸

确定平面图形中各几何元素（各种线段）形状和大小的尺寸称为定形尺寸，如图 1-57 中的*ϕ27* mm、*ϕ37* mm、*ϕ12* mm、*R21* mm、*R11* mm、*18* mm 等。

3. 定位尺寸

确定图形中各几何元素（各个线段或线框）间相对位置的尺寸称为定位尺寸，如图 1-57 中的 *43* mm、*26* mm、*31* mm、*21* mm 等。

需要指出的是，有的尺寸既可以是定形尺寸，又可以是定位尺寸。如图 1-57 中的 *18* mm，它既可确定所注直线段的长度（属于定形尺寸），又是图中斜线段右下端点垂直方向的定位尺寸。

标注平面图形的尺寸，必须满足如下要求：

① 正确，即尺寸标注要按国标规定进行，不能写错；

② 完整，即尺寸必须注写齐全，不重复，不遗漏；

③ 清晰，即尺寸标注要清楚，布局要整齐、美观，便于阅读。

1.4.2 平面图形的线段分析

根据图形中给出的各线段的定形尺寸和定位尺寸是否齐全，将线段分为已知线段、中间线段和连接线段三种。

1. 已知线段

定形尺寸、定位尺寸齐全，可以直接画出的线段称为已知线段。如图 1-57 中的*ϕ37* mm、*ϕ27* mm、*R11* mm、*ϕ 12* mm、*18* mm、*15* mm 等。

对于直线段，已知直线的两个端点的定位尺寸，或已知直线的一个端点的定位尺寸及直线的方向，则该直线是一条已知线段。对于圆（弧），已知其半径尺寸及圆心的水平和垂直两个方向的定位尺寸，则该圆（弧）是一条已知线段。

2. 中间线段（弧）

有定形尺寸和定位尺寸但定位尺寸不全的线段称为中间线段。它是介于已知线段和连接线段之间的线段。画图时亦须根据与其相邻的已知线段的相切关系画出。如图 1-57 中的斜线段。

对于直线段，仅已知其一个端点的定位尺寸，另一个端点或直线的方向要根据连接关系确定，则该直线是一条中间线段。对于圆弧，通常是圆弧半径已知且仅有一个方向的圆心定位尺寸，则该圆弧是一条中间线段。

3. 连接线段

只有定形尺寸而无定位尺寸的线段称为连接线段。这种线段须根据与其相邻的两条线段的相切关系，用几何作图的方法画出。如图 1-57 中的 *R21* mm、*R7* mm、*R15* mm 等。

1.4.3　平面图形的绘图步骤

1. 尺规绘图的基本过程

（1）准备工作。绘图前应准备好必要的绘图工具、仪器和用品，整理好工作地点。熟悉和了解所画图形的内容，按图样大小和比例选择适当的图幅，并将图纸固定在图板的适当位置（以丁字尺和三角板移动比较方便为准）。

（2）合理布局。先按照国家标准规定，在图纸上用细实线画出选定的图幅及图框周边和标题栏，再合理布置图形。图形的布局应均匀美观，应根据图形的长、宽尺寸，画出各图形的基准线、轴线等。

（3）画底稿。用较硬的 H 或 2H 铅笔准确地、很轻地画出底稿。先画出主要轮廓线或中心线，再画细节。画底稿图线应“细、轻、准”。画好底稿后应仔细校核，改正错误，接着画出尺寸界线和尺寸线，最后再擦去多余图线，清洁图面。

（4）加深和标注尺寸。对图形进行加深时，应按线型选择铅笔，要保持铅笔端的粗细一致，用力要均匀。加深时，先粗线后细线（虚线、点画线和细实线等）；先曲线后直线；先水平线后垂直线；从上到下，从左到右，最后画倾斜线。另外，图框及标题栏也要加深。

标注尺寸、书写其他文字、符号和填写标题栏。

（5）检查、完成全图。对图面进行全面检查，图线要求：线型正确，粗细分明，均匀光滑，深浅一致。图面要求：布图适中，整洁美观，字体、数字符合国家标准规定。通过校对，修饰、清洁图面，完成全图。

2. 平面图形的绘图步骤

根据上述对平面图形的分析，下面以图 1-58 所示手柄的平面图为例，说明一般平面图形的绘图步骤。

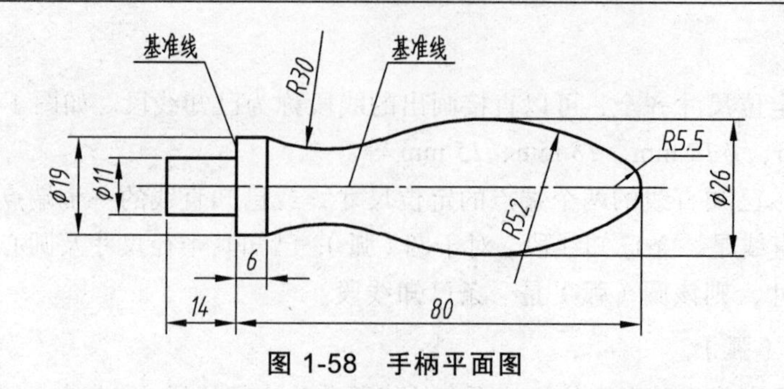

图 1-58 手柄平面图

① 画出图形的基准线、定位线。

② 画已知线段：半径为 *R5.5* 的圆弧等，如图 1-59（a）所示。

③ 画中间线段：先画相距为*φ26* mm 的范围线，并作与范围线相距为 *52* mm 的平行线；以 *O* 为圆心、以 *R*（*52-5.5*）为半径画圆弧与刚作的平行线相交于 O_1 点，交点 O_1 即为 *R52* 圆弧的圆心；以 O_1 为圆心，画半径为 *R52* 的圆弧，同时画出对称圆弧。两对称圆弧与相距为 *26* 的范围线相切，并与 *R5.5* 的圆弧内切，如图 1-59（b）所示。

④ 画连接线段：分别以 O_1、O_2 为圆心、以 *R*（*52 + 30*）、*R30* 为半径画圆弧相交于 O_3 点；以 O_3 为圆心、以 *R30* 为半径画圆弧，该圆弧与 *R52* 的圆弧外切，同时画出对称圆弧，如图 1-59（c）所示。

⑤ 检查全图，擦去多余的作图线，按线型要求加深图线，如图 1-59（d）所示。

⑥ 标注尺寸，完成全图，如图 1-58 所示。

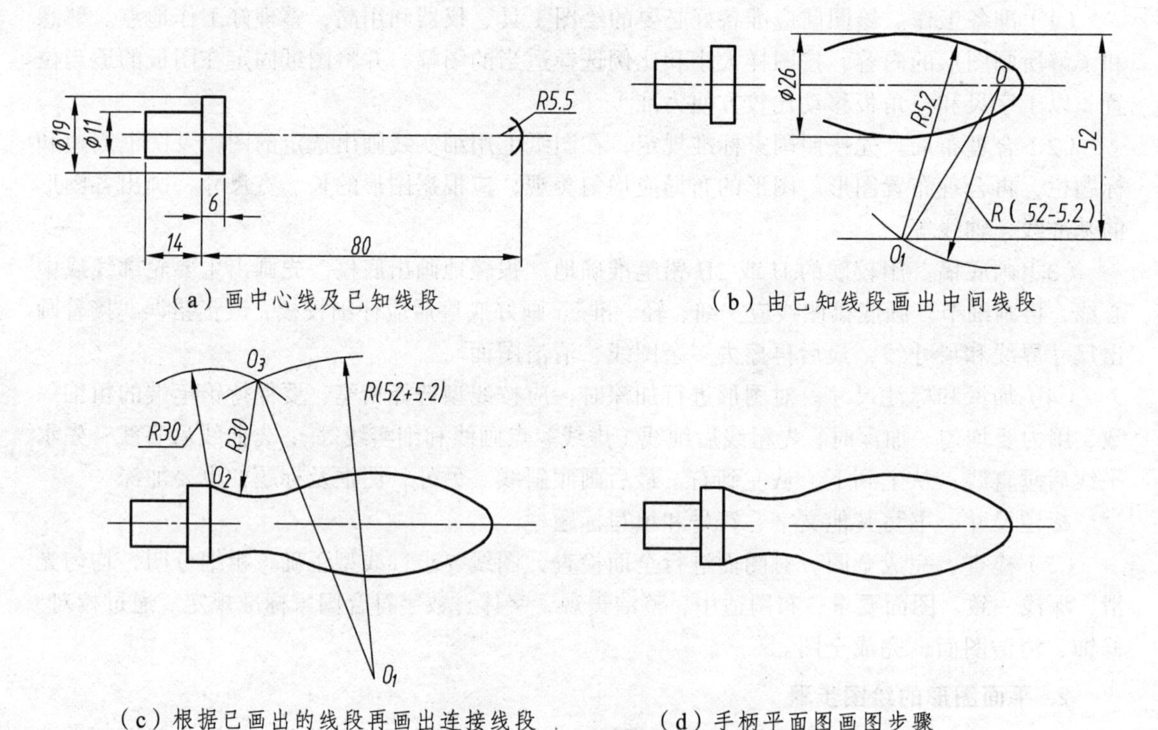

（a）画中心线及已知线段　（b）由已知线段画出中间线段

（c）根据已画出的线段再画出连接线段　（d）手柄平面图画图步骤

图 1-59 手柄平面图画图步骤

第 2 章　点、直线和平面的投影

点、线、面是构成物体的最基本的几何元素，一切物体都可以看作是这些元素的集合，因此研究和掌握它们的投影性质和规律，是正确、迅速地绘制物体图样的基础。本章在介绍了投影法和物体三视图的基础上，重点介绍空间元素点、直线、平面的投影规律与特性以及换面法的基本原理。

2.1　投影法和物体的三视图

2.1.1　投影法及三视图的形成

1. 投影法的概念

在日常生活中，人们可以看到太阳光或灯光照射物体时，在地面或墙壁上出现物体的影子，将这种自然现象加以抽象，总结其规律，提出投影法概念。投影法是指投射线通过物体，向选定的平面投射，并在该平面上得到图形的方法。投射光线称为投射线（或叫投影线），地面或墙壁称为投影面，影子称为物体在投影面上的投影。

设空间有一定点 S 和任一点 A，以及不通过点 S 和点 A 的平面 P，如图 2-1 所示。从点 S 经过点 A 作直线 SA，直线 SA 必然与平面 P 相交于一点 a，则称点 a 为空间任一点 A 在平面 P 上的投影，称定点 S 为投影中心，称平面 P 为投影面，称直线 SA 为投影线。

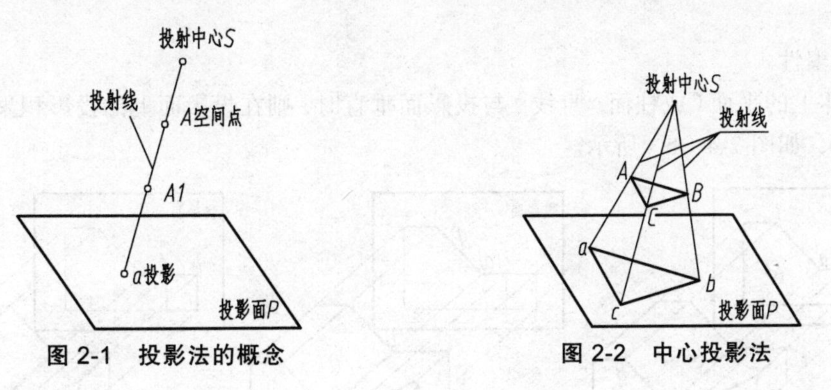

图 2-1　投影法的概念　　　图 2-2　中心投影法

如图 2-2 所示，作△ABC 在投影面 P 上的投影。先自点 S 过点 A、B、C 分别作直线 SA、SB、SC 与投影面 P 的交点 a、b、c，再过点 a、b、c 作直线，连成△abc，△abc 即为空间的△ABC 在投影面 P 上的投影。

2. 投影法的种类及应用

（1）中心投影法

投影中心距离投影面在有限远的地方，投影线都从投影中心出发的投影法称为中心投影法，如图 2-2 所示。

缺点：中心投影不能真实地反映物体的形状和大小，不适用于绘制机械图样。

优点：有立体感，工程上常用这种方法绘制建筑物的透视图。

（2）平行投影法

投影中心距离投影面在无限远的地方，投影时投影线都相互平行的投影法称为平行投影法，如图 2-3 所示。

根据投影线与投影面是否垂直，平行投影法又可以分为斜投影法和正投影法两种。

① 斜投影法——投影线与投影面相倾斜。由斜投影法得到的投影，称为斜投影。如图 2-3（a）所示。

② 正投影法——投影线与投影面相垂直。由正投影法得到的投影，称为正投影。如图 2-3（b）所示。

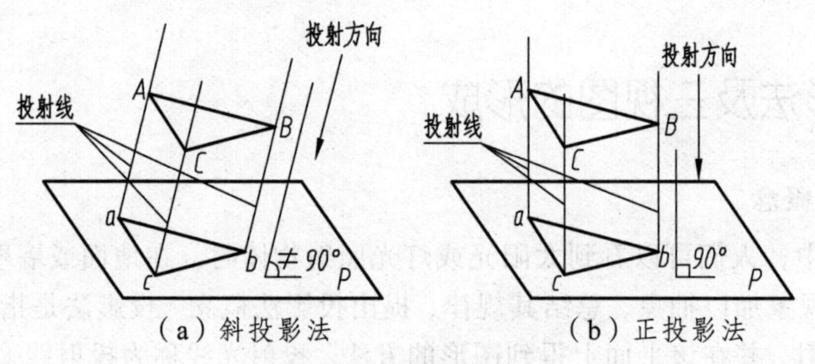

（a）斜投影法　　（b）正投影法

图 2-3　平行投影法

（3）正投影的基本特性

① 实形性。

当物体上的平面（或直线）与投影面平行时，投影反映实形（或实长），如图 2-4（a）所示。

② 积聚性。

当物体上的平面（或柱面、直线）与投影面垂直时，则在投影面上的投影积聚为直线（或曲线、点），如图 2-4（b）所示。

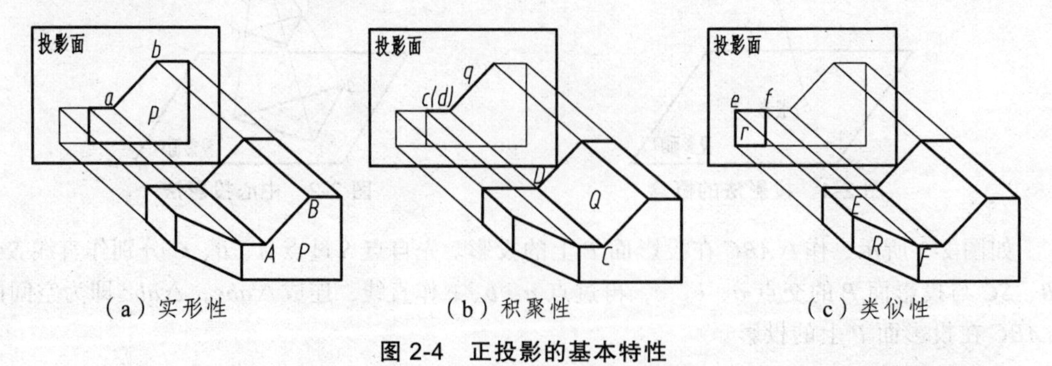

（a）实形性　　（b）积聚性　　（c）类似性

图 2-4　正投影的基本特性

③ 类似性。

当物体上的平面（或直线）与投影面倾斜时，其投影的面积变小（或长度缩短），但投影的形状仍与原来的形状类似，如图 2-4（c）所示。

正投影法的优点是能够表达物体的真实形状和大小，作图方法也较简单，所以广泛用于绘制工程图样。

注：今后如不作特别说明，"投影"即指"正投影"。

2.1.2　三视图的形成与投影规律

在机械制图中，通常假设人的视线为一组平行的、且垂直于投影面的投影线。工程图样大多是采用正投影法绘制的正投影图，根据有关规定和标准，用正投影法所绘制出的物体的图形称为视图。

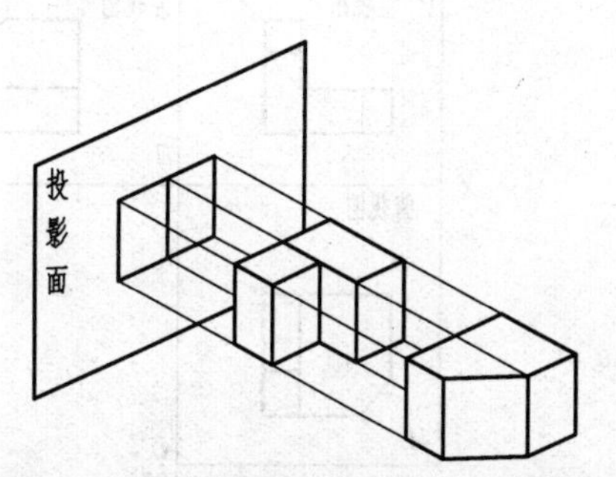

图 2-5　一个视图不能确定物体的形状

一般情况下，一个视图不能确定物体的形状。如图 2-5 所示，两个形状不同的物体，它们在投影面上的投影都相同。因此，要反映物体的完整形状，必须增加由不同投影方向所得到的几个视图，互相补充，才能将物体表达清楚。工程上常用的是三视图。

1. 三投影面体系与三视图的形成

（1）三投影面体系的建立

三投影面体系由三个互相垂直的投影面所组成，如图 2-6 所示。在三投影面体系中，三个投影面分别为：

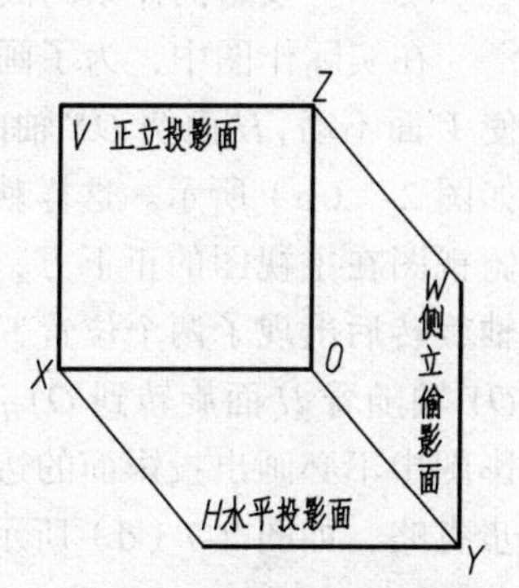

图 2-6　三投影面体系

正投影面：简称为正面，用字母 V 表示；

水平投影面：简称为水平面，用字母 H 表示；

侧投影面：简称为侧面，用字母 W 表示。

三个投影面的相互交线，称为投影轴。它们分别是：

OX 轴：是 V 面和 H 面的交线，它代表长度方向；

OY 轴：是 H 面和 W 面的交线，它代表宽度方向；

OZ 轴：是 V 面和 W 面的交线，它代表高度方向；

三个投影轴垂直相交的交点 O，称为原点。

（2）三视图的形成

将物体放在三投影面体系中，物体的位置处在人与投影面之间，然后将物体对各个投影面进行投影，得到三个视图，这样就可以把物体的长、宽、高三个方向，上下、左右、前后六个方位的形状表达出来，如图 2-7（a）所示。三个视图分别为：

主视图：从前向后进行投影，在正投影面（V 面）上所得到的视图。

俯视图：从上向下进行投影，在水平投影面（H 面）上所得到的视图。

左视图：从左向右进行投影，在侧投影面（W 面）上所得到的视图。

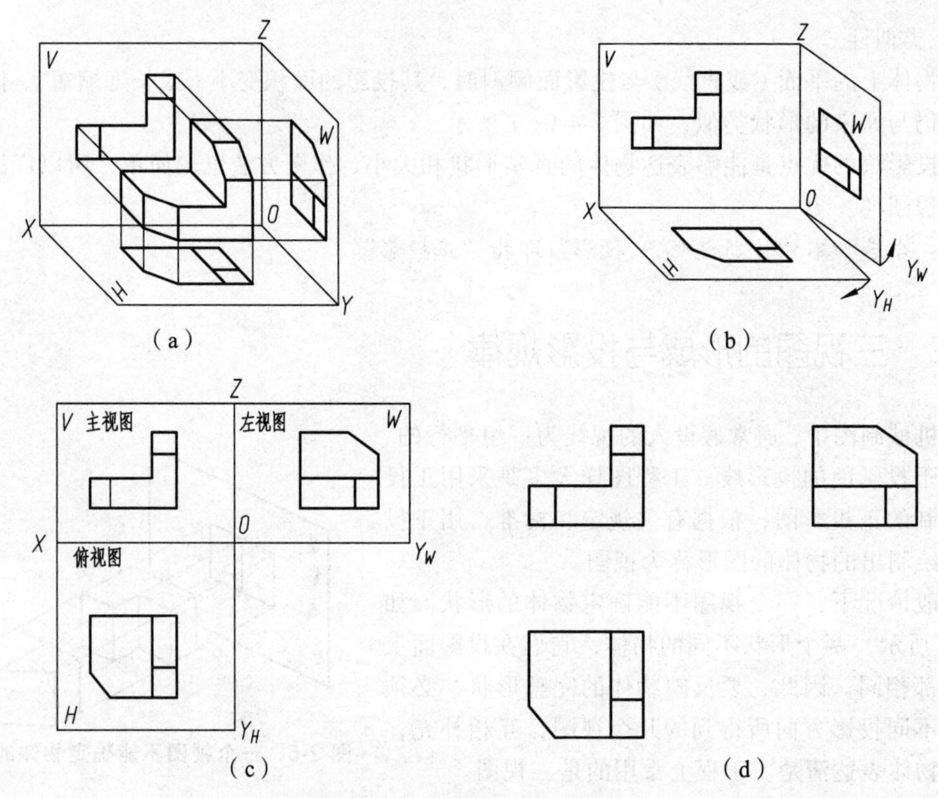

图 2-7　三视图的形成与展开

（3）三投影面体系的展开

在实际作图中，为了画图方便，需要将三个投影面在一个平面上表达出来。规定如下：使 V 面不动，H 面绕 OX 轴向下旋转 90°与 V 面重合，W 面绕 OZ 轴向右旋转 90°与 V 面重合，如图 2-7（b）所示。这样就得到了在同一平面上的三视图，如图 2-7（c）所示。可以看出，俯视图在主视图的正下方，左视图在主视图的正右方。在这里应特别注意的是：同一条 OY 轴旋转后出现了两个位置，因为 OY 是 H 面和 W 面的交线，也就是两投影面的共有线，所以 OY 轴随着 H 面旋转到 OY_H 的位置，同时又随着 W 面旋转到 OY_W 的位置。为了作图简便，投影图中不必画出投影面的边框。由于画三视图时主要依据投影规律，所以投影轴也可以进一步省略，如图 2-7（d）所示。

2. 三视图的投影规律

从图 2-8 可以看出，一个视图只能反映两个方向的尺寸，主视图反映了物体的长度和高度，俯视图反映了物体的长度和宽度，左视图反映了物体的宽度和高度。由此可以归纳出三视图的投影规律：

主、俯视图“长对正”（即等长）；

主、左视图“高平齐”（即等高）；

俯、左视图“宽相等”（即等宽）。

三视图的投影规律反映了三视图的重要特性，也是画图和读图的基本依据。无论是整个物体还是物体的局部，其三面投影都必须符合这一规律。

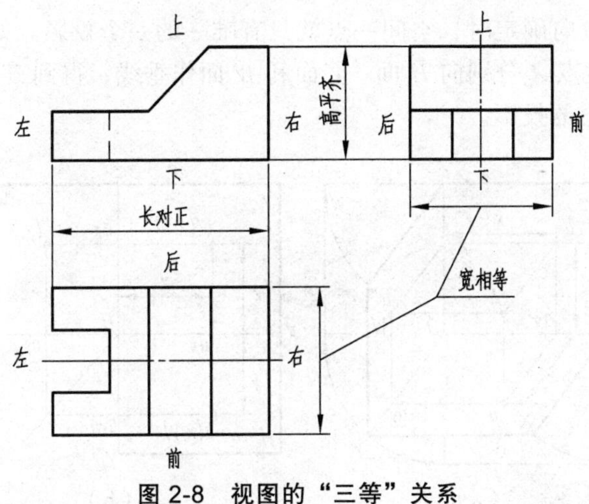

图 2-8　视图的“三等”关系

3. 三视图与物体方位的对应关系

物体有长、宽、高三个方向的尺寸，有上下、左右、前后六个方位关系，如图 2-9（a）所示。六个方位在三视图中的对应关系如图 2-9（b）所示。

主视图反映了物体的上、下和左、右四个方位关系；

俯视图反映了物体的前、后和左、右四个方位关系；

左视图反映了物体的上、下和前、后四个方位关系。

读图时，应注意物体上、下、左、右和前、后各部位与三视图的联系。

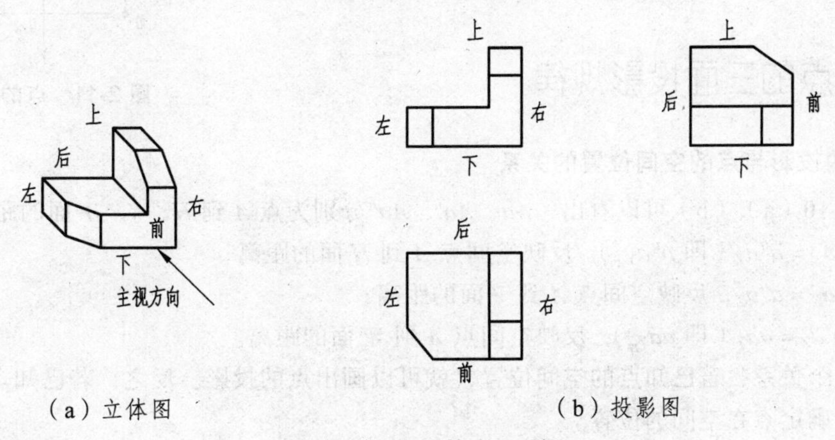

图 2-9　三视图的方位关系

2.2　点的投影

2.2.1　点在三投影面体系中的投影

任何物体都可以看作是点的集合。点是基本几何要素，研究点的投影规律是掌握其他几何要素投影的基础。

当投影面和投影方向确定时，空间一点就只有唯一的一个投影。如图 2-10（a）所示，假设空间有一点 A，过点 A 分别向 H 面、V 面和 W 面作垂线，得到三个垂足 a、a'、a''，便是点 A 在三个投影面上的投影。

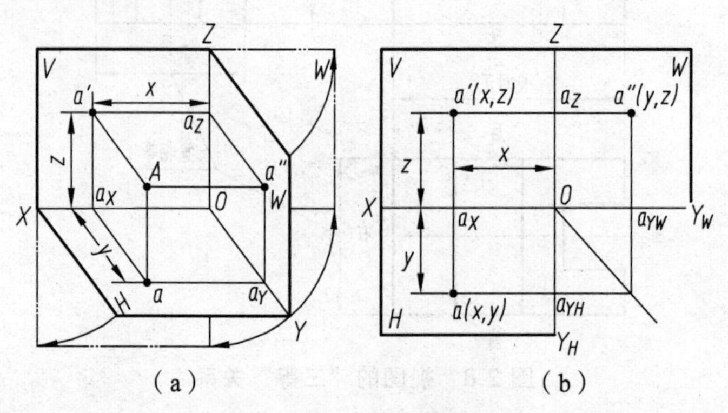

图 2-10　点的三面投影

规定用大写字母（如 A）表示空间点，它的水平投影、正面投影和侧面投影，分别用相应的小写字母（如 a、a' 和 a''）表示。根据三面投影图的形成规律将其展开，可以得到如图 2-10（b）所示的带边框的三面投影图，即得到点 A 的三面投影。

省略投影面的边框线，就得到如图 2-11 所示的空间 A 点的三面投影图。

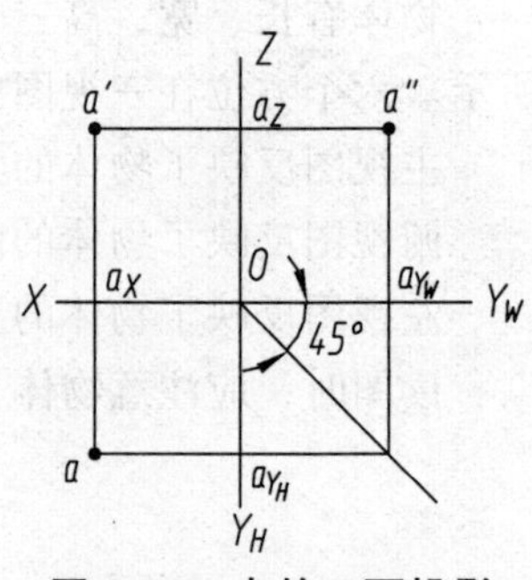

图 2-11　点的三面投影

2.2.2　点的三面投影规律

1. 点的投影与点的空间位置的关系

从图 2-10（a）、（b）可以看出，Aa、Aa'、Aa''分别为点 A 到 H、V、W 面的距离，即

$Aa = a'a_X = a''a_Y$（即 $a''a_{Y_W}$），反映空间点 A 到 H 面的距离；

$Aa' = aa_X = a''a_Z$，反映空间点 A 到 V 面的距离；

$Aa'' = a'a_Z = aa_Y$（即 aa_{Y_H}），反映空间点 A 到 W 面的距离。

根据这个关系，若已知点的空间位置，就可以画出点的投影。反之，若已知点的投影，就可以完全确定点在空间的位置。

2. 点的三面投影规律

由图 2-11 中还可以看出：

$aa_{YH} = a'a_Z$　　　即 $a'a \perp OX$；

$a'a_X = a''a_{Y_W}$　　　即 $a'a'' \perp OZ$；

$aa_X = a''a_Z$

这说明点的三个投影不是孤立的，而是彼此之间有一定的位置关系。而且这个关系不因空间点的位置改变而改变，因此可以把它概括为普遍性的投影规律：

① 点的正面投影和水平投影的连线垂直于 OX 轴，即 $a'a \perp OX$；

② 点的正面投影和侧面投影的连线垂直于 OZ 轴，即 $a'a'' \perp OZ$；

③ 点的水平投影 a 到 OX 轴的距离等于侧面投影 a'' 到 OZ 轴的距离，即 $aa_X = a''a_Z$。(可以用 45°辅助线或以原点为圆心作弧线来反映这一投影关系)。

根据上述投影规律，若已知点的任何两个投影，就可求出它的第三个投影。

例如，若已知点 A 的正面投影 a'和侧面投影 a''（图 2-12（a）)，求作其水平投影 a。作图方法与步骤如图 2-12（b）所示。需注意，一般在作图过程中，应自点 O 作辅助线（与水平方向夹角为 45°），以表明 $aa_X = a''a_Z$ 的关系。

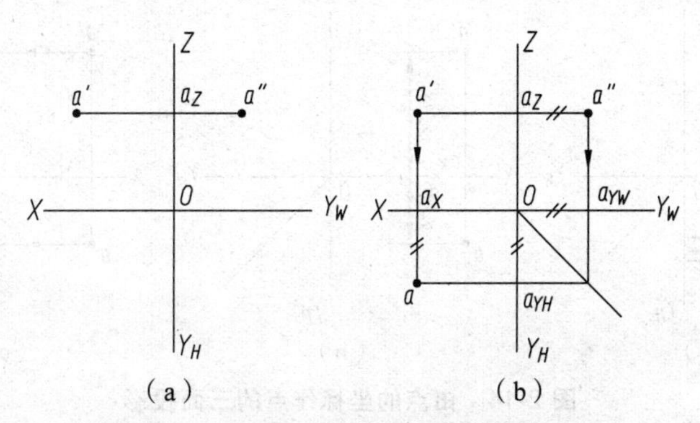

图 2-12　已知点的两个投影求第三个投影

3. 点的三面投影与直角坐标的关系

三投影面体系可以看成是一个空间直角坐标系，因此可用直角坐标确定点的空间位置。投影面 H、V、W 作为坐标面，三条投影轴 OX、OY、OZ 作为坐标轴，三轴的交点 O 作为坐标原点。

由图 2-13（a）可以看出 A 点的直角坐标与其三个投影的关系：

点 A 到 W 面的距离 $= Oa_X = a'a_Z = aa_{Y_H} = X$ 轴坐标值；

点 A 到 V 面的距离 $= Oa_{Y_H} = aa_X = a''a_Z = Y$ 轴坐标值；

点 A 到 H 面的距离 $= Oa_Z = a'a_X = a''a_{Y_W} = Z$ 轴坐标值。

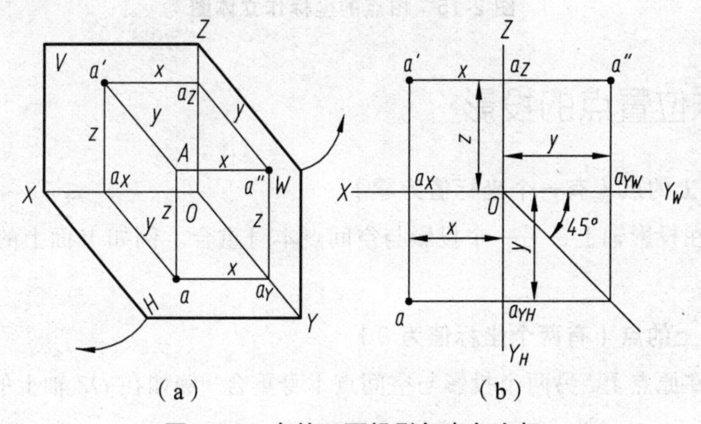

图 2-13　点的三面投影与直角坐标

用坐标来表示空间点位置比较简单，可以写成 $A(x, y, z)$ 的形式。

由图 2-13（b）可知，坐标 x 和 z 决定点的正面投影 a'，坐标 x 和 y 决定点的水平投影 a，

坐标 y 和 z 决定点的侧面投影 a''，若用坐标表示，则为 $a(x, y, 0)$，$a'(x, 0, z)$，$a''(0, y, z)$。

因此，已知一点的三面投影，就可以量出该点的三个坐标；相反地，已知一点的三个坐标，就可以绘制出该点的三面投影。

如已知点 A 的坐标（20，10，18），作出该点的三面投影。其作图方法与步骤如图 2-14 所示。

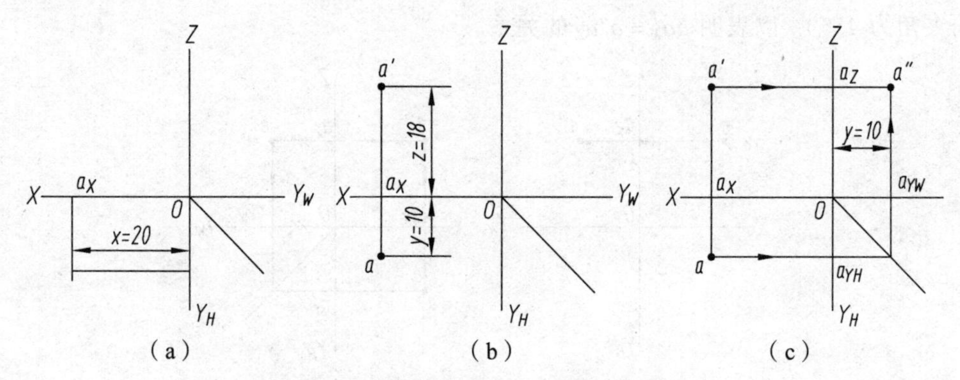

图 2-14　由点的坐标作点的三面投影

根据上例中点 A 的坐标，作出其立体图。作立体图的作图步骤如图 2-15 所示。

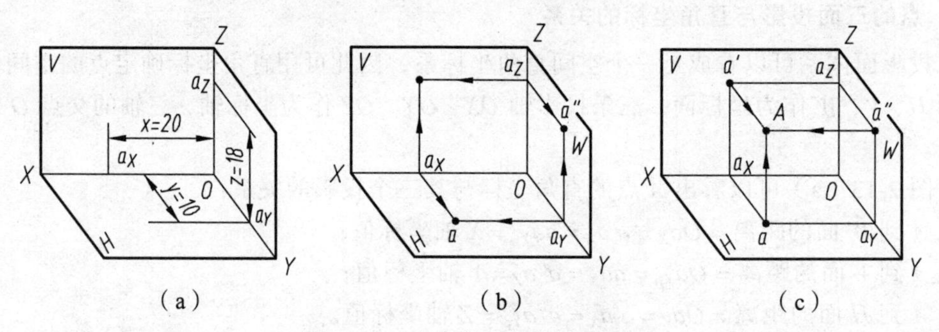

图 2-15　由点的坐标作立体图

2.2.3　特殊位置点的投影

1. 在投影面上的点（有一个坐标值为零）

有两个投影在投影轴上，另一个投影与空间点本身重合。例如 V 面上的点 A，如图 2-16（a）所示。

2. 在投影轴上的点（有两个坐标值为 0）

有一个投影在原点上，另两个投影与空间点本身重合。例如在 OZ 轴上的点 A，如图 2-16（b）所示。

3. 在原点上的空间点（有三个坐标值都为零）

它的三个投影必定都在原点上。如图 2-16（c）所示。

投影面上点的投影特性：① 点的一个投影与空间点本身重合；② 点的另外两个投影在相应的坐标轴上。

投影轴上点的投影特性：① 点的两个投影与空间点本身重合；② 点的另一个投影在原点。

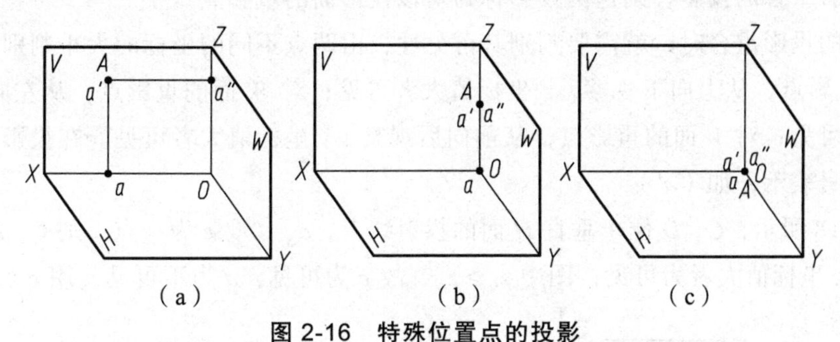

图 2-16　特殊位置点的投影

2.2.4　两点的相对位置和重影点

1. 两点的相对位置

两点的相对位置指空间两点上下、前后、左右的位置关系。这种位置关系可通过两点同面投影的相对位置或坐标大小来判断。

① 空间方位的约定：x 坐标增大的方向为向左的方向；y 坐标增大的方向为向前的方向；z 坐标增大的方向为向上的方向。

② 点的相对位置的判别：x 坐标→判别左右的方向；y 坐标→判别前后的方向；z 坐标→判别前后的方向。

综上所述，对于空间两点 A、B 的相对位置：

- 距 W 面远者在左（x 坐标大），近者在右（x 坐标小）；
- 距 V 面远者在前（y 坐标大），近者在后（y 坐标小）；
- 距 H 面远者在上（z 坐标大），近者在下（z 坐标小）。

例 2-1　如图 2-17（a）所示，若已知空间两点的投影，即点 A 的三个投影 a、a'、a''和点 B 的三个投影 b、b'、b''，利用 A、B 两点同面投影坐标差来判别 A、B 两点的相对位置。

分析：由于 $x_A > x_B$，表示 B 点在 A 点的右方；而 $z_B > z_A$，表示 B 点在 A 点的上方；$y_A > y_B$，表示 B 点在 A 点的后方。由此可以判断：B 点在 A 点的右、后、上方，如图 2-17（b）所示。

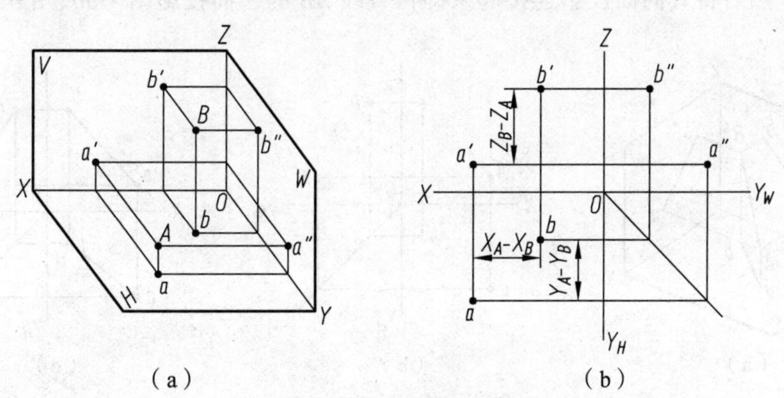

图 2-17　两点的相对位置

2. 重影点

当两点的某两个坐标相同时，该两点将处于同一投射线上，因而在由相同两坐标确定的投影面上具有重合的投影，则这两投影称为对该投影面的重影点。

当两点的投影重合时，就需要判别其可见性，由两点不同的坐标的大小判别。应注意：对 *H* 面的重影点，从上向下观察，*z* 坐标值大者可见；对 *W* 面的重影点，从左向右观察，*x* 坐标值大者可见；对 *V* 面的重影点，从前向后观察，*y* 坐标值大者可见。在投影图上不可见的投影加括号表示，如（*a′*）。

如图 2-18 所示，*C*、*D* 位于垂直 *H* 面的投射线上，*c*、*d* 重影为一点，则 *C*、*D* 为对 *H* 面的重影点，*z* 坐标值大者为可见，图中 $z_C > z_D$，故 *c* 为可见，*d* 为不可见，用 *c*（*d*）表示。

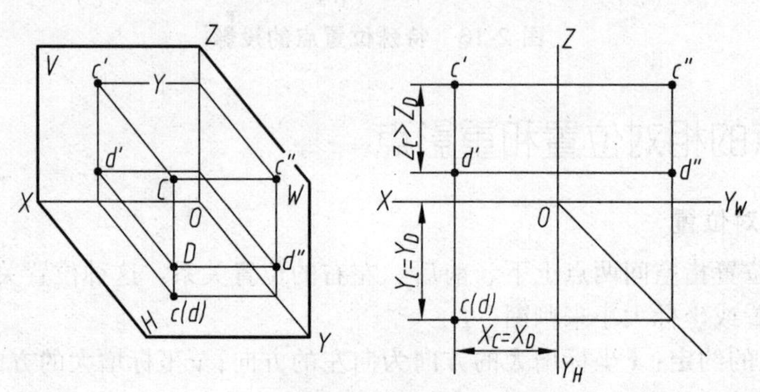

图 2-18　重影点

2.3　直线的投影

2.3.1　直线的投影

空间一直线的投影可由直线上的两点（通常取线段两个端点）的同面投影来确定。如图 2-19 所示的直线 *AB*，求作它的三面投影图时，可分别作出 *A*、*B* 两端点的投影（*a*、*a′*、*a″*）、（*b*、*b′*、*b″*），然后将其同面投影连接起来即得直线 *AB* 的三面投影图（*ab*、*a′b′*、*a″b″*）。

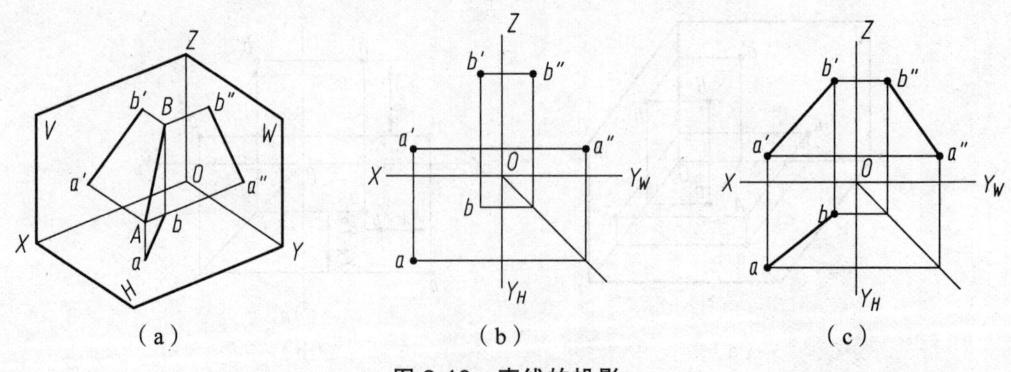

图 2-19　直线的投影

2.3.2　直线在三面投影体系中的投影特性

在三面投影体系中，依据直线对投影面的相对位置，可将直线分为三类：一般位置线、投影面平行线、投影面垂直线。其中后两种直线又被称为特殊位置直线。

1. 一般位置线

与三个投影面都处于倾斜位置的直线称为一般位置线。其与水平投影面的倾角用α表示，与正面投影面的倾角用β表示，与侧面投影面的倾角用γ表示。

如图 2-20（a）所示，直线 AB 与 H、V、W 面都处于倾斜位置，其投影如图 2-20（b）所示。

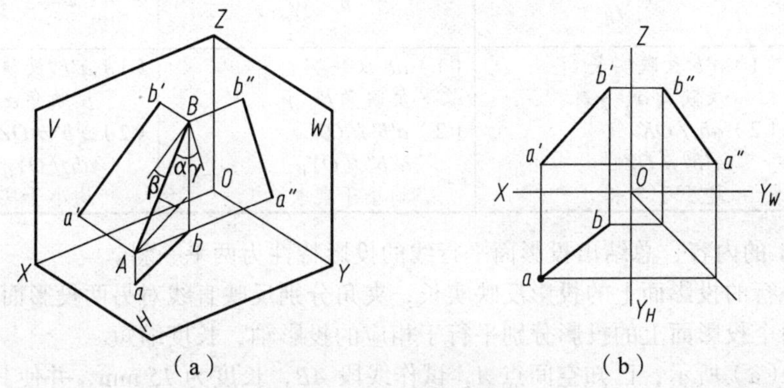

图 2-20　一般位置线

一般位置线的投影特性可归纳如下：

① 直线的三个投影与投影轴都倾斜，各投影与投影轴所夹的角度不等于空间线段对相应投影面的倾角。

② 任何投影都小于空间线段的实长，也不能积聚为一点。

对于一般位置线的辨认：直线的投影如果与三个投影轴都倾斜，则可判定该直线为一般位置线。

2. 投影面平行线

平行于一个投影面且同时倾斜于另外两个投影面的直线称为投影面平行线。平行于 V 面的直线称为正平线；平行于 H 面的直线称为水平线；平行于 W 面的直线称为侧平线。如图 2-21 所示。

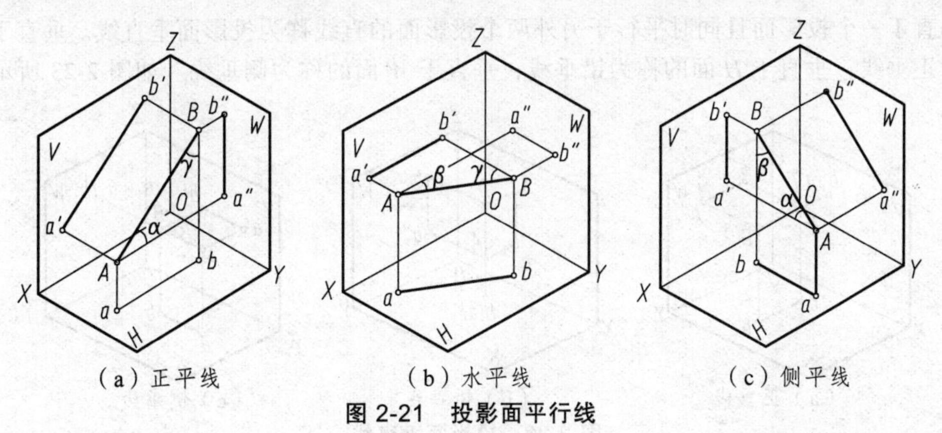

图 2-21　投影面平行线

投影面平行线的投影特性见表 2-1。

表 2-1 投影面平行线的投影图及其投影特性

名称	正平线（$AA /\!/ V$ 面）	水平线（$AB /\!/ H$ 面）	侧平线（$AB /\!/ W$ 面）
投影图			
投影特性	（1）$a'b'$ 反映实长 反映角 α、γ （2）$ab /\!/ OX$ $a''b'' /\!/ OZ$ 均小于实长	（1）ab 反映实长 反映角 β、γ （2）$a'b' /\!/ OX$ $a''b'' /\!/ OY_W$ 均小于实长	（1）$a''b''$ 反映实长 反映角 α、β （2）$a'b' /\!/ OZ$ $ab /\!/ OY_H$ 均小于实长

归纳表 2-1 的内容，总结出投影面平行线的投影特性为两平一斜。

① 在其平行的投影面上的投影反映实长；夹角分别反映直线对另两投影面的真实倾角。

② 另外两个投影面上的投影分别平行于相应的投影轴，长度缩短。

如图 2-22（a）所示，已知空间点 A，试作线段 AB，长度为 15 mm，并使其平行 V 面，与 H 面倾角 $\alpha = 30°$（只需一解）。则作图过程如图 2-22（b）所示。

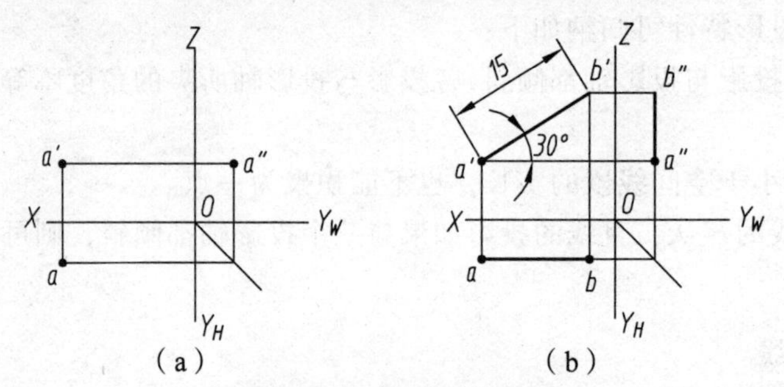

图 2-22 作正平线 AB

3. 投影面垂直线

垂直于一个投影面且同时平行于另外两个投影面的直线称为投影面垂直线。垂直于 V 面的称为正垂线；垂直于 H 面的称为铅垂线；垂直于 W 面的称为侧垂线。如图 2-23 所示。

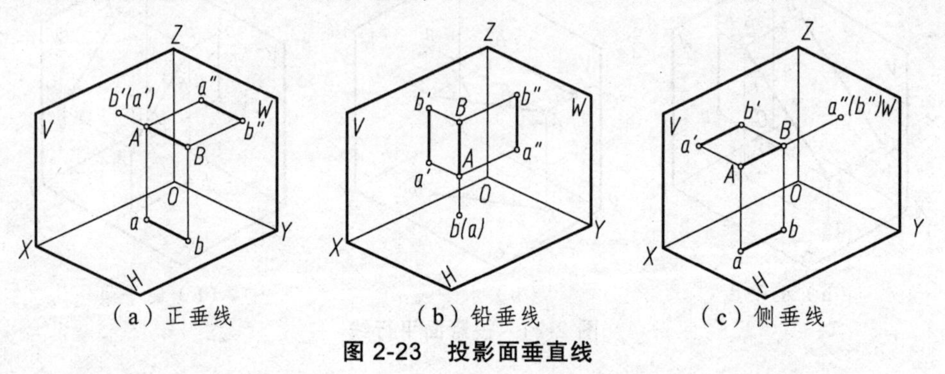

（a）正垂线　（b）铅垂线　（c）侧垂线

图 2-23 投影面垂直线

投影面垂直线的投影特性见表 2-2。

表 2-2　投影面垂直线的投影图及其投影特性

名称	正平线（$AA \perp V$ 面）	水平线（$AB \perp H$ 面）	侧平线（$AB \perp W$ 面）
投影图			
投影特性	（1）$a'b'$ 积聚为一点， （2）$ab \perp OX$ $a''b'' \perp OZ$ ab，$a''b''$ 均反映实长	（1）ab 积聚为一点 （2）$a'b' \perp OX$ $a''b'' \perp OY_W$ $a'b'$，$a''b''$ 均反映实长	（1）$a''b''$ 积聚为一点 （2）$a'b' \perp OZ$ $ab // OY_H$ ab，$a'b'$ 均反映实长

归纳表 2-2 的内容，总结出投影面平行线的投影特性：两线一点。

① 在其垂直投影面上的投影，积聚成一点。

② 另外两个投影面上的投影，分别垂直于不同的投影轴，且反映实长。

如图 2-24（a）所示，已知正垂线 AB 的点 A 的投影，直线 AB 长度为 10 mm，则作直线 AB 的三面投影（只需一解），其作图过程如图 2-24（b）所示。

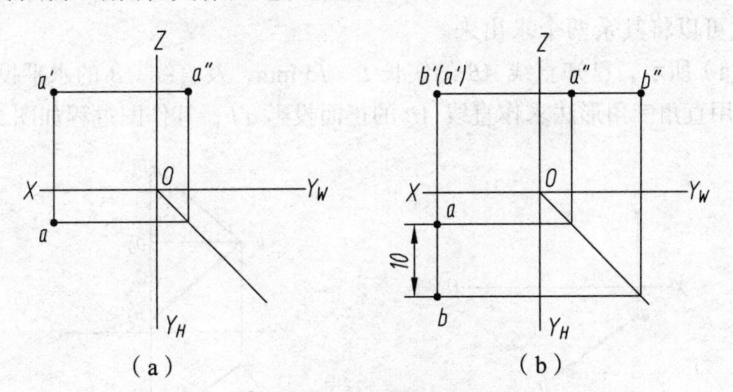

图 2-24　作正垂线 AB

2.3.3　一般位置线的实长及其对投影面的倾角

1. 直角三角形法的作图原理

如图 2-25 所示，AB 为一般位置线，过端点 A 作直线平行其水平投影 ab 并交 Bb 于 C，得直角三角形 ABC。在直角三角形 ABC 中，斜边 AB 就是线段本身，底边 AC 等于线段 AB 的水平投影 ab，对边 BC 等于线段 AB 的两端点到 H 面的距离差（Z 坐标差），也即等于 $a'b'$ 两端点到投影轴 OX 的距离差，而 AB 与底边 AC 的夹角即为线段 AB 对 H 面的倾角 α。

2. 直角三角形法的作图方法和步骤

根据上述分析，只要用一般位置线在某一投影面上的投影作为直角三角形的底边，用直线的两端点到该投影面的距离差为另一直角边，作出一直角三角形。此直角三角形的斜边就是空间线段的真实长度，而斜边与底边的夹角就是空间线段对该投影面的倾角。这就是直角三角形法。

作图方法与步骤如图 2-26 所示，用线段的任一投影为底边均可用直角三角形法求出空间线段的实长，其长度是相同的，但所得倾角不同。

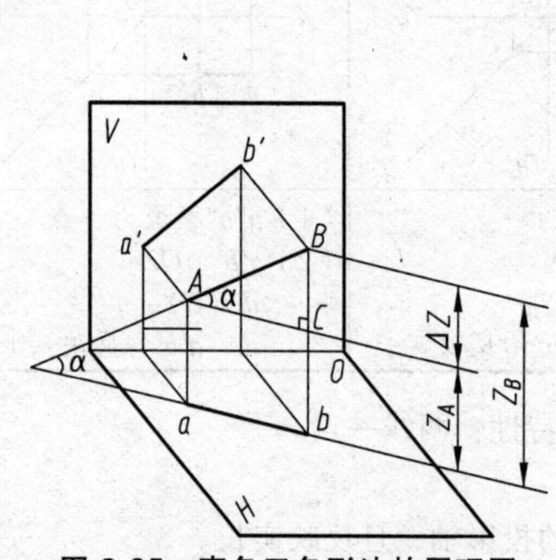

图 2-25 直角三角形法的原理图

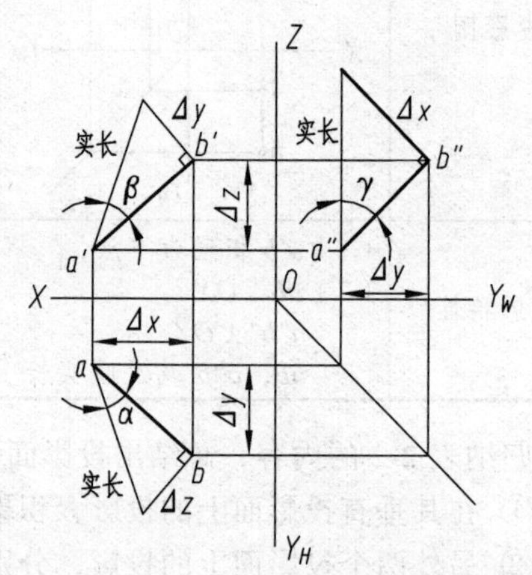

图 2-26 直角三角形法

在直角三角形法中，直角三角形包含四个因素：投影长、坐标差、实长、倾角。只要知道两个因素，就可以将其余两个求出来。

如图 2-27（a）所示，已知直线 *AB* 的实长 $L = 15$ mm，及直线 *AB* 的水平投影 *ab* 和点 *A* 的正面投影 *a′*，则用直角三角形法求作直线 *AB* 的正面投影 *a′b*，其作图过程如图 2-27（b）所示。

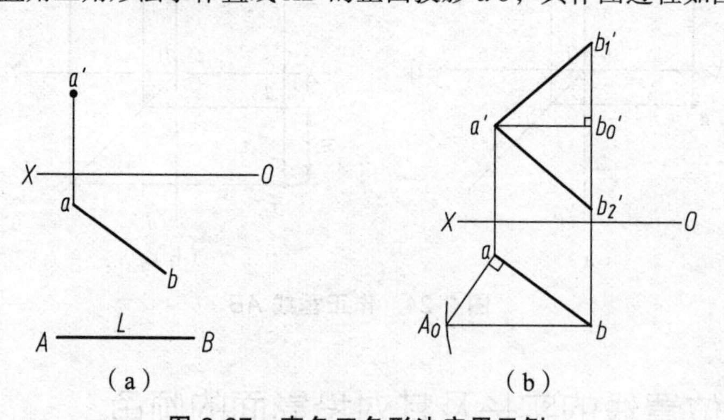

图 2-27 直角三角形法应用示例

2.3.4 直线上点的投影

1. 直线上点的投影

点在直线上，则点的各个投影必定在该直线的同面投影上；反之，若一个点的各个投影均在直线的同面投影上，则该点必定在直线上。

如图 2-28 所示，直线 AB 上有一点 C，则 C 点的三面投影 c、c'、c''必定分别在该直线 AB 的同面投影 ab、$a'b'$、$a''b''$上。

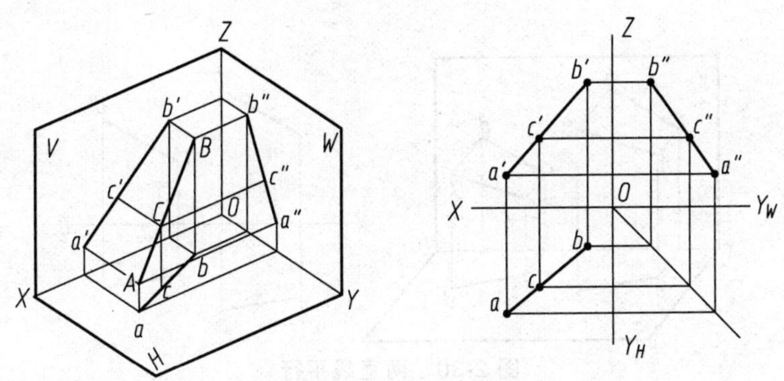

图 2-28　直线上点的投影

2. 直线投影的定比性

直线上的点分割线段之比等于其投影之比，这称为直线投影的定比性。在图 2-28 中，点 C 在线段 AB 上，它把线段 AB 分成 AC 和 CB 两段。

根据直线投影的定比性，$AC:CB=ac:cb=a'c':c'b'=a''c'':c''b''$。

如图 2-29（a）所示，若已知侧平线 AB 的两投影和直线上 C 点的正面投影 c'，则求 C 点的水平投影 c，其作图过程与步骤如图 2-29（b）或图 2-29（c）所示。

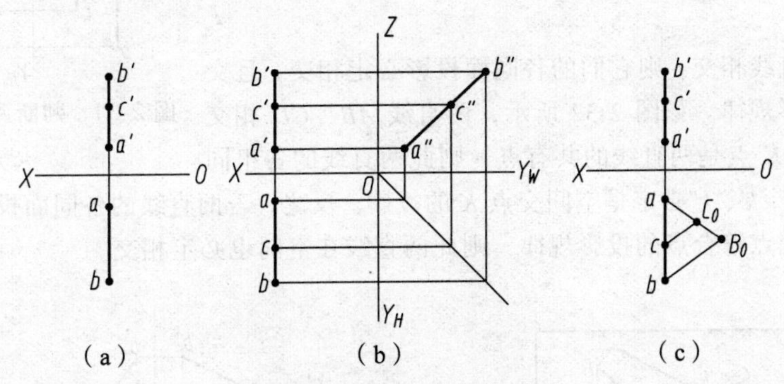

图 2-29　求直线上点的投影

2.3.5　两直线的相对位置

两直线的相对位置有平行、相交、交叉三种情况。

1. 两直线平行

（1）特性

若空间两直线平行，则它们的各同面投影必定互相平行。如图 2-30 所示，由 $AB/\!/CD$，则必定 $ab/\!/cd$、$a'b'/\!/c'd'$、$a''b''/\!/c''d''$。反之，若两直线的各同面投影互相平行，则此两直线在空间也必定互相平行。

（2）判定两直线是否平行

① 如果两直线处于一般位置时，则只需观察两直线中的任何两组同面投影是否互相平行即可判定。

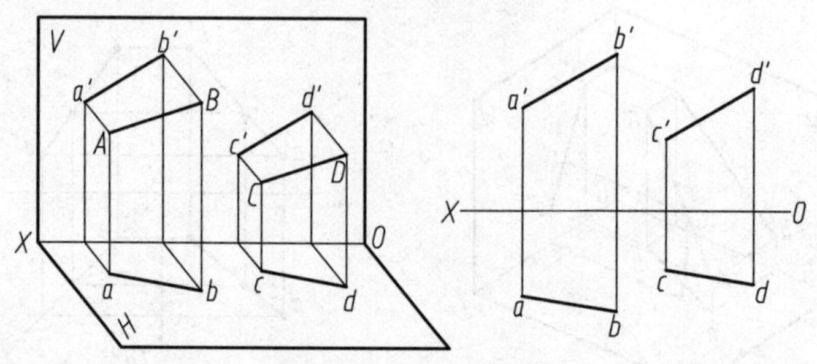

图 2-30　两直线平行

② 当两平行直线平行于某一投影面时，则需观察两直线在所平行的那个投影面上的投影是否互相平行才能确定。如图 2-31 所示，两直线 AB、CD 均为侧平线，虽然 $ab \parallel cd$、$a'b' \parallel c'd'$，但不能断言两直线平行，还必须求作两直线的侧面投影进行判定，由于图中所示两直线的侧面投影 $a''b''$ 与 $c''d''$ 相交，所以可判定直线 AB、CD 不平行。

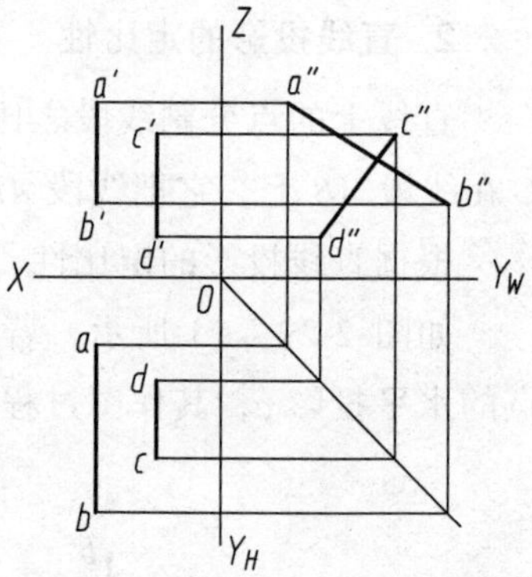

图 2-31　判断两直线是否平行

2. 两直线相交

（1）特性

若空间两直线相交，则它们的各同面投影必定相交，且交点符合点的投影规律。如图 2-32 所示，两直线 AB、CD 相交于 K 点，因为 K 点是两直线的共有点，则此两直线的各组同面投影的交点 k、k'、k'' 必定是空间交点 K 的投影。反之，若两直线的各同面投影相交，且各组同面投影的交点符合点的投影规律，则此两直线在空间也必定相交。

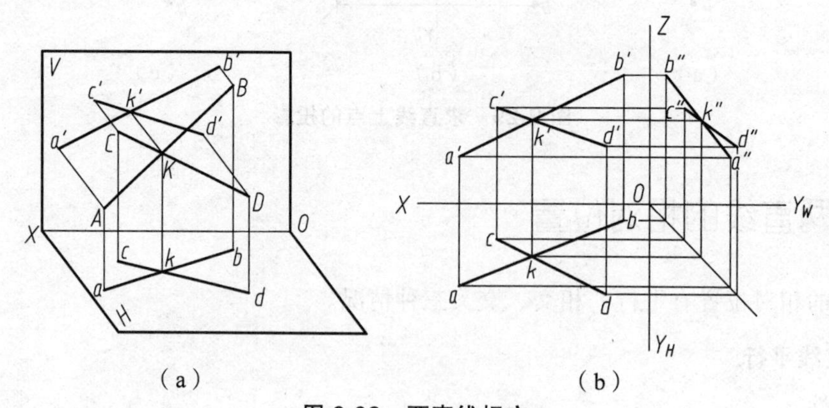

图 2-32　两直线相交

（2）判定两直线是否相交

① 如果两直线均为一般位置线时，则只需观察两直线中的任何两组同面投影是否相交且交点是否符合点的投影规律即可判定。

② 当两直线中有一条直线为投影面平行线时，则需观察两直线在该投影面上的投影是否相交且交点是否符合点的投影规律才能确定；或者根据直线投影的定比性进行判断。如图 2-33 所示，两直线 AB、CD 两组同面投影 ab 与 cd、$a'b'$与 $c'd'$虽然相交，但经过分析判断，可判定两直线在空间不相交。

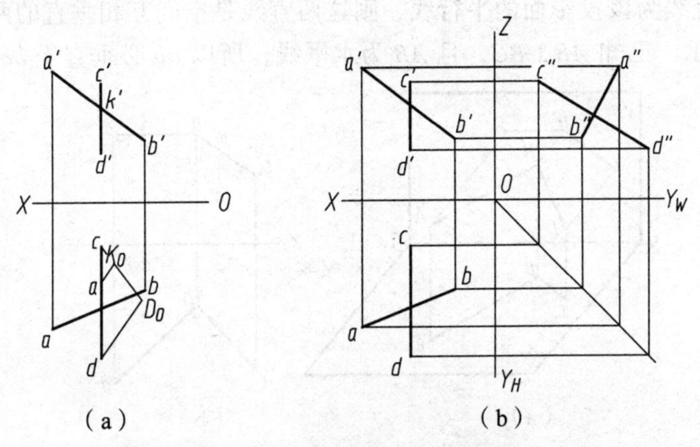

图 2-33　两直线在空间不相交

3. 两直线交叉

既不平行也不相交的两直线称为交叉直线。

（1）特性

若空间两直线交叉，则它们的各组同面投影必不同时平行，或者它们的各同面投影虽然相交，但其交点不符合点的投影规律。反之亦然。如图 2-34（a）所示。

（2）判定空间两直线交叉的相对位置

空间交叉两直线的投影的交点，实际上是空间两点的投影重合点。利用重影点和可见性，可以很方便地判别两直线在空间的位置。在图 2-34（b）中，判断 AB 和 CD 的正面重影点 k'（l'）的可见性时，由于 K、L 两点的水平投影 k 比 l 的 y 坐标值大，所以当从前往后看时，点 K 可见，点 L 不可见，由此可判定 AB 在 CD 的前方。同理，从上往下看时，点 M 可见，点 N 不可见，可判定 CD 在 AB 的上方。

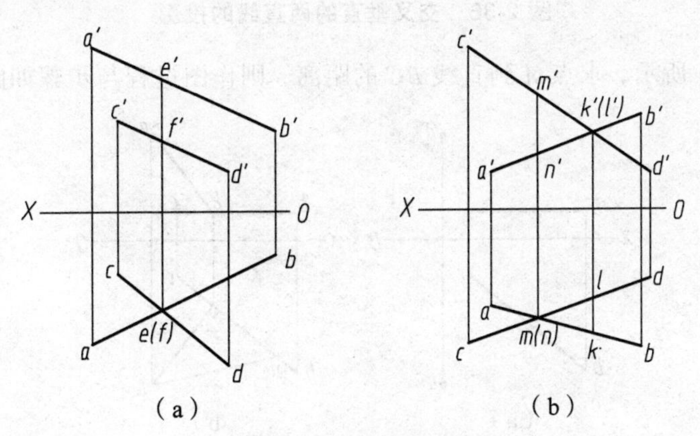

图 2-34　两直线交叉

2.3.6 直角投影定理

空间垂直相交的两直线，若其中一直线为投影面平行线，则两直线在该投影面上的投影互相垂直，此投影特性称为直角投影定理。反之，相交两直线在某一投影面上的投影互相垂直，若其中有一直线为该投影面的平行线，则这两直线是空间互相垂直的两直线。

如图 2-35 所示。已知 $AB \perp BC$，且 AB 为水平线，所以 ab 必垂直于 bc 。

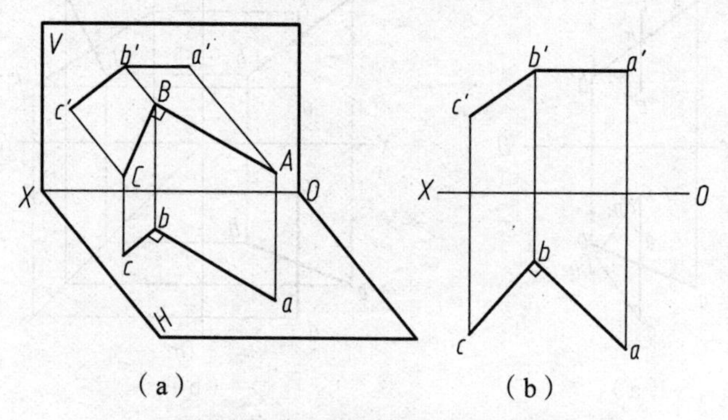

（a）　　　　（b）

图 2-35　垂直相交的两直线的投影

此投影特性也适用于空间交叉垂直的两直线。如上图当 CB 直线不动，水平线 AB 平行上移时，ab 与 cb 仍互相垂直。如图 2-36 所示。

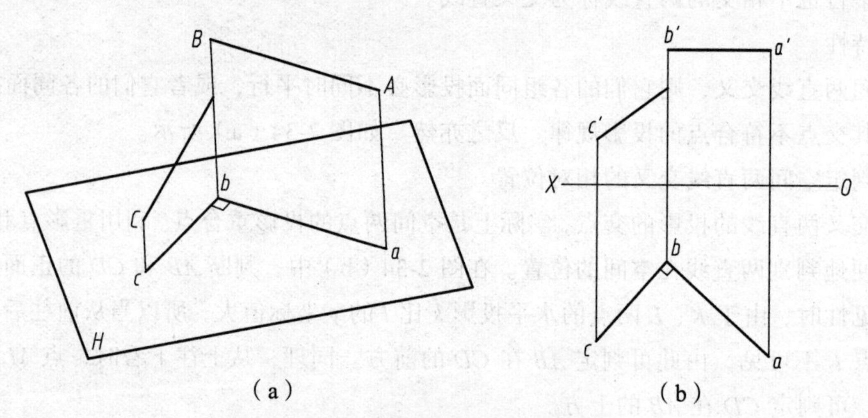

（a）　　　　（b）

图 2-36　交叉垂直的两直线的投影

如图 2-37（a）所示，求点 A 到直线 BC 的距离，则作图过程与步骤如图 2-37（b）所示。

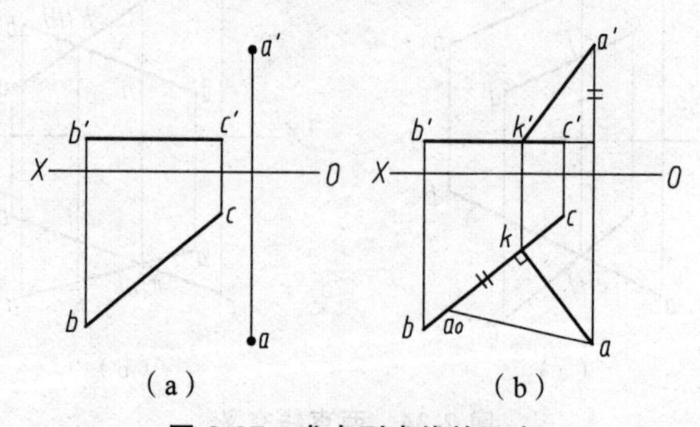

（a）　　　　（b）

图 2-37　求点到直线的距离

如图 2-38（a）所示，已知菱形 *ABCD* 的一条对角线 *AC* 为一正平线，菱形的一边 *AB* 位于直线 *AM* 上，求作菱形的投影图，其作图过程与步骤如图 2-38（b）所示。

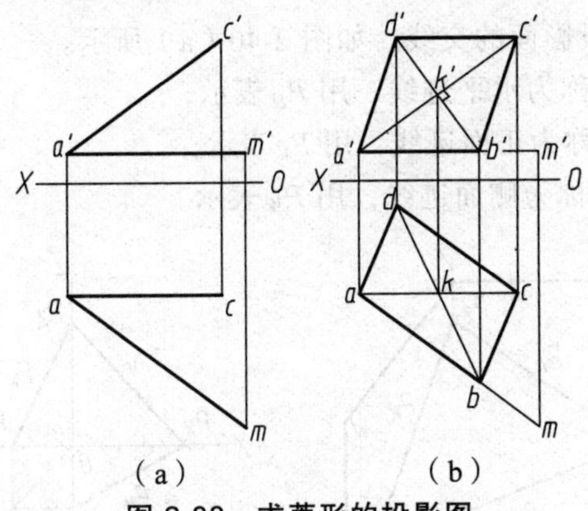

图 2-38　求菱形的投影图

2.4　平面的投影

平面图形具有一定的形状、大小和位置，常见的有三角形、矩形、正多边形等直线轮廓的平面图形，还有一些由曲线围成的平面图形。平面投影的实质，就是求平面图形轮廓上的一系列点的投影（对于多边形而言则是其顶点），然后将各点的同面投影依次连接。

2.4.1　平面的表示法

平面投影表示法可分为空间几何元素表示法和平面的迹线表示法。

1. 几何元素表示法

在投影图中，平面的投影可以用下列任何一组几何元素的投影来表示。

① 不在同一直线上的三点，如图 2-39（a）；

② 一直线和直线外一点，如图 2-39（b）；

③ 相交两直线，如图 2-39（c）；

④ 平行两直线，如图 2-39（d）；

⑤ 任意平面图形，如三角形、四边形、圆形等，如图 2-39（e）。

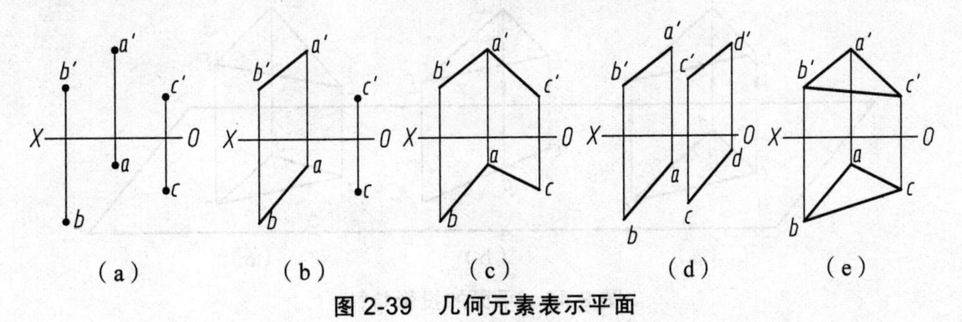

图 2-39　几何元素表示平面

注意：为了解题的方便，常常用一个平面图形（如三角形）表示平面。

2. 迹线表示法

迹线——空间平面与投影面的交线，如图 2-40（a）所示。

平面 P 与 H 面的交线称为水平迹线，用 P_H 表示；

平面 P 与 V 面的交线称为正面迹线，用 P_V 表示；

平面 P 与 W 面的交线称为侧面迹线，用 P_W 表示。

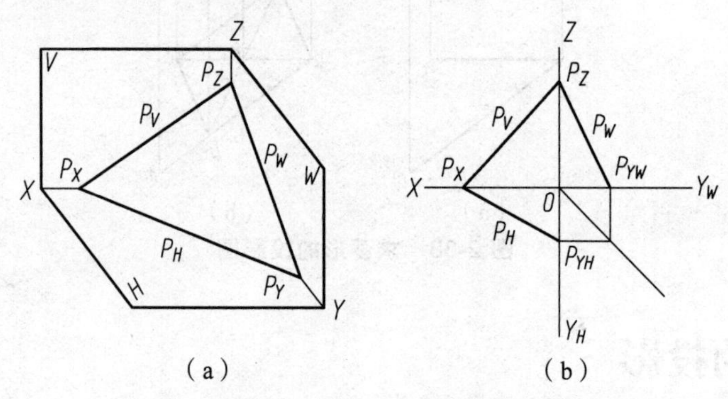

图 2-40　用迹线表示平面

P_H、P_V、P_W 两两相交的交点 P_X、P_Y、P_Z 称为迹线集合点，它们分别位于 OX、OY、OZ 轴上。

由于迹线既是平面内的直线，又是投影面内的直线，所以迹线的一个投影与其本身重合，另两个投影与相应的投影轴重合。在用迹线表示平面时，为了简明起见，只画出并标注与迹线本身重合的投影，而省略与投影轴重合的迹线投影，如图 2-40（b）所示。

2.4.2　平面对于一个投影面的投影特性

空间平面相对于一个投影面的位置有平行、垂直、倾斜三种，三种位置有不同的投影特性，具体如下。

① 实形性。当平面与投影面平行时，则平面的投影为实形，如图 2-41（a）所示。

② 积聚性。当平面与投影面垂直时，则平面的投影积聚成一条直线，如图 2-41（b）所示。

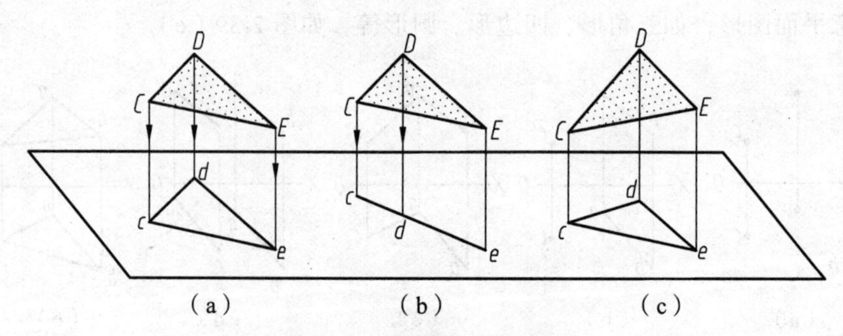

图 2-41　平面的投影特性

③ 类似性。当平面与投影面倾斜时，则平面的投影是小于平面实形的类似形，如图 2-41（c）所示。类似形的投影特性还有：边数不变，各顶点符合投影规律；原图中平行边，投影图中仍平行；原图中成比例边，投影图中仍成比例；直线边对应直线边，曲线边对应曲线边。

2.4.3　各种位置平面的投影特性

根据平面在三投影面体系中的位置可分为投影面倾斜面、投影面平行面、投影面垂直面三类。前一类平面称为一般位置平面，后两类平面称为特殊位置平面。

1. 投影面垂直面

垂直于一个投影面且同时倾斜于另外两个投影面的平面称为投影面垂直面。垂直于 V 面的称为正垂面；垂直于 H 面的称为铅垂面；垂直于 W 面的称为侧垂面。平面与投影面所夹的角度称为平面对投影面的倾角。α、β、γ 分别表示平面对 H 面、V 面、W 面的倾角。

正垂面投影特性：① $\triangle abc$ 积聚为一直线，它与 OX、OZ 轴的夹角分别反映 α、γ 角；② $\triangle abc$、$\triangle a''b''c''$ 为类似形，如图 2-42（a）、2-42（b）所示。

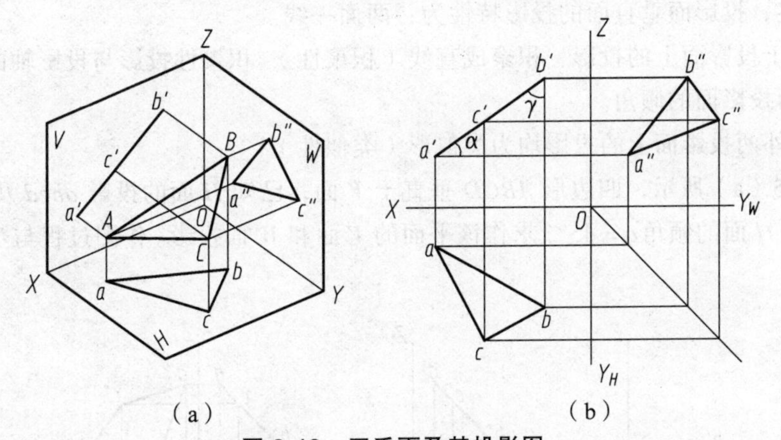

图 2-42　正垂面及其投影图

铅垂面投影特性：① $\triangle abc$ 积聚为一直线，它与 OX、OY_H 轴的夹角分别反映 β、γ 角；② $\triangle a'b'c'$、$\triangle a''b''c''$ 为类似形。如图 2-43（a）、2-43（b）所示。

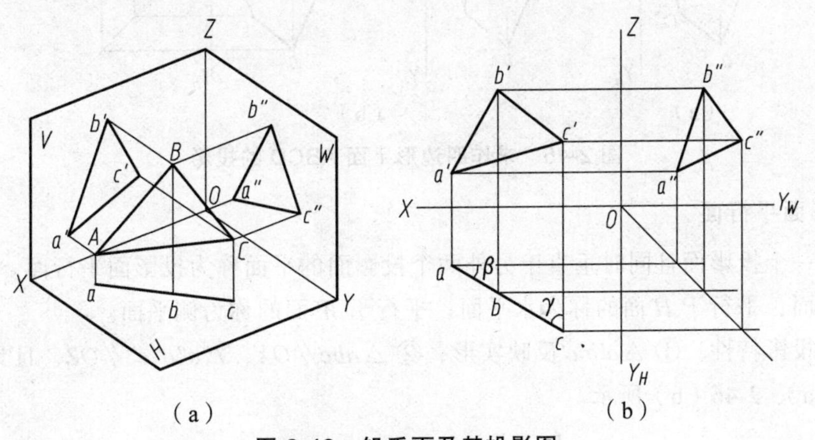

图 2-43　铅垂面及其投影图

侧垂面投影特性：① △$a''b''c''$积聚为一直线，它与 OY_W、OZ 的夹角分别反映α、β角；② △abc、△$a'b'c'$为类似形。如图 2-44（a）、2-44（b）所示。

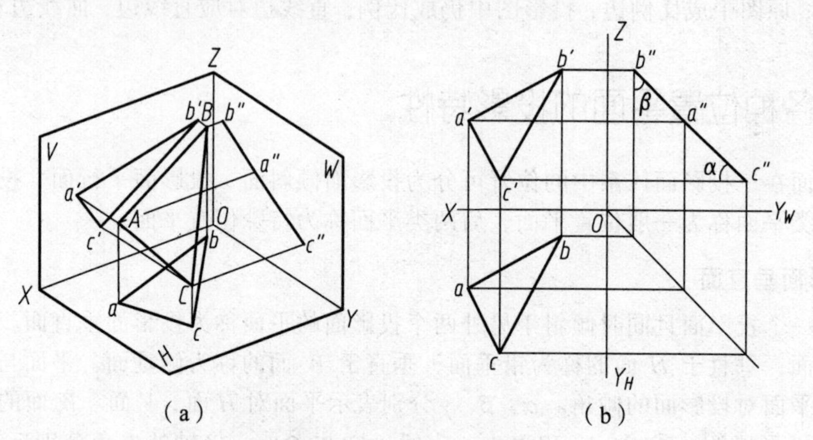

图 2-44 侧垂面及其投影图

综上所述，投影面垂直面的投影特性为：两面一线。

① 垂直于投影面上的投影，积聚成直线（积聚性），积聚性投影与投影轴的夹角分别反映该面对另两投影面的倾角。

② 在另外两投影面上的投影均为类似形（类似性）。

如图 2-45（a）所示，四边形 $ABCD$ 垂直于 V 面，已知 H 面的投影 $abcd$ 及 B 点的 V 面投影 b'，且与 H 面的倾角$\alpha=45°$，求作该平面的 V 面和 W 面投影。作图过程与步骤如图 2-45（b）所示。

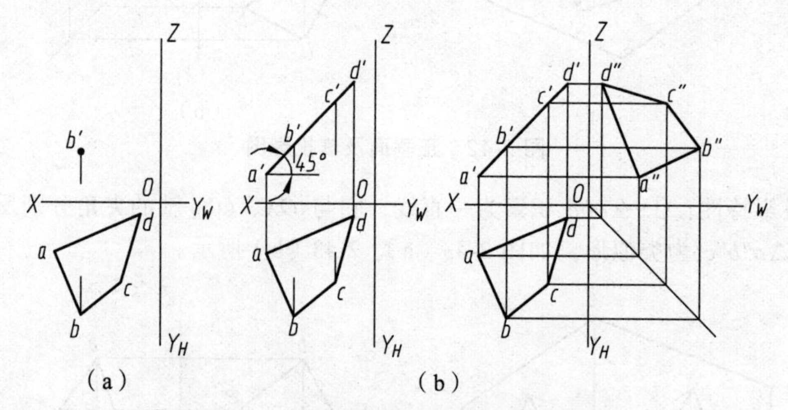

图 2-45 求作四边形平面 ABCD 的投影

2. 投影面平行面

平行于一个投影面且同时垂直于另外两个投影面的平面称为投影面平行面。平行于 V 面的称为正平面；平行于 H 面的称为水平面；平行于 W 面的称为侧平面。

正平面投影特性：① △$a'b'c'$反映实形；② △abc∥OX、△$a''b''c''$∥OZ，且具有积聚性。如图 2-46（a）、2-46（b）所示。

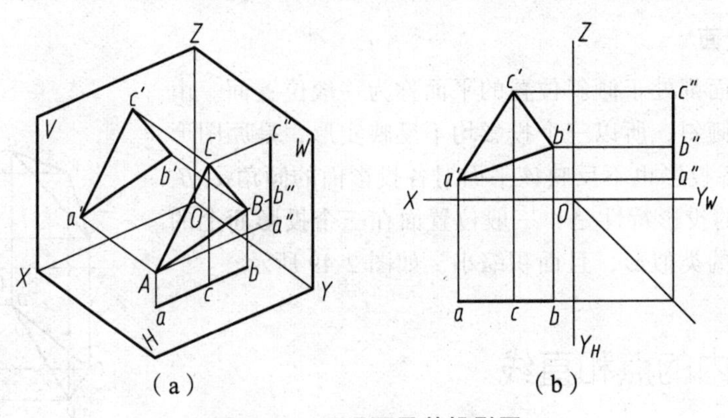

图 2-46　正平面及其投影图

水平面投影特性：① $\triangle abc$ 反映实形；② $\triangle a'b'c' \parallel OX$、$\triangle a''b''c'' \parallel OY_W$，且具有积聚性。如图 2-47（a)、2-47（b）所示。

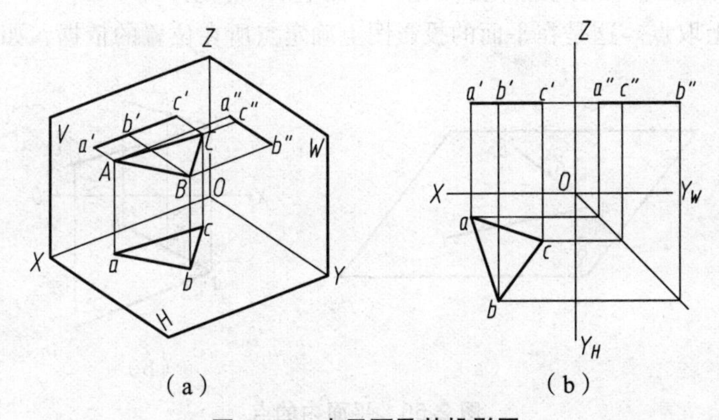

图 2-47　水平面及其投影图

侧平面投影特性：① $\triangle a''b''c''$反映实形；② $\triangle a'b'c' \parallel OZ$、$\triangle abc \parallel OY_H$，且具有积聚性。如图 2-48（a)、2-48（b）所示。

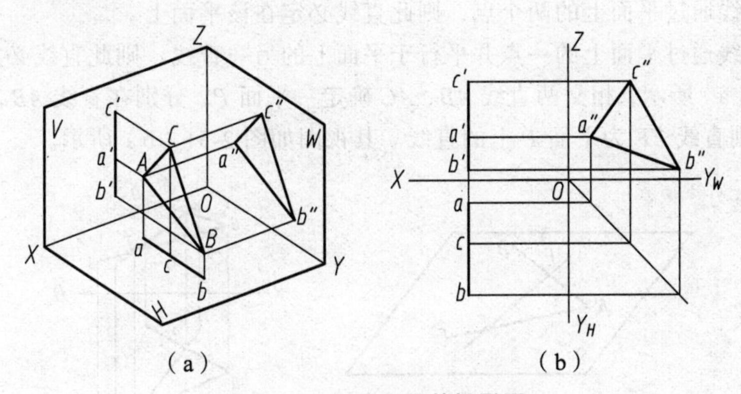

图 2-48　侧平面及其投影图

综上所述，投影面平行面的投影特性为：两线一面。

① 在平行的投影面上的投影，反映实形。（实形性）

② 在另外两投影面上的投影，积聚成直线（积聚性），分别平行于相应的投影轴。

3．一般位置面

与三个投影面都处于倾斜位置的平面称为一般位置面。由于它对三个面都倾斜，所以三个投影均不反映实形，是原图形的类似形。同时各投影也不反映该平面对各投影面的倾角α、β、γ。一般位置面的投影特性是：一般位置面在三个投影面上的投影均为原图形的类似形，且面积缩小。如图 2-49 所示。

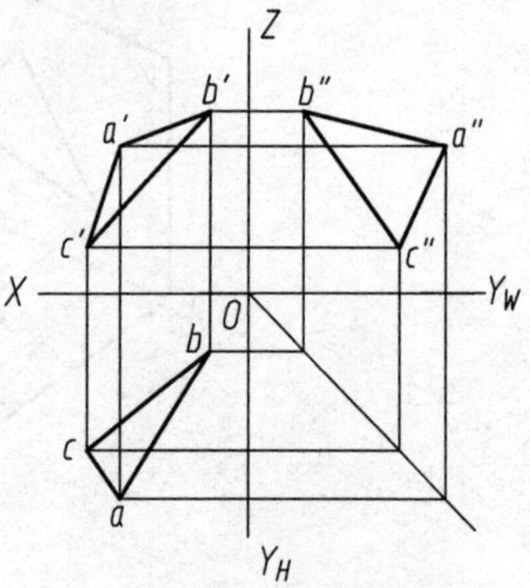

图 2-49　投影面平行面和一般位置平面

2.4.4 平面内的点和直线

1．平面内的点

点在平面上的几何条件是：点在平面内的一直线上，则该点必在平面上。因此在平面上取点，必须先在平面上取一直线，然后再在该直线上取点。这是在平面的投影图上确定点所在位置的依据，如图 2-50 所示。

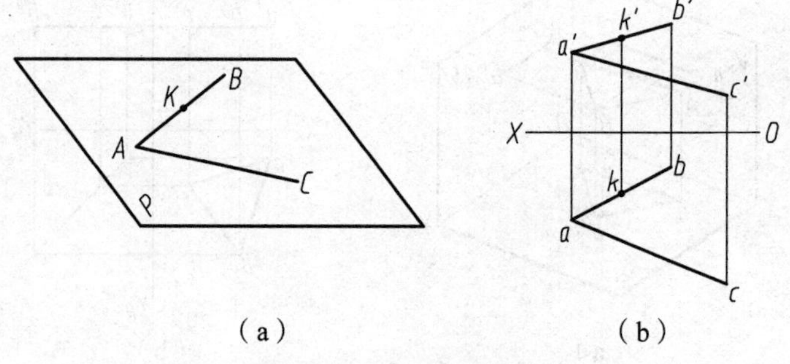

图 2-50　平面内的点

2．平面内直线

直线在平面上的几何条件是：

① 若一直线通过平面上的两个点，则此直线必定在该平面上。

② 若一直线通过平面上的一点并平行于平面上的另一直线，则此直线必定在该平面上。

如图 2-51（a）所示，相交两直线 *AB*、*AC* 确定一平面 *P*，分别在直线 *AB*、*AC* 上取点 *E*、*F*，连接 *EF*，则直线 *EF* 为平面 *P* 上的直线。其视图如图 2-51（b）所示。

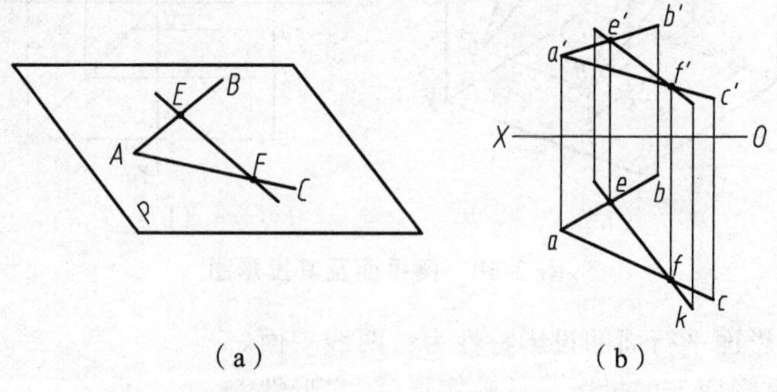

图 2-51　平面内直线（一）

如图 2-52（a）所示，相交两直线 AB、AC 确定一平面 P，在直线 AC 上取点 E，过点 E 作直线 $MN/\!/AB$，则直线 MN 为平面 P 上的直线。其视图如图 2-52（b）所示。

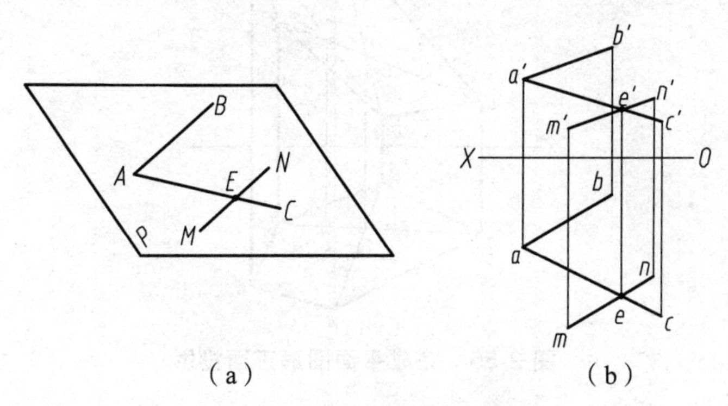

（a）　　（b）

图 2-52　平面内直线（二）

例 2-2　判别点 M 是否在平面△ABC 内，并作出△ABC 面上点 N 的正投影。

分析：判别点是否在面上和求平面上点的投影，利用点若在面上，则点一定在该平面内一条线上这一投影特性。

作图：连接 $a'm'$并延长交 $b'c'$于 $1'$，作出点 I 的水平投影 1，AI 为△ABC 平面内的直线，m 不在 $a1$ 上，所以，点 M 不在平面上。点 N 在△ABC 平面上，连接 an 交 bc 于 2，作出点 II 的正面投影 $2'$，连接 $a'2'$并延长与过 n 所做 OX 轴垂线交于 n'，如图 2-53 所示。

注意： 判断点是否在平面内，不能只看点的投影是否在平面的投影轮廓线内，一定要用几何条件和投影特性来判断。

例 2-3　已知△abc 平面的两面投影，作出平面上水平线 ad 和正平线 ce 的两面投影。

分析：由于水平线的正面投影平行 OX 轴，故可先求 AD 的正面投影 $a'd'$，而正平线的水平投影平行 OX 轴，故可先求 CE 的水平投影 $c'e'$。

作图：作图过程如图 2-54 所示。

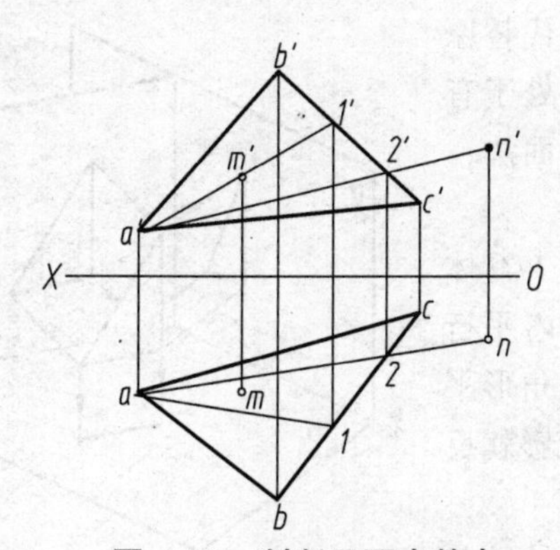

图 2-53　判断平面内的点

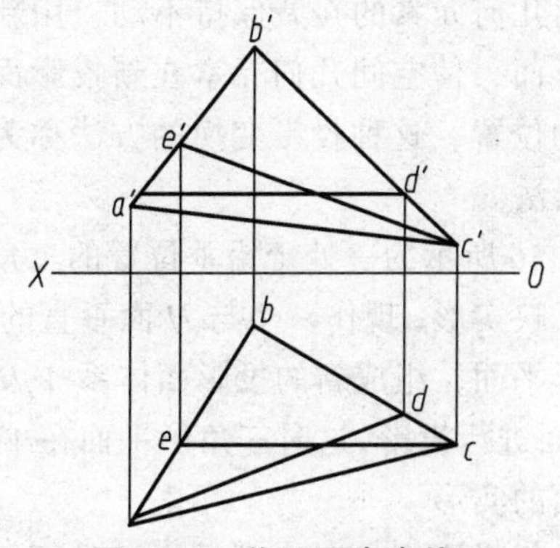

图 2-54　作平面内直线

例 2-4　完成平面图形 $ABCDE$ 的正面投影。

分析：已知 A、B、C 三点的正投影和水平投影，面的空间位置已确定，E、D 两点应在△ABC 平面上，故利用点在面上的原理作出点的投影即可。

作图：作图过程如图 2-55 所示。

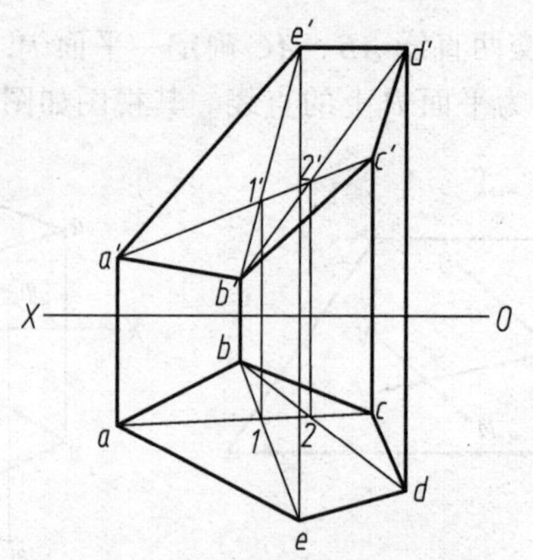

图 2-55　完成平面图形正面投影

2.5　换面法

在解决工程实际问题时，经常遇到求解度量问题，如实长、实形、距离、夹角等，或者求解定位问题，如交点、交线等。通过对直线或平面的投影分析可知，当直线或平面对投影面处于一般位置时，在投影图上不能直接反映它们的实长、实形、距离、夹角等；当直线或平面对投影面处于特殊位置时，在投影图上就可以直接得到它们的实长、实形、距离、夹角等。换面法就是研究如何改变空间几何元素对投影面的相对位置，以达到简化解题过程的目的。

2.5.1　换面法的概念

空间几何元素的*位置*保持不动，用新的投影面代替原来的投影面，使空间几何元素在新投影面上的投影处于有利解题的位置，这种投影变换的方法称为变换投影面法，简称换面法。

图 2-56 所示为一处于铅垂位置的三角形平面在 V/H 体系中不反映实形，现作一个与 H 面垂直的新*投影面* V_1 平行于三角形平面，组成新的投影面体系 V_1/H，再将三角形平面向 V_1 面进行投影，这时三角形平面在 V_1 面上的投影就反映该平面的实形。

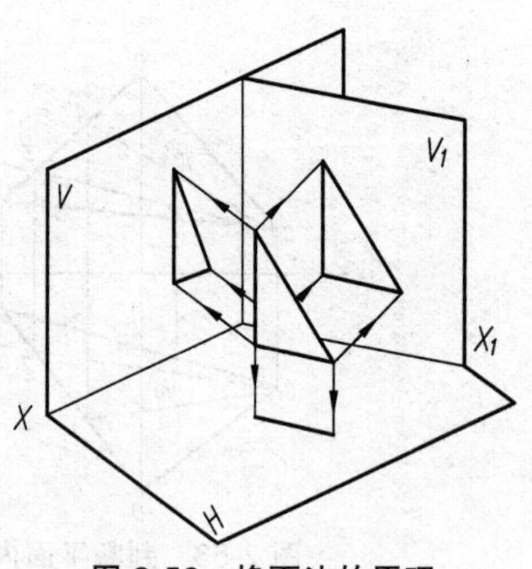

图 2-56　换面法的原理

在进行投影变换时，新投影面是不能任意选择的，首先要使空间几何元素在新投影面上的投影能够帮助我们更方便地解决问题。并且新投影面必须要和不变的投影面构成一个直角两面体系，这样才能应用正投影原理作出新的投影图来。因而新投影面的选择必须符合以下两个基本条件：

① 新投影面必须垂直于原投影面体系中的一个不变的投影面。

② 新投影面必须使空间几何元素处于有利于解题的位置。

2.5.2　点的投影变换

点是最基本的几何元素，因此必须首先研究在变化投影面时点的投影变换规律。

1. 点的一次换面

根据选择新投影面的条件可知，每次只能变换一个投影面。变换一个投影面即能达到解题要求的称为一次换面。

（1）变换 V 面，即 $V/H \rightarrow V_1/H$

如图 2-57 所示，a、a'为点 A 在 V/H 体系中的投影，在适当的位置设一个新投影面 V_1 代替 V，必须使 $V_1 \perp H$，从而组成了新的投影体系 V_1/H。V_1 与 H 的交线 X_1 为新的投影轴。由 A 向 V_1 作垂线得到新投影面上的投影 a_1'，而水平投影仍为 a。

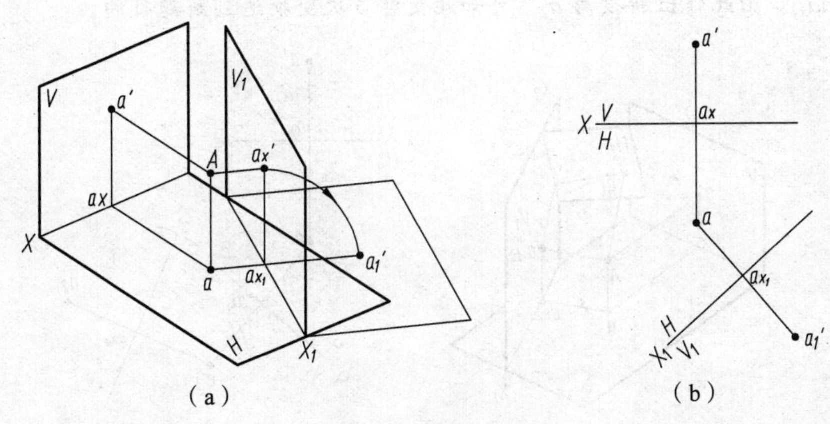

（a）　　　　　　　　　　（b）

图 2-57　变换 V 面

（2）变换 H 面，即 $V/H \rightarrow V/H_1$

从图 2-58 中可以看出，用 H_1 代替 H 组成新投影面体系 V/H_1，由于 V 面不变，所以点到 V 面的距离不变。即 $a_1a_{X_1} = aa_X = y$ 坐标。

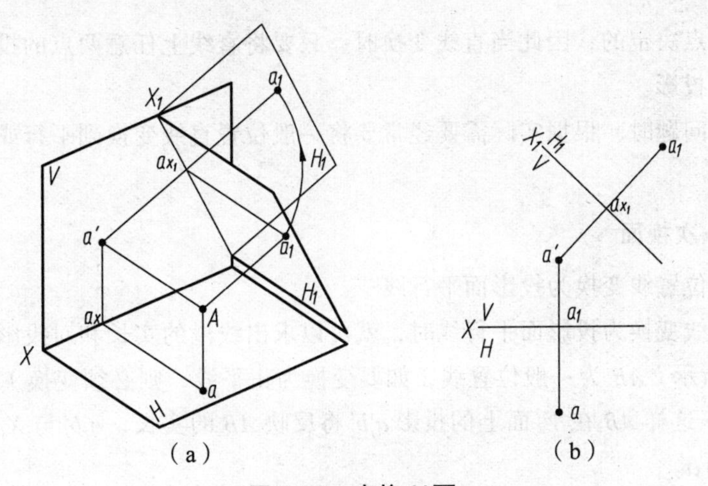

（a）　　　　　　　　　　（b）

图 2-58　变换 H 面

综上所述，可归纳出点的一次变换投影规律：

① 点的新投影和被保留的原投影的连线，垂直于新投影轴。

② 点的新投影到新投影轴的距离等于被代替的投影到原来投影轴的距离。

作图方法：不变投影向新轴作垂线，量距离等于替代点的距离。

2. 点的二次换面

在利用换面法解决实际问题时，有时换一次投影面，还不能解决问题，须替换两次投影面或更多次。点的二次变换的原理和方法与第一次变换的基本相同，只是将作图过程重复一次，但要注意新、旧体系中坐标的量取，其作图方法和步骤如图 2-59 所示。

注意： 新投影面的设置必须符合前述两个原则，而且必须交替变换，若第一次用 V_1 面代替 V 面，组成 V_1/H 新体系，第二次变换则应用 H_2 面代替 H 面组成 V_1/H_2 体系，这时 $a_1'a_2 \perp X_2$ 轴，$a_2a_{x2} = aa_{x1}$。由此作出新投影 a_2。可如此交替多次变换达到解题目的。

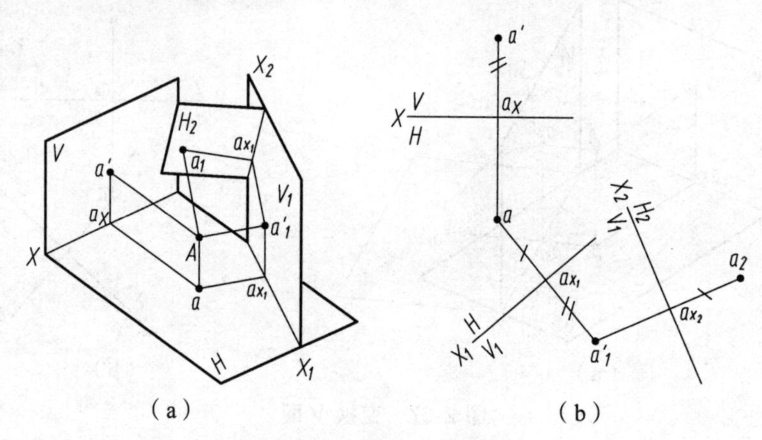

图 2-59 点的二次变换

2.5.3 直线的投影变换

直线是由两点决定的，因此当直线变换时，只要将直线上任意两点的投影加以变换，即可求得直线的新投影。

在解决实际问题时，根据实际需要经常要将一般位置直线变换到平行或垂直于新投影面的位置。

1. 直线的一次换面

（1）将一般位置线变换为投影面平行线

当一般位置线变换为投影面平行线时，就可以求出线段的实长和对投影面的倾角。

如图 2-60 所示，AB 为一般位置线，如要变换为正平线，则必须变换 V 面，使新投影面 V_1 面平行于 AB，这样 AB 在 V_1 面上的投影 $a_1'b_1'$ 将反映 AB 的实长，$a_1'b_1'$ 与 X_1 轴的夹角反映直线对 H 面的倾角 α。

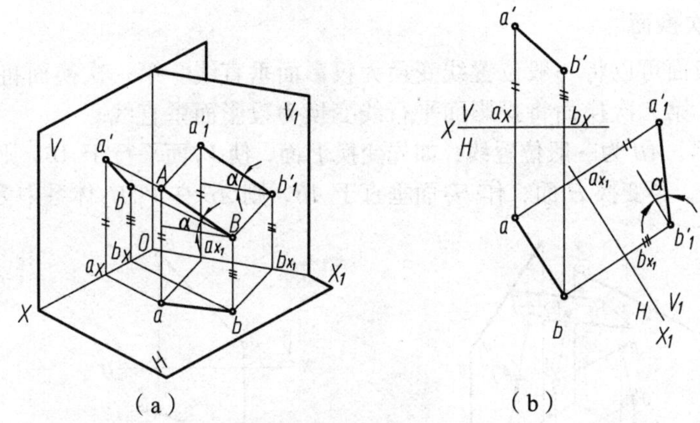

图 2-60　一般位置线变换为投影面平行线（求α角）

（2）将投影面平行线变换为投影面垂直线

如图 2-61 所示，将正平线 AB 变换为垂直线。根据投影面垂直线的投影特性，反映实长的投影必定为不变投影，只要变换水平投影面，即作新投影面 H_1 面垂直 AB，这样 AB 在 H_1 面上的投影重影为一点。

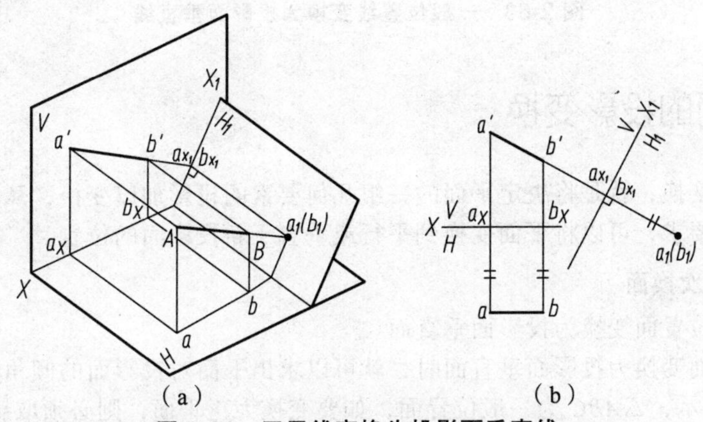

图 2-61　正平线变换为投影面垂直线

在上例中，如果要求将水平线 AB 变换为垂直线，只要变换正投影面，即作新投影面 V_1 面垂直 AB，这样 AB 在 V_1 面上的投影重影为一点，如图 2-62 所示。

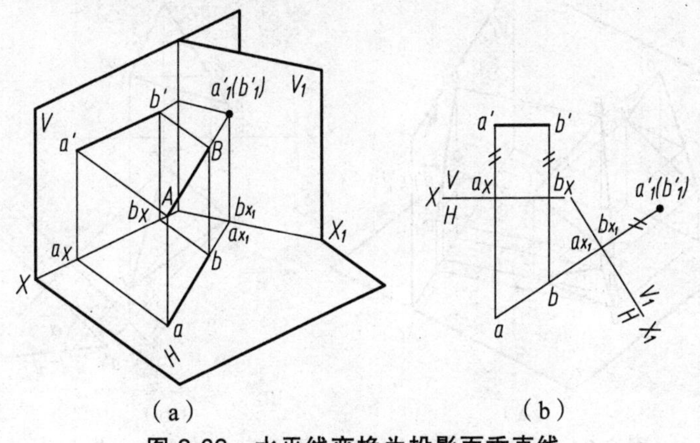

图 2-62　水平线变换为投影面垂直线

2. 直线的二次换面

直线的二次换面可以将一般位置线变换为投影面垂直线。第一次换面将一般位置线变换为投影面平行线，第二次换面将投影面平行线变换为投影面垂直线。

如图 2-63 所示，AB 为一般位置线，如先变换 V 面，使 V_1 面平行于 AB，则 AB 在 V_1/H 体系中为投影面平行线，再变换 H 面，作 H_2 面垂直于 AB，则 AB 在 V_1/H_2 体系中为投影面垂直线。

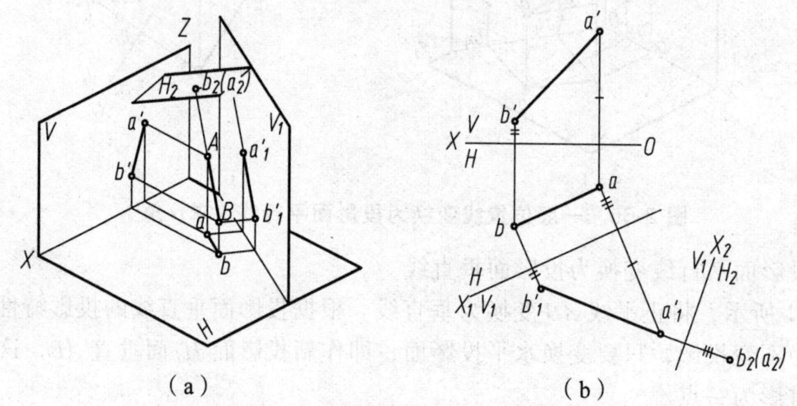

图 2-63　一般位置线变换为投影面垂直线

2.5.4　平面的投影变换

平面的投影变换，就是将决定平面的一组几何要素的投影加以变换，从而求得平面的新投影。根据具体要求，可以将平面变换到平行或垂直于新投影面的位置。

1. 平面的一次换面

（1）将一般位置面变换为投影面垂直面

当一般位置面变换为投影面垂直面时，就可以求出平面对投影面的倾角。

如图 2-64 所示，$\triangle ABC$ 为一般位置面，如要变换为正垂面，则必须取新投影面 V_1 代替 V 面，V_1 面既垂直于$\triangle ABC$，又垂直于 H 面，为此可在三角形上先作一水平线，然后作 V_1 面与该水平线垂直，则它也一定垂直于 H 面。

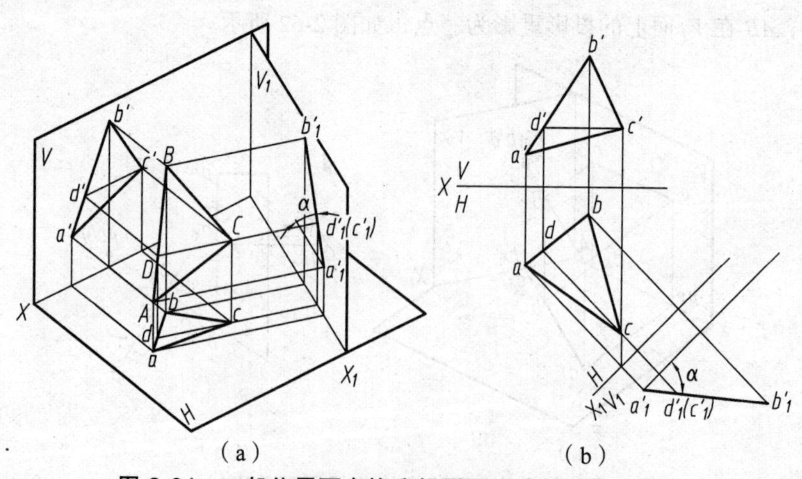

图 2-64　一般位置面变换为投影面垂直面（求α角）

在上例中，如果要求△ABC 对 V 面的倾角β，可在此三角形平面上先作一正平线 AE，然后作 H_1 面垂直 AE，则△ABC 在 H_1 面上的投影为一直线，它与 X_1 轴的夹角反映△ABC 对 V 面的倾角β，如图 2-65 所示。

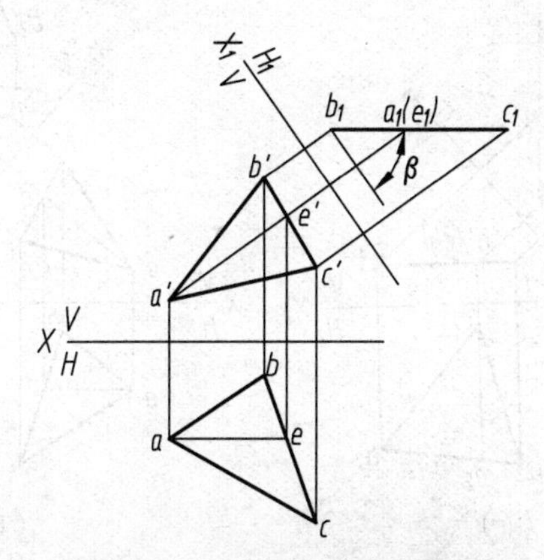

图 2-65　一般位置平面求β角

（2）将投影面垂直面变换为投影面平行面

如图 2-66 所示为铅垂面△ABC，要求变换为投影面平行面。根据投影面平行面的投影特性，重影为一直线的投影必定为不变投影，因此可以变换 V 面，使新投影面 V_1 平行△ABC，这样△ABC 在 V_1 面上的投影△$a_1'b_1'c_1'$ 反映实形。

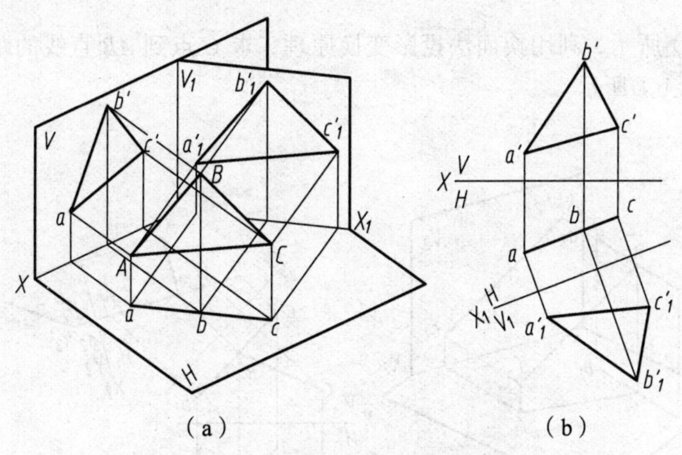

（a）　　（b）

图 2-66　垂直面变换为平行面

2. 平面的二次换面

平面的二次换面可以将一般位置面变换为投影面平行面。第一次换面将一般位置面变换为投影面垂直面，第二次换面将投影面垂直面变换为投影面平行面。

如图 2-67（a）所示，△ABC 为一般位置面，为了求出它的实形，必须变换两次，先将△ABC 变换为垂直面，再变换为平行面。

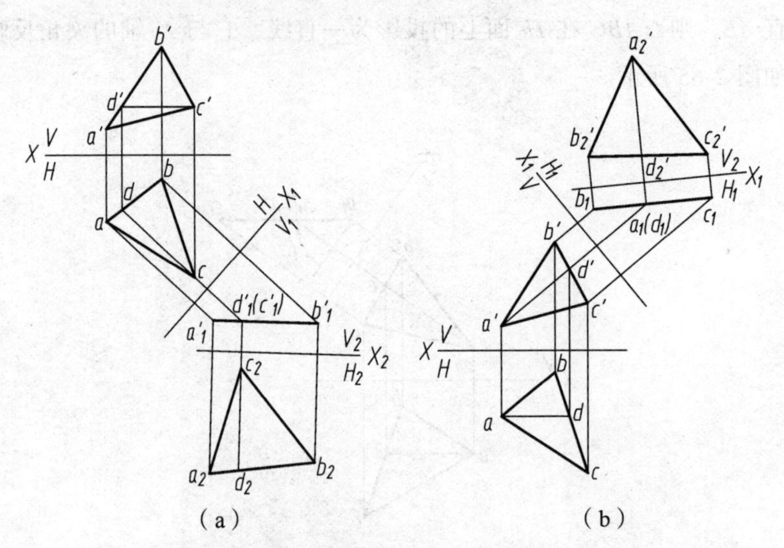

（a）　　　　　　　　　　（b）

图 2-67　一般位置面变换为投影面垂直面

同理，也可以先变换 *H* 面，在此基础上再变换一次 *V* 面，如图 2-67（b）所示，$\triangle a_2'b_2'c_2'$ 为所求实形。

2.5.5　换面法投影变换应用举例

如图 2-68（a）所示，利用换面法投影变换原理，求 *C* 点到 *AB* 直线的距离，其作图方法与步骤如图 2-68（b）所示。

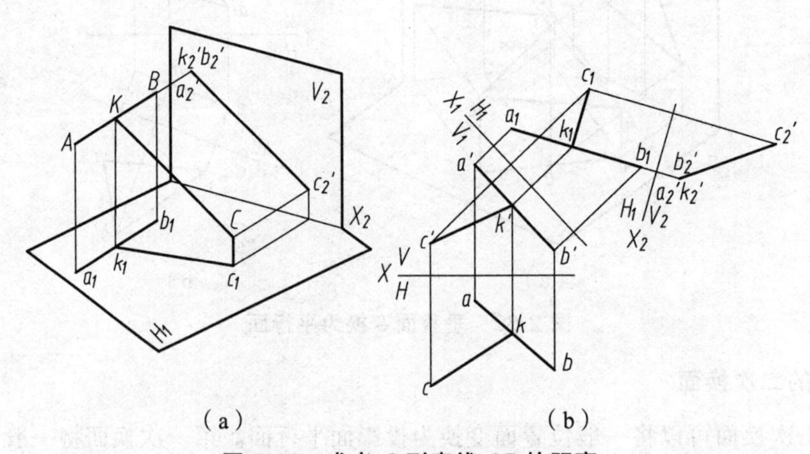

（a）　　　　　　　　　　（b）

图 2-68　求点 *C* 到直线 *AB* 的距离

如图 2-69（a）所示，求点 *D* 到平面 $\triangle ABC$ 的距离，作图方法与步骤如图 2-69（b）所示。

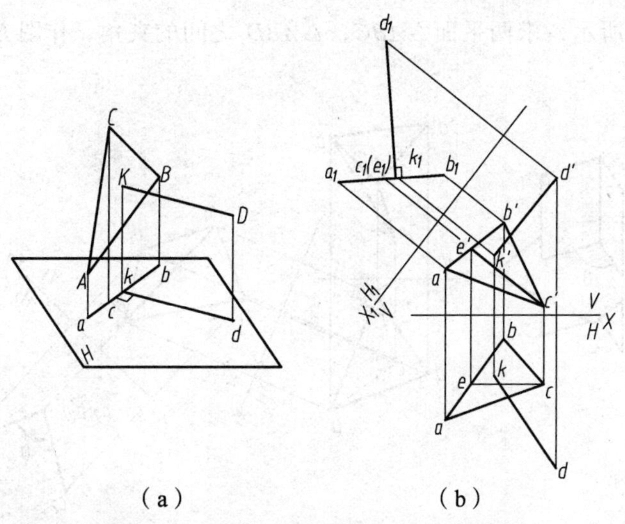

（a）　　　　　（b）

图 2-69　求点 D 到平面△ABC 的距离

例 2-5　求点 C 到水平线 AB 的距离。

分析：作一新投影面 V_1 与 AB 垂直，则该垂线必与新投影面平行，新投影反映实长。

作图：作 $X_1 \perp ab$（ab 反映 AB 的实长），并分别求出直线 AB 和点 C 在 V_1 面上的投影 a_1'、b_1'、c_1'，则 $c_1'a_1'$（b_1'）即为所求的距离。如图 2-70 所示。

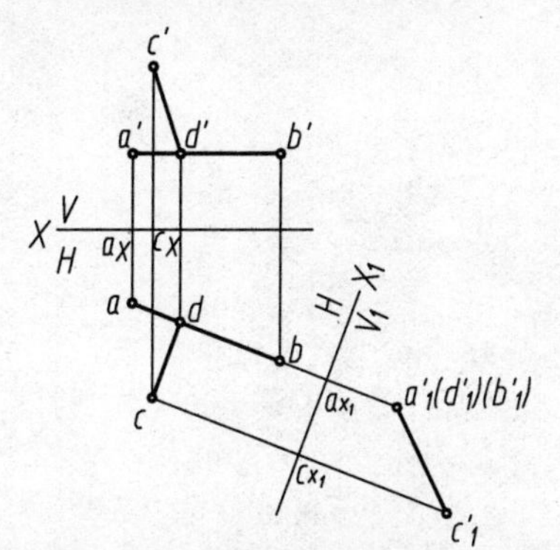

图 2-70　求点 C 到水平线 AB 的距离

如图 2-71（a）所示，求两交叉直线 AB、CD 间的距离，作图方法与步骤如图 2-71（b）所示。

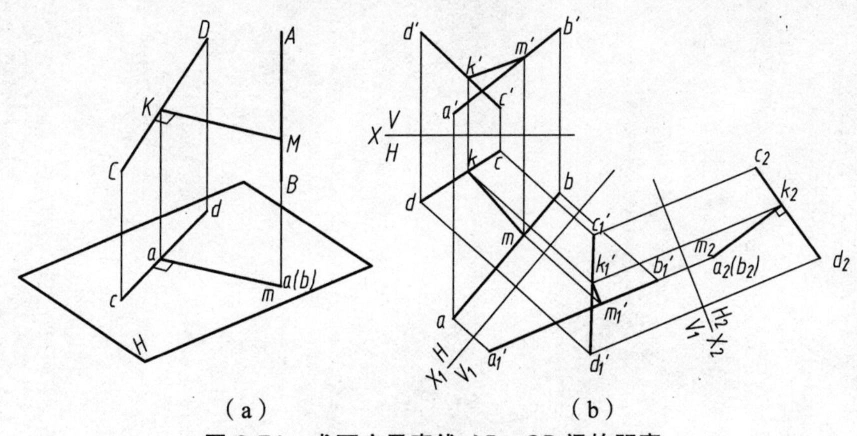

（a）　　　　　（b）

图 2-71　求两交叉直线 AB、CD 间的距离

如图 2-72（a）所示，求两平面△*ABC*、△*ABD* 之间的夹角，作图方法与步骤如图 2-72（b）所示。

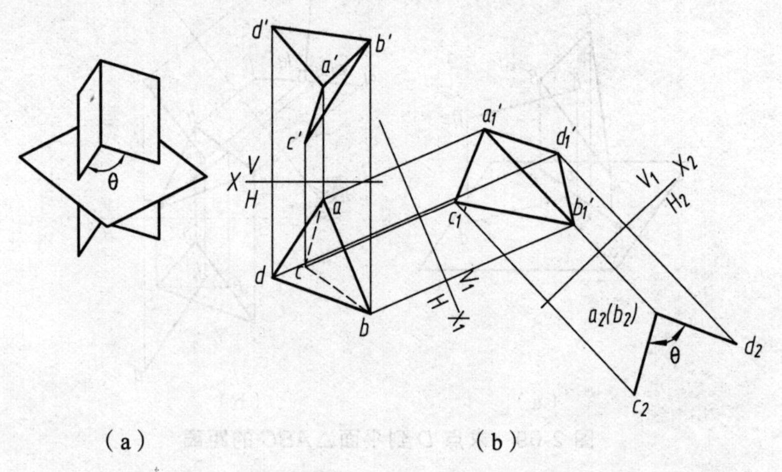

（a）　　　　　　　　　　　　（b）

图 2-72　求两平面△*ABC*、△*ABD* 之间的夹角

第 3 章　立体的投影

立体是由内、外表面确定的实体。立体的表面是由平面和曲面组成的，绘制立体的投影图就是绘制组成立体的表面的投影图。根据立体的表面性质，可以把立体分为平面立体和曲面立体；根据立体的组成可以把立体分为基本体和组合体。本章先介绍基本体的表示方法、立体表面上的点、线的投影和作图方法，在此基础上进一步讨论立体表面交线的投影及画法。

3.1　基本体的投影及其表面上的点和线

根据立体表面的几何性质，立体分为平面立体和曲面立体。表面都是平面的立体，称为平面立体，如棱柱、棱锥等；表面是曲面或曲面和平面的立体，称为曲面立体。若曲面立体的表面是回转曲面，则称为回转体，如圆柱、圆锥、圆球、圆环等。

3.1.1　平面立体

平面立体是各表面都是平面图形的实体，面与面的交线称为棱线，棱线与棱线的交点称为顶点。绘制平面立体的投影，只需绘制它的各个表面的投影，也可以认为是绘制其各表面交线及各顶点的投影。为便于画图和看图，减少作图工作量，平面立体在三投影面体系中的位置，应使各表面尽可能多地成为特殊位置平面。

1. 棱　柱

棱柱由两个底面和棱面组成，棱线互相平行。棱线与底面垂直的棱柱称为正棱柱，棱线与底面成一定角度的棱柱称为斜棱柱。本节仅讨论正棱柱的投影。

（1）棱柱的投影

以正六棱柱为例。图 3-1（a）所示为一正六棱柱，由上、下两个底面（正六边形）和六个棱面（长方形）组成。将其放置成上、下底面与水平投影面平行，并有两个棱面平行于正投影面的位置。

上、下两底面均为水平面，它们的水平投影重合并反映实形，正面及侧面投影积聚为两条相互平行的直线。六个棱面中的前、后两个为正平面，它们的正面投影反映实形，水平投影及侧面投影积聚为一直线。其他四个棱面均为铅垂面，其水平投影均积聚为直线，正面投影和侧面投影均为类似形。

正棱柱的投影特征总结如下：当棱柱的底面平行于某一个投影面时，则棱柱在该投影面上投影的外轮廓为与其底面全等的正多边形，而另外两个投影则由若干个相邻的矩形线框所组成，如图 3-1（b）所示。

（2）棱柱表面取点

方法：利用点所在面的积聚性（正棱柱的各个面均为特殊位置面，投影具有积聚性）。

平面立体表面上取点实际就是在平面上取点。首先应确定点位于立体的哪个平面上，并分析该平面的投影特性，然后再根据点的投影规律求得。

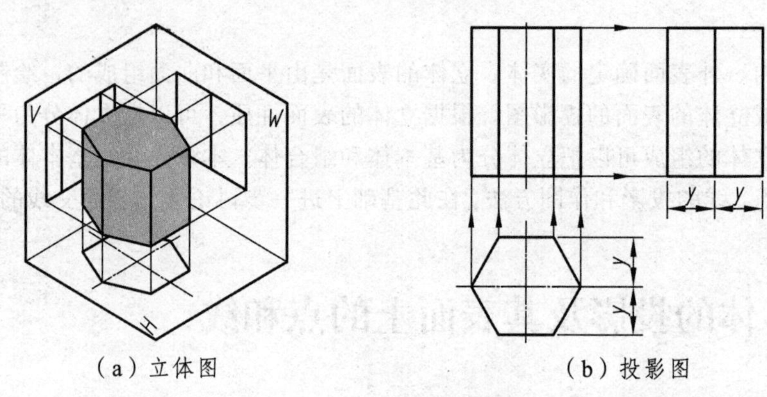

（a）立体图　　（b）投影图

图 3-1　正六棱柱的投影

例 3-1　如图 3-2（a）所示，已知棱柱表面上点 *M* 的正面投影 *m'*，求作它的其他两面投影 *m*、*m''*。

分析：因为 *m'* 可见，所以点 *M* 必在面 *ABCD* 上。此棱面是铅垂面，其水平投影积聚成一条直线，故点 *M* 的水平投影 *m* 必在此直线上，再根据 *m*、*m'* 可求出 *m''*。由于 *ABCD* 的侧面投影为可见，故 *m''* 也为可见。

作图：作图过程及其三视图如图 3-2（b）所示。

需要注意的是，点与积聚成直线的平面重影时，不加括号。

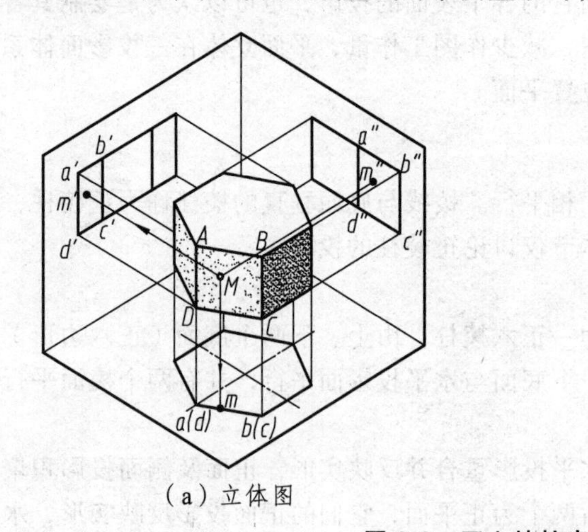

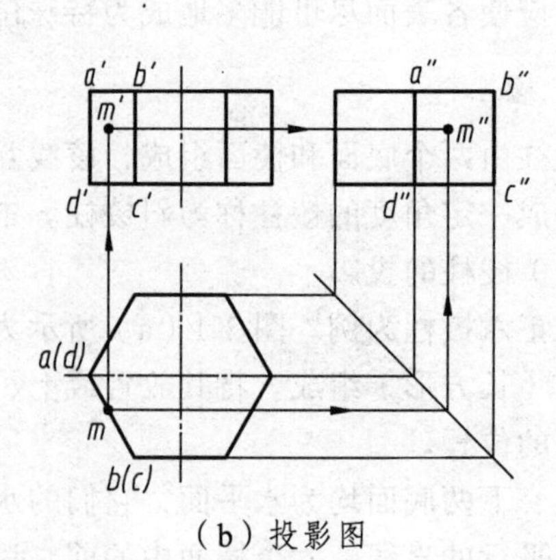

（a）立体图　　（b）投影图

图 3-2　正六棱柱表面取点

2. 棱　锥

棱锥也是由棱面和底面围成，底面多是正多边形，各棱面都是三角形。相邻两棱面的交线称为棱线，底面与棱面的交线称为底边。各棱线均相交于一点，这一点就是棱锥的顶点。常见的棱锥有正三棱锥和正四棱锥。

（1）棱锥的投影

以正三棱锥为例。图 3-3（a）所示为一正三棱锥，它的表面由一个底面（正三边形）和三个侧棱面（等腰三角形）围成，设将其放置成底面与水平投影面平行，并有一个棱面垂直于侧投影面。

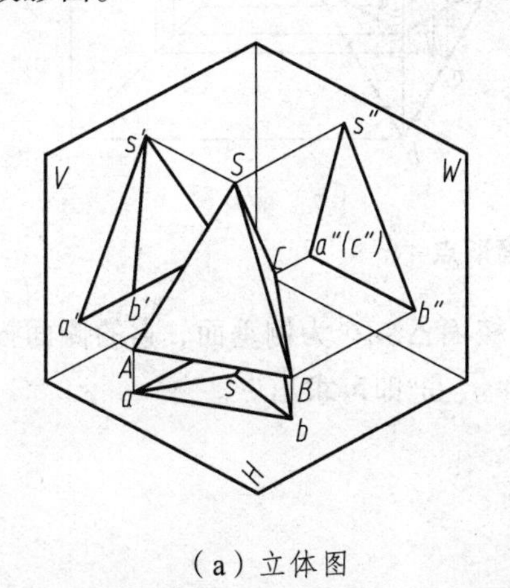

（a）立体图

（b）投影图

图 3-3　正三棱锥的投影

由于棱锥底面△*ABC* 为水平面，所以它的水平投影反映实形，正面投影和侧面投影分别积聚为直线段 *a'b'c'* 和 *a''*（*c''*）*b''*。棱面△*SAC* 为侧垂面，它的侧面投影积聚为一段斜线 *s''a''*（*c''*），正面投影和水平投影为类似形△*s'a'c'* 和△*sac*，前者为不可见，后者可见。棱面△*SAB* 和△*SBC* 均为一般位置平面，它们的三面投影都是类似形。棱线 *SB* 为侧平线，棱线 *SA*、*SC* 为一般位置直线，棱线 *AC* 为侧垂线，棱线 *AB*、*BC* 为水平线。

正棱锥的投影特征总结如下：当棱锥的底面平行于某一个投影面时，则棱锥在该投影面上投影的外轮廓为与其底面全等的正多边形，而另外两个投影则由若干个相邻的三角形线框所组成，见图 3-3（b）。

（2）棱锥表面取点

方法：① 利用点所在面的积聚性法。② 辅助线法。

首先确定点位于棱锥的哪个平面上，再分析该平面的投影特性。若该平面为特殊位置平面，可利用投影的积聚性直接求得点的投影；若该平面为一般位置平面，可通过辅助线法求得。

例 3-2　如图 3-4（a）所示，已知正三棱锥表面上点 *M* 的正面投影 *m'* 和点 *N* 的水平面投影 *n*，求作 *M*、*N* 两点的其余投影。

分析：因为 *m'* 可见，因此点 *M* 必定在△*SAB* 上。△*SAB* 是一般位置平面，采用辅助线法，过点 *M* 及棱锥顶点 *S* 作一条直线 *SK*，与底边 *AB* 交于点 *K*。在图 3-4（b）中，过 *m'* 作 *s'k'*，再作出其水平投影 *sk*。由于点 *M* 属于直线 *SK*，根据点在直线上的从属性质可知 *m* 必在 *sk* 上，求出水平投影 *m*，再根据 *m*、*m'* 可求出 *m''*。

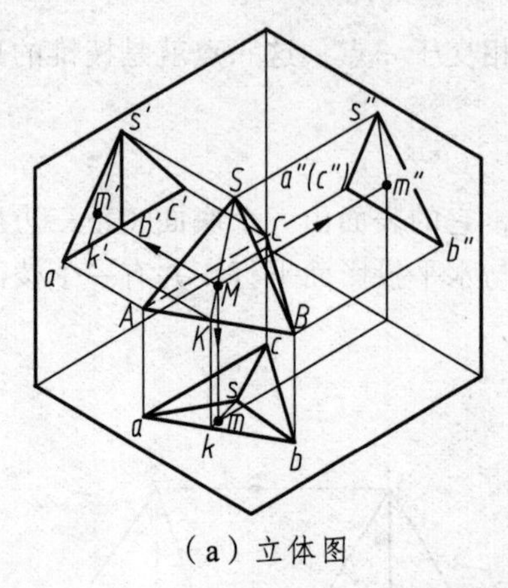

（a）立体图

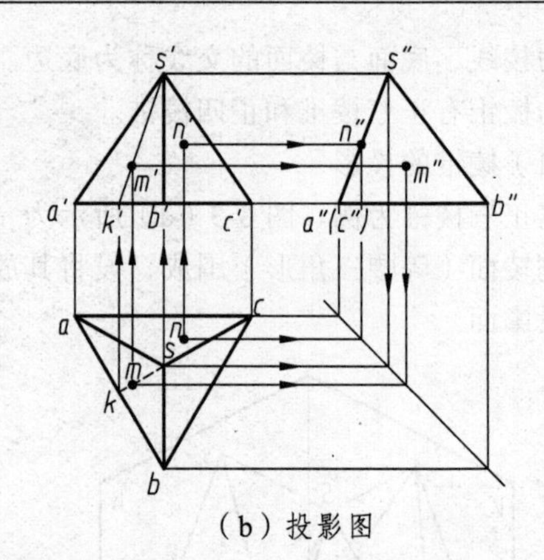

（b）投影图

图 3-4　正三棱锥表面取点

因为点 *N* 不可见，故点 *N* 必定在棱面△*SAC* 上。棱面△*SAC* 为侧垂面，它的侧面投影积聚为直线段 *s″a″*（*c″*），因此 *n″* 必在 *s″a″*（*c″*）上，由 *n*、*n″* 即可求出 *n′*。

作图：作图过程如图 3-4（b）所示。

3.1.2　曲面立体

曲面立体的曲面可以看作由一条线按一定的规律运动所形成，这条运动的线称为母线，而曲面上任意位置的母线称为素线。母线绕轴线旋转，形成回转面。母线上的各点绕轴线旋转时，形成回转面上垂直于轴线的纬圆。

常见的曲面立体有：圆柱体（由直线绕与它平行的轴线旋转而成），圆锥体（由一直线绕与它相交的轴线旋转而成），圆球（由一圆绕其直径旋转而成），圆环（一圆母线绕与其共面但不通过圆心的轴线旋转而成）等。

1. 圆　柱

圆柱表面由圆柱面和两底面所围成。圆柱面可看作由一条直母线 *AB* 围绕与它平行的轴线 OO_1 回转而成。

（1）圆柱的投影

画图时，一般常使圆柱的轴线垂直于某个投影面。

如图 3-5 所示，圆柱的轴线垂直于水平面，圆柱面上所有素线都是铅垂线，因此圆柱面的水平面投影积聚成一个圆，圆柱上、下两个底面的水平面投影反映实形并与该圆重合。两条相互垂直的点画线，表示确定圆心的对称中心线。圆柱面的正面投影是一个矩形，是圆柱面前半部与后半部的重合投影，其上下两边分别为上下两底面的积聚性投影，左、右两边 $a'a_1'$、$c'c_1'$ 分别是圆柱最左、最右素线的投影。最左素线 AA_1 是圆柱面由前向后的转向线，是正面投影中可见的前半圆柱面和不可见的后半圆柱面的分界线，也称为正面投影的转向轮廓素线。同理，可对侧面投影中的矩形进行类似的分析。

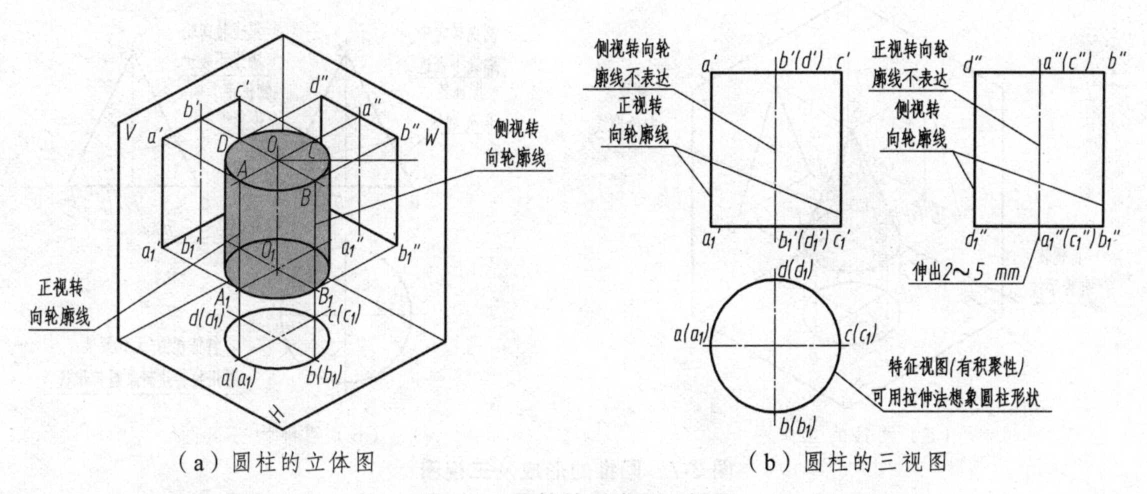

（a）圆柱的立体图　　（b）圆柱的三视图

图 3-5　圆柱的形成及三视图

圆柱的投影特征：当圆柱的轴线垂直于某一个投影面时，必有一个投影为圆形，另外两个投影为全等的矩形。

（2）圆柱表面取点

方法：利用点所在面的积聚性（圆柱的圆柱面和两底面至少有一个投影具有积聚性）。

例 3-3　如图 3-6 所示，已知圆柱面上点 *M* 的正面投影 *m*′，求作点 *M* 的其余两个投影。

分析：因为圆柱面的投影具有积聚性，圆柱面上点的侧面投影一定重影在圆周上。又因为 *m*′可见，所以点 *M* 必在前半圆柱面的上边，由 *m*′求得 *m*″，再由 *m*′和 *m*″求得 *m*。

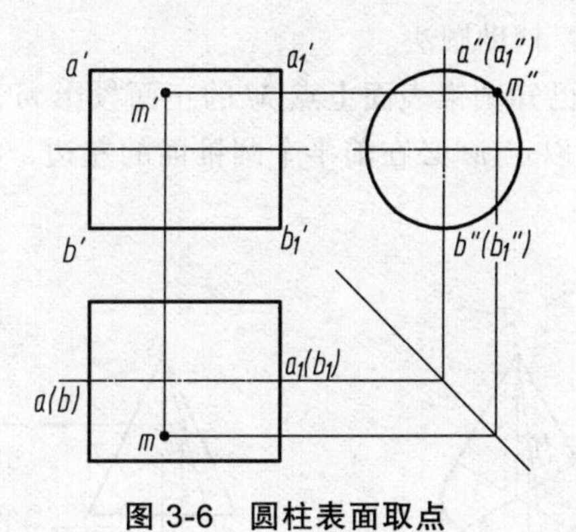

图 3-6　圆柱表面取点

作图：作图过程如图 3-6 所示。

2. 圆　锥

圆锥表面由圆锥面和底面所围成。如图 3-7 所示，圆锥面可看作是一条直母线 *SA* 围绕与它相交的轴线 *SO* 回转而成。在圆锥面上通过锥顶的任一直线称为圆锥面的素线。

（1）圆锥的投影

画圆锥面的投影时，也常使它的轴线垂直于某一投影面。

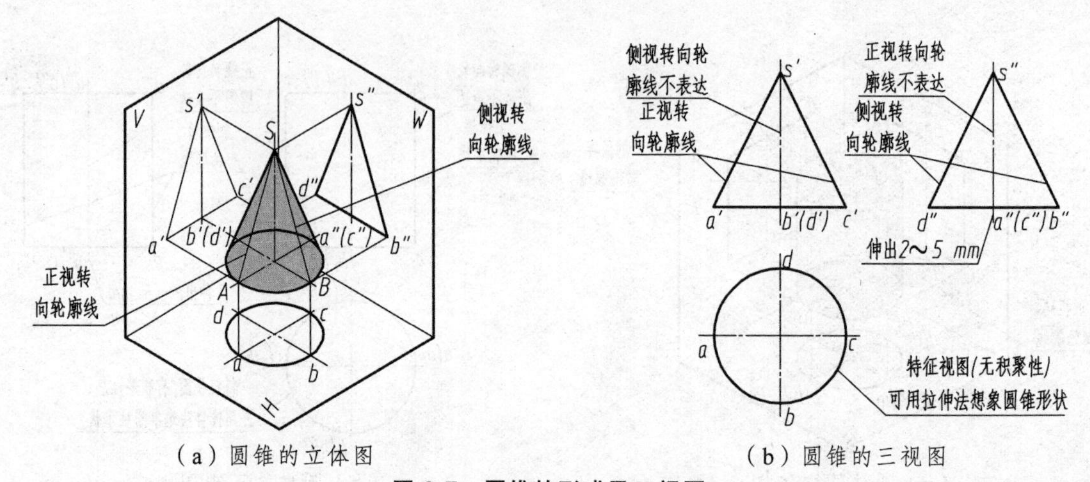

（a）圆锥的立体图　　　　（b）圆锥的三视图

图 3-7　圆锥的形成及三视图

如图 3-7（a）所示，圆锥的轴线是铅垂线，底面是水平面，图 3-7（b）是它的三视图。圆锥的水平投影为一个圆，反映底面的实形，同时也表示圆锥面的投影。圆锥的正面、侧面投影均为等腰三角形，其底边均为圆锥底面的积聚投影。正面投影中三角形的两腰 *s′a′*、*s′c′* 分别表示圆锥面最左、最右轮廓素线 *SA*、*SC* 的投影，它们是圆锥面正面投影可见与不可见的分界线。*SA*、*SC* 的水平投影 *sa*、*sc* 与横向中心线重合，侧面投影 *s″a″*（*c″*）与轴线重合。同理可对侧面投影中三角形的两腰进行类似的分析。

综上所述，可归纳出圆锥的投影特征：当圆锥的轴线垂直于某一个投影面时，则圆锥在该投影面上的投影为与其底面全等的圆形，另外两个投影为全等的等腰三角形。

（2）圆锥表面取点

方法：① 辅助线法；② 辅助圆法。

例 3-4　如图 3-8 所示，已知圆锥表面上点 *M* 的正面投影 *m′*，求作点 *M* 的其余两个投影。

分析：因为 *m′* 可见，所以点 *M* 必在前半个圆锥面的左边，故可判定点 *M* 的另两面投影均为可见。作图方法有两种：

作法一：辅助线法。

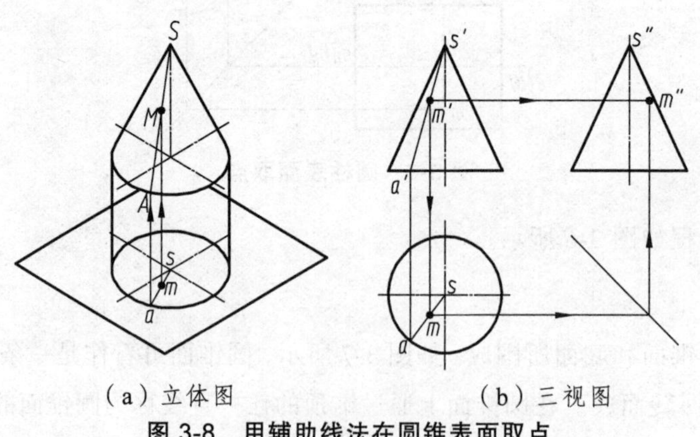

（a）立体图　　　　（b）三视图

图 3-8　用辅助线法在圆锥表面取点

如图 3-8（a）所示，过锥顶 *S* 和点 *M* 作一直线 *SA*，与底面交于点 *A*。点 *M* 的各个投影必在直线 *SA* 的相应投影上。在图 3-8（b）中，过 *m′* 作 *s′a′*，然后求出其水平投影 *sa*。由于

点 M 属于直线 SA，根据点在直线上的从属性质可知 m 必在 sa 上，求出水平投影 m，再根据 m、m' 可求出 m''。

作图：利用辅助线法作图过程见图 3-8（b）。

作法二：辅助圆法。

如图 3-9（a）所示，过圆锥面上点 M 作一垂直于圆锥轴线的辅助圆，点 M 的各个投影必在此辅助圆的相应投影上。在图 3-9（b）中，过 m' 作水平线 $a'b'$，此为辅助圆的正面投影积聚线。辅助圆的水平投影为一直径等于 $a'b'$ 的圆，圆心为 s，由 m' 向下引垂线与此圆相交，且根据点 M 的可见性，即可求出 m。然后再由 m' 和 m 可求出 m''。

作图：利用辅助圆法作图过程见图 3-9（b）。

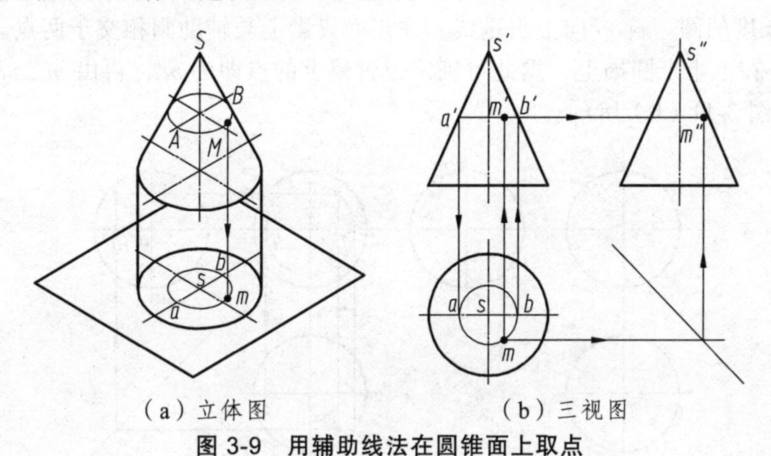

（a）立体图　　（b）三视图

图 3-9　用辅助线法在圆锥面上取点

3. 圆　球

圆球的表面是球面，如图 3-10 所示，圆球面可看作是一条圆母线绕通过其圆心的轴线回转而成。

（1）圆球的投影

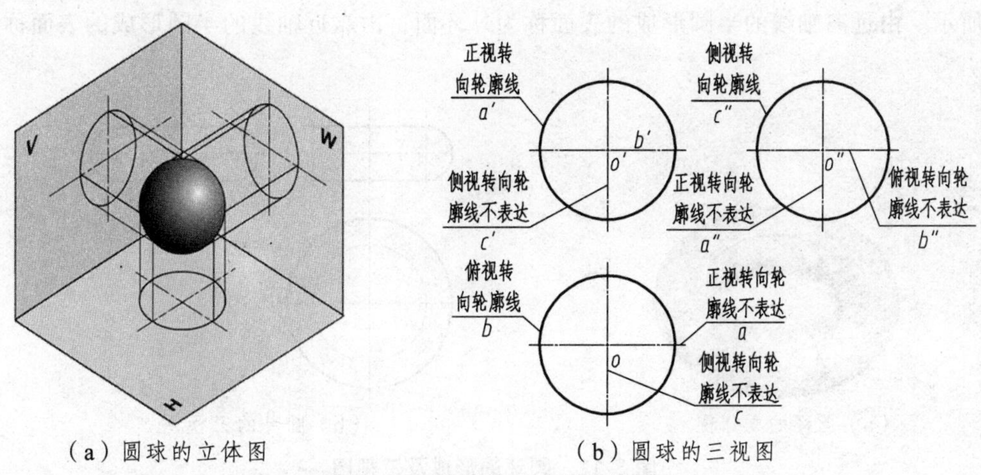

（a）圆球的立体图　　（b）圆球的三视图

图 3-10　圆球的形成及三视图

图 3-10（a）所示为圆球的立体图，图 3-10（b）所示为圆球的三视图。圆球在三个投影面上的投影都是直径相等的圆，但这三个圆分别表示三个不同方向的圆球面轮廓素线的投影。

正面投影的圆是平行于 *V* 面的圆素线 *A*（它是前面可见半球与后面不可见半球的分界线）的投影。与此类似，侧面投影的圆是平行于 *W* 面的圆素线 *C* 的投影；水平投影的圆是平行于 *H* 面的圆素线 *B* 的投影。这三条圆素线的其他两面投影，都与相应圆的中心线重合，不应画出。

（2）圆球表面取点

方法：辅助圆法。

圆球面的投影没有积聚性，求作其表面上点的投影需采用辅助圆法，即过该点在球面上作一个平行于任一投影面的辅助圆。

例 3-5 如图 3-11（a）所示，已知球面上点 *M* 的水平投影，求作其余两个投影。

分析：过点 *M* 作一平行于正面的辅助圆，它的水平投影为过 *m* 的直线 *ab*，正面投影为直径等于 *ab* 长度的圆。自 *m* 向上引垂线，在正面投影上与辅助圆相交于两点。又由于 *m* 可见，故点 *M* 必在上半个圆周上，据此可确定位置偏上的点即为 *m*′，再由 *m*、*m*′可求出 *m*″。

作图：如图 3-11（b）所示。

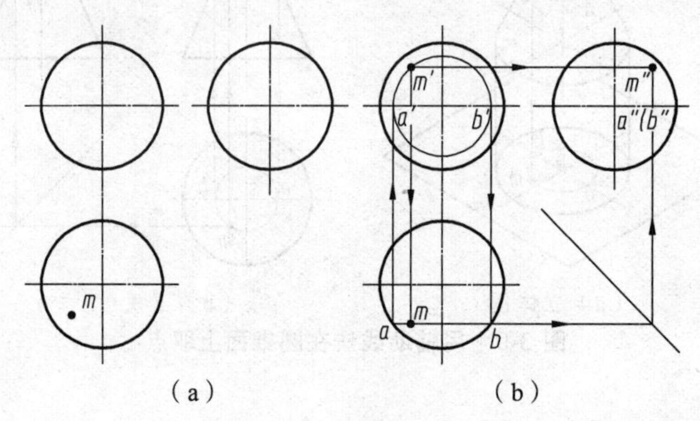

图 3-11 圆球表面取点

4. 圆 环

球环的形成可看作是由一圆母线绕与其共面但不通过其圆心的轴线旋转而成，如图 3-12（a）所示。由远离轴线的半圆形成的表面称为外环面，由靠近轴线的半圆形成的表面称为内环面。

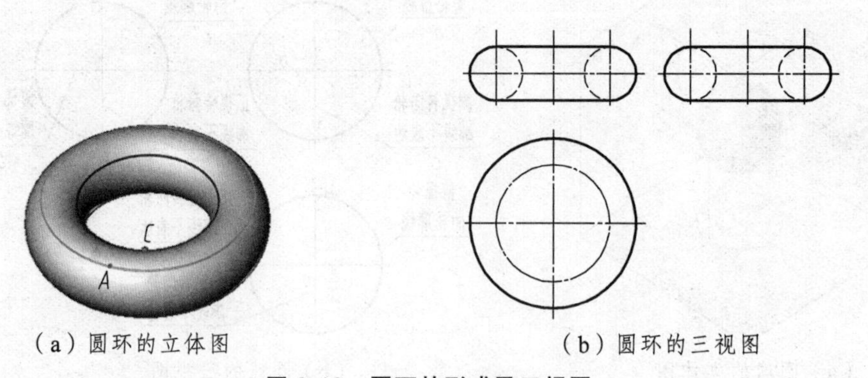

图 3-12 圆环的形成及三视图

圆环投影中的轮廓线都是环面上相应转向轮廓线的投影，如图 3-12（b）所示。正面投影中左、右两个圆是环面上平行于 *V* 面的两个圆的投影，它们是前半个环面与后半个环面的分界线。侧面投影中前、后两个圆是环面上平行于 *W* 面的两个圆的投影，它们是左半个环面与右半个环面的分界线。正面和侧面投影中顶、底两直线是环面最高、最低圆的投影。水平投影中最大、最小圆是区分上、下环面的转向轮廓线，点画线圆是母线圆心的轨迹。

3.2　立体表面的交线

在零件表面上常会遇到平面与立体和立体与立体相交的情况，如图 3-13 所示为带有交线的零件。在画图时，为了准确地表达它们的形状，必须画出它们所产生交线的投影。

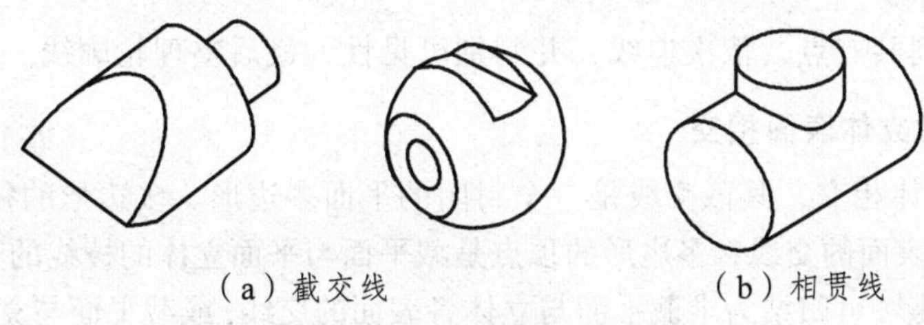

（a）截交线　　　　（b）相贯线

图 3-13　带有交线的零件

3.2.1　立体表面的截交线

1. 截交线的概念、性质及求取方法

（1）截交线的概念

如图 3-14 所示，当一立体被一平面所截切时，立体表面上所产生的交线称为截交线。该平面称为截平面。由截交线所围成的平面图形，称为截断面。

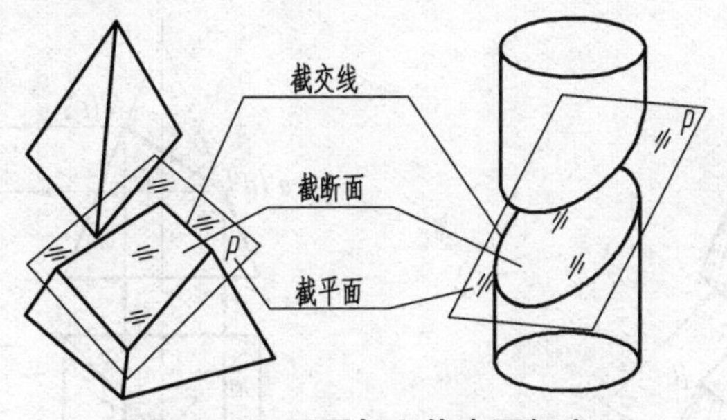

图 3-14　平面与立体表面相交

（2）截交线的性质

截交线投影的形状不但取决于立体的表面形状及截平面与立体的相对位置，还取决于截平面与投影面的相对位置。任何截交线均具有下列性质。

① 封闭性。截交线一定是一个封闭的平面图形。

② 共有性。截交线既在截平面上，又在立体表面上，截交线是截平面和立体表面的共有线。截交线上的点都是截平面与立体表面上的共有点。

③ 截交线的形状取决于被截立体的形状及截平面与立体的相对位置。

因为截交线是截平面与立体表面的共有线，所以求作截交线的实质，就是求出截平面与立体表面的共有点。为了准确清楚地表达零件的形状，必须正确地画出其表面交线的投影。

（3）求截交线的方法与步骤

线是一系列点的集合，求截交线可归纳为找共有点。当截平面处于特殊位置时，截平面的投影有积聚性，截交线的一个投影已知，然后用面上取点线的方法求交线其他投影。求截交线的方法与步骤如下。

① 空间及投影分析。首先分析截交线的形状（是平面多边形还是平面曲线），然后分析截交线的投影（即分析截交线的投影在那个面有积聚性，在哪个面反映实形，在那个面是类似形）。

② 求出一系列共有点，依次连线，并判别可见性，最后整理轮廓线。

2. 平面与平面立体表面相交

平面与平面立体相交，其截交线是一个封闭的平面多边形。多边形的每一条边也是截平面与平面立体一个表面的交线，多边形的顶点是截平面与平面立体的棱线的交点。因此，求平面立体截交线的投影，可归结为求截平面与立体各表面的交线，或截平面与立体上棱线的交点，作出每一段交线或每一交点的投影，并判别可见性，然后再依次连线，即可得截交线的投影。

例 3-6 如图 3-15（a）所示，求作正垂面 *P* 斜切正四棱锥的截交线。

分析：截平面与棱锥的四条棱线相交，可判定截交线是四边形，其四个顶点分别是四条棱线与截平面的交点。因此，只要求出截交线的四个顶点在各投影面上的投影，然后依次连接顶点的同面投影，即得截交线的投影。

在正面投影上依次标出 a'、b'、c'、d'，根据线上取点的方法求得相应的水平投影 a、b、c、d 和侧面投影 a''、b''、c''、d''，连线并判别可见性，最后整理轮廓线。

作图：作图方法与步骤如图 3-15（b）所示。

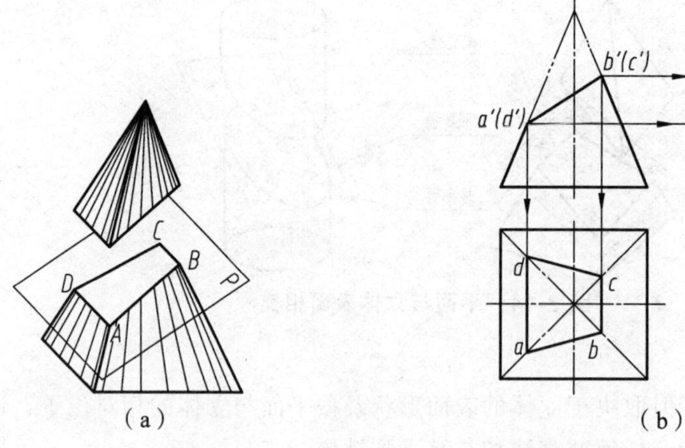

图 3-15 正垂面 *P* 斜切正四棱锥的截交线

当用两个以上平面截切平面立体时，在立体上会出现切口、凹槽或穿孔等。作图时，只要作出各个截平面与平面立体的截交线，并画出各截平面之间的交线，就可作出这些平面立体的投影。

例 3-7　如图 3-16（a）所示，一带切口的正三棱锥，已知它的正面投影，求其另两面投影。

分析：该正三棱锥的切口是由两个相交的截平面切割而形成。两个截平面一个是水平面，一个是正垂面，它们都垂直于正面，因此切口的正面投影具有积聚性。水平截面与三棱锥的底面平行，因此它与棱面△*SAB* 和△*SAC* 的交线 *DE*、*DF* 必分别平行与底边 *AB* 和 *AC*，水平截面的侧面投影积聚成一条直线。正垂截面分别与棱面△*SAB* 和△*SAC* 交于直线 *GE*、*GF*。由于两个截平面都垂直于正面，所以两截平面的交线一定是正垂线，作出以上交线的投影，然后依次作出各交线的其他面投影，即可得出所求截交线的各面投影。

作图：作图方法与步骤如图 3-16（b）所示，图 3-16（c）为所得的三视图。

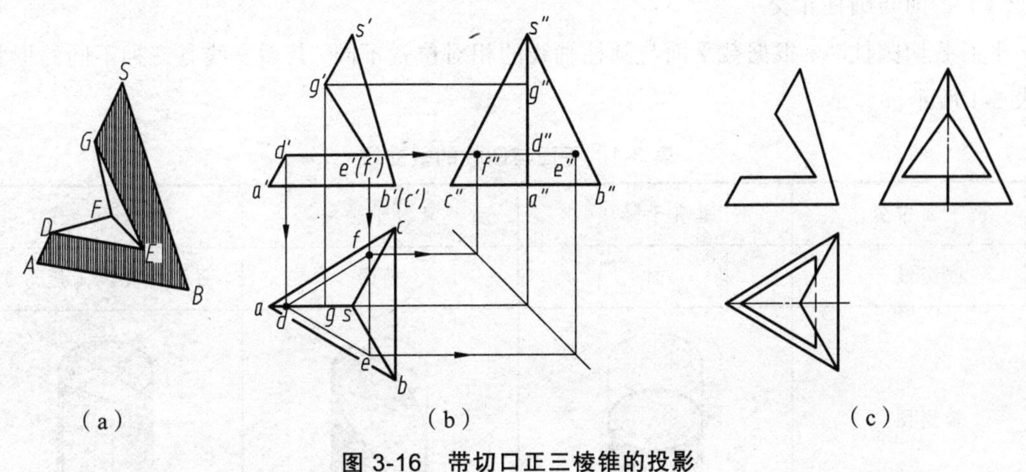

图 3-16　带切口正三棱锥的投影

例 3-8　已知四棱台被两个侧平面和一个水平面所截切，求截切后交线的水平投影和侧面投影。

分析：两个侧平面所截的截交线形状为等腰梯形，水平投影积聚为线，侧面投影反映实形。水平面所截的截交线形状为距形。水平投影反映实形，侧面投影积聚为线。

作图：作图方法与步骤见图 3-17。

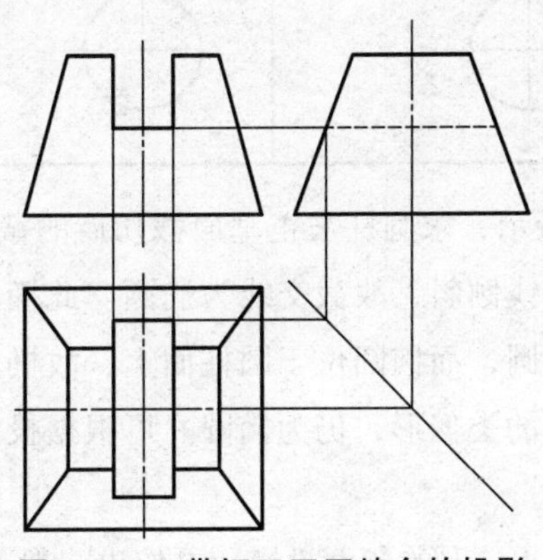

图 3-17　带切口正四棱台的投影

3. 平面与回转体表面相交

平面与回转体相交，截交线一般为封闭的平面曲线，特殊情况为平面多边形。截交线上的每一点都是立体表面与截平面的共有点，因此，求作这种截交线的一般方法是：作出截交线上一系列点的投影，再依次光滑连接成曲线。显然，若能确定截交线的形状，对准确作图是有利的。

作图时，首先分析截平面与回转体的相对位置，从而了解截交线的形状。当截平面为特殊位置面时，截交线的投影就重合在截平面具有集聚性的同面投影上，再根据曲面立体表面取点的方法作出截交线。先求特殊位置点（大多在回转体的转向轮廓线上），再求一般位置点，最后将这些点连成截交线的投影，并标注可见性。

（1）平面与圆柱相交

平面截切圆柱时，根据截平面与圆柱轴线的相对位置不同，其截交线有三种不同的形状，如表 3-1 所示。

表 3-1　平面与圆柱的截交线

截平面位置	垂直于轴线	倾斜于轴线	平行于轴线
截交线	圆	椭圆	两平行直线（矩形）
轴测图	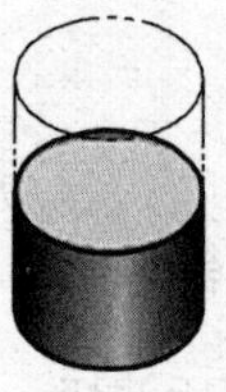	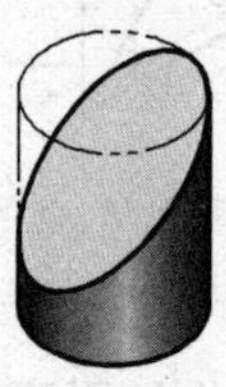	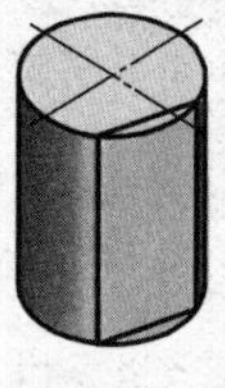
投影图	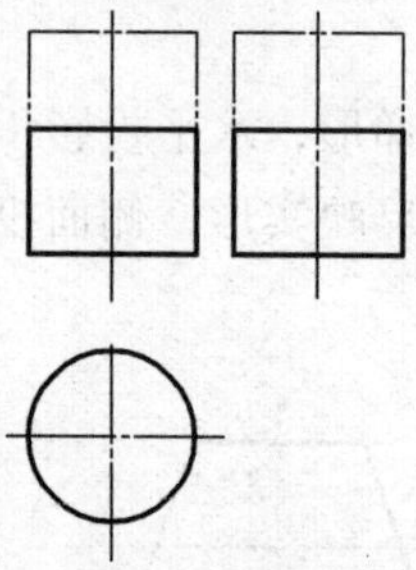	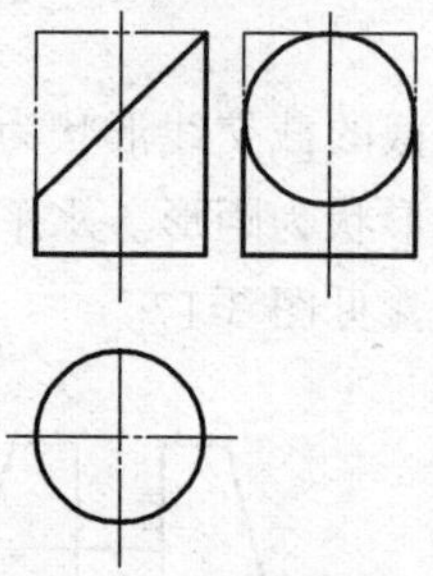	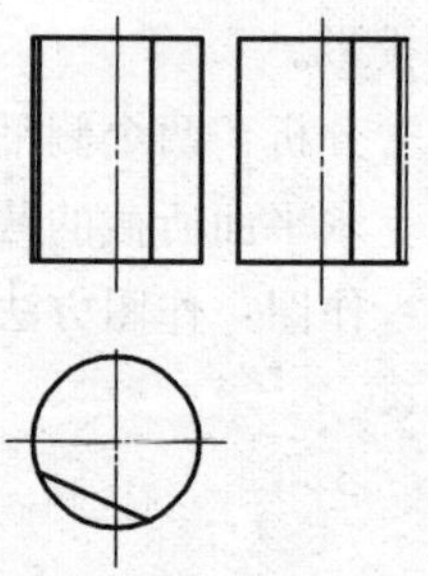

例 3-9　如图 3-18（a）所示，求圆柱被正垂面截切后的截交线。

分析：截平面与圆柱的轴线倾斜，故截交线为椭圆。此椭圆的正面投影积聚为一直线。由于圆柱面的水平投影积聚为圆，而椭圆位于圆柱面上，故椭圆的水平投影与圆柱面水平投影重合。椭圆的侧面投影是它的类似形，仍为椭圆。可根据投影规律由正面投影和水平投影求出侧面投影。

首先找出特殊点 *Ⅰ*、*Ⅲ*、*Ⅴ*、*Ⅶ*的各面投影，再作出一般点 *Ⅱ*、*Ⅳ*、*Ⅵ*、*Ⅷ*的各面投影，连线并判断可见性，最后整理轮廓线。

作图：作图方法与步骤如图 3-18（b）、（c）所示，图 3-18（d）为所得的三视图。

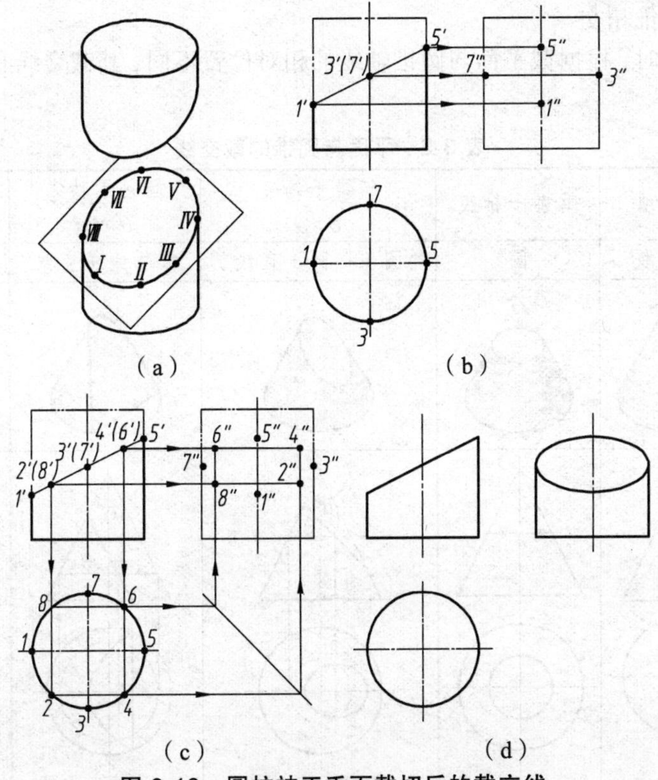

图 3-18　圆柱被正垂面截切后的截交线

例 3-10　如图 3-19（a）所示，完成被截切圆柱的正面投影和水平投影。

分析：该圆柱左端的开槽是由两个平行于圆柱轴线的对称的正平面和一个垂直于轴线的侧平面切割而成。圆柱右端的切口是由两个平行于圆柱轴线的水平面和两个侧平面切割而成。

作图：作图方法和步骤如图 3-19（b）所示，图 3-19（c）为所得的三视图。

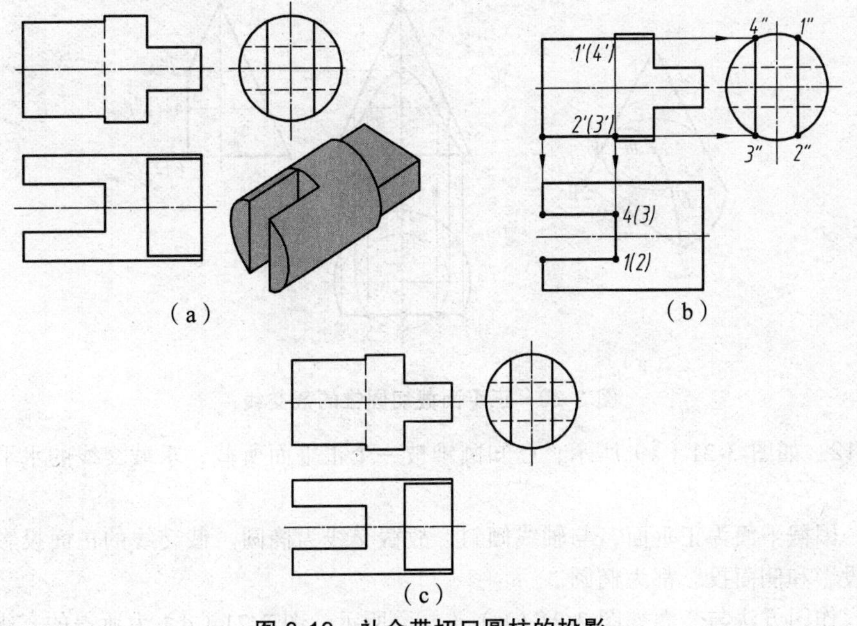

图 3-19　补全带切口圆柱的投影

（2）平面与圆锥相交

平面截切圆锥时，根据截平面与圆锥轴线的相对位置不同，其截交线有五种不同的情况，如表 3-2 所示。

表 3-2　平面与圆锥的截交线

截平面位置	过锥顶	垂直于轴线	倾斜于轴线 $\theta>\alpha$	倾斜于轴线 $\theta=\alpha$	平行或倾斜于轴线 $\theta>\alpha$或$\theta=0$
截交线	三角形	圆	椭圆（椭圆＋直线）	抛物线＋直线	双曲线＋直线
轴测图					
投影图					

例 3-11　如图 3-20（a）所示，求作被正平面截切的圆锥的截交线。

分析：因截平面为正平面，与轴线平行，故截交线为双曲线。截交线的水平投影和侧面投影都积聚为直线，只需求出正面投影。

作图：作图方法和步骤如图 3-20（b）所示。

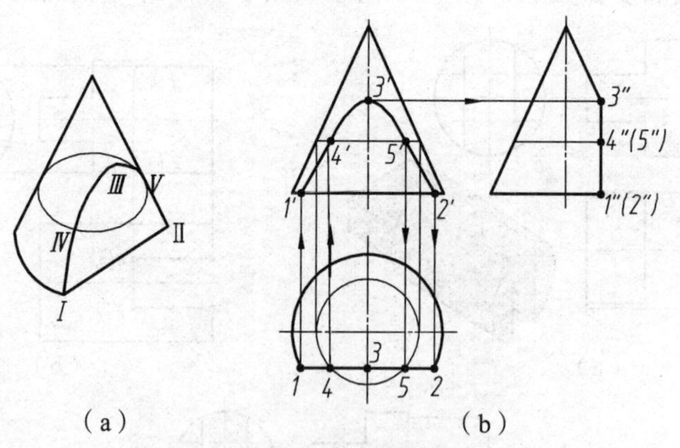

图 3-20　正平面截切圆锥的截交线

例 3-12　如图 3-21（a）所示，已知圆锥被一个正垂面所截，求截交线的水平投影和侧面投影。

分析：因截平面为正垂面，与轴线倾斜，故截交线为椭圆。截交线的正面投影积聚为直线，水平投影和侧面投影都为椭圆。

作图：作图方法与步骤如图 3-21（b）、（c）、所示，图 3-21（d）为所得的三视图。

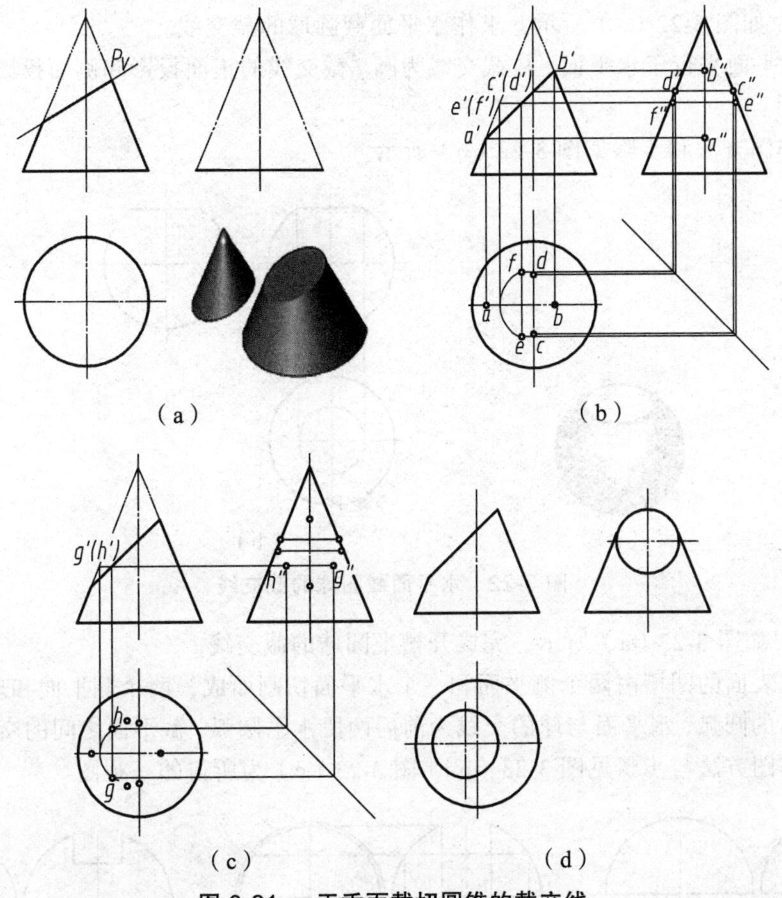

图 3-21　正垂面截切圆锥的截交线

（3）平面与圆球相交

平面在任何位置截切圆球的截交线都是圆。当截平面平行于某一投影面时，截交线在该投影面上的投影为圆的实形，在其他两面上的投影都积聚为直线。如表 3-3 所示。

表 3-3　平面与圆球的截交线

截面位置	与 *V* 面平行	与 *H* 面平行	与 *W* 面平行	与 *V* 面垂直
立体图				
投影图				

例 3-13 如图 3-22（a）所示，求作水平面截圆球的截交线。

分析：截平面平行于水平面，故截交线为圆。截交线的正面投影和侧面投影积聚为直线，水平投影为圆。

作图：作图方法和步骤如图 3-22（b）所示。

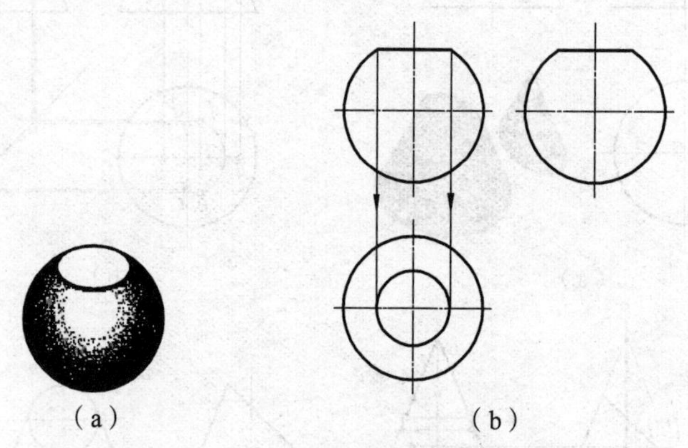

（a）　　（b）

图 3-22　水平面截圆球的截交线

例 3-14 如图 3-23（a）所示，完成开槽半圆球的截交线。

分析：球表面的凹槽由两个侧平面和一个水平面切割而成，两个侧平面和球的交线为两段平行于侧面的圆弧，水平面与球的交线为前后两段水平圆弧，截平面之间的交线为正垂线。

作图：作图方法与步骤见图 3-23（b），图 3-23（c）为所得的三视图。

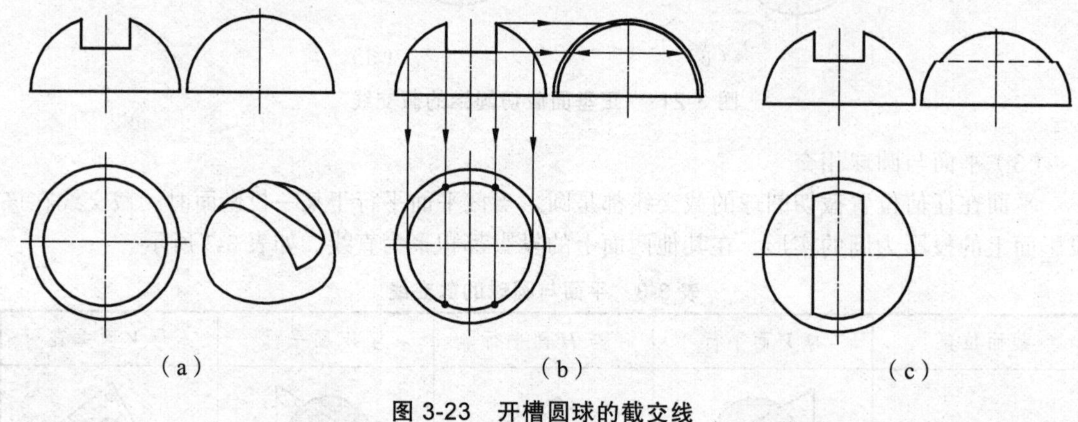

（a）　　（b）　　（c）

图 3-23　开槽圆球的截交线

实际机件常由几个回转体组合而成。求组合回转体的截交线时，首先要分析构成机件的各基本体与截平面的相对位置、截交线的形状、投影特性，然后逐个画出各基本体的截交线，再按它们之间的相互关系连接起来。

例 3-15 如图 3-24（a）所示，求作顶尖头的截交线。

分析：顶尖头部是由同轴的圆锥与圆柱组合而成。它的上部被两个正垂面截平面 *P* 和 *Q* 切去一部分，在它的表面上共出现三组截交线和一条 *P* 与 *Q* 的交线。截平面 *P* 平行于轴线，所以它与圆锥面的交线为双曲线，与圆柱面的交线为两条平行直线。截平面 *Q* 与圆柱斜交，它截切圆柱的截交线是一段椭圆弧。三组截交线的侧面投影分别积聚在截平面 P 和圆柱面的投影上，正面投影分别积聚在 *P*、*Q* 两面的投影（直线）上，因此只需求作三组截交线的水平投影。

作图：作图方法与步骤如图 3-24（b）、（c）所示，图 3-23（d）为所得的三视图。

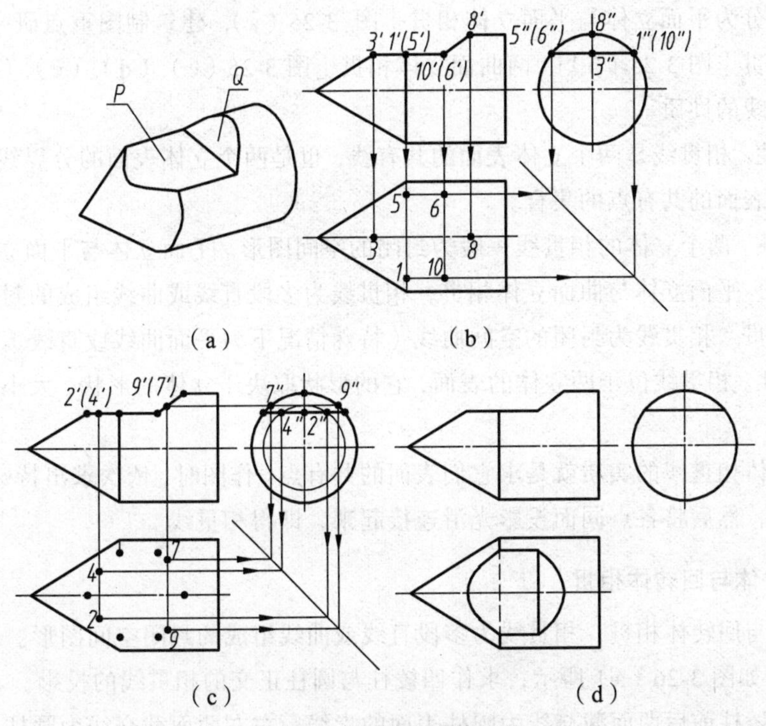

图 3-24　顶尖头的截交线

3.2.2　立体表面的相贯线

1. 相贯线的概念、类型及性质

（1）相贯线的定义

两个基本体相交（或称相贯），表面产生的交线称为相贯线。如图 3-25 所示。

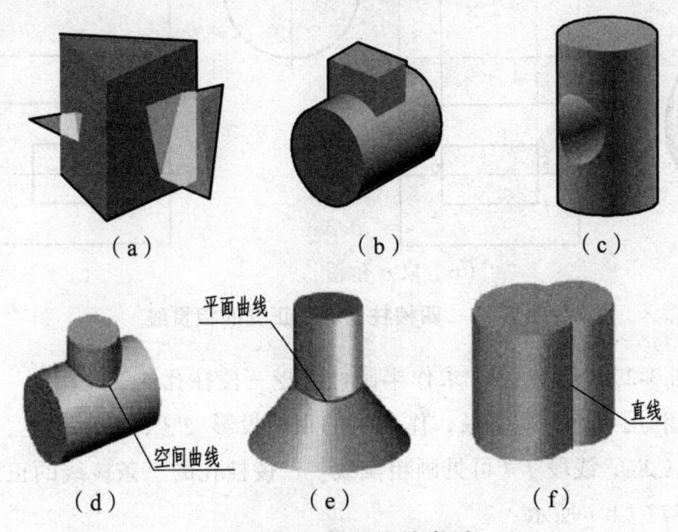

图 3-25　相贯线的类型

（2）相贯线的类型

相贯线可分为平面立体与平面立体相贯［图 3-25（a），建筑制图重点研究］、平面立体与曲面立体相贯［图 3-25（b）］、两曲面立体相贯［图 3-25（c）、（d）、（e）、（f）］等三类。

（3）相贯线的性质

① 共有性。相贯线是两个立体表面的共有线，也是两个立体表面的分界线。相贯线上的点是两个立体表面的共有点的集合。

② 封闭性。两个立体的相贯线一般为封闭的空间图形。平面立体与平面立体相贯，相贯线为平面图形；平面立体与曲面立体相贯，相贯线为多段直线或曲线组成的封闭空间图形；两曲面立体相贯，相贯线为封闭的空间曲线（特殊情况下为平面曲线或直线）。

③ 表面性。相贯线位于两立体的表面，它的形状取决于立体的形状、大小和两立体的相对位置。

求两个立体相贯线的实质就是求它们表面的共有点。作图时，依次求出特殊点和一般点，判别其可见性，然后将各点同面投影光滑连接起来，即得相贯线。

2. 平面立体与回转体相贯

平面立体与回转体相贯，相贯线为多段直线或曲线组成的封闭空间图形。

例 3-16 如图 3-26（a）所示，求作四棱柱与圆柱正交的相贯线的投影。

分析：四棱柱前后两面截交线为圆柱表面的素线；左右两面截交线为圆柱表面的纬圆。相贯线为两段素线和两段圆弧组成的空间图形。左、俯视图有积聚性，投影已知，求作正面投影即可。

作图：作图方法与步骤见图 3-26（b），图 3-26（c）为所得的三视图。

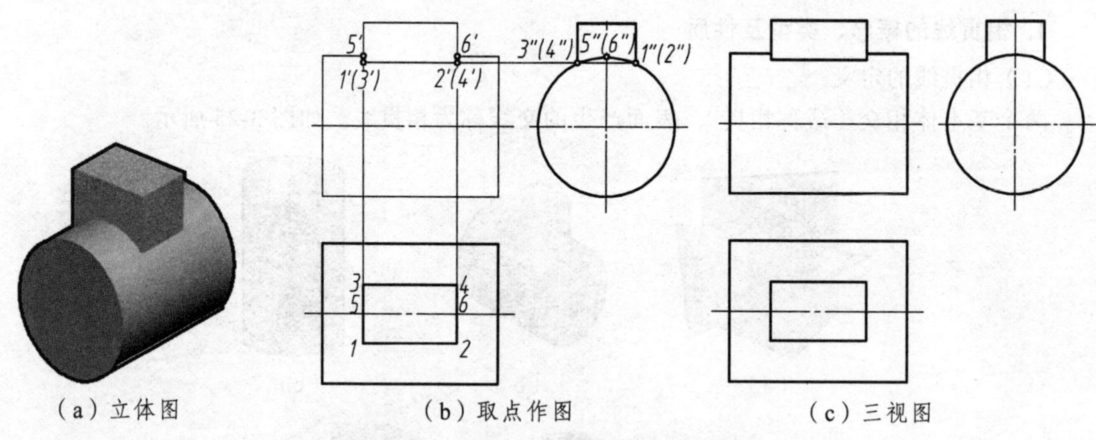

（a）立体图　　（b）取点作图　　（c）三视图

图 3-26 四棱柱与圆柱正交的相贯线

例 3-17 如图 3-27（a）所示，求作半圆柱上挖三棱柱孔的三视图。

分析与作图：利用“三等”关系，作素线的正面投影 *2′3′*，均不可见，画细虚线。作圆弧的正面投影 *1′4′*（*2′*），线段 *1′4′*可见画粗实线。三棱柱孔的三条棱线的正面投影均不可见，画细虚线，如图 3-27（b）所示。

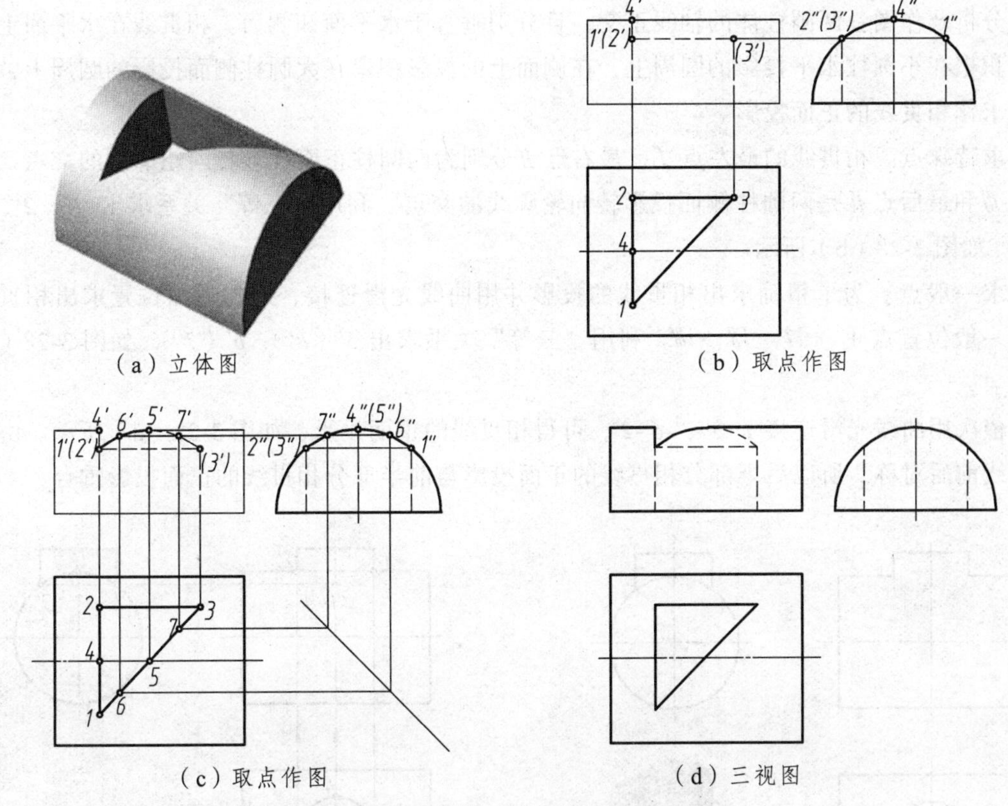

（a）立体图　（b）取点作图

（c）取点作图　（d）三视图

图 3-27　半圆柱上挖三棱柱孔的三视图

作椭圆弧的投影，先作特殊点的正面投影 $1'$、$3'$、$5'$，再作一般点的正面投影 $6'$、$7'$，椭圆弧正面投影 $1'$、$6'$、$5'$可见，画粗实线。$5'$、$7'$、$3'$不可见，画细虚线，如图 3-27（c）所示。

整理轮廓线：正面投影转向轮廓线上点Ⅳ、Ⅴ之间的轮廓线被切，其投影应擦除，检查加深图形，如图 3-27（d）所示。

3. 回转体与回转体相贯

两回转体相贯，相贯线一般为封闭的空间曲线，特殊情况下为平面曲线或直线。

（1）求回转体相贯线的步骤

① 空间及投影分析：分析回转体表面的相对位置，看是否对称，从而确定相贯线的形状，分析投影情况，看是否有积聚性。

② 找共有点（特殊点和一般点）。

③ 判别可见性：一个曲面立体表面可见，交线即可见。

④ 整理轮廓线。

（2）求回转体相贯线的方法

利用积聚性表面取点法（适合柱、柱相贯）、辅助平面法。

（3）利用积聚性表面取点法求相贯线

利用投影具有积聚性的特点，确定两回转体表面上若干个共有点的已知投影，用立体表面取点法求出未知投影。

例 3-18　如图 3-28（a）所示，求作正交两圆柱的相贯线。

分析及作图：两圆柱体的轴线正交，且分别垂直于水平面和侧面。相贯线在水平面上的投影积聚在小圆柱水平投影的圆周上，在侧面上的投影积聚在大圆柱侧面投影的圆周上，故只需求作相贯线的正面投影。

求特殊点。相贯线的最左点 *Ⅰ*、最右点 *Ⅱ* 分别为两圆柱正面投影转向轮廓线的交点，最前点 *Ⅲ* 和最后点 *Ⅳ* 是两圆柱侧面投影转向轮廓线的交点。利用“三等”关系求出 *1′*、*2′*、*3′*（*4′*）。如图 3-28（b）所示。

求一般点。为了精确求出相贯线的投影并用曲线光滑连接，应在适当位置求出相贯线上的一般位置点 *Ⅴ*、*Ⅵ*、*Ⅶ*、*Ⅷ*。利用“三等”关系求出 *5′*（*8′*）、*6′*（*7′*），如图 3-28（c）所示。

依次用曲线光滑连接 *1′-5′-3′-6′-2′*，可得相贯线的正面投影，如图 3-28（d）所示。由于相贯线前后对称，所以后半部分相贯线的正面投影与前半部分相贯线的正面投影重合。

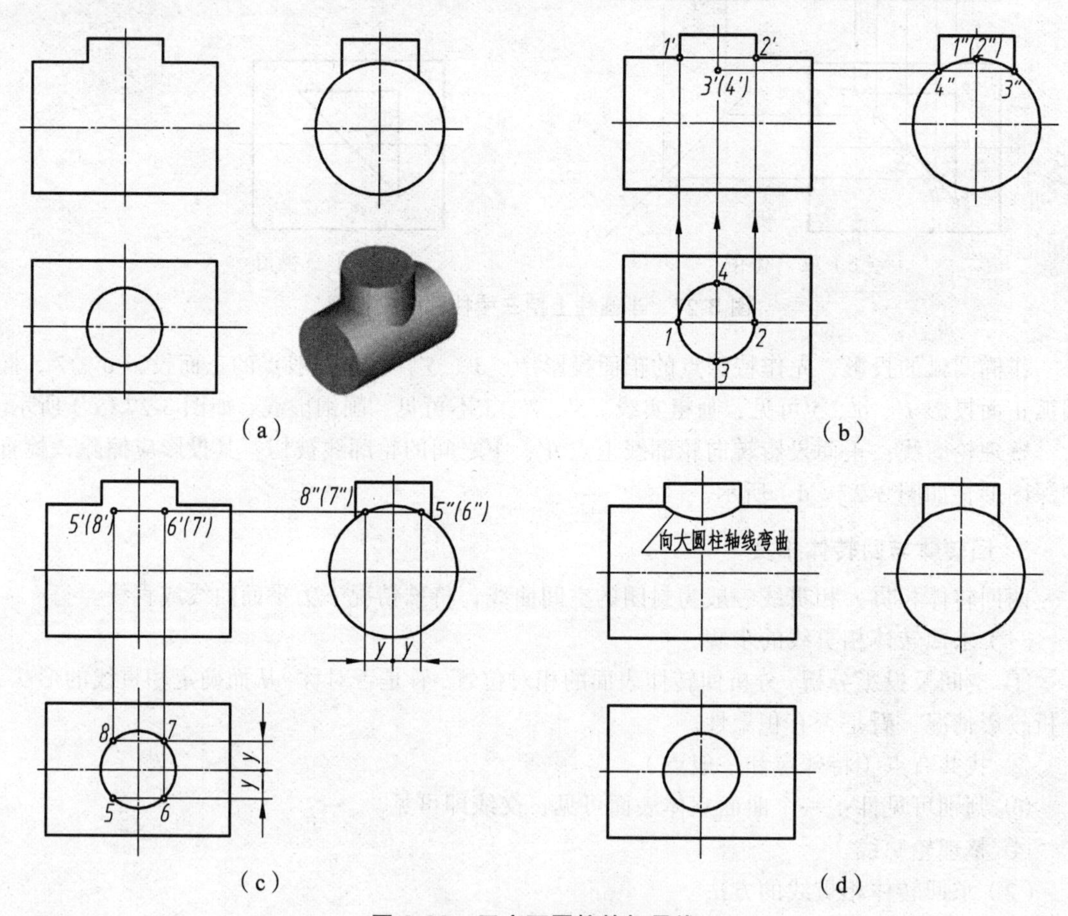

图 3-28　正交两圆柱的相贯线

图中相贯线的作图步骤较多，若对相贯线的准确性无特殊要求，当两圆柱垂直正交且直径不同时，可采用圆弧代替相贯线的近似画法。如图 3-29 所示，垂直正交两圆柱的相贯线可用大圆柱的 $D/2$ 为半径作圆弧来代替。

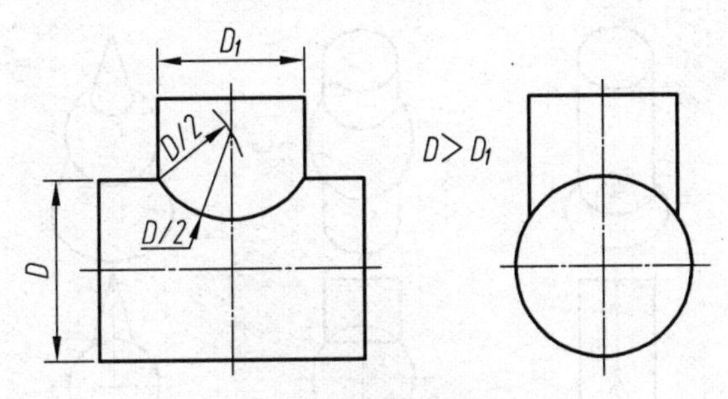

图 3-29　相贯线的近似画法

（4）两圆柱正交的类型

两圆柱正交有三种情况：① 两外圆柱面相交；② 外圆柱面与内圆柱面相交；③ 两内圆柱面相交。这三种情况的相交形式虽然不同，但相贯线的性质和形状一样，求法也是一样的。如图 3-30 所示。

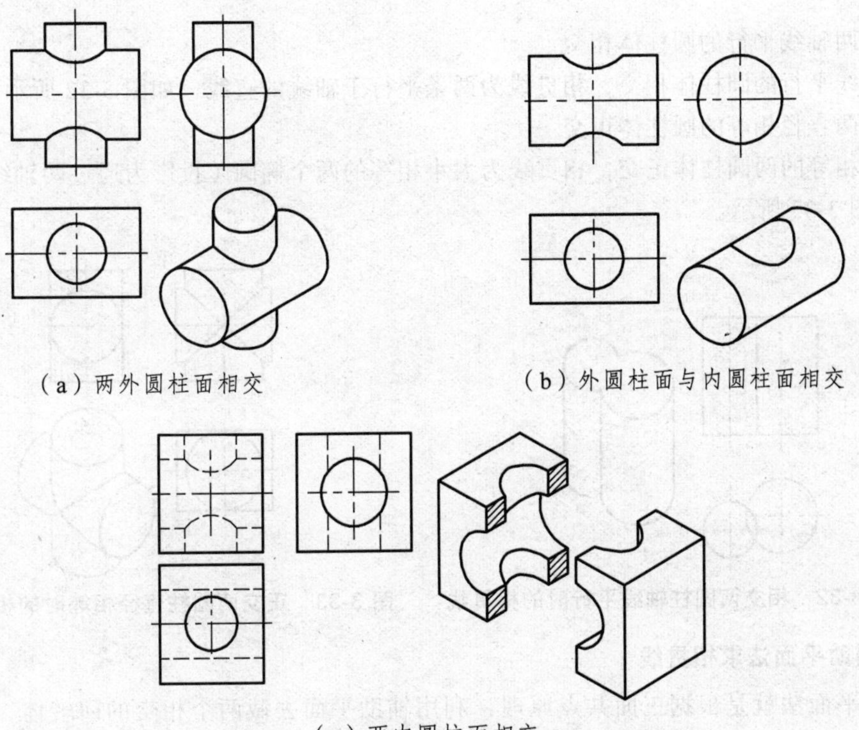

（a）两外圆柱面相交　　（b）外圆柱面与内圆柱面相交

（c）两内圆柱面相交

图 3-30　两圆柱正交的三种情况

4. 回转体相贯线的特殊情况

两曲面立体相交，其相贯线一般为空间曲线，但在特殊情况下也可能是平面曲线或直线。

（1）两个同轴回转体相交

两个曲面立体具有公共轴线时，相贯线为与轴线垂直的圆，如图 3-31 所示。

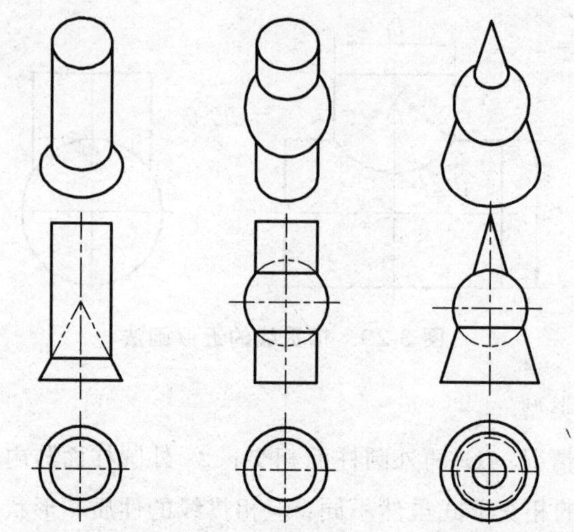

（a）圆柱与圆锥 （b）圆柱与圆球 （c）圆锥与圆球

图 3-31 两个同轴回转体的相贯线

（2）两轴线平行的圆柱体相交

两轴线平行的圆柱体相交，相贯线为两条平行于轴线的直线，如图 3-32 所示。

（3）两直径相等的圆柱体正交

直径相等的两圆柱体正交，相贯线为大小相等的两个椭圆（投影为通过两轴线交点的直线），如图 3-33 所示。

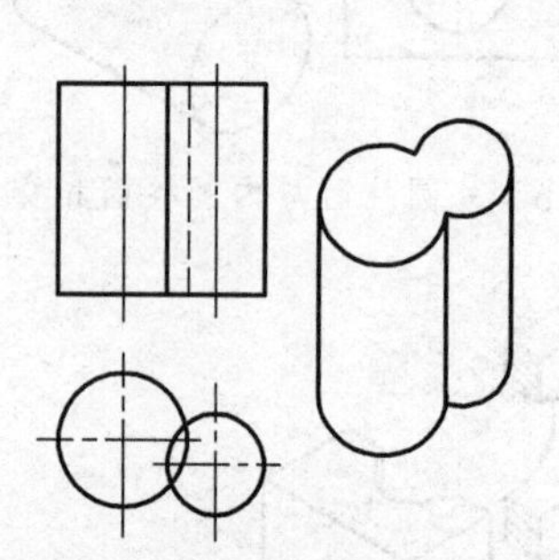

图 3-32 相交两圆柱轴线平行时的相贯线

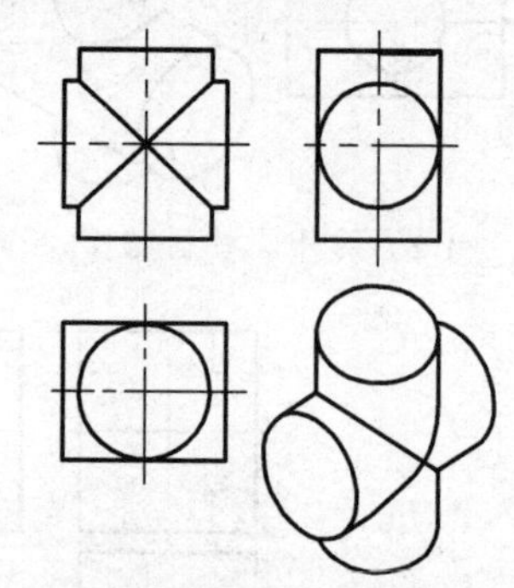

图 3-33 正交两圆柱直径相等时的相贯线

5. 辅助平面法求相贯线

辅助平面法就是根据三面共点原理，利用辅助平面去截两个相交的回转体，得两条截交线，两条截交线的交点，即为辅助平面与两相交立体表面上的共有点，因此也是相贯线上的点。

辅助平面的选择原则：所选的辅助平面与两回转体表面截交线的投影为简单易画的图形，比如直线或圆。

例 3-19 如图 3-34（a）所示，求作锥台和球相交的相贯线。

分析：相贯线是前后对称的封闭图形。球和锥均没有积聚性，相贯线三个面的投影均要求出。辅助面选择一个正平面、一个侧平面和若干个水平面。

求出特殊点，即转向轮廓线上点，如最高（低）点、最前（后）点、最左（右）点。选正平面求出最高（低）点 *I*、*III*；选侧平面求出最前（后）点 *II*、*IV*；选水平面求出一般点 *V*、*VI*。连线判别可见性。判别可见性的原则是参加相贯的两立体的表面在该投影面上均可见，则相贯线可见。反之，相贯线不可见。最后整理轮廓线。如图 3-34（b）所示。

作图：作图方法与步骤如图 3-34（c）所示。

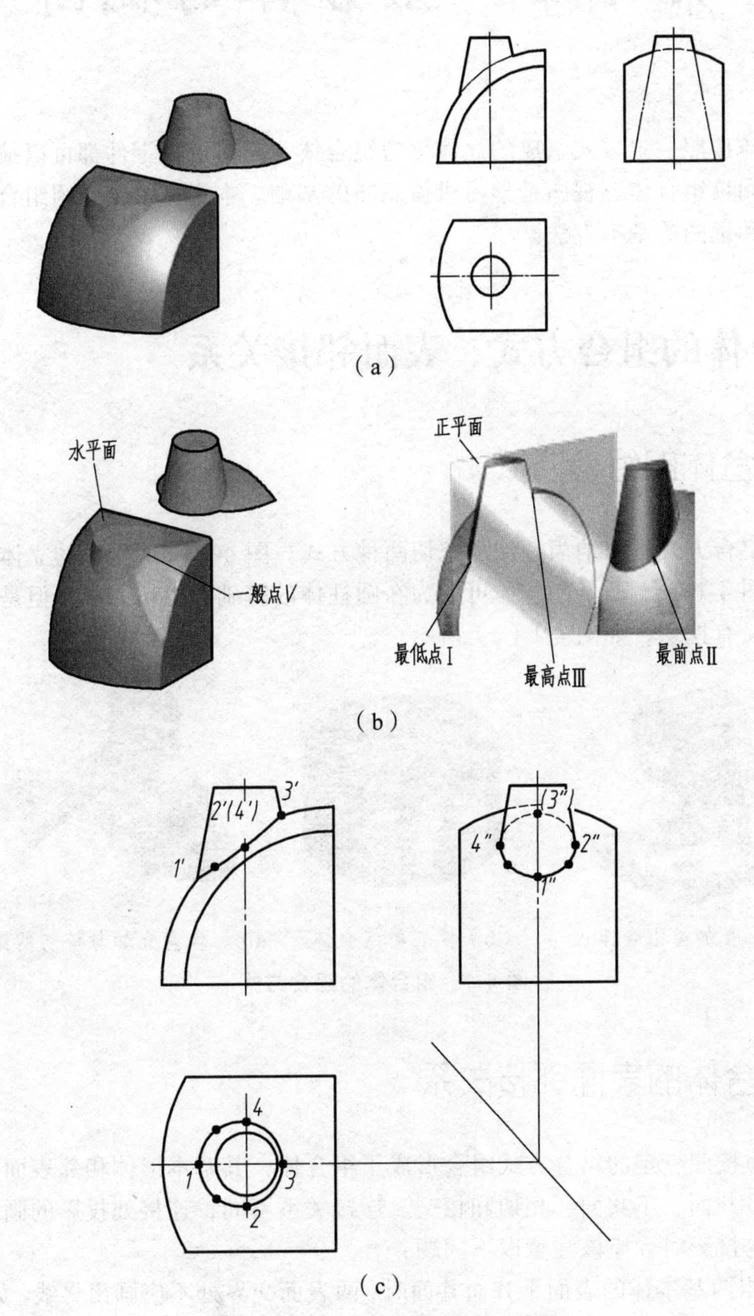

图 3-34　锥台和球相交的相贯线

第 4 章　组合体的视图

由基本形体按照一定方式组成的立体称为组合体。任何机械零件都可以抽象成组合体。因此，绘制和阅读组合体三视图是学习机械制图的基础。本章将主要介绍组合体三视图的画法、尺寸标注和读图的基本方法。

4.1　组合体的组合方式、表面邻接关系

4.1.1　组合体的组合方式

组合体的组合方式可归纳为叠加和挖切两种方式。图 4-1（a）所示的立体可视为 4 个立体叠加而成；图 4-1（b）所示的立体可视为在圆柱体的基础上挖切而成。但是常见的组合体往往既有叠加又有挖切，如图 4-1（c）所示。

（a）叠加类组合体

（b）挖切类组合体

（c）含有叠加与挖切的组合体

图 4-1　组合体的组合方式

4.1.2　组合体的表面邻接关系

当基本形体按照一定的组合方式组合形成了组合体，其基本形体相邻表面之间存在的连接关系可分为：共面、不共面、相切和相交。连接关系不同，连接处投影的画法也不同。所以在画组合体的投影时，应该注意以下问题：

① 共面。当两基本体的表面平齐而共面时，两表面交界处不应画出界线，如图 4-2 所示，上、下两表面共面，在主视图上不应画分界线。

② 不共面。当两基本体的表面不平齐（不共面）时，两表面交界处应画出界线，如图 4-2 所示，左侧两表面不共面，在左视图上应画出分界线。

③ 相切。当两基本体表面相切时，相切处光滑连接，没有交线，该处投影不应画线，相邻平面的投影应画到切点处为止，如图 4-3 所示组合体，它是由底板和圆柱体组成，底板的侧面与圆柱面相切，在相切处形成光滑的过渡，因此主视图和左视图中相切处不应画线。

④ 相交。两基本体的表面相交时，两表面交界处有交线，应画出交线的投影，如图 4-4 所示。

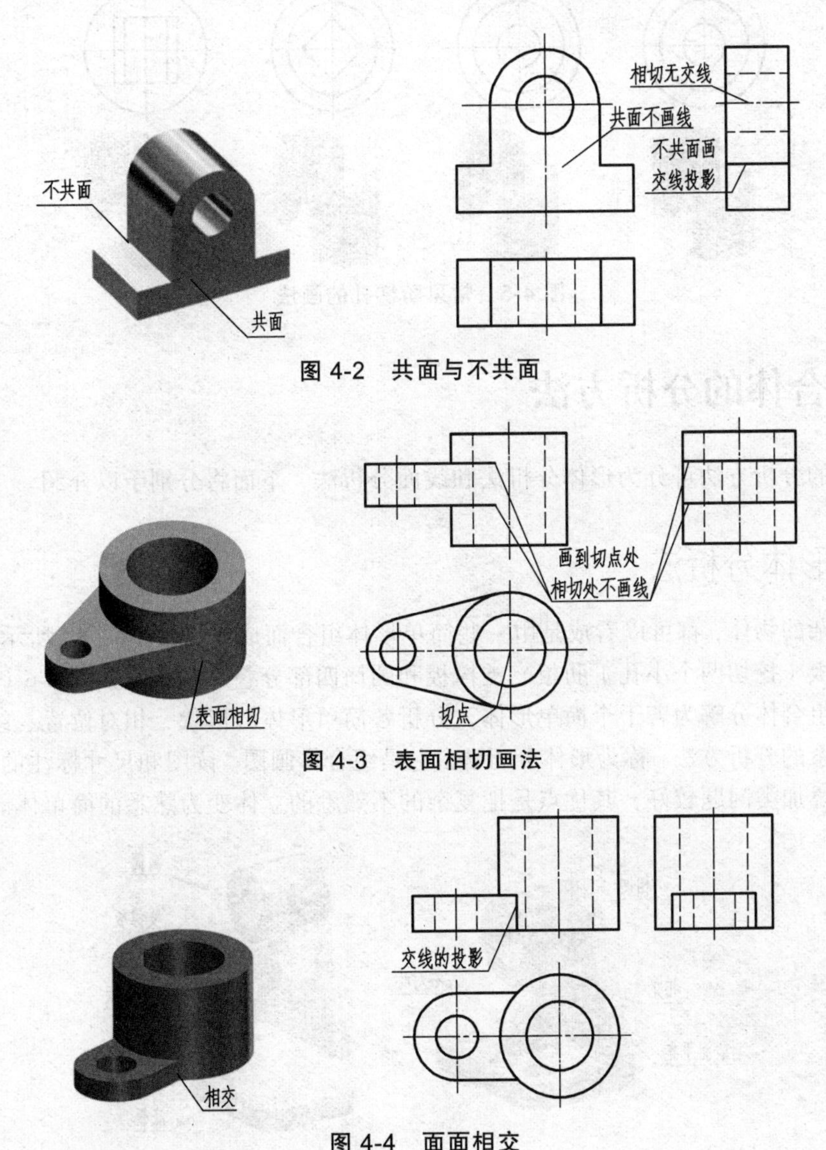

图 4-2　共面与不共面

图 4-3　表面相切画法

图 4-4　面面相交

4.1.3　常见孔的阶梯画法

常见孔的阶梯画法，如图 4-5 所示。

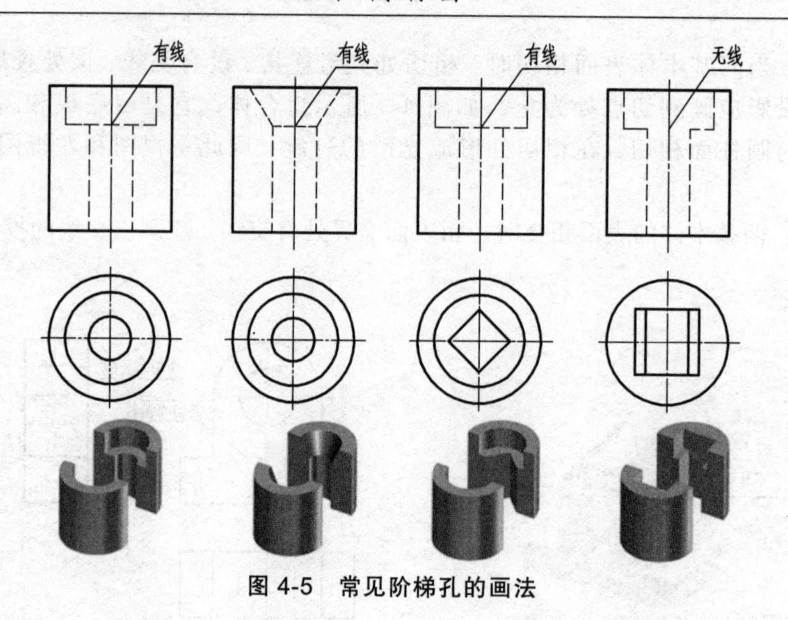

图 4-5　常见阶梯孔的画法

4.2　组合体的分析方法

组合体的分析方法可分为形体分析法和线面分析法，下面将分别予以介绍。

4.2.1　形体分析法

任何复杂的物体，都可以看成是由一些简单形体组合而成的。图 4-6（a）所示的轴承座，可看成由底板（挖切两个小孔）肋板、支撑板和圆筒四部分叠加构成，如图 4-6（b）所示。这种假想把组合体分解为若干个简单形体，分析各简单形体的形状、相对位置、组合形式及表面连接关系的分析方法，称为形体分析法。它是组合体画图、读图和尺寸标注的主要方法。该方法解决叠加类问题较好，其优点是把复杂的不熟悉的立体变为熟悉的简单体。

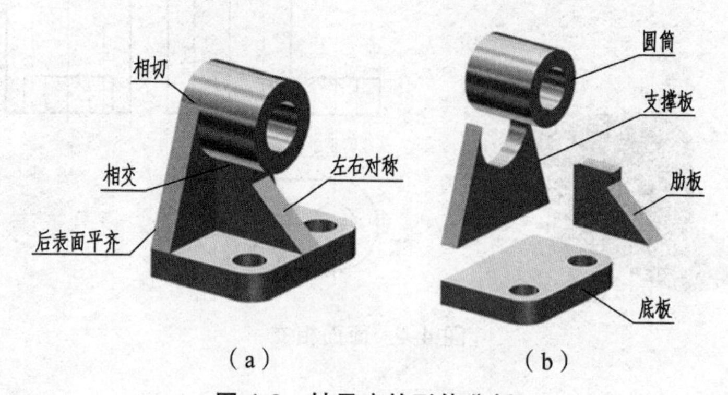

图 4-6　轴承座的形体分析

4.2.2　线面分析法

视图是由图线组成的，其中，细点画线一般表示立体的对称中心线或回转体的轴线，如

图 4-7 所示，粗图线（细虚线）的含义有以下 3 种：

① 物体上平面或曲面的有积聚性的投影；

② 物体上两面积聚性的投影；

③ 回转体上转向轮廓线的投影。

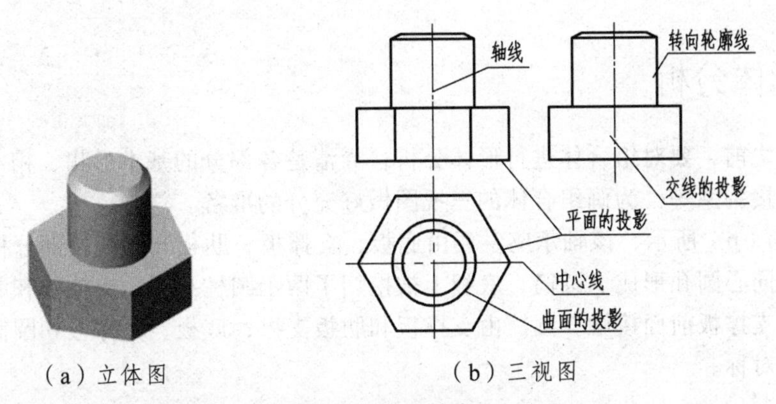

图 4-7　图线的含义

另外，还可以利用线框分析表面间的相对位置，视图中的一个封闭线框一般表示一个面的投影。线框套线框，则表示两个面凹凸不平，倾斜或打孔等，如图 4-8 所示。

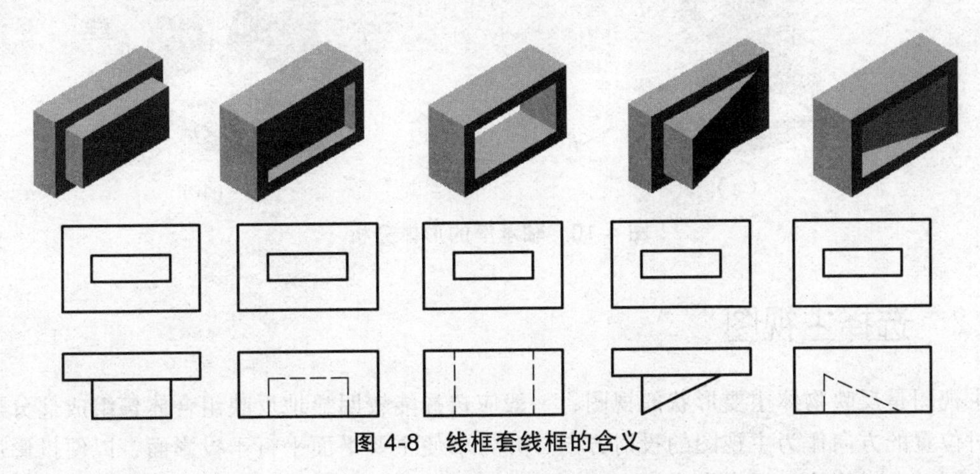

图 4-8　线框套线框的含义

如果两个线框具有公共边，则可能表示两面相交或前后高低不平等情况，如图 4-9 所示。

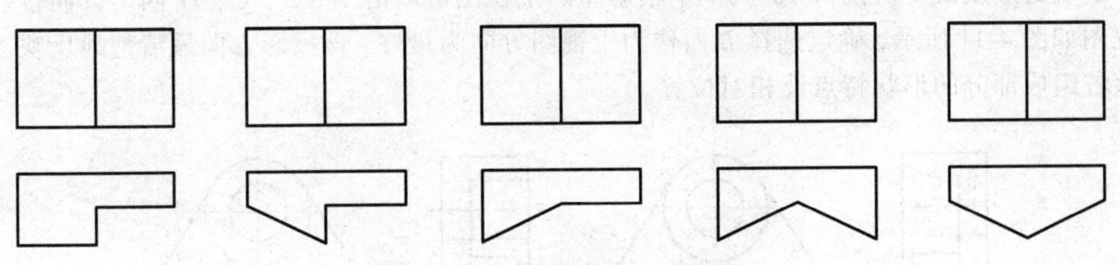

图 4-9　具有公共边的线框的含义

线面分析法用来解决挖切类问题比较好，它是组合体画图和读图的基础，一般用来解决其中的难点。

4.3 组合体三视图的画法

组合体三视图画法的基本方法是形体分析法。画组合体的三视图应按一定的方法和步骤进行，下面以图 4-10（a）所示的轴承座为例进行说明。

4.3.1 形体分析

画三视图之前，要对组合体进行形体分析，弄清楚各部分的基本形状、相对位置、组合形式及表面连接关系等，为画组合体的三视图做好充分的准备。

如图 4-10（b）所示，该轴承座主要由底板、支撑板、肋板和圆柱四部分构成，但圆柱被挖切了一个同心圆孔形成了圆筒，底板上被挖切了两个圆柱小孔。支撑板和肋板叠在底板上方，肋板与支撑板前面接触；圆筒由支撑板和肋板支撑；底板、支撑板和圆筒三者后面平齐，整体左右对称。

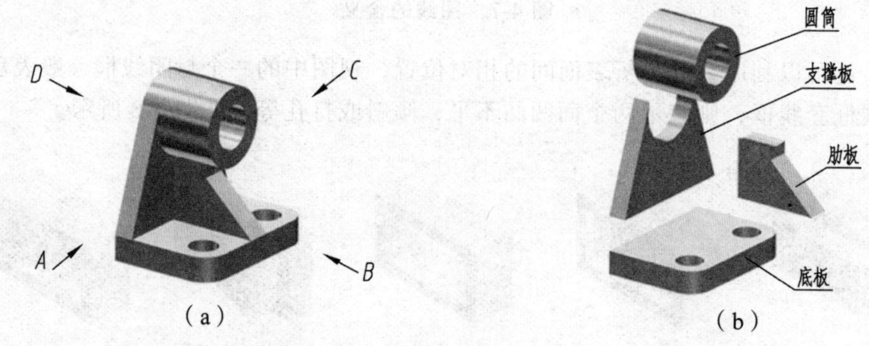

图 4-10 轴承座的形体分析

4.3.2 选择主视图

主视图是反映物体主要形状的视图，一般应选择能较明显地反映组合体各组成部分形状和相对位置的方向作为主视图的投射方向，并力求使主要平面平行于投影面，以便投影反映实形，同时考虑物体应按正常位置安放，自然平稳，并兼顾其他视图表达的清晰性，且使视图中出现的虚线最少。图 4-10（a）中轴承座的主视图可以沿 *A*、*B*、*C*、*D* 四个方向投射，主视图如图 4-11 所示，确定选择 *B* 向作为主视图方向为最好，该投影方向最清楚地反映了轴承座各组成部分的形状特点及相对位置。

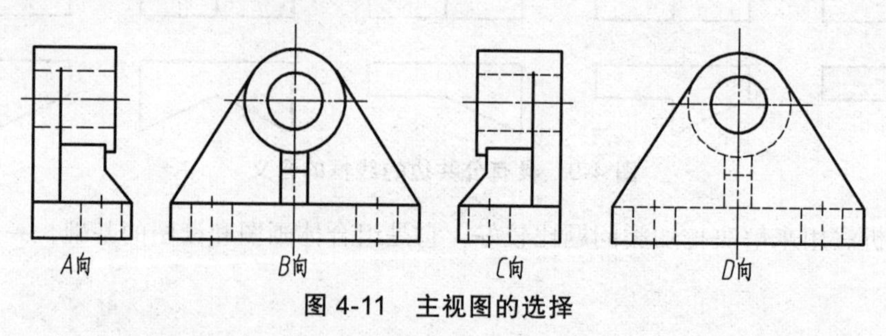

图 4-11 主视图的选择

4.3.3　画图步骤

（1）选比例、定图幅：根据实物大小和复杂程度，选择作图比例和图幅。一般情况下，尽可能选用 1∶1。确定图幅大小时，除了考虑绘图所需要面积外，还要留够标注尺寸和标题栏的位置。

（2）布置视图：根据各视图的大小，视图间有足够的标注尺寸的距离以及标题栏的位置，画出各个视图的基准线。一般以对称平面、底面、端面和轴线的投影作为基准线，如图 4-12（a）所示。

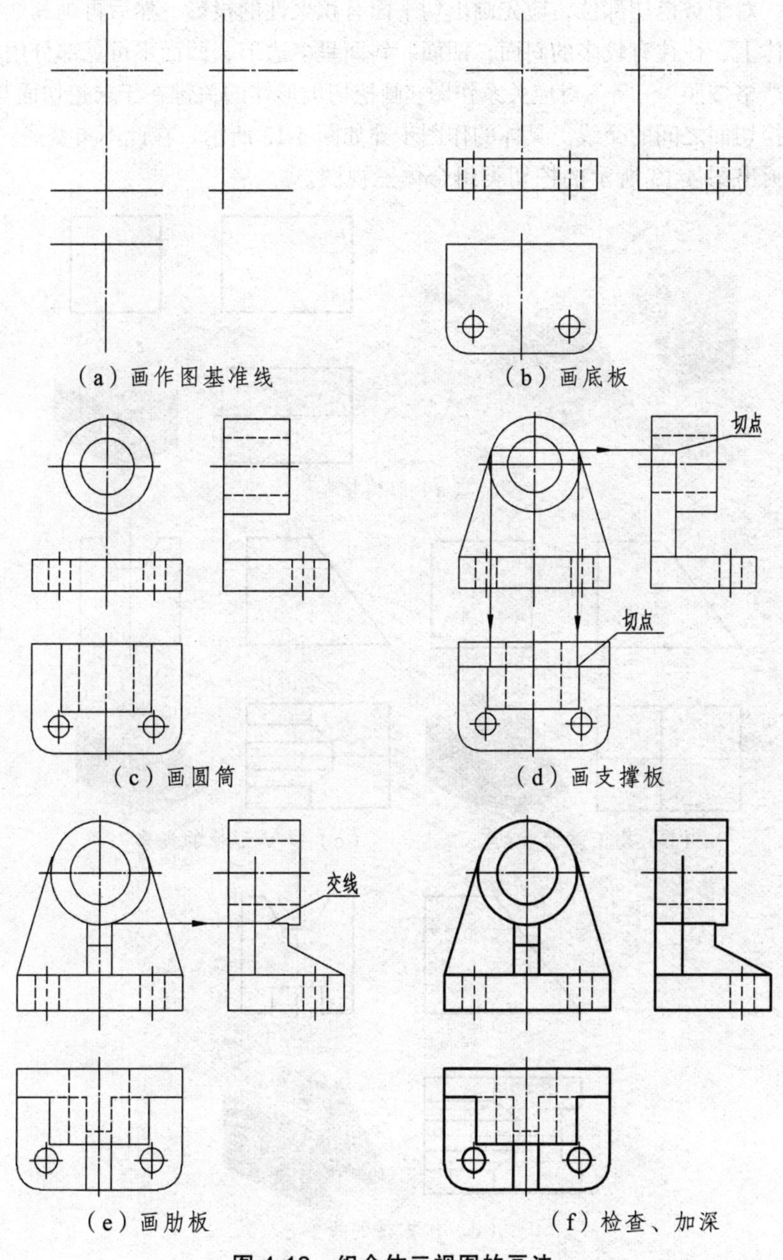

（a）画作图基准线　（b）画底板

（c）画圆筒　（d）画支撑板

（e）画肋板　（f）检查、加深

图 4-12　组合体三视图的画法

（3）画底稿：应用形体分析法，逐个绘制形体，按照先主后次、先叠加后切割、先大后小的顺序绘图。画每一个形体时，先画特征视图后画另外两个视图，先画可见部分后画不可见部分，先画圆弧后画直线。底稿图线要细、轻、准，如图 4-12（a）、（b）、（c）、（d）、（e）所示。

（4）检查加深：画完底稿后，要仔细校核，改正错误，补全缺漏的图线，擦去多余作图线，然后按照规定线型修改，如图 4-12（f）所示。

挖切类组合体与叠加类组合体相比较，在所用的分析方法和作图的几大步骤上基本相同，但在画图的过程中有所差异。所以，针对挖切类的组合体，应该从整体出发，先把其还原成基本形体如长方体或圆柱体等，然后再分析假想的基本形体是如何被一块一块地挖切成现在的实际形状的。在画图时，对于被挖切部位，应先画出切平面有积聚性的投影，然后再画其他视图的投影。在挖切后的形体上，往往有较多的斜面，凹面。斜面呈多边形，凹面不可见部分用细虚线表示。画图时同样要严格按照“三等”对应关系作图。画挖切类形体的关键在于求挖切面与物体表面的截交线，以及挖切面之间的交线。具体的作图步骤如图 4-13 所示，在此不再赘述。

例 4-1 画出图 4-13 所示的挖切类组合体三视图。

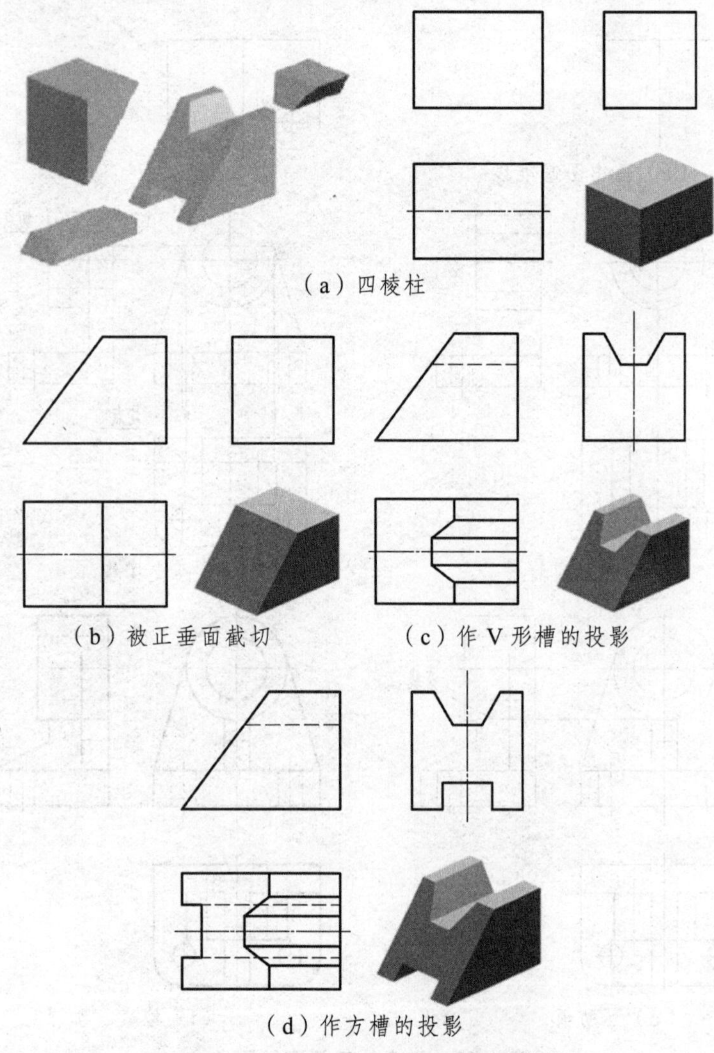

（a）四棱柱

（b）被正垂面截切

（c）作 V 形槽的投影

（d）作方槽的投影

图 4-13 挖切类组合体三视图的画法

4.4　组合体的尺寸标注

4.4.1　组合体尺寸标注的基本要求

① 正确。所标注的尺寸必须符合《技术标准》国家标准中有关尺寸标注的规定，尺寸数值和单位必须正确。

② 完整。能够根据所标注的尺寸完全确定组合体的形状和大小，不能遗漏，也不能重复。

③ 清晰。尺寸应注在最能反映物体特征的视图上，且布置整齐，便于读图。

④ 合理。标注的尺寸，既要满足设计要求，以保证机器的工作性能，又要满足工艺要求，以便于加工制造和检测。

4.4.2　基本形体和常见底板、法兰的尺寸标注

1. 基本形体的尺寸标注

（1）基本立体的尺寸标注：平面立体一般应标注长宽高三个方向的尺寸。为了便于看图，确定棱柱、棱锥及棱台顶面和底面形状大小的尺寸，应标注在反映实形的视图上。标注示例见表 4-1。

表 4-1　常见平面立体的尺寸标注

棱柱尺寸标注	12 10 8	12 10 8	8 14
棱锥（台）尺寸标注	14 12	13 ⌀6 ⌀14	13 4 10 8 18

（2）回转体的尺寸标注：圆柱、圆锥、应标注底面圆直径和高度尺寸。直径尺寸一般标注在非圆视图上，标注示例见表 4-2。

2. 常见底板、法兰的尺寸标注

常见底板、法兰的尺寸标注，标注示例见表 4-3。

表 4-2　回转体的尺寸标注

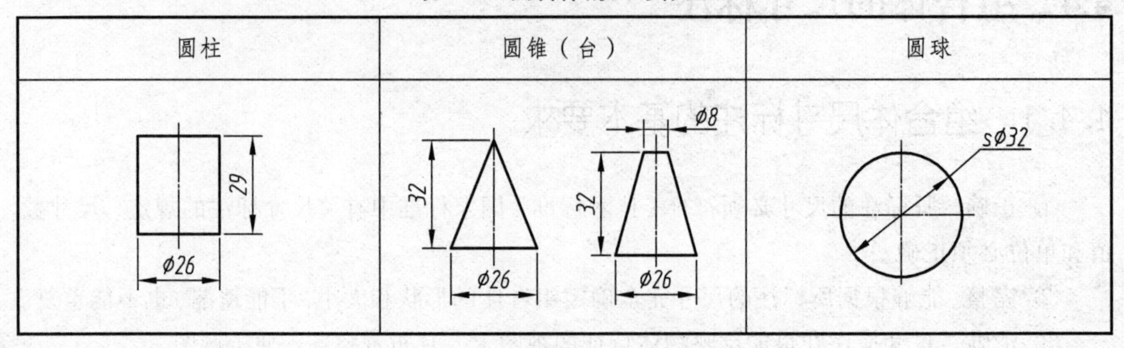

表 4-3　常见底板、法兰的尺寸标注

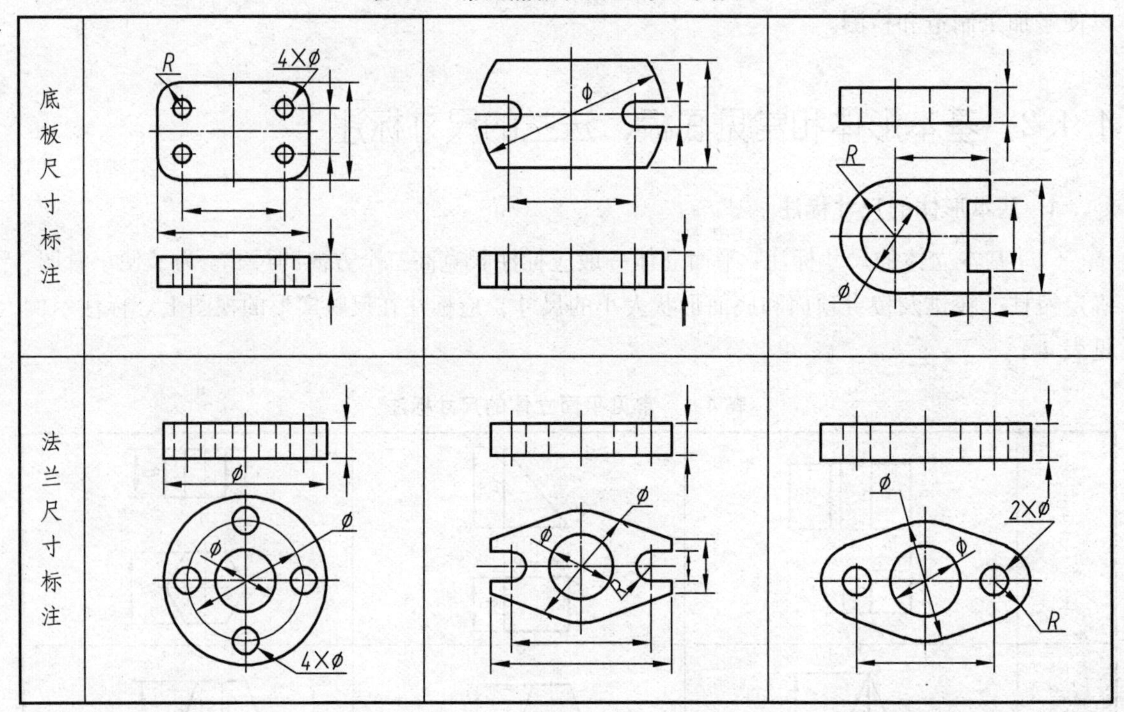

4.4.3　截切体和相贯体的尺寸标注

标注截切体尺寸时，除了标注基本形体的尺寸外，还应注出截平面的定位尺寸。当基本形体的形状和大小、截平面的相对位置确定后，截交线的形状、大小及位置也就确定了，因此不对截交线标注尺寸。

标注相贯体尺寸时，除了标注相交两基本体的尺寸外，还要注出相交两基本体的相对位置尺寸。当两相交的基本体的形状、大小和相对位置确定后，相贯线的形状、大小和位置也就确定了，因此不对相贯线标注尺寸。截切体、相贯体的尺寸标注示例见表 4-4、表 4-5。

表 4-4　截切体和相贯体的尺寸标注

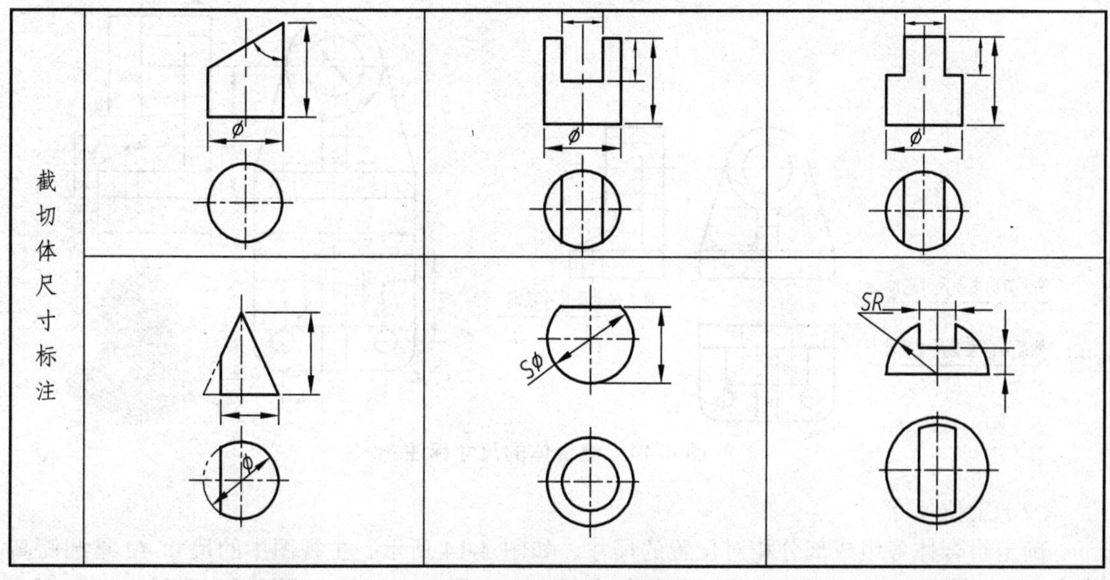

表 4-5　相贯体的尺寸标注

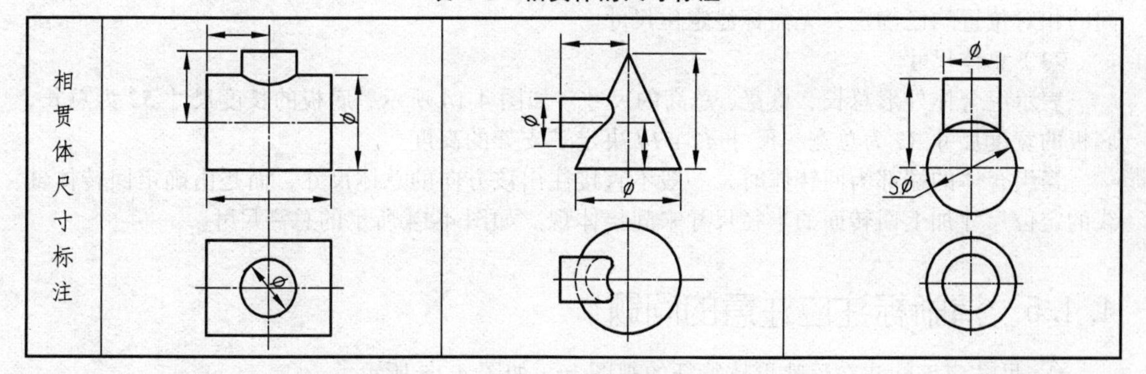

4.4.4　组合体的尺寸基准及尺寸分类

1. 尺寸基准

确定尺寸位置的几何元素称为尺寸基准。组合体有长、高、宽三个方向的尺寸，每个方向至少选择一个主要尺寸基准，一般选择组合体的对称面、底面、重要端面以及回转体轴线等作为主要尺寸基准，如图 4-14 所示。一个方向上只能有一个主要尺寸基准，可以有多个辅助尺寸基准，辅助尺寸基准与主要尺寸基准必有尺寸关联。如图 4-14 所示，三视图中的尺寸 *52*、*24*、*42* 分别是从长、宽、高三个方向的主要尺寸基准出发进行标注的。

2. 组合体的尺寸分类

（1）定形尺寸

确定组合体各个部分形状大小的尺寸。如图 4-14 所示，底板的定形尺寸长 *52*、宽 *33*、高 *9*、圆角 *R9* 以及板上两圆孔直径 *8*；圆筒定形尺寸分别是 *14*、*28*、*20*；支撑板的定形尺寸为宽 *8*；肋板的定形尺寸为 *8*、*10*、*15*。

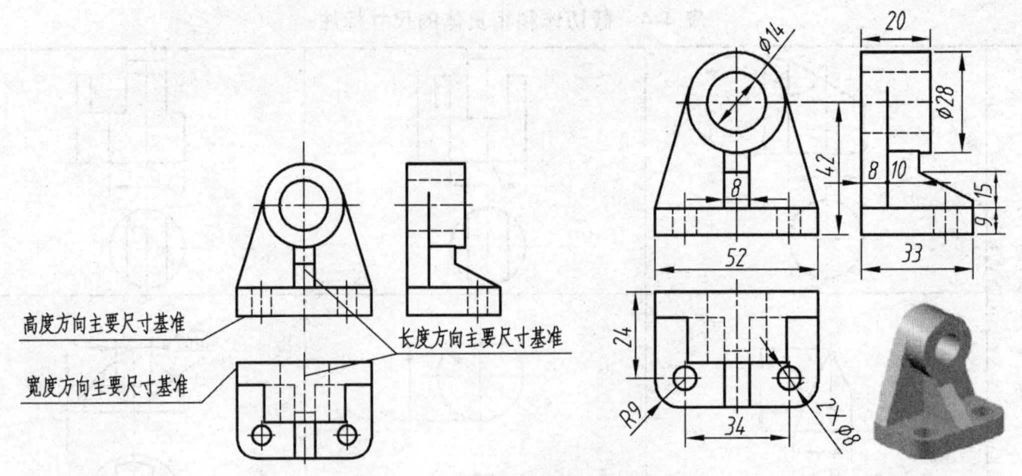

图 4-14 组合体的尺寸标注

（2）定位尺寸

确定组合体各组成部分相对位置的尺寸。如图 4-14 所示，主视图中的尺寸 *42* 是圆筒高度方向的定位尺寸。由于支撑板、肋板与底板左右对称，底板与支撑板后表面平齐，它们之间的相对位置均已确定，无需标注定位尺寸。

（3）总体尺寸

表示组合体外形总长、总宽、总高的尺寸。如图 4-14 所示，底板的长度尺寸 *52* 为总长，底板的宽度尺寸 *33* 为总宽，尺寸 *42 + 14* 决定了支架的高度。

当组合体的端部为回转体时，一般不直接注出该方向的总体尺寸，而是由确定回转体轴线的定位尺寸加上回转面的半径尺寸来间接体现。如图 4-14 所示的总高尺寸。

4.4.5 清晰标注应注意的问题

① 尺寸应该标注在反映形体特征的视图上，如图 4-15 所示。

② 同一形体的尺寸应该尽量集中标注在同一视图上，如图 4-16 所示。

③ 同轴回转体的直径，应该尽量标注在非圆视图上，如图 4-17 所示。尺寸尽量标注在轮廓线的外面，并避免在虚线上进行尺寸标注。

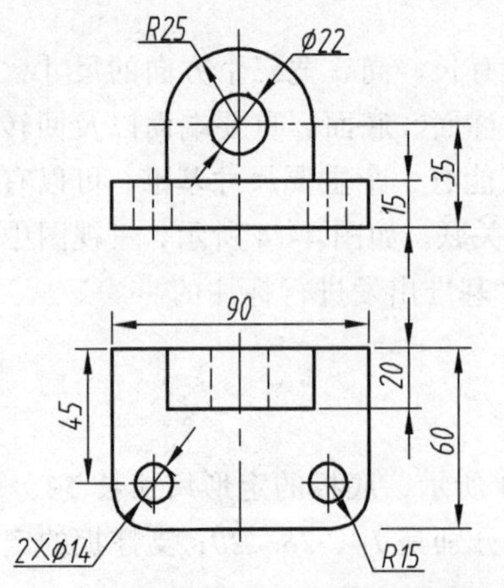

图 4-15 尺寸应标注在特征视图上

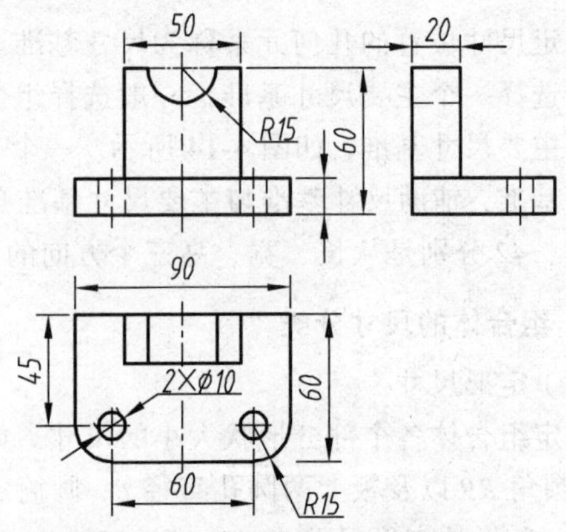

图 4-16 同一形体的尺寸应集中标注

④ 相互平行的尺寸，小尺寸在里，大尺寸在外，并避免尺寸线与尺寸线相交，如图 4-18 所示。

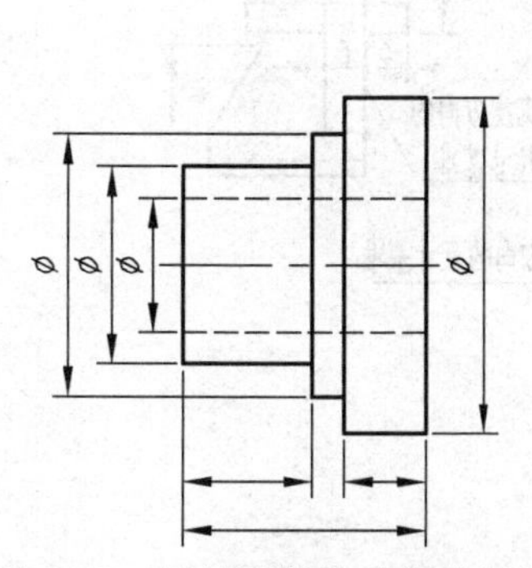

图 4-17　同轴回转体直径的标注

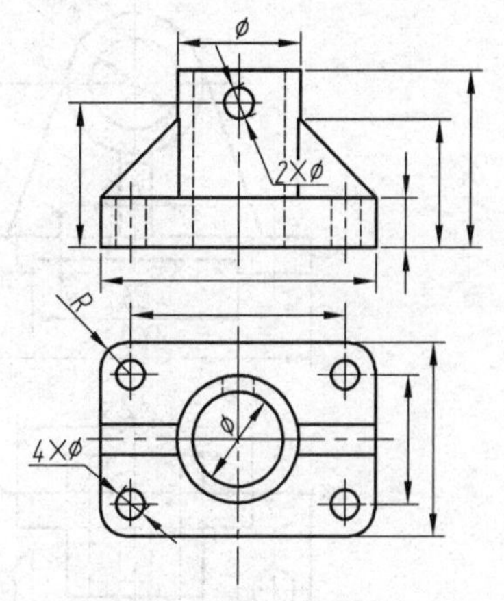

图 4-18　避免尺寸线相交

4.4.6　组合体尺寸的标注方法和步骤

标注组合体尺寸的基本方法是形体分析法。先假想将组合体分解为若干基本体，如图 4-19 所示。选择好尺寸基准，然后逐一标注出各基本形体的定形尺寸，再标注形体之间的定位尺寸，最后标注总体尺寸，并对已经标注的尺寸进行检查、调整，如图 4-20 所示。

图 4-19　形体分析

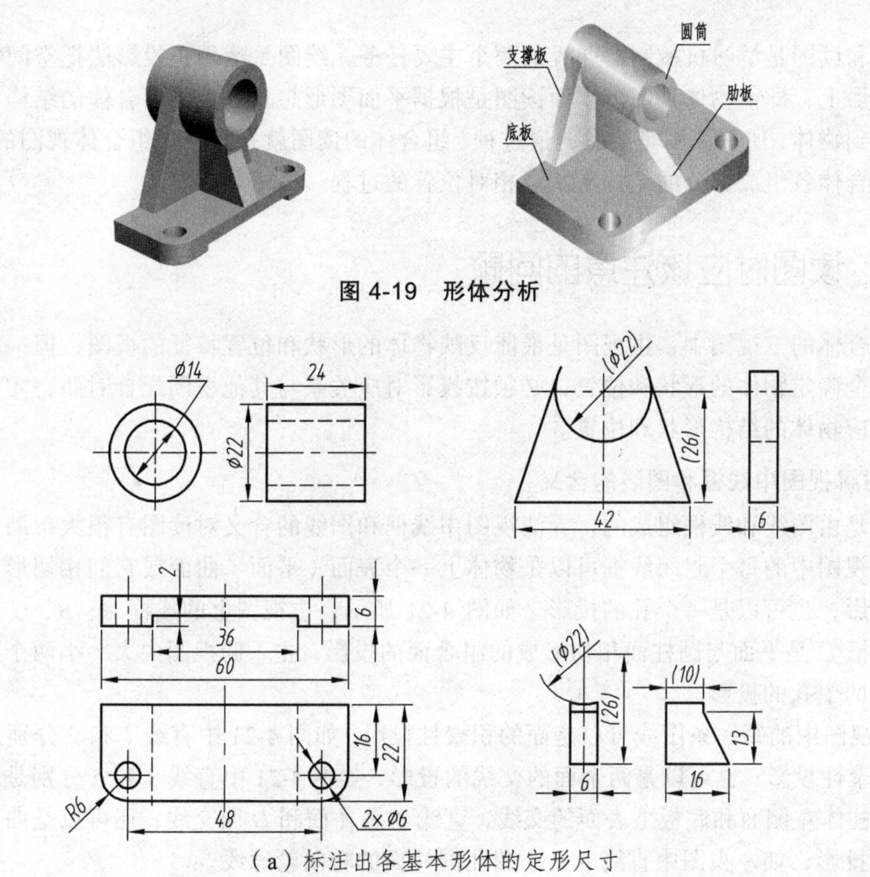

（a）标注出各基本形体的定形尺寸

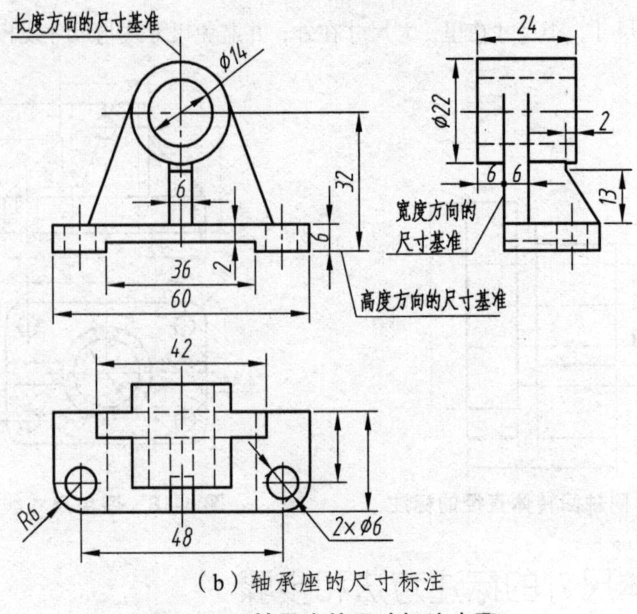

（b）轴承座的尺寸标注

图 4-20　轴承座的尺寸标注步骤

4.5　读组合体视图

绘图和读图是学习机械制图课程的两个主要任务，绘图是运用正投影法把空间物体表示在平面图形上，即由物体到图形；而读图是根据平面图形想象出空间组合体的结构和形状，即由图形到物体，所以读图是绘图的逆过程。组合体的读图就是在看懂组合体视图的基础上，想象出组合体各组成部分的结构形状及相对位置的过程。

4.5.1　读图时应该注意的问题

在组合体的三视图中，主视图是最能反映物体的形状和位置特征的视图，但一个视图往往不能完全确定物体的形状和位置，必须按投影对应关系与其他视图配合对照，才能完整、确切地反应物体的结构形状和位置。

1. 理解视图中线框和图线的含义

视图是由图线和线框组成的，弄清视图中线框和图线的含义对读图有很大帮助。

（1）视图中的每个封闭线框可以是物体上一个表面（平面、曲面或它们相切形成的组合面）的投影，也可以是一个孔的投影。如图 4-21 所示，主视图上的线框 *A*、*B*、*C* 是平面的投影，线框 *D* 是平面与圆柱面相切形成的组合面的投影，主、俯视图中大、小两个圆线框分别是大小两个孔的投影。

（2）视图中的每一条图线可以是面的积聚性投影，如图 4-21 中直线 *1* 和 *2* 分别是 *A* 面和 *E* 面的积聚性投影；也可以是两个面的交线的投影，如图 4-21 中直线 *3* 和 *5* 分别是肋板斜面 *E* 与拱形柱体左侧面和底板上表面的交线，直线 *4* 是 *A* 面和 *D* 面交线；还可以是曲面的转向轮廓线的投影，如左视图中直线 *6* 是小圆孔圆柱面的转向轮廓线。

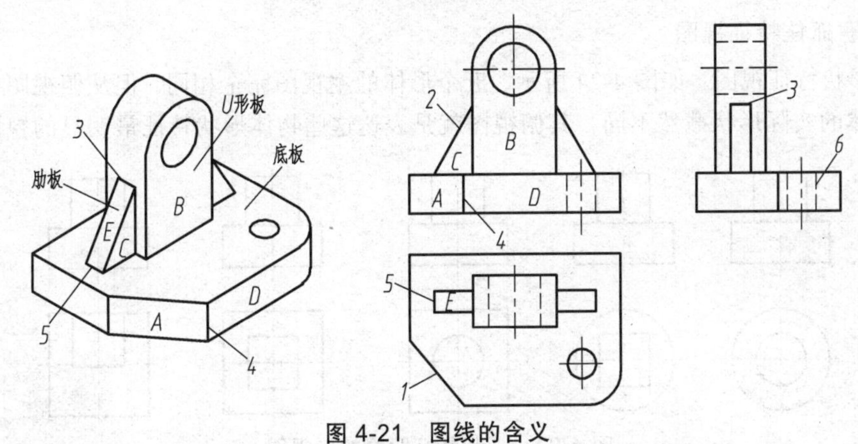

图 4-21　图线的含义

（3）视图中相邻的两个封闭线框，表示位置不同的两个面的投影。如图 4-21 中 *B*、*C*、*D* 三个线框两两相邻，从俯视图中可以看出，*B*、*C* 以及 *D* 的平面部分互相平行，且 *D* 在最前，*B* 居中，*C* 最靠后。

（4）大线框内包括的小线框，一般表示在大立体上凸出或凹下的小立体的投影。如图 4-21 中俯视图上的小圆线框表示凹下的孔的投影，线框 *E* 表示凸起的肋板的投影。

2. 将几个视图联系起来进行读图

一个组合体通常需要几个视图才能表达清楚，一个视图不能确定物体形状。如图 4-22 所示的三组视图，他们的主视图都相同，但由于俯视图不同，实际表示的是三个不同的物体。

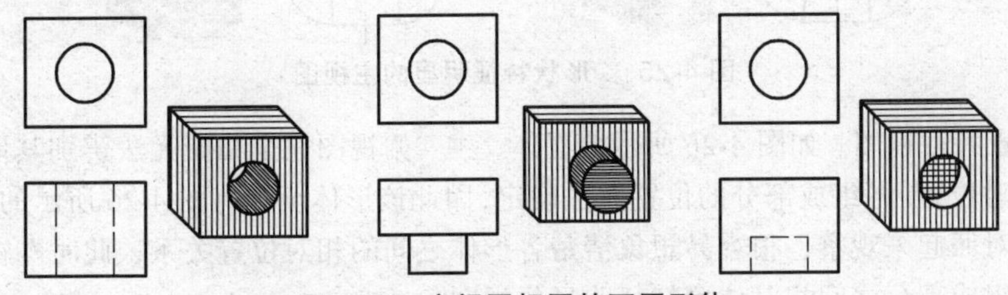

图 4-22　主视图相同的不同形体

有时即使有两个视图相同，若视图选择不当，也不能确定物体的形状。如图 4-23 所示的三组视图，它们的主、俯视图都相同，但由于左视图不同，也表示了三个不同的物体。

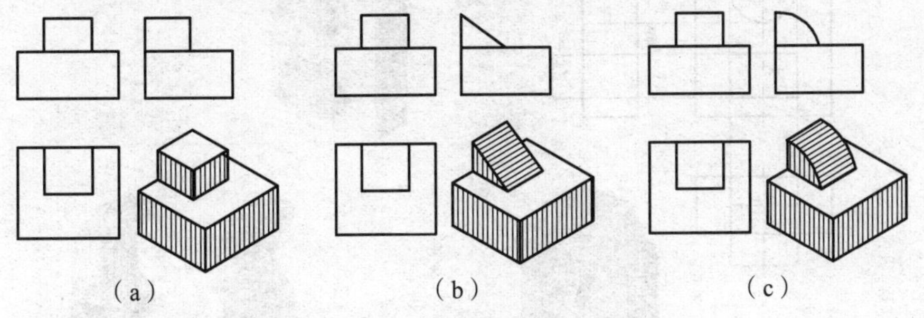

图 4-23　两个视图不能确定物体的形状

在读图时，一般应从反映特征形状最明显的视图入手，联系其他视图进行对照分析，才能确定物体形状，切忌只看一个视图就下结论。

3. 注意抓住特征视图

（1）形状特征视图。如图 4-24 所示，五个形体的主视图完全相同，但从俯视图中可以看出五个形体的实际形状截然不同，其俯视图就是表达这些物体形状特征最明显的视图。

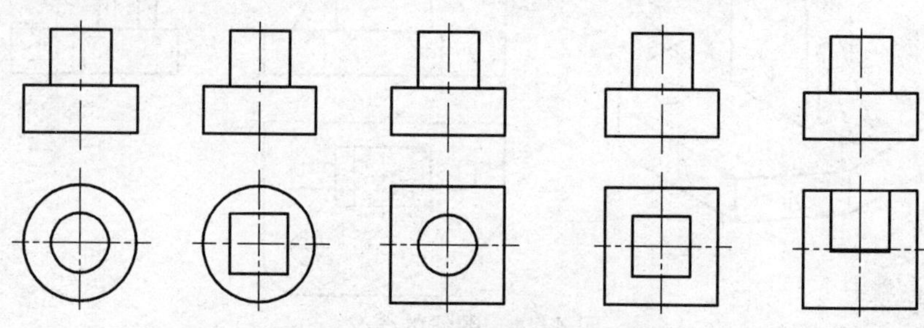

图 4-24　形状特征明显的俯视图

如图 4-25 所示，两个形体的俯视图完全相同，但从主视图可以看出两个形体的实际形状截然不同，其主视图即为表达物体形状特征的视图。

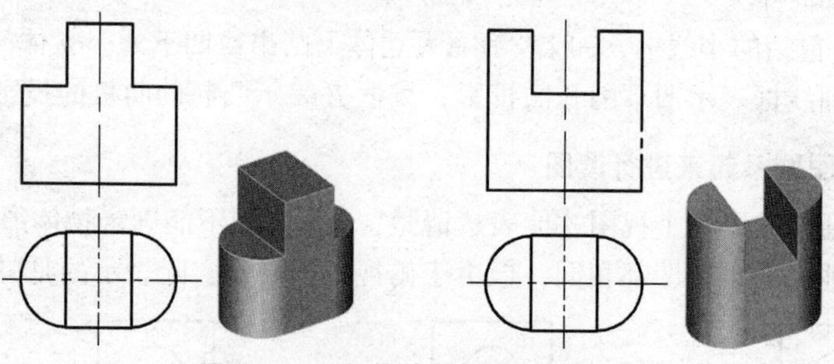

图 4-25　形状特征明显的主视图

（2）位置特征视图。如图 4-26 所示的物体，主、俯视图完全相同无法辨别其形体各个组成部分的相对位置。各组成部分的位置无法确定，因此该形体至少有图 4-26 所示的四种可能。当与左视图对照起来观察，很容易想象清楚各形体之间的相对位置关系，此时左视图成为表达该形体各组成部分之间相对位置特征明显的视图。

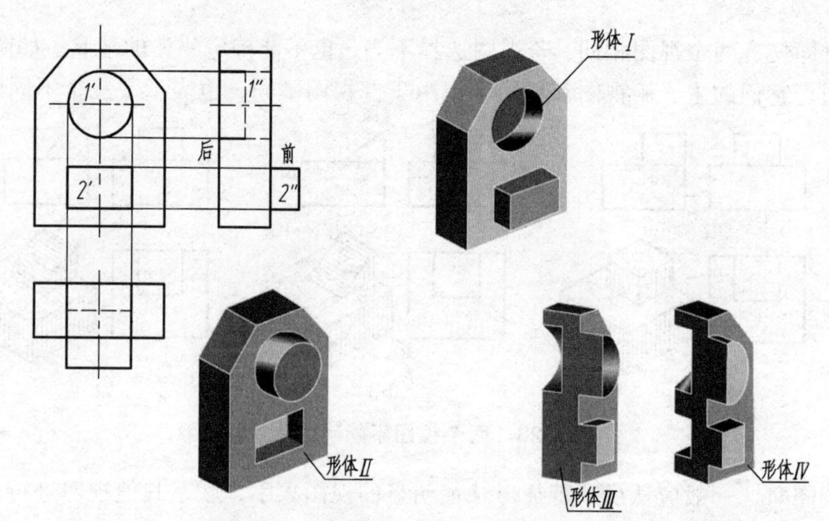

图 4-26　位置特征明显的视图

特别要注意，组合体各组成部分的特征视图往往在不同的视图上。从上面的分析可见，读图时必须抓住每个组成部分的特征视图。

4.5.2　读组合体视图的方法

读图的基本方法有形体分析法和线面分析法。读图时，以形体分析法为主，线面分析法为辅。

1. 形体分析法读图

根据组合体的特点，将其大致分成几个部分，然后逐一将每一部分的几个投影对照进行分析，想象出其形状，并确定各部分之间的相对位置和组合形式，最后综合想象出整个物体的形状。这种读图方法称为形体分析法。此法适用于叠加类组合体。

形体分析法读图步骤如下：

① 分线框，对照投影。

② 按照投影，想象形体。

③ 综合起来得出整体。

下面以图 4-27 所示三视图为例，想象出它所表示的物体的形状。

读图步骤：

① 分离出特征明显的线框。

三个视图都可以看作是由三个线框组成的，因此可大致将该物体分为三个部分。其中主视图中 *Ⅰ*、*Ⅲ*两个线框特征明显，俯视图中线框 *Ⅱ*的特征明显，如图 4-27（a）所示。

② 逐个想象各形体形状。

根据投影规律，依次找出 *Ⅰ*、*Ⅱ*、*Ⅲ*三个线框在其他两个视图中的对应投影，并想象出它们的形状，如图 4-27（b）、（c）、（d）所示。

③ 综合想象整体形状。

确定各形体的相互位置，初步想象物体的整体形状，如图 4-27（e）、（f）所示。然后把想象的组合体与三视图进行对照、检查，如根据主视图中的圆线框及它在其他两视图中的投影想象出通孔的形状，最后想象出的物体形状如图 4-27（g）所示。

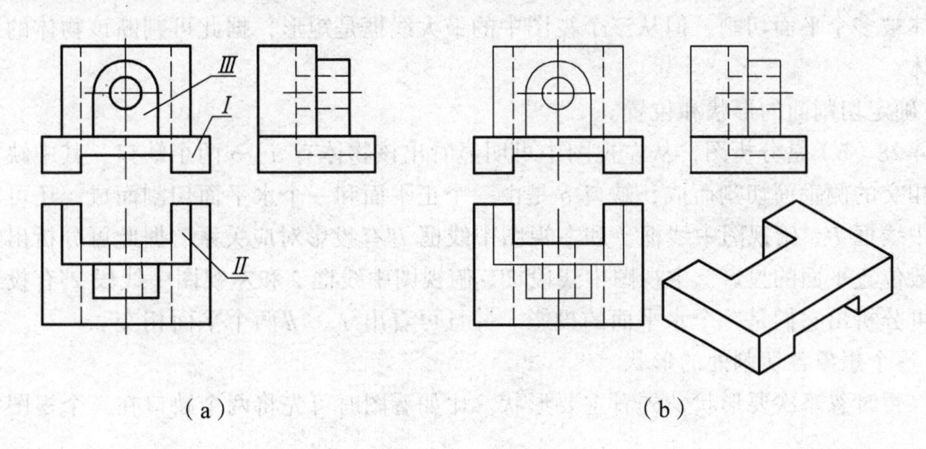

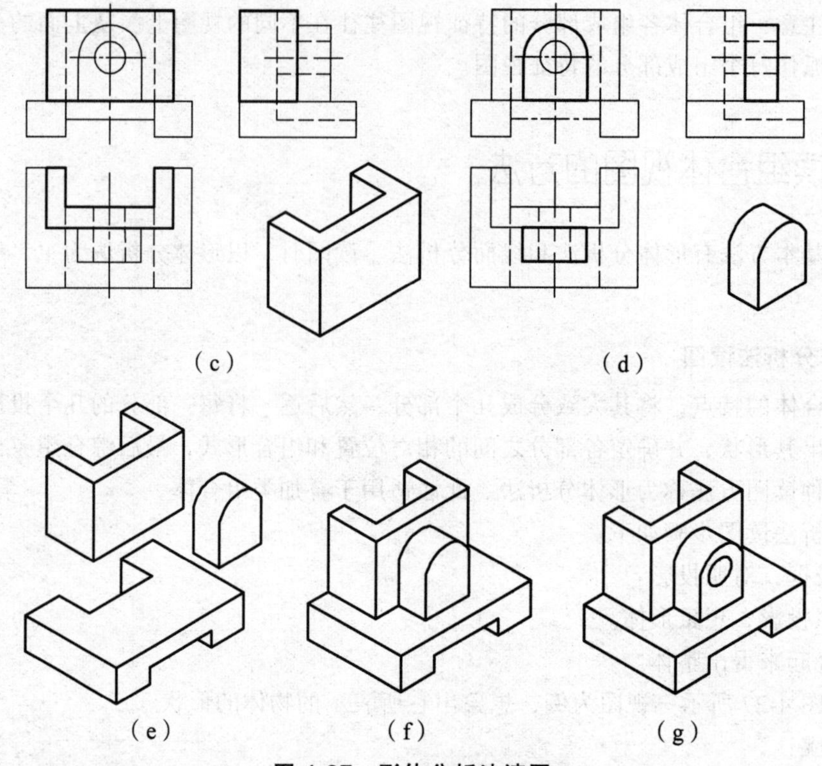

图 4-27 形体分析法读图

2. 线面分析法读图

在读图过程中，遇到物体形状不规则，或物体被多个面切割时，物体的视图往往难以读懂，此时可以在形体分析的基础上进行线面分析读图。线面分析法读图是运用投影规律，通过对物体表面的线、面等几何要素进行分析，确定物体的表面形状、面与面之间的位置及表面交线，从而想象出物体的整体形状。此法适用于切割类组合体。

下面通过例题介绍用线面分析法读图的步骤。

例 4-2 读图 4-28（a）所示的三视图，想象出它所表示的物体的结构形状。

读图步骤如下：

① 初步判断主体形状。

物体被多个平面切割，但从三个视图中的最大线框是矩形，据此可判断该物体的原型应是长方体。

② 确定切割面的形状和位置。

图 4-28（b）是分析图，从左视图中可明显看出该物体有 *a*、*b* 两个缺口，其中缺口 *a* 是由两个相交的侧垂面切割而成，缺口 *b* 是由一个正平面和一个水平面切割而成。还可以看出主视图中线框 *1'*、俯视图中线框 *1* 和左视图中线框 *1"*有投影对应关系，据此可分析出它们是一个一般位置平面的投影。主视图中线段 *2'*、俯视图中线框 *2* 和左视图中线段 *2"*有投影对应关系，可分析出它们是一个水平面的投影。并且可看出 *Ⅰ*、*Ⅱ*两个平面相交。

③ 逐个想象各切割处的形状。

可以暂时忽略次要形状，先看主要形状。比如看图时可先将两个缺口在三个视图中的投影忽略，如图 4-28（c）所示。此时物体可认为是由一个长方体被 Ⅰ、Ⅱ两个平面切割而成，可想象出此时物体的形状，如图 4-28（c）的立体图所示。然后再依次想象缺口 a、b 处的形状，分别如图 4-28（d）、（e）所示。

④ 想象整体形状。

综合归纳各截切面的形状和空间位置，想象物体的整体形状，如图 4-28（f）所示。

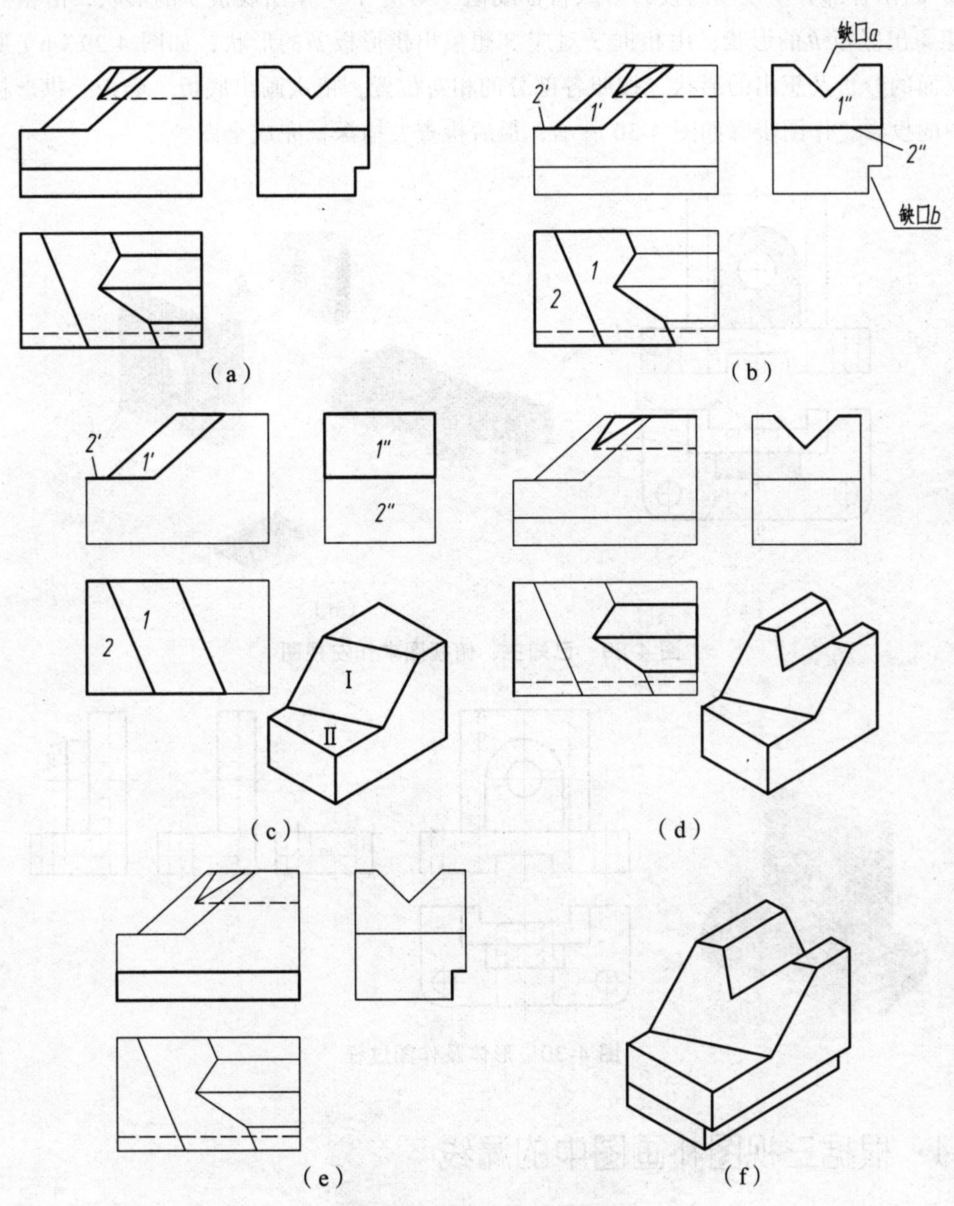

图 4-28　线面分析法读图

4.5.3　已知物体的两视图，画出第三视图

根据两个视图补画第三视图，是培养读图和画图能力的一种有效手段。而对于较复杂的

组合体视图，需要综合运用这两种方法读图，下面以例题进行说明。

例 4-3 如图 4-29（a）所示，根据已知的组合体主、俯视图，作出其左视图。

① 形体分析：根据所给的三视图，该形体为叠加类的组合体，按照投影对应关系将图形中的线框分解成三个部分，如图 4-29（a）所示。

② 画出各部分左视图的投影：从特征线框 *1′*对应 *1* 想象出底板 *Ⅰ*的形状；由相框 *2′*对应 *2* 想象出竖板 *Ⅱ*的形状；由相框 *3′*对应 *3* 想象出拱形板 *Ⅲ*的形状，如图 4-29（b）所示。根据上面的分析及想出的形状，按照各部分的相对位置，依次画出底板、竖板、拱形板在左视图中的投影。作图步骤如图 4-30 所示，最后检查、描深，完成全图。

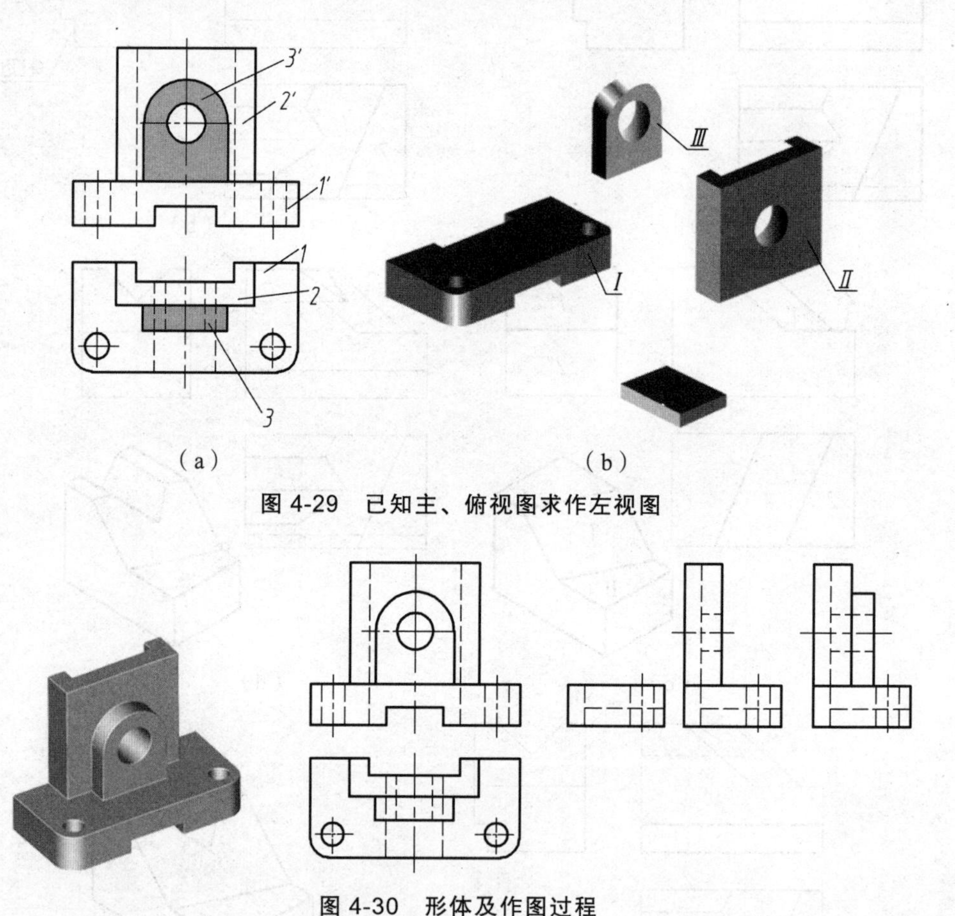

图 4-29 已知主、俯视图求作左视图

图 4-30 形体及作图过程

4.5.4 根据三视图补画图中的漏线

补画漏线是培养读图能力的另外一种有效方法，一般先利用读图的基本方法读懂视图，想象视图所表示的空间立体形状，然后利用“长对正、高平齐、宽相等”的投影规律补画视图中所缺的图线。

下面以图 4-31（a）为例，补画视图中的漏线。

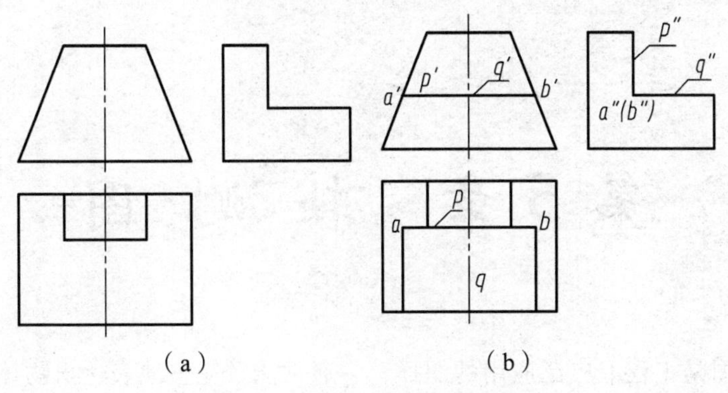

图 4-31　补画视图中的漏线

作图方法与步骤如下：

分析视图想象出该形体为挖切类形体，为一长方体切去如图 4-32 所示的 *I*、*II*、*III*部分后得到的组合体。

根据“高平齐、宽相等”补画出正面投影和水平投影所缺的图线，如图 4-31（b）所示。

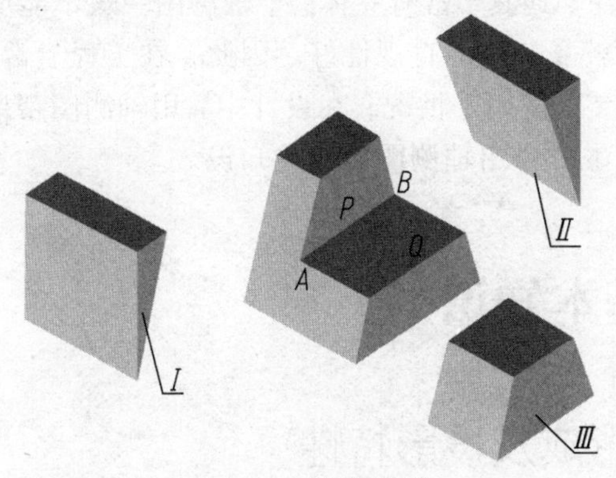

图 4-32　想象形体

第 5 章 轴 测 图

多面正投影图是工程上广泛应用的图样，它通常能较完整地表达出物体各部分的形状，且作图方便，度量性好。但这种图样缺乏立体感，直观性较差，一个视图只能反映物体在两个坐标轴方向的尺寸和形状，不能同时反映物体在三个坐标轴方向的尺寸和形状。要想象出物体的结构，必须对照几个视图和运用正投影的原理进行阅读，这给读图带来了一定的困难。为了解决这一问题，工程上常用轴测图作为辅助图样。

轴测图是一种单面投影图，在一个投影面上能同时反映出物体三个坐标面的形状，并接近于人们的视觉习惯，形象、逼真，富有立体感。轴测图一般不能反映出物体各表面的实形，因而度量性差，同时作图较复杂，但直观性好。因此，在工程上常把轴测图作为辅助图样，用来表达机器的结构、安装、使用等情况，在设计中，用轴测图帮助构思、想象物体的形状，以弥补正投影图的不足。本章介绍轴测图的相关知识。

5.1 轴测图的基本知识

5.1.1 轴测图的形成及投影特性

将空间物体连同确定其位置的直角坐标系，沿不平行于任一坐标平面的方向，用平行投影法投射在某一选定的单一投影面上所得到的具有立体感的图形，称为轴测投影图，简称轴测图。如图 5-1 所示，投影面 P 称为轴测投影面；空间直角坐标系的三条坐标轴 OX、OY、OZ 的轴测投影 O_1X_1、O_1Y_1、O_1Z_1 称为轴测轴；轴测轴之间的夹角，即 $\angle X_1O_1Z_1$、$\angle X_1O_1Y_1$、$\angle Y_1O_1Z_1$，称为轴间角；直角坐标轴的轴测投影的单位长度与相应直角坐标轴上的单位长度的比值，称为轴向变形系数。OX、OY、OZ 的轴向伸缩系数分别用 p_1、q_1、r_1 表示。例如，在图 5-1 中，$p_1 = O_1A_1/OA$，$q_1 = O_1B_1/OB$，$r_1 = O_1C_1/OC$。

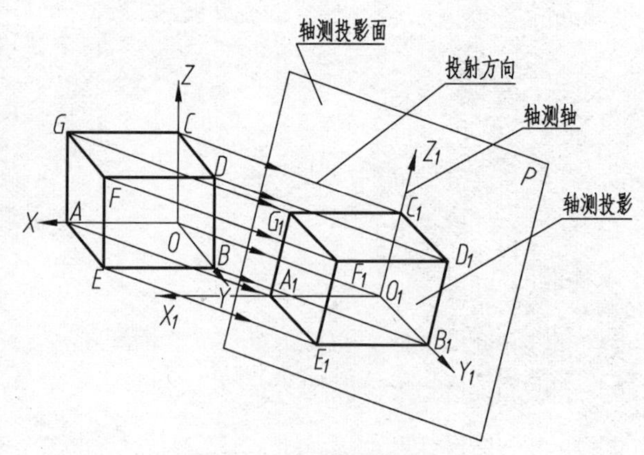

图 5-1 轴测图的形成

轴测投影是用平行投影法画出来的，所以它具有平行投影的一般性质。

① 平行性。空间相互平行的直线，它们的轴测投影仍相互平行。如图 5-1 所示 $BE // DF // OX$，则 $B_1E_1 // D_1F_1 // O_1X_1$。

② 定比性。物体上平行于坐标轴的线段的轴测投影与原线段之比，等于相应的轴向变形系数。如图 5-1 所示，$B_1E_1/BE = D_1F_1/DF = p_1$。

5.1.2　轴测图的分类

按照投影方向与轴测投影面的相对位置，轴测图可分为正轴测图和斜轴测图两大类。

① 正轴测图。轴测投影方向（投影线）与轴测投影面垂直时投影所得到的轴测图。

② 斜轴测图。轴测投影方向（投影线）与轴测投影面倾斜时投影所得到的轴测图。

在每类轴测图中，按照轴向伸缩系数的不同，轴测图又可以分为三种。

① 若 $p_1 = q_1 = r_1$，称为正（或斜）等测轴测图，简称正（斜）等测图。

② 若 $p_1 \neq q_1 = r_1$ 或 $p_1 = q_1 \neq r_1$ 或 $p_1 = r_1 \neq q_1$，称为正（或斜）二等测轴测图，简称正（斜）二轴测图。

③ 若 $p_1 \neq q_1 \neq r_1$，称为正（或斜）三等测轴测图，简称正（斜）三轴测图。

GB/T 4458.3—1984《机械制图（轴测图）》规定，轴测图一般采用正等测图、正二等轴测图、斜二等轴测图三种。本章介绍工程中用得较多的正等测图和斜二等轴测图的画法。

5.1.3　轴测图的基本性质

轴测图采用的是平行投影，它具有如下性质：

① 物体上互相平行的线段，在轴测图中仍互相平行；物体上平行于坐标轴的线段，在轴测图中仍平行于相应的轴测轴，且同一轴向所有线段的轴向伸缩系数相同。

② 物体上不平行于坐标轴的线段，可以用坐标法确定其两个端点后连线画出。

③ 物体上不平行于轴测投影面的平面图形，在轴测图中变成原形的类似形。如长方形的轴测投影为平行四边形，圆形的轴测投影为椭圆等。

5.2　正等轴测图的画法

5.2.1　正等轴测图的形成及参数

1. 正等轴测图的形成

如图 5-2（a）所示，如果使三条坐标轴 OX、OY、OZ 对轴测投影面处于倾角都相等的位置，把物体向轴测投影面投影，这样所得到的轴测投影就是正等测轴测图，简称正等测。

2. 正等轴测图的轴间角

正等轴测图的轴间角均为 120°，即 $\angle X_1O_1Y_1 = \angle X_1O_1Z_1 = \angle Y_1O_1Z_1 = 120°$。正等轴测图中轴测轴的画法，如图 5-2（b）所示。

3. 正等轴测图的轴向变形系数

经推证并计算可知 $p_1 = q_1 = r_1 = 0.82$。为作图简便，实际画正等测图时采用 $p_1 = q_1 = r_1 = 1$ 的简化伸缩系数画图，即沿各轴向的所有尺寸都按物体的实际长度画图。但按简化伸缩系数画出的图形比实际物体放大了 1/0.82≈1.22 倍。

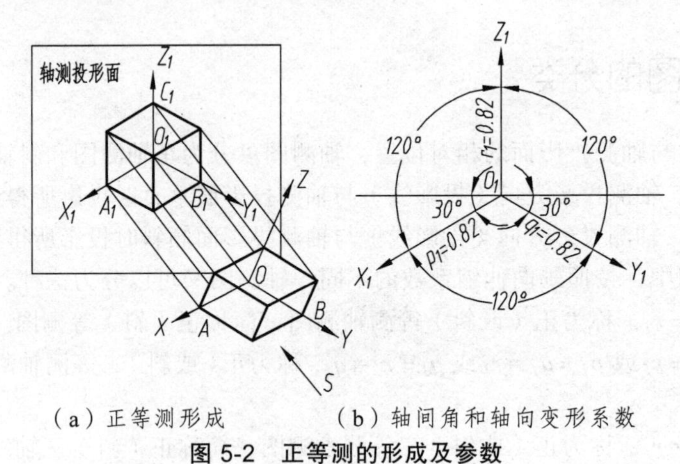

（a）正等测形成　　（b）轴间角和轴向变形系数

图 5-2　正等测的形成及参数

5.2.2　平面立体正等轴测图的画法

画平面立体的轴测图基本方法有坐标法、切割法和叠加法。

1. 坐标法

画平面立体轴测图时，先根据物体的特点，在三视图中确定合适的坐标原点和坐标轴，然后按照物体上各顶点的坐标关系画出它们的轴测投影，连接各顶点，形成平面立体的轴测图的方法，称为坐标法。

例 5-1　正六棱柱的主、俯视图如图 5-3（a）所示，作出其正等测图。

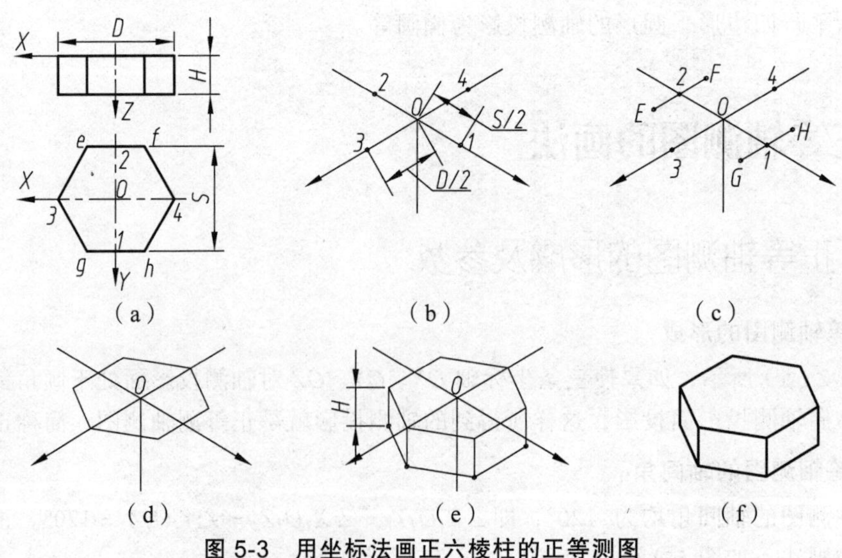

（a）　（b）　（c）

（d）　（e）　（f）

图 5-3　用坐标法画正六棱柱的正等测图

作图步骤如下：

① 在正投影图上确定坐标系，选取顶面（也可选择底面）的中点作为坐标原点，如图5-3（a）所示。

② 画正等测轴测轴，根据尺寸 S、D 定出顶面上的 Ⅰ、Ⅱ、Ⅲ、Ⅳ四个点，如图 5-3（b）所示。

③ 过 Ⅰ、Ⅱ两点作直线平行于 OX，在所作两直线上各截取正六边形边长的一半，得顶面的四个顶点 E、F、G、H，如图 5-3（c）所示。

④ 连接各顶点，如图 5-3（d）所示。

⑤ 过各顶点向下取尺寸 H，画出侧棱及底面各边，如图 5-3（e）所示。

⑥ 擦去多余的作图线，加深可见图线即完成全图，如图 5-3（f）所示。

2. 切割法

对较复杂的物体，用形体分析法可将其看成是由一个形状简单的基本体逐步切割而成，先画出该简单形体的轴测图，再在其上逐步切割，这种作图方法称为切割法。

例 5-2　已知平面立体三视图，如图 5-4（a）所示，求作其正等轴测图。

作图步骤如下：

① 在三视图上确定直角坐标系，如图 5-4（a）所示。

② 作正等轴测坐标，根据俯视图，按 1∶1 的轴向压缩系数，在轴测坐标中作出 A、B、C、O 四点的轴测投影。再根据正视图中的 Z 向尺寸，同样按 1∶1 的比例，在轴测坐标中作出 a、b、c、o 各点。如图 5-4（b）所示。

③ 连接各顶点，擦去不可见的轮廓线，加粗可见的轮廓线，得到所求的正等轴测图。如图 5-4（c）所示。

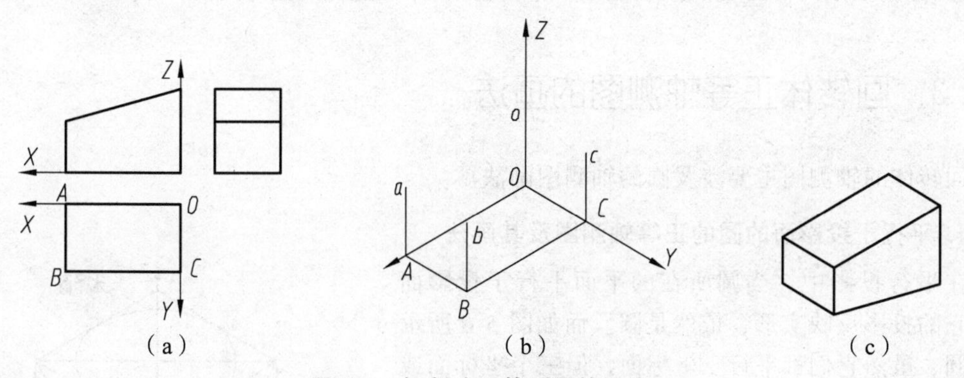

图 5-4　切割法正等测图的画法

3. 叠加法

叠加法也叫组合法，是将叠加式或以其他方式组合的组合体，通过形体分析，分解成几个基本形体，再依次按其相对位置逐个地画出各个部分，最后完成组合体的轴测图的作图方法。

例 5-3　根据图 5-5（a）所示的平面立体的两视图，画出它的正等测图。

作图步骤如下：

① 在正投影图上选择、确定坐标系，坐标原点选在基础底面的中心，如图 5-5（a）所示。

② 画轴测轴。根据 X_1、Y_1、Z_1 作出底部四棱柱的轴测图，如图 5-5（b）所示。

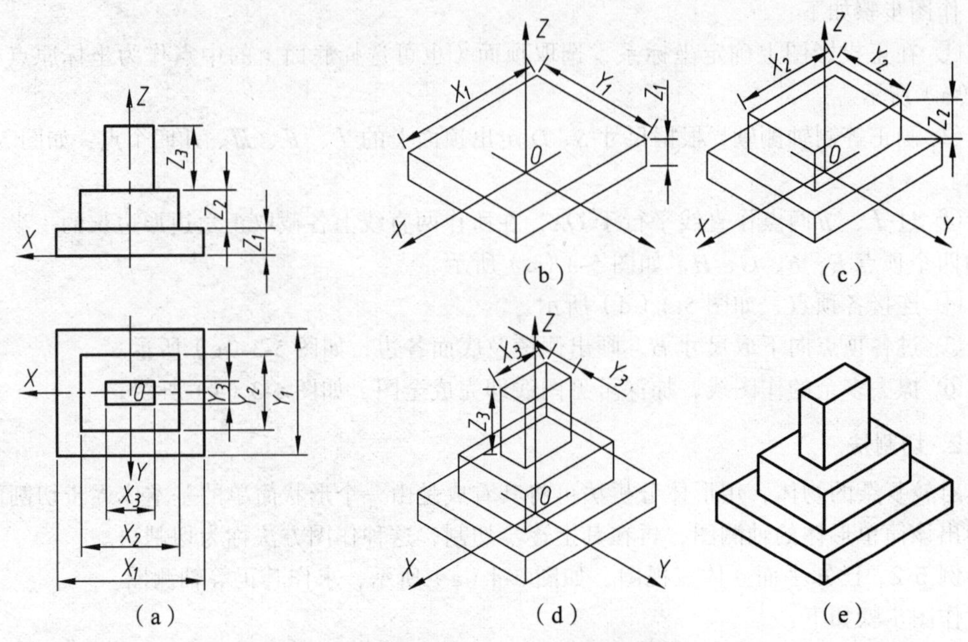

图 5-5　用叠加法画平面立体的正等测

③ 将坐标原点移至底部四棱柱上表面的中心位置，根据 X_2、Y_2 作出中间四棱柱底面的四个顶点，并根据 Z_2 向上作出中间四棱柱的轴测图，如图 5-5（c）所示。

④ 将坐标原点再移至中间四棱柱上表面的中心位置，根据 X_3、Y_3 作出上部四棱柱底面的 4 个顶点，并根据 Z_3 向上作出上部四棱柱的轴测图，如图 5-5（d）所示。

⑤ 擦去多余的作图线，加深可见图线即完成该平面立体的正等测图，如图 5-5（e）所示。

5.2.3　回转体正等轴测图的画法

回转体的轴测图主要涉及圆的轴测图画法。

1. 平行于投影面的圆的正等轴测图及其画法

在平行投影中，当圆所在的平面平行于投影面时，它的投影反映实形，依然是圆。而如图 5-6 所示的各圆，虽然它们都平行于坐标面，但三个坐标面或其平行面都不平行于相应的轴测投影面，因此它们的正等测轴测投影就变成了椭圆，如图 5-6 所示。

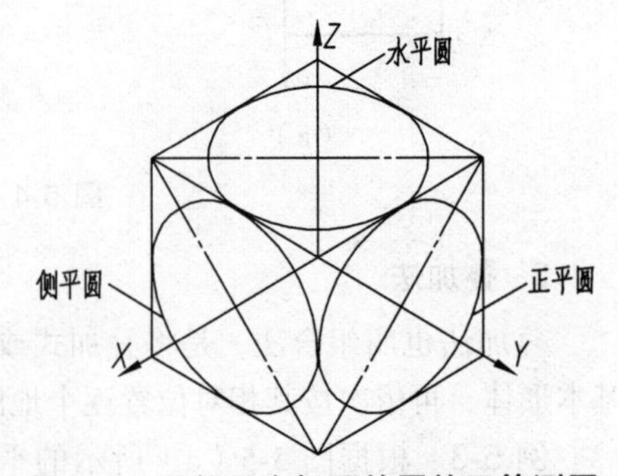

图 5-6　平行于坐标面的圆的正等测图

我们把在或平行于坐标面 *XOZ* 的圆叫做正平圆，把在或平行于坐标面 *ZOY* 的圆叫做侧平圆，把在或平行于坐标面 *XOY* 的圆叫做水平圆。它们的正等测图的形状、大小和画法完全相同，只是长短轴的方向不同，从图 5-6 中可以看出，各椭圆的长轴与垂直于该坐标面的轴测轴垂直，即与其所在的菱形的长对角线重合，长度约为 1.22*d*（*d* 为圆的直径）；而短轴与垂直于该坐标面的轴测轴平行，即与其所在的菱形的短对角线重合，长度约为 $0.7d$。

画正等测图中的椭圆时，通常采用近似方法画出。现以平行于 H 面的圆（水平圆）为例，如图 5-7（a）所示，说明作图方法：

① 过圆心沿轴测轴方向 OX 和 OY 作中心线，截取半径长度，得椭圆上四个点 B_1、D_1 和 A_1、C_1，然后画出外切正方形的轴测投影（菱形），如图 5-7（b）所示。

② 菱形短对角线端点为 O_1、O_2。连 O_1A_1、O_1B_1，它们分别垂直于菱形的相应边，并交菱形的长对角线于 O_3、O_4，得四个圆心 O_1、O_2、O_3、O_4，如图 5-7（c）所示。

③ 以 O_1 为圆心，O_1A_1 为半径作圆弧 $\overset{\frown}{A_1B_1}$，又以 O_2 为圆心，作另一圆弧 $\overset{\frown}{C_1D_1}$，如图 5-7（d）所示。

④ 以 O_3 为圆心，O_3A_1 为半径作圆弧 $\overset{\frown}{A_1D_1}$，又以 O_4 为圆心，作另一圆弧 $\overset{\frown}{B_1C_1}$。所得近似椭圆，即为所求，如图 5-7（e）所示。

⑤ 擦去多余的图线，描深即得要画的椭圆，如图 5-7（f）所示。

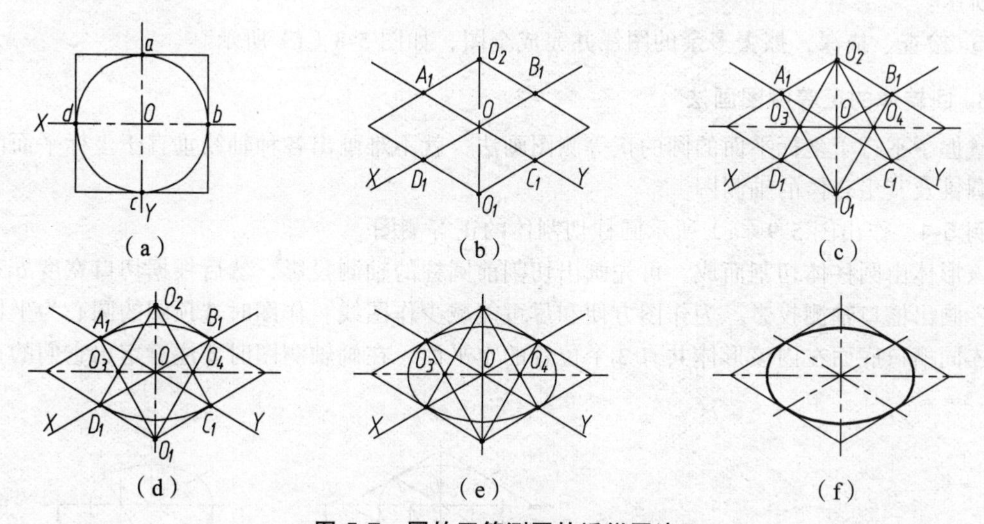

图 5-7 圆的正等测图的近似画法

2. 圆角的正等测图的画法

1/4 的圆柱面，称为圆柱角（圆角）。圆角是零件上出现几率最多的工艺结构之一。圆角轮廓的正等测图是 1/4 椭圆弧。实际画圆角的正等测图时，没有必要画出整个椭圆，而是采用简化画法。带有圆角的平板如图 5-8（a）所示，其正等测图的画图步骤如下：

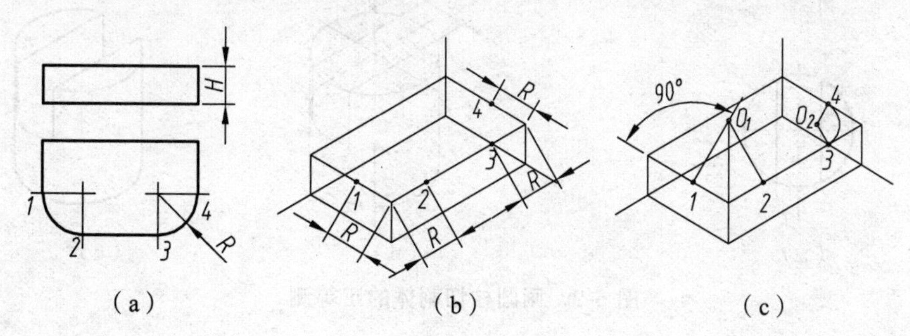

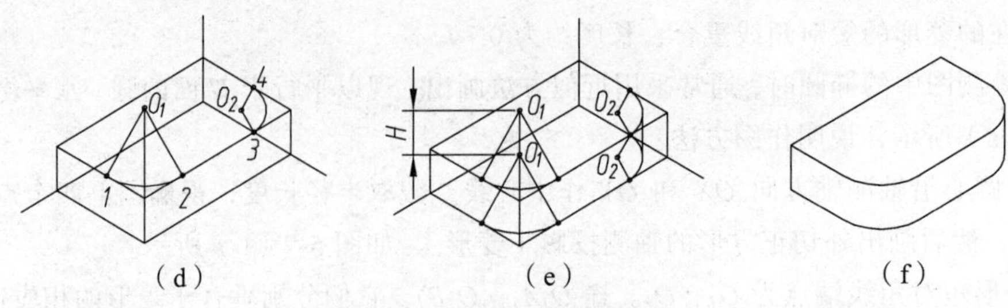

图 5-8 圆角的正等测图的画法

① 在作圆角的两边上量取圆角半径 R，如图 5-8（b）所示。

② 从量得的两点（即切点）作各边线的垂线，得两垂线的交点 O，如图 5-8（c）所示。

③ 以两垂线的交点 O 为圆心，以圆心到切点的距离为半径作圆弧，即得要作的轴测图上的圆角，如图 5-8（d）所示。

④ 将圆心平移至另一表面，同理可作出另一表面的圆角，作两圆角的公切线，如图 5-8（e）所示。

⑤ 检查、描深，擦去多余的图线并完成全图，如图 5-8（f）所示。

3. 回转体的正等测图画法

掌握了平行于坐标平面的圆的正等测图画法，就不难画出各种轴线垂直于坐标平面的圆柱、圆锥及其组合体的轴测图。

例 5-4 作出图 5-9（a）所示圆柱切割体的正等测图。

该形体由圆柱体切割而成。可先画出切割前圆柱的轴测投影，然后根据切口宽度 b 和深度 h，画出槽口轴测投影。为作图方便和尽可能减少作图线，作图时选顶圆的圆心为坐标原点，连同槽口底面在内该形体共有 3 个位置的水平面，在画轴测图时要注意定出它们的正确位置。

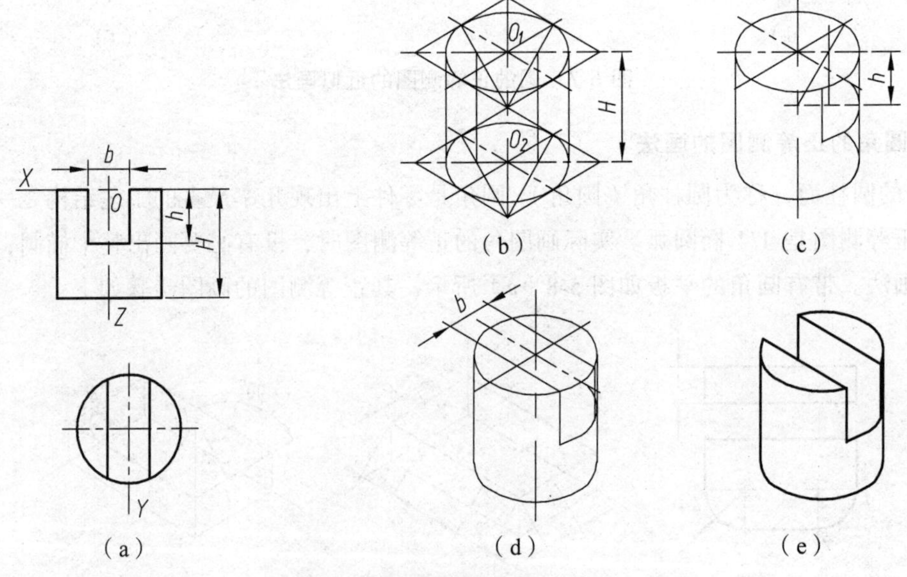

图 5-9 画圆柱切割体的正等测

作图步骤如下：

① 在正投影图上确定坐标系，如图 5-9（a）所示。

② 画轴测轴，用近似画法画出顶面椭圆。根据圆柱的高度尺寸 H 定出底面椭面的圆心位置 O_2。将各连接圆弧的圆心下移 H，圆弧与圆弧的切点也随之下移，然后作出底面近似椭圆的可见部分，如图 5-9（b）所示。

③ 作出与上述两椭圆相切的圆柱面轴测投影的外形线。再由 h 定出槽口底面的中心，并按上述的移心方法画出槽口椭圆的可见部分，如图 5-9（c）所示。作图时注意这一段椭圆由两段圆弧组成。

④ 根据宽度 b 画出槽口，如图 5-9（d）所示。切割后的槽口如图 5-9（e）所示。

⑤ 整理加深，即完成该立体的正等测图。

4. 组合体正等轴测图的画法

画组合体的正等轴测图一般先用形体分析法将其分解为基本立体，画出基本立体的轴测图，再逐一细化。

例 5-5　根据图 5-10（a）所示轴承架的三视图，作出其正等轴测图。

根据三视图可知，支架由底板、支撑板、圆筒及肋板四部分组成，其中底板上还存在圆角、圆孔等结构，如图 5-10（b）所示。

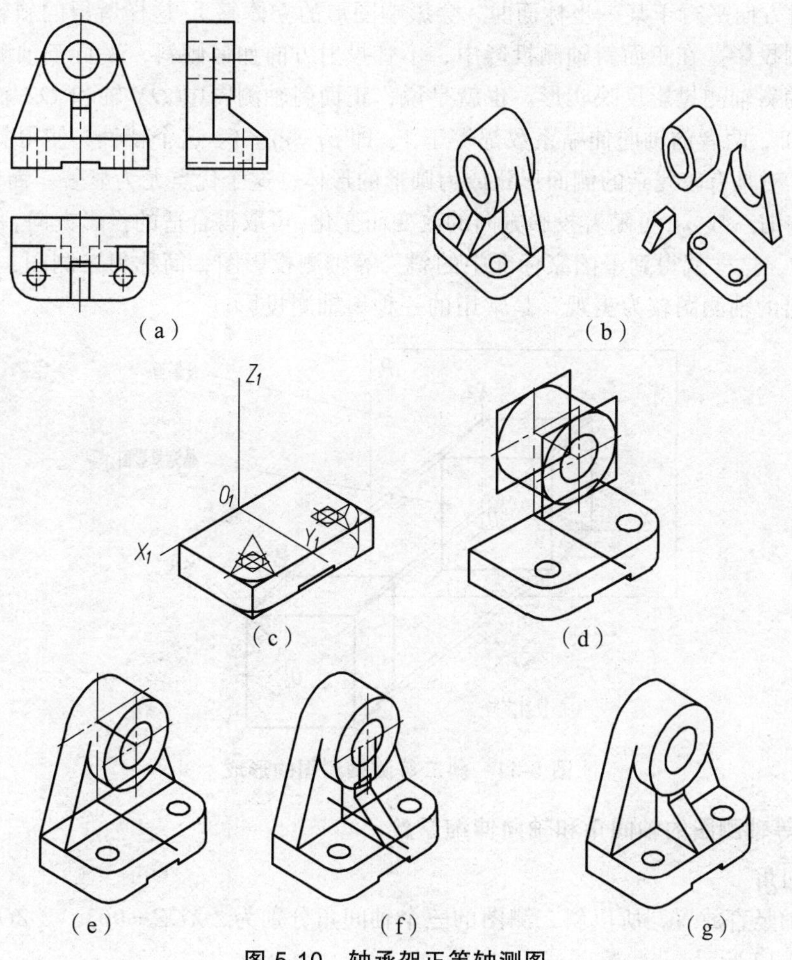

图 5-10　轴承架正等轴测图

作图步骤如下：

① 作出轴测轴 O_1X_1、O_1Y_1、O_1Z_1，沿三个轴向方向量取底板三个方向尺寸，作出底板，并在底板左前、右前侧作出圆角，如图 5-10（c）所示；

② 沿 O_1Z_1 确定圆筒的轴线，并作出圆筒，如图 5-10（d）所示；

③ 沿 O_1Y_1 确定支撑板厚度，作出支撑板，如图 5-10（e）所示；

④ 沿 O_1X_1 确定肋板厚度，作出肋板，如图 5-10（f）所示；

⑤ 擦去多余的作图线，描粗加深，即得轴承架的正等测图，如图 5-10（g）所示。

5.3 斜二等轴测图的画法

5.3.1 斜二等轴测图的形成、轴间角和轴向伸缩系数

1. 斜二等轴测图的形成

当投射方向 S 倾斜于轴测投影面时所得的投影，称为斜轴测投影。在斜轴测投影中，通常以 V 面（即 XOZ 坐标面）或 V 面的平行面作为轴测投影面，而投射方向不平行于任何坐标面（当投射方向平行于某一坐标面时，会影响图形的立体感），这样所得的斜轴测投影，称为正面斜轴测投影。在正面斜轴测投影中，不管投射方向如何倾斜，平行于轴测投影面的平面图形，它的斜轴测投影反映实形。也就是说，正面斜轴测图中 OX 轴和 OZ 轴之间的轴间角 $\angle XOZ = 90°$，两者的轴向伸缩系数都等于 1，即 $p_1 = r_1 = 1$。这个特性，使得斜轴测图的作图较为方便，对具有较复杂的侧面形状或为圆形的形体，这个优点尤为显著。而轴测轴 OY 的方向和轴向伸缩系数 q_1，可随着投影方向的改变而变化，可取得合适的投影方向，使得 $q_1 = 0.5$，$\angle YOZ = 135°$，这样就得到了国家标准中的斜二等轴测投影图，简称斜二测图，如图 5-11 所示。这样画出的轴测图较为美观，是常用的一种斜轴测投影。

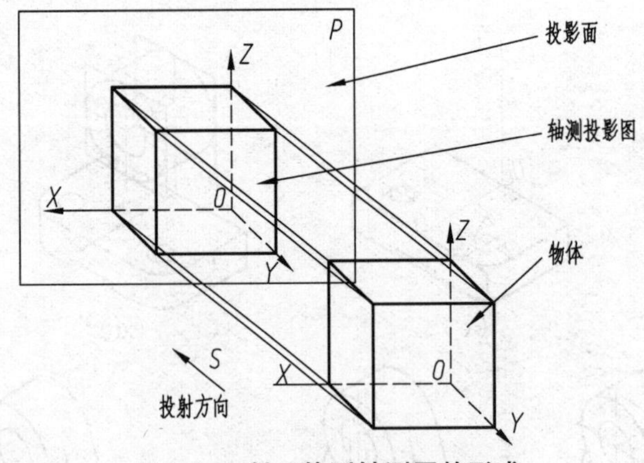

图 5-11 斜二等测轴测图的形成

2. 斜二等轴测图的轴间角和轴向伸缩系数

（1）轴间角

将 OZ 轴竖直放置，所以斜二测图的三个轴间角分别为 $\angle XOZ = 90°$、$\angle ZOY = \angle YOX = 135°$。如图 5-12 所示。

（2）轴向伸缩系数

三个方向上的轴向伸缩系数分别为 $p_1 = r_1 = 1$，$q_1 = 0.5$，不必再进行简化。如图 5-12（a）所示，轴间角 $\angle XOY = 135°$；如图 5-14（b）所示，轴间角 $\angle XOY = 45°$。这两种画法的斜二测图都较为美观，但前者更为常用。

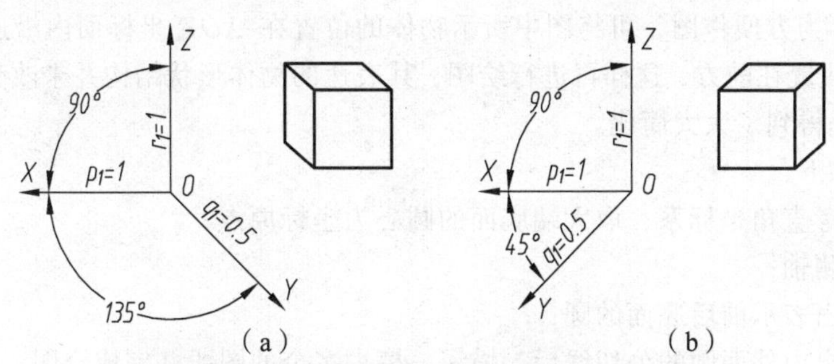

图 5-12 斜二测图的轴间角和轴向伸缩系数

5.3.2 斜二等轴测图的画法

1. 平行于坐标面的圆的斜二测图的画法

平行于坐标面 XOZ 的圆（正面圆）的斜二测图反映实形，仍是大小相同（圆的直径为 d）的圆。平行于坐标面 XOY（水平圆）和 YOZ（侧平圆）的圆的斜二测图是椭圆。其中两椭圆的长轴长度约为 $1.067d$，短轴长度约为 $0.33d$。其长轴分别与 OX 轴、OZ 轴约成 7°，短轴与长轴垂直，如图 5-13（a）所示。斜二测图中的正平圆可直接画出，但水平圆和侧平圆的投影为椭圆时，其画法与正等测图中的椭圆一样，通常采用近似方法画出。以水平圆为例，其画法如图 5-13（b）所示。

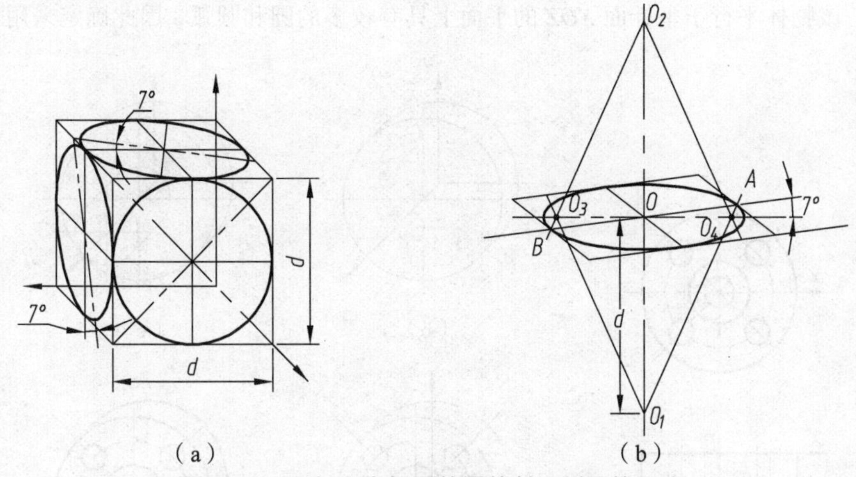

图 5-13 平行于坐标面的圆的斜二测图的画法

5.3.3 斜二测图的画法举例

由以上分析可知，物体上只要是平行于坐标面 XOZ 的直线、曲线或其他平面图形，在斜二测图中都能反映其实长或实形。因此，在作轴测投影图时，当物体上的正面形状结构较复杂，具有较多的圆和曲线时，采用斜二测图作图就会方便得多。

例 5-6 作出图 5-14（a）所示的带圆孔圆台的斜二测图。

分析：带孔圆台的两个底面分别平行于侧平面，由上述知识可知，其斜二测图均为椭圆，作图较为烦琐。为方便作图，可将图中所示物体的位置在 *XOY* 坐标面内沿逆时针方向旋转 90°，将其小端放置在前方，这样再进行绘图，其表达的物体形状结构并未改变，只是方向不同，但作图过程得到了大大简化。

作图步骤如下：

① 确定参考直角坐标系，取大端底面的圆心为坐标原点；

② 画出轴测轴；

③ 依次画出表示前后底面的圆；

④ 分别作出内外两圆的公切线后，描深，擦去多余的图线并完成全图，如图 5-14（b）、（c）所示。

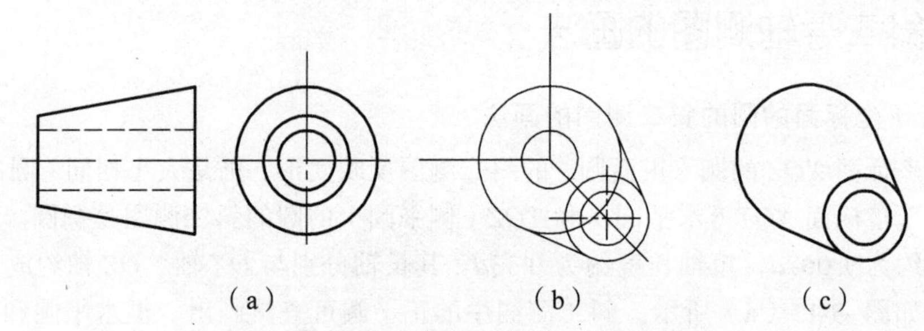

图 5-14 带圆孔的圆台的斜二测图的画法

例 5-7 作出图 5-15（a）所示的法兰盘的轴测图。

分析：该物体平行于坐标面 *XOZ* 的平面上具有较多的圆和圆弧，因此确定采用斜二测图。

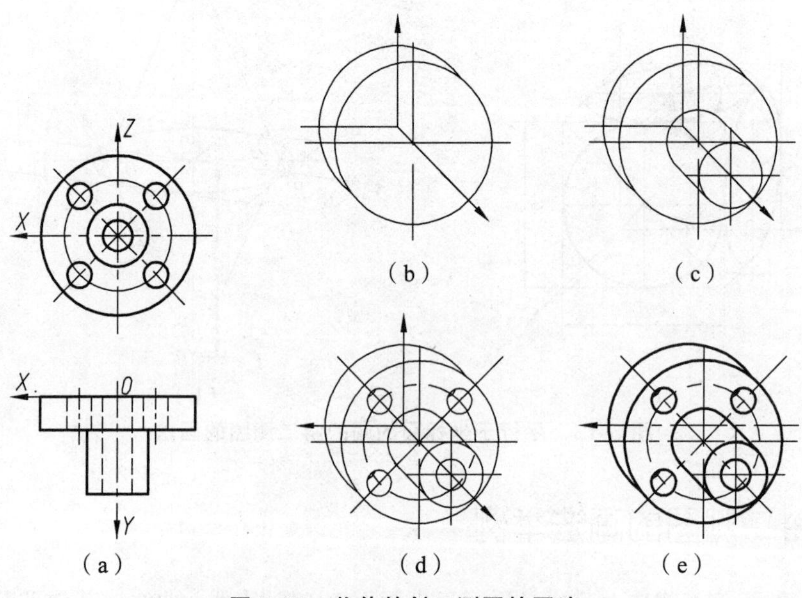

图 5-15 物体的斜二测图的画法

作图步骤如下：

① 确定参考直角坐标系，取法兰盘后表面的中心作为坐标原点，如图5-15（a）所示；

② 画出斜二测轴测轴及后端的圆柱板，如图5-15（b）所示；

③ 画出前端的小圆柱，如图5-15（c）所示；

④ 画出圆柱板上的四个圆孔及小圆柱上的圆孔，如图5-15（d）所示；

⑤ 检查，擦去多余的图线并描深，完成全图，如图5-15（e）所示。

5.4 轴测剖视图的画法

为了表达立体的内部结构形状，可假想用剖切面将立体的一部分切去，通常沿着两个坐标平面将立体剖去1/4，画成轴测剖视图。

5.4.1 轴测剖视图画法的有关规定

1. 剖面线的画法

被剖切平面所截的断面上，应画剖面线，轴测图中剖面线的方向如图5-16（a）、（b）所示进行绘制，注意平行于三个坐标面的剖面线方向是不同的。

2. 肋板的画法

当剖面线平面通过立体的肋板或薄壁结构的对称平面时，这些结构不画剖面线，而用粗实线将它们与临接部分分开，如图5-17中肋板的画法。

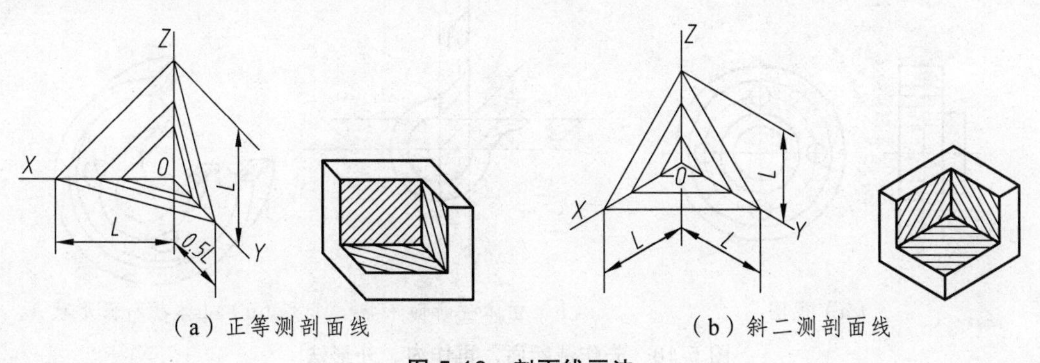

（a）正等测剖面线　　（b）斜二测剖面线

图5-16 剖面线画法

5.4.2 轴测剖视图画法举例

画轴测剖视图一般有如下两种画法：

1. 先外形，再剖切

先将物体完整的轴测外形图作出，然后用沿轴测轴方向的剖切平面将它剖开，画出断面形状，擦去被剖切掉的四分之一部分轮廓，添加剖切后的可见内形，并在断面上画上剖面线。步骤如图6-17所示。

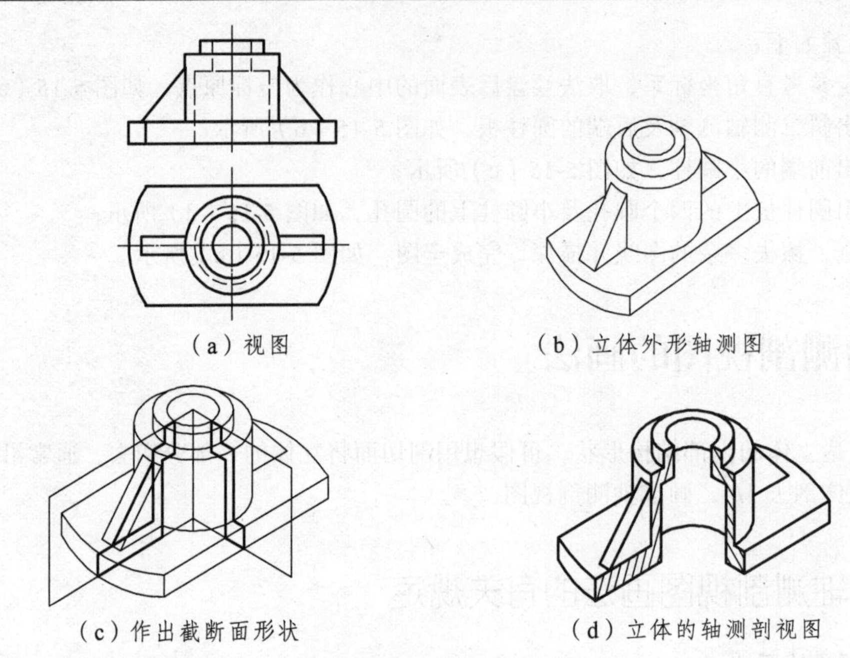

（a）视图　　（b）立体外形轴测图

（c）作出截断面形状　　（d）立体的轴测剖视图

图 5-17　先外形，再剖切

2. 先作截断面，再作内、外形

先作出切角后的剖面形状，再由此逐步画外部的可见轮廓，这样能够减少很多不必要的作图线，作图较为迅速，但要求先准确想象剖切面形状。图 5-18 所示是一个由剖面画斜二轴测图的过程。

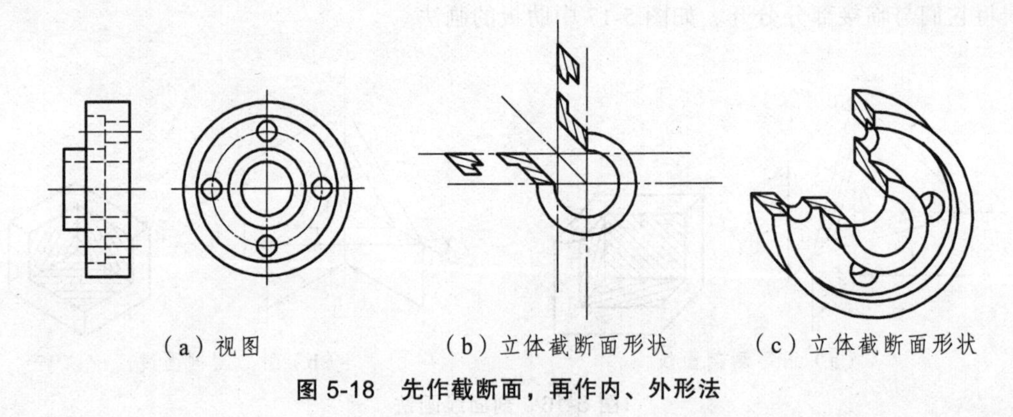

（a）视图　　（b）立体截断面形状　　（c）立体截断面形状

图 5-18　先作截断面，再作内、外形法

第 6 章　机件的常用表达方法

在生产实际中，机器零件的结构和形状是多种多样的，对于复杂的零件仅仅用前面所学的三视图是无法完整清晰地表达出来的。为了正确、完整、清晰地表达这些零件的内部和外部结构形状，国家标准《技术制图》和《机械制图》中规定了图样的画法。

本章主要介绍国家标准《技术制图》(GB/T 17451 ~ 17452—1998，GB/T 17453—2005)、(GB/T 16675.1—1996)和《机械制图》(GB/T 4458.1—2002)、(GB/T 4458.6—2002)规定的视图、剖视图、断面图及其他规定画法、简化画法等常用表达方法。要正确绘制和阅读机械图样，必须掌握机件各种表达方法的特点和画法。

6.1　视　图

根据国家标准有关规定，机件用正投影法向投影面投影所得到的图形称为视图。它主要用来表达机件的外部结构形状。视图一般只画出机件的可见轮廓，必要时采用细虚线画出其不可见轮廓。

根据机件的结构特点，国家标准规定的视图有基本视图、向视图、局部视图、斜视图和旋转视图五种。

6.1.1　基本视图

基本视图是利用正投影法将机件向基本投影面投影所得到的视图。

基本投影面是在原来三个投影面的基础上，再增加与它们对应平行的三个投影面，相当于正六面体的六个表面。将机件放在其中，分别向六个基本投影面投影，得到六个基本视图。

六个基本视图的名称和投射方向如下：

主视图：将机件从前向后投射所得到的视图；

俯视图：将机件从上向下投射所得到的视图；

左视图：将机件从左向右投射所得到的视图；

右视图：将机件从右向左投射所得到的视图；

仰视图：将机件从下向上投射所得到的视图；

后视图：将机件从后向前投射所得到的视图。

六个投影面如图 6-1 所示，在六个投影面上采用正投影法得到的六个视图如图 6-2 所示。展开后的六个基本视图按照图 6-3 所示的位置关系配置。除后视图外，各视图靠近主视图的一侧均反映机件的后面，而远离主视图的一侧，均反映机件的前面。按规定位置配置的视图，不需标注视图的名称，如图 6-3 所示。前面所讲的三视图保持“长对正、高平齐、宽相等”的投影规律，增加了三个视图之后，还仍然保持“长对正、高平齐、宽相等”的投影规律，即：

主视图、俯视图、仰视图和后视图长对正；

主视图、左视图、右视图和后视图高平齐；

俯视图、左视图、仰视图和右视图宽相等。

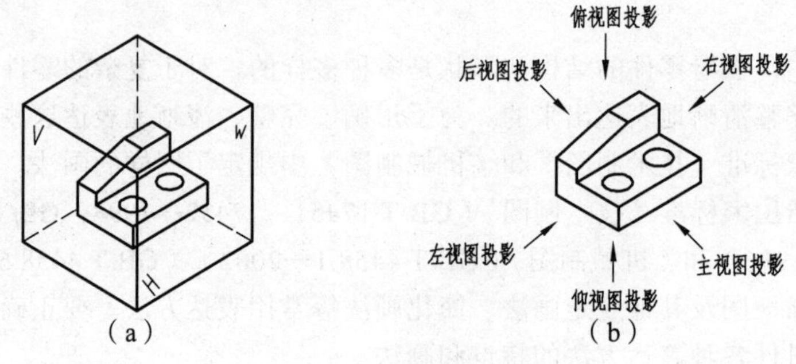

图 6-1　六个基本投影面

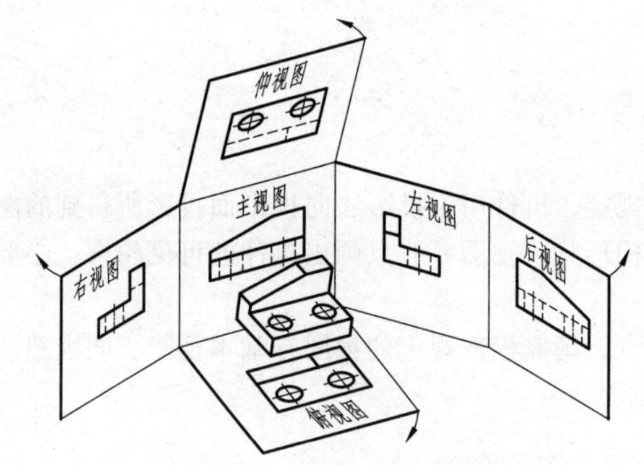

图 6-2　基本视图的形成

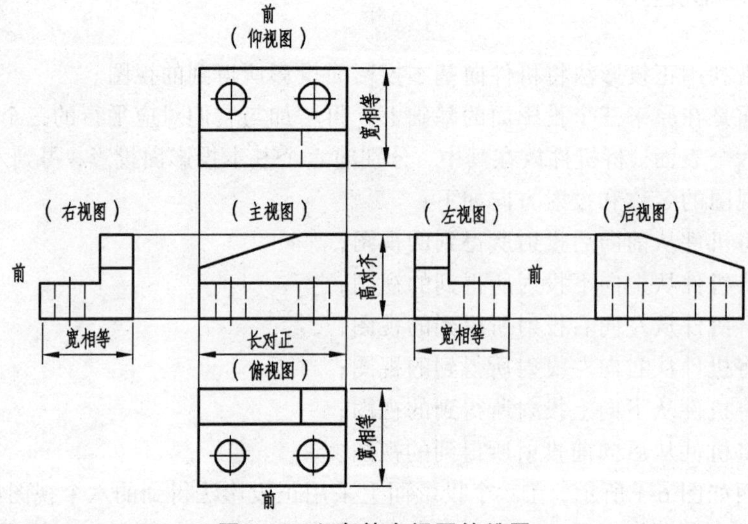

图 6-3　六个基本视图的位置

在实际应用过程中，并不是表达机件的结构时都需要绘制六个基本视图，而是根据机件的结构特点选用必要的基本视图。一般优先选用主视图、俯视图和左视图，注意任何机件的表达，都必须有主视图。如图 6-4 所示泵体的表达方案，该泵体采用四个基本视图即主视图、左视图、右视图和仰视图，就清晰地表达了该机件，其中右视图省略部分细虚线，仰视图细虚线全部省略。

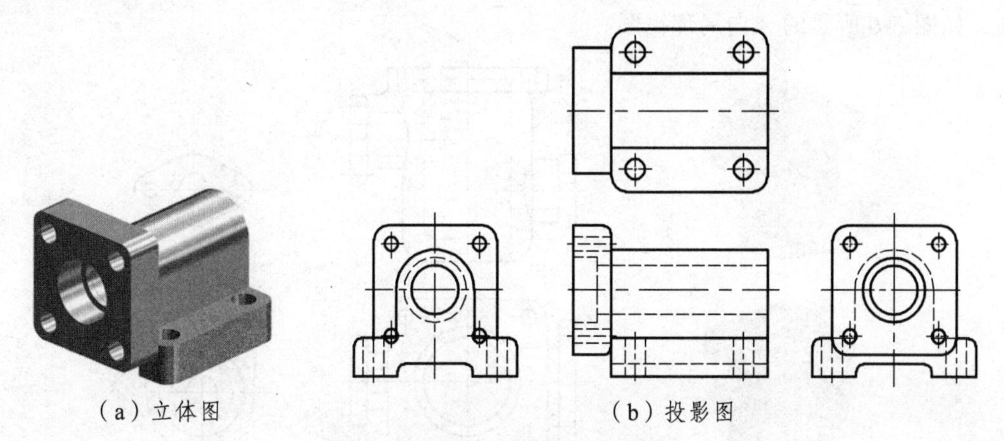

（a）立体图　　（b）投影图

图 6-4　泵体基本视图的表达方案

6.1.2　向视图

向视图是可以自由配置的基本视图。为了合理地利用图幅，某个视图不按照基本视图的位置关系进行配置时，就可以自由配置，但是必须在该视图上方用大写的拉丁字母标注出视图的名称“×”，并在相应视图附近用箭头指明投射方向，并注上相同的字母，即向视图必须要标注，如图 6-5 所示。

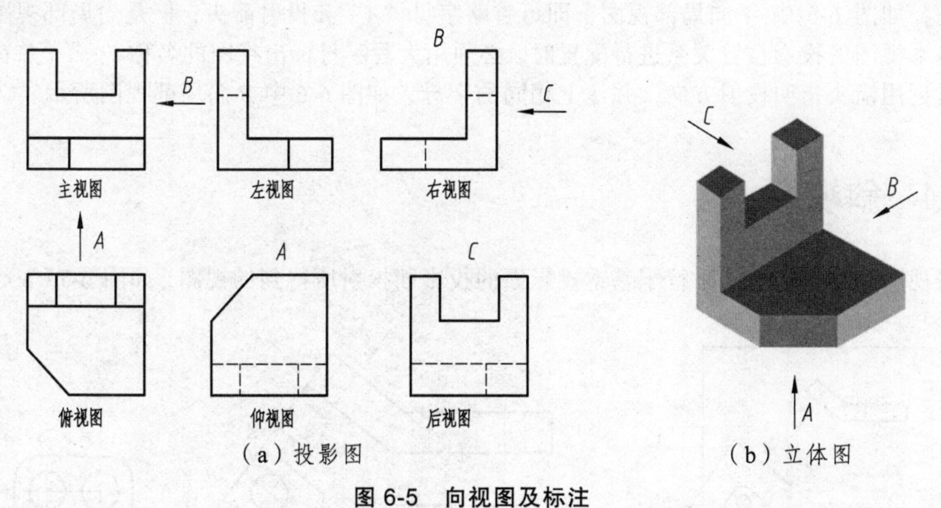

（a）投影图　　（b）立体图

图 6-5　向视图及标注

6.1.3　局部视图

局部视图是将机件的某一部分向基本投影面投射所得到的视图。确定一个机件的表达方案时，在某个基本投影面的方向上，其整体结构通过其他图形已经表达清楚，只需要将没有表达清楚的部分，向基本投影面投影即可。这样可以突出要表达的结构，又可以减少绘图的工作量。图 6-6 所示的机件的表达方法，采用了主视图、俯视图以及 *A* 向和 *B* 向局部视图，既简化了作图，又使其图形表达简单明了。

局部视图的断裂边界线可以用波浪线或双折线表示，如图 6-6 中的 *B* 向局部视图，其断裂边界线采用波浪线。当所表达的局部结构是完整的，且外形轮廓封闭时，波浪线可以省略不画，如图 6-6 所示的 *A* 向局部视图。

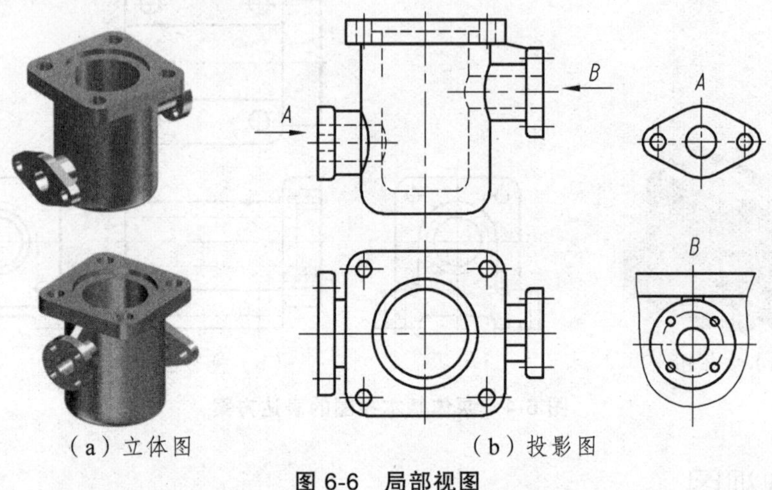

（a）立体图　　（b）投影图

图 6-6　局部视图

局部视图尽量按照基本视图的位置关系配置，如图 6-6 中 *A* 向局部视图。但是有时为了合理地布置图幅，也可以将局部视图按照向视图的方式配置在其他适当的位置，如图 6-6 中 *B* 向局部视图所示。

当局部视图按照基本视图的投影位置关系进行配置时，中间又无其他图形隔开，可以省略标注，如图 6-6 中 *A* 向局部视图，即可省略字母“*A*”和投射箭头；但是当局部视图没有按照基本视图的投影位置关系进行配置时，必须用大写字母标出视图的名称“×”，并在相应视图附近用箭头指明投射方向，并注上相同的字母，如图 6-6 中 *B* 向局部视图所示。

6.1.4　斜视图

斜视图是将机件向不平行于基本投影面的投影面投射所得到的视图，如图 6-7（a）所示。

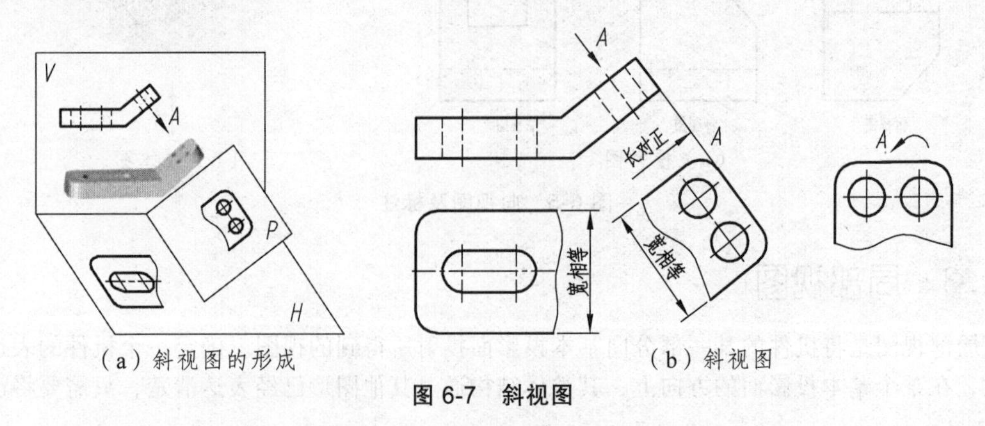

（a）斜视图的形成　　（b）斜视图

图 6-7　斜视图

当机件上具有倾斜结构，且用基本视图又不能表达实形时，可设置一个投影面与机件倾斜部分平行，将倾斜部分向该投影面投射，即可得到反映实形的视图，如图 6-7（a）所示 *A* 向的斜视图。

斜视图只表达倾斜部分的真实形状，其余部分在其他视图中已经表达清楚。斜视图可用波浪线或双折线将其断开。画斜视图时，必须在斜视图上方用大写拉丁字母标出视图的名称，字母一律水平书写，在相应的视图附近用箭头指明投射方向，并标上同样的字母，如图 6-7（b）所示。

必要时，允许将斜视图旋转后水平放置，但必须加上旋转符号，表示该视图名称的大写拉丁字母应靠近旋转符号的箭头端，且旋转符号的旋转方向应与图形的旋转方向相同，如图 6-7（b）所示。

例 6-1　如图 6-8（a）所示的一机件摇杆的立体图，根据所学知识确定该机件的表达方案。

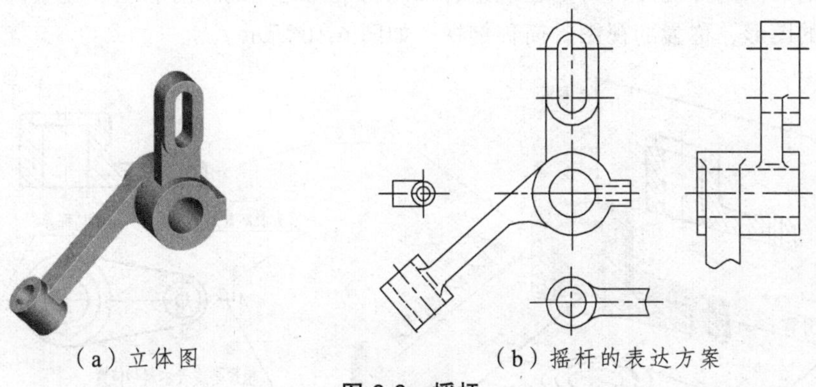

（a）立体图　　（b）摇杆的表达方案

图 6-8　摇杆

摇杆视图表达方案分析：采用一个基本视图（即主视图）、一个配置在正确位置上的局部左视图（省略了标注）、一个旋转配置的 *A* 向斜视图、一个省略了标注的局部右视图来表达摇杆的结构形状。为了使图面更加紧凑又便于画图，将 *A* 向斜视图转正后画出，如图 6-8（b）所示，注意此时的旋转标注。这种表达方法能使视图布置更加紧凑，而且清晰地表达出摇杆的内部结构。

6.1.5　旋转视图

当机件的某一部分倾斜于基本投影面而从整体看又具有回转轴，可假想将机件的倾斜部分旋转到与某一选定的基本投影面平行，再向投影面投射，所得的视图称为旋转视图。旋转视图不需标注，但是必须遵从三等关系。如图 6-9 所示。

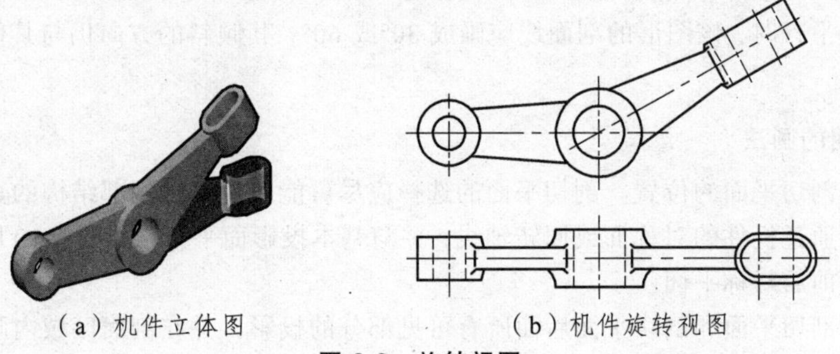

（a）机件立体图　　（b）机件旋转视图

图 6-9　旋转视图

6.2 剖视图

如果机件的内部结构形状比较复杂，在视图中就会出现较多的虚线，既不便于读图，也不便于进行尺寸标注，如图 6-10 所示，因此国家标准规定采用剖视图来表达机件的内部结构。

6.2.1 剖视图基本知识

1. 剖视图的概念

假想用剖切面剖开机件，将处在观察者和剖切平面之间的部分移去，剩余部分向投影面投射所得到的图形，称为剖视图，简称剖视，如图 6-10 所示。

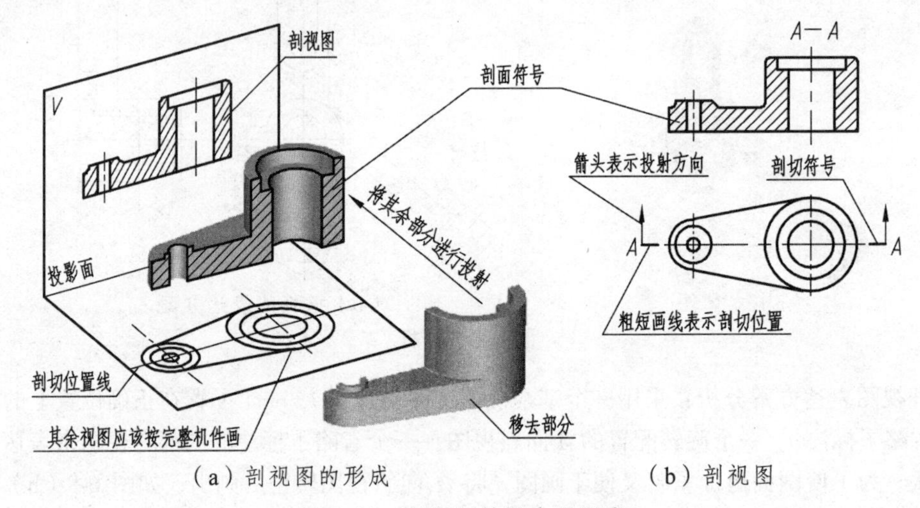

（a）剖视图的形成　　（b）剖视图

图 6-10　剖视图的概念及形成

画剖视图的目的主要是为了表达机件内部空与实的关系，以便于更清晰地反映机件内部的结构形状。剖切面与机件实体接触的部分称为剖面区域，剖面区域要画上剖面符号。为了区别被剖机件材料，机械制图有关国家标准中规定了各种材料的剖面符号的画法，表 6-1 列出了常用材料的剖面符号。在工程图样中，金属材料常用的剖面符号是剖面线，剖面线是山指定的细实线来绘制，而且与剖面或断面外面轮廓成对称或相适宜的角度，参考角为 45°。同一零件在不同的视图中，剖面线方向、间隔应一致。当剖面线与图形的主要轮廓线或剖面区域的对称线平行时，该图形的剖面线应画成 30°或 60°，其倾斜的方向仍与其他图形的剖面线一致。

2. 剖视图的画法

（1）确定剖切平面的位置。剖切平面的选择应尽可能表达机件内部结构的真实形状，剖切平面一般应通过机件的对称面或回转轴线，并与基本投影面平行，如图 6-10 所示，剖切平面为该机件的前后对称平面。

（2）画出剖切平面和剖切平面后面所有可见部分的投影，并在剖面区域内画上剖面线。

表 6-1　常用材料的剖面符号

金属材料（已有规定剖面符号者除外）		玻璃及供观察用的其他透明材料		混凝土	
线圈绕组元件		木材　纵剖面		钢筋混凝土	
转子、电枢、变压器和电抗器等的叠钢片		木材　横剖面		砖	
非金属材料（已有规定剖面符号者除外）		木质胶合板（不分层数）		格网（筛网、过滤网等）	
型砂、填砂、粉末冶金砂轮、陶瓷刀片、硬质合金刀片等		基础周围的泥土		液体	

（3）剖视图的标注及配置。在表示剖切平面位置明显的视图上，用一对剖切符号，画在剖切平面的起讫处，在剖切符号外侧画出与剖切符号相垂直的细实线和箭头表明投射方向，在剖切符号起、止和转折处注写相同的大写字母，表示剖切平面的名称字母一律水平书写，并在所画的剖视图上方用相同的字母标出剖视图的名称“×—×”。

当剖视图按照投影关系配置，而中间又没有其他图形隔开时，可以省略箭头，如图 6-11（a）所示。

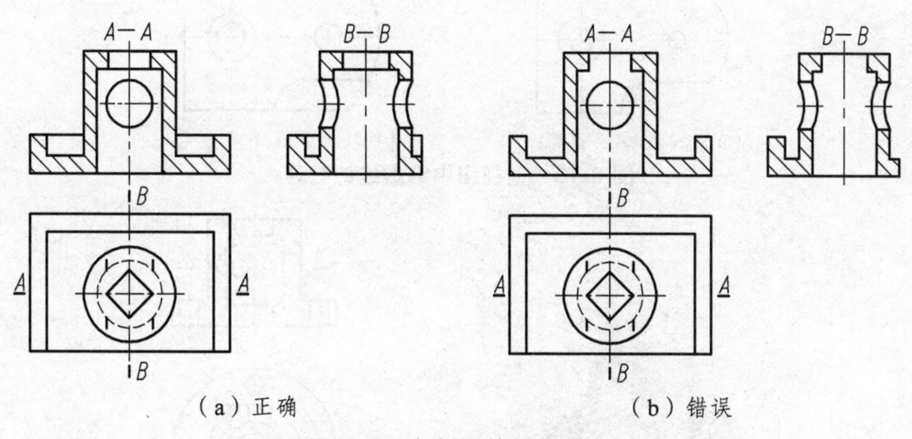

（a）正确　　（b）错误

图 6-11　剖视图的正误对比

当单一剖切平面通过机件的对称平面或基本对称的平面，且剖视图按照投影关系配置，而中间又没有其他图形隔开时，可以省略全部标注，如图 6-12 所示。

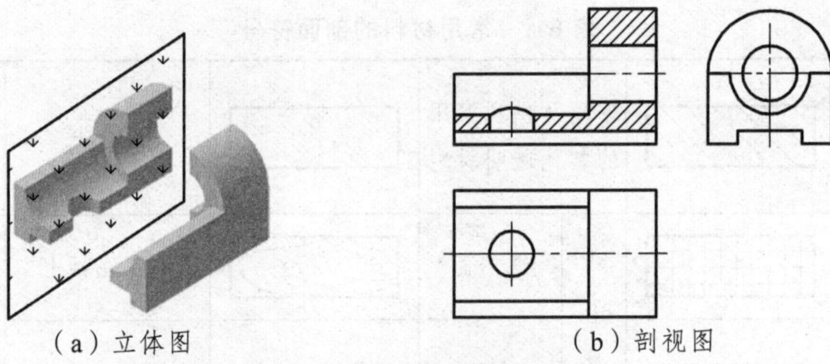

（a）立体图　　（b）剖视图

图 6-12　省略标注的剖视图

3. 画剖视图时应注意的事项

① 剖切的目的是为了表达机件的内部结构。

② 剖切的假想性：因为剖切面是假想的，因此，所画剖视图不影响其他视图的绘制，即其他视图仍应按完整机件画出。

③ 剖切平面的位置：剖切平面应平行于剖视图所在的投影面，常通过回转体的轴线或机件的对称平面，这样得出的图形反映断面的实形，并用剖切符号表示。

④ 剖视的画法：不仅要画出与剖切面接触部分的投影，还要画出剖切面后面机件所有结构形状的投影，如图 6-11 所示。

⑤ 剖视图中细虚线的处理 ：不可见轮廓线或其他结构，若在其他视图中已表达清楚，则细虚线不用画，如图 6-13（a）所示。不可见轮廓线或其他结构，如在其他视图中没有表达清楚，则细虚线应画出，如图 6-13（b）和图 6-14 所示。

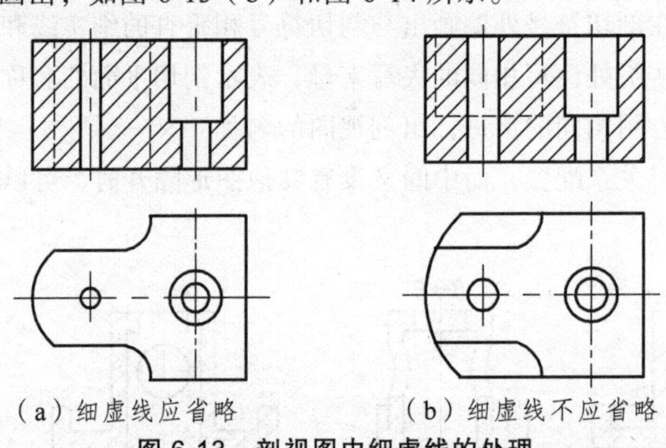

（a）细虚线应省略　　（b）细虚线不应省略

图 6-13　剖视图中细虚线的处理

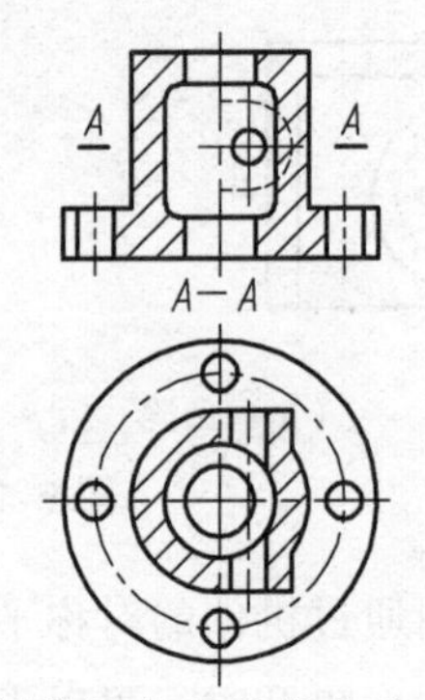

（a）立体图　　（b）剖视图中细虚线的处理图

图 6-14　剖视图中细虚线的处理

⑥ 常见剖视图中的多线、漏线，如图 6-15 所示。

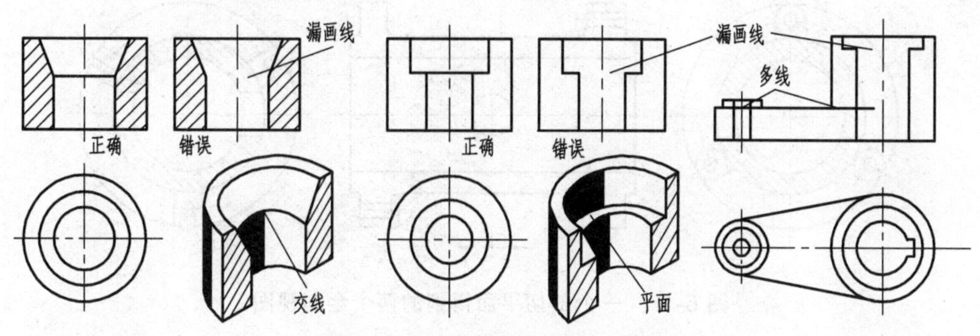

图 6-15　剖视图中的多线、漏线

4. 画剖视图的步骤

剖视图的画图步骤如下：

① 画出机件的视图。

② 确定假想剖切面的位置，画出剖面区域及剖面后所有可见部分，在剖面区域画出剖面符号。

③ 标注剖切平面位置、投射方向和剖视图名称。画剖视图的步骤如图 6-16 所示。

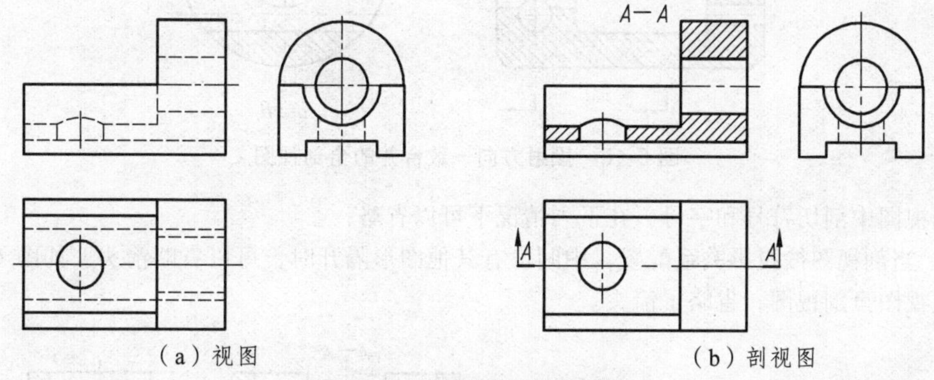

（a）视图　　（b）剖视图

图 6-16　剖视图的画图步骤

6.2.2　剖视图的分类

1.全剖视图

用剖切平面（一个或几个）完全剖开机件所得到的剖视图称为全剖视图，适用于机件外形比较简单，而内部结构比较复杂，图形又不对称的情况。如图 6-10、图 6-11、图 6-12 和图 6-13 所示。

全剖视图的应用如下：

① 用单一的剖切平面剖开机件，得到的一个全剖视图，如图 6-16（b）所示的主视图为全剖视图。

② 用一个公共剖切平面剖开机件，按不同的方向投射所得到的两个全剖视图，如图 6-17 所示。

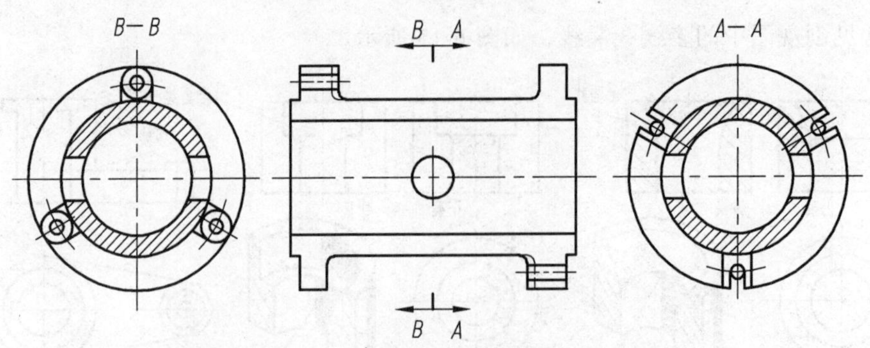

图 6-17　一个剖切平面得到的两个全剖视图

③ 投射方向一致的几个对称图形，可各取一半（或者四分之一）合并成一个图形，此时，应在剖视图附近标出相应的剖视图的名称，如图 6-18 所示。

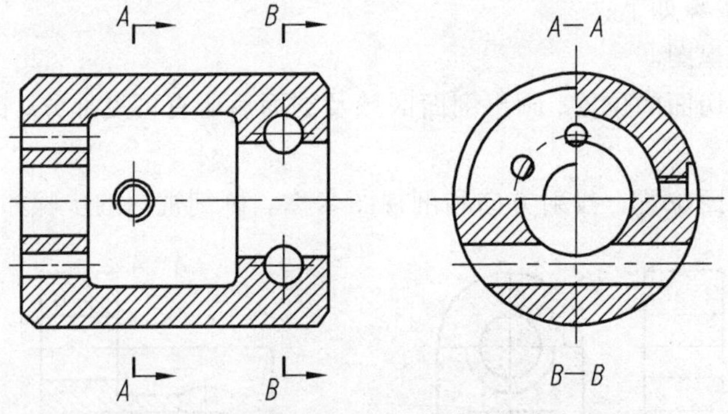

图 6-18　投射方向一致合并的全剖视图

剖视图中剖切符号和字母，在下列情况下可以省略：

① 当剖视图按投影关系配置，中间没有其他图形隔开时，可以省略箭头。如图 6-19 所示的主视图全剖视图，省略了箭头。

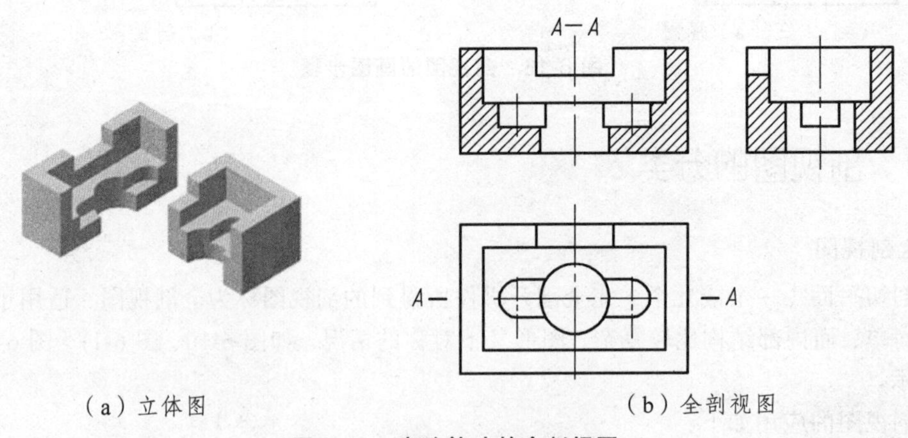

（a）立体图　　（b）全剖视图

图 6-19　省略箭头的全剖视图

② 当剖视图按投影关系配置，中间没有其他图形隔开，且剖切面过机件对称面时，可省略所有标注。如图 6-20 所示的全剖的主视图，剖切面与机件的前、后对称面重合，省略标注。

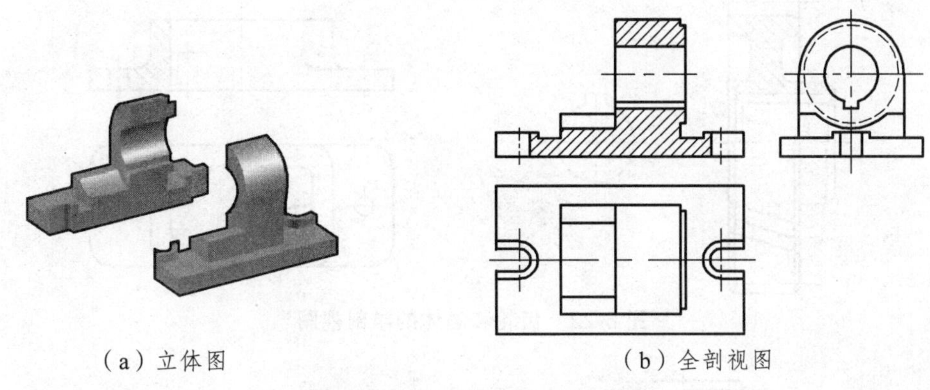

图 6-20　省略标注的全剖视图

2. 半剖视图

当机件具有对称平面时，以对称平面为界，用剖切平面剖开机件的一半所得到的剖视图称为半剖视图，简称半剖，如图 6-21 所示。半剖视图能在一个图形中同时反映机件的内部形状和外部形状，故主要用于内、外结构形状都需要表达的对称机件。

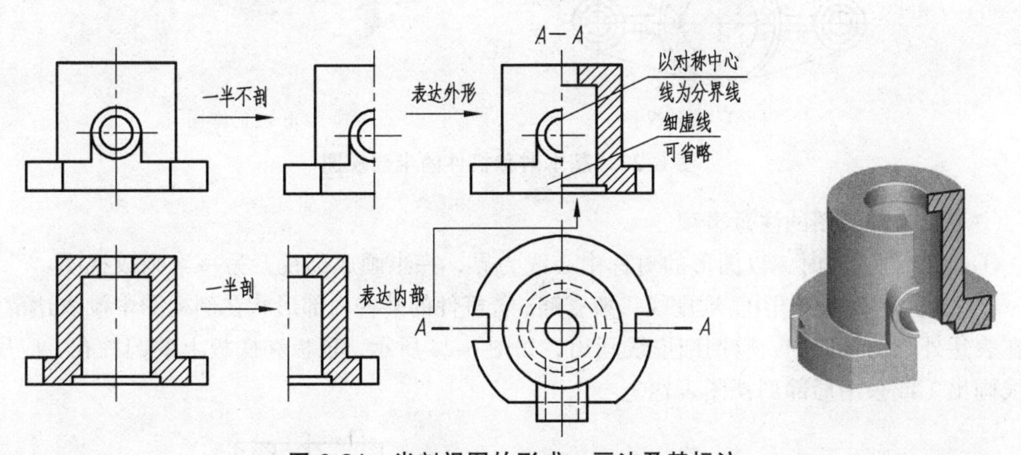

图 6-21　半剖视图的形成、画法及其标注

（1）半剖视图的标注方法

半剖视图的形成如图 6-21 所示，其视图与剖视图的分界线为细点画线。半剖视图的标注方法与全剖视图的标注方法相同。过前、后对称面剖切后所得的半剖视图，可省略标注；用水平面剖切后所得的半剖视图，因剖切面不过机件的对称面，需要标注。由于半剖视图按投影关系配置，中间又没有其他图形隔开，可省略箭头。

（2）半剖视图的应用

半剖视图多应用于机件内外形状均需要表达的对称机件。如果机件的形状接近于对称，且不对称部分已在其他视图中表达清楚时，也可画成半剖视图，如图 6-22 和图 6-23 所示。

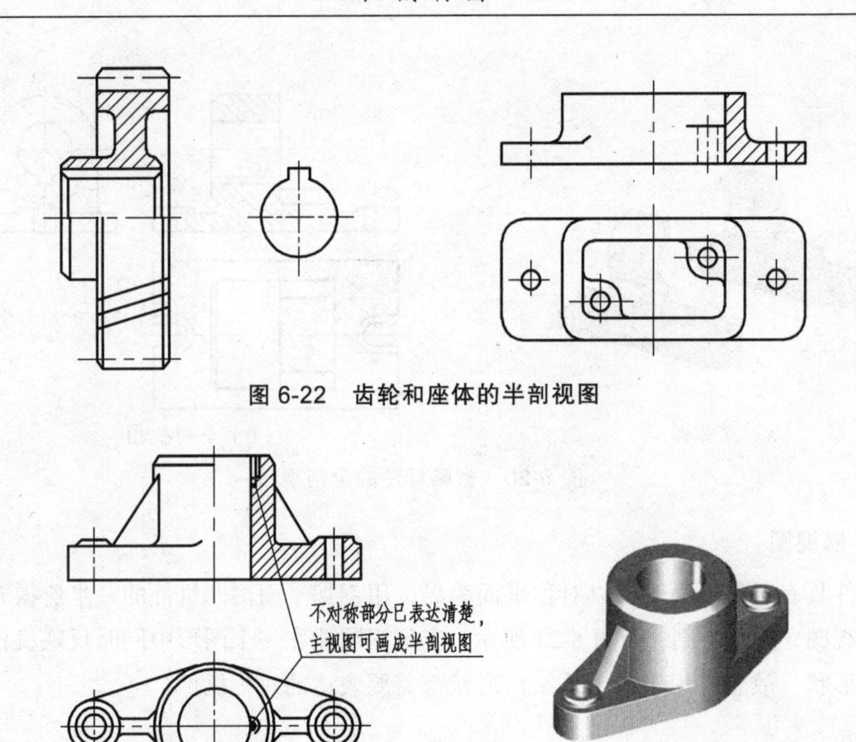

图 6-22　齿轮和座体的半剖视图

（a）半剖视图　　（b）立体图

图 6-23　基本对称机件的半剖视图

（3）画半剖视图的注意事项

① 画半剖视图时，以图形的对称中心线为界，一半画成剖视，另一半画成视图。

② 表达外形的视图中，细虚线一般省略；若机件的某些内部形状在剖视图中没表达清楚，则在表达外形的视图中，应用细虚线画出，如图 6-24 所示，顶板和底板上的圆柱孔，应用细虚线画出（或采用局部剖视图表达）。

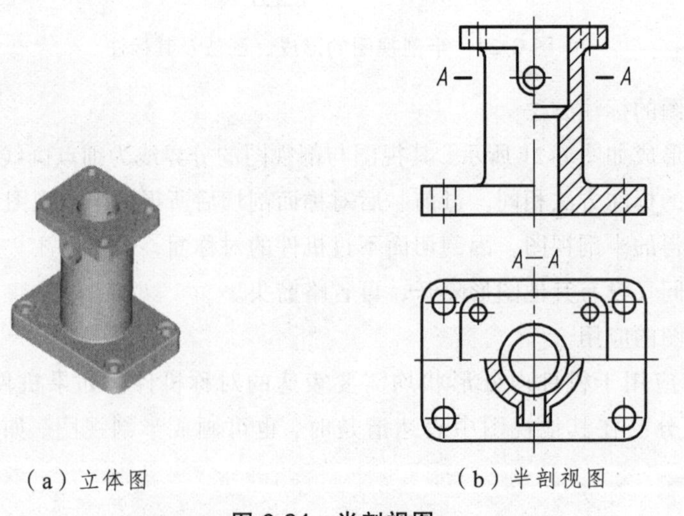

（a）立体图　　（b）半剖视图

图 6-24　半剖视图

③ 半剖视图的习惯配置：若主视图是半剖视图，则左边是视图，右边是剖视图；若俯视图为半剖视图，则前边是剖视图，后边是视图；若左视图是半剖视图，则后边是视图，前边是剖视图。

④ 当机件的形状接近于对称，且不对称部分已有图形表达清楚时，也可画成半剖视图，如图 6-23 所示。

3. 局部剖视图

用剖切平面局部地剖开机件，所得到的视图称为局部剖视图，简称局部剖。如图 6-25（a）所示的轴类零件，采用视图画法时，其左视图细虚线较多，难以清晰地表达零件局部的内部结构。此时，主视图若采用局部剖视图，可看出该机件左端的圆孔和右端的键槽，并省略了左视图。如图 6-25（b）所示。

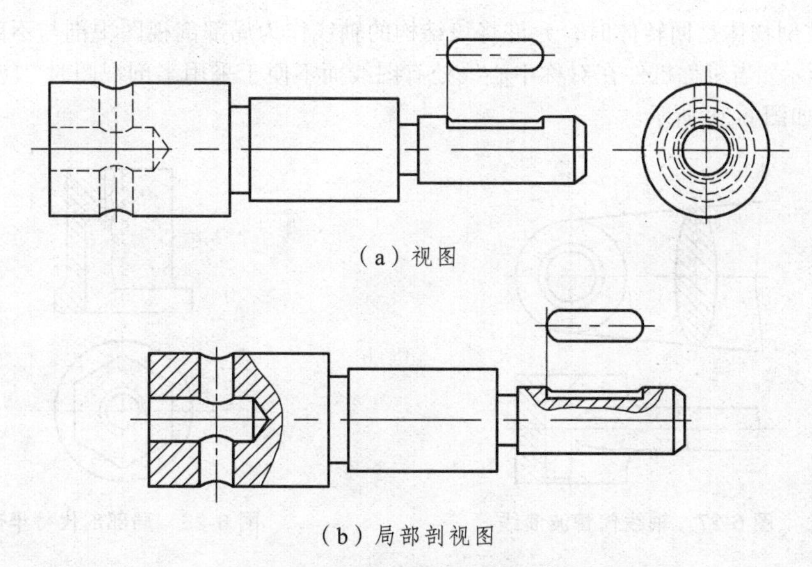

（a）视图

（b）局部剖视图

图 6-25　机件视图和局部剖视图

局部剖视图能同时表达机件的内，外部结构，而且不受机件结构是否对称的限制。它是一种比较灵活的表达方法，剖切位置和剖切范围可以根据需要而定，常用于内，外形状均需表达的不对称机件。但是在同一图形中，局部剖视图不宜过多，否则图形显得很凌乱。局部剖视图一般不需要标注。

画局部剖视图需注意问题如下：

① 局部剖视图中，剖开部分与未剖开部分用波浪线分界，相当于剖切部分表面的断裂线的投影，如图 6-25 所示。

② 波浪线不可与图形轮廓线重合，也不要画在其他图线的延长线上，如图 6-26（a）所示。

③ 波浪线是实体断裂边界的投影，要画在机件断裂的实体部分，如遇孔、槽等波浪线不能穿空而过，也不能超出视图的轮廓线，如图 6-26（b）所示。

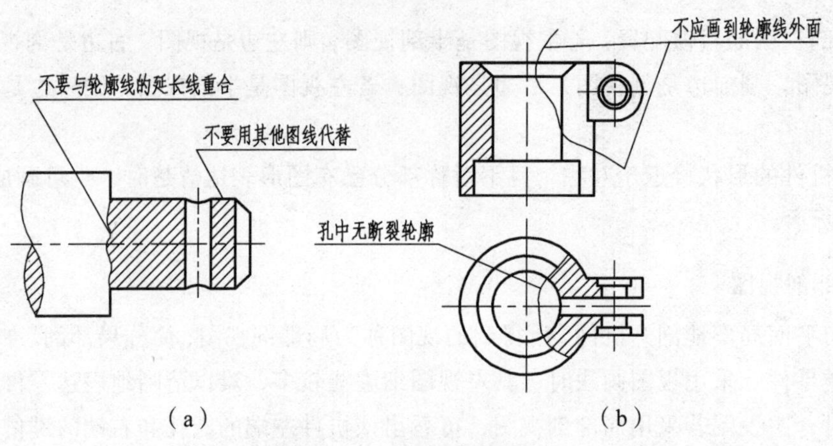

图 6-26　波浪线的错误画法

④ 当被剖物体是回转体时，允许将该结构的轴线作为局部剖视图中剖与不剖的分界线，如图 6-27 所示。当对称机件在对称中心线处有图线而不便于采用半剖视图时，应采用局部剖视图表示，如图 6-28 所示。

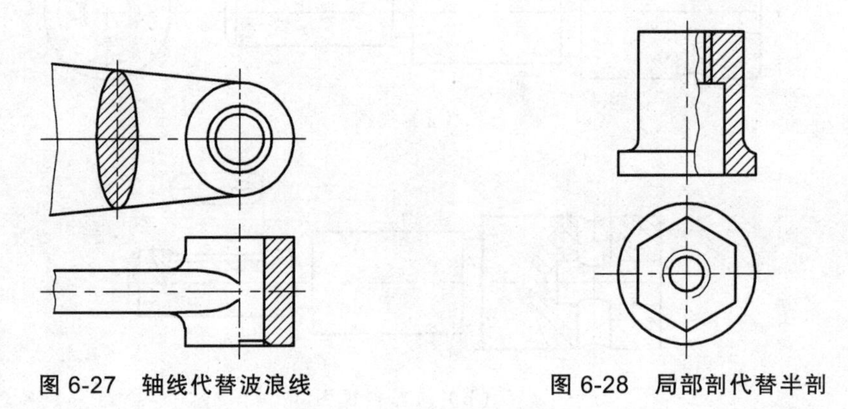

图 6-27　轴线代替波浪线　　图 6-28　局部剖代替半剖

⑤ 在剖视图的剖面区域中可以再作一次局部剖视，两者剖面线应同方向、同间隔，但要相互错开，并用指引线标出局部剖视图的名称，如图 6-29 所示。

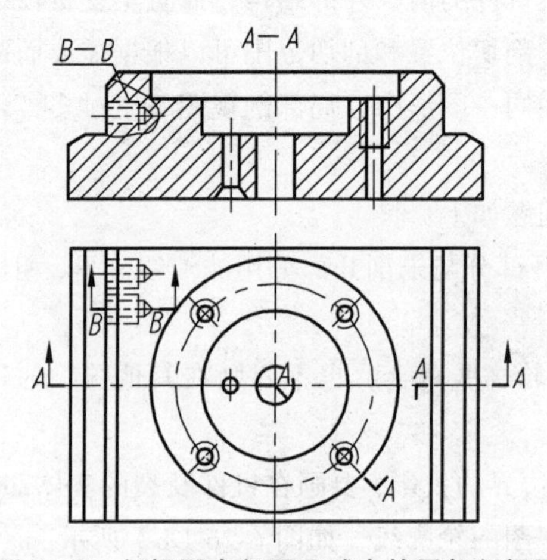

图 6-29　剖视图中剖面区域中的局部剖视图

6.2.3 剖切平面的种类

1. 单一剖切平面

单一的剖切平面可以是平行于某一个基本投影面的平面，如前所述的全剖视图中的剖切平面，也可以是不平行于任何基本投影面的单一斜剖切平面，如图 6-30 所示。用来表达机件上倾斜部分的内部结构形状，其配置和标注通常如图 6-30 所示。必要时，允许将斜剖视图旋转配置，但必须在剖视图上方标注出旋转符号，如图 6-30 所示。

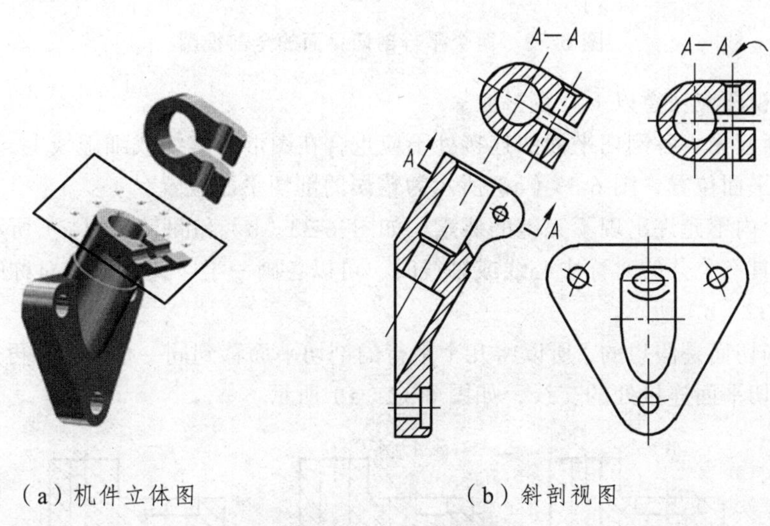

（a）机件立体图　　（b）斜剖视图

图 6-30　斜剖视图

2. 单一剖切柱面

为了准确表达圆周上分布的某些结构，有时采用柱面剖切。画这种剖视图时，常采用展开画法，图 6-31 所示为采用单一剖切柱面获得的全剖视图和半剖视图。

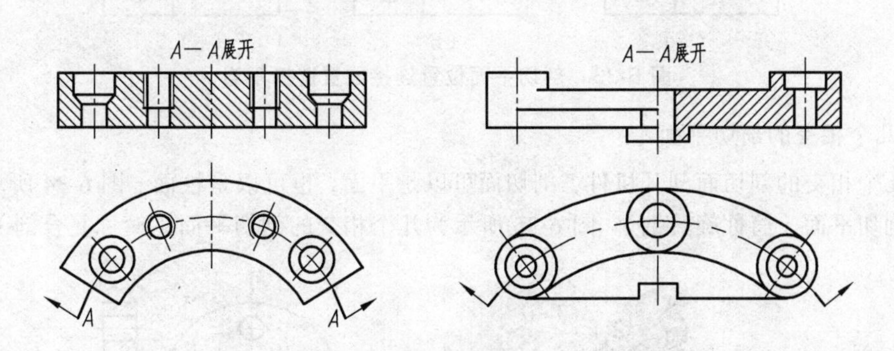

图 6-31　单一剖切柱面用于全剖视图和半剖视图

3. 几个平行的剖切平面

用几个平行的剖切平面剖开机件，简称阶梯剖，如图 6-32 所示。

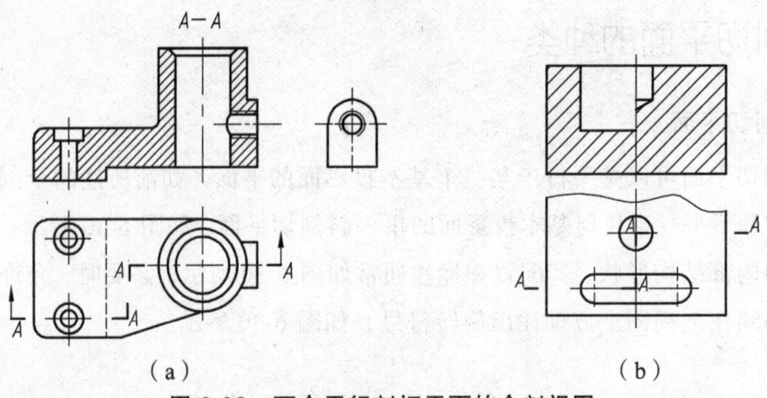

（a）　　　　　　　　　　　　（b）

图 6-32　两个平行剖切平面的全剖视图

画阶梯剖视图应注意以下几点：

① 为清晰起见，各剖切平面的连接处不应重合在图形的实线或细虚线上，图 6-32 所示为正确的剖切平面位置，图 6-33（a）所示为错误的剖切平面位置。

② 在图形内不允许出现不完整的要素，如图 6-33（b）和图 6-33（c）所示。仅当两个要素在图形上具有公共的对称中心线或轴线时，可以各画一半，此时应以对称中心线或轴线为界，如图 6-32（b）所示。

③ 因为剖切面是假想的，所以将几个平行的剖切平面移到同一位置后，再进行投影。此时不应画出剖切平面连接处的交线，如图 6-32（a）所示。

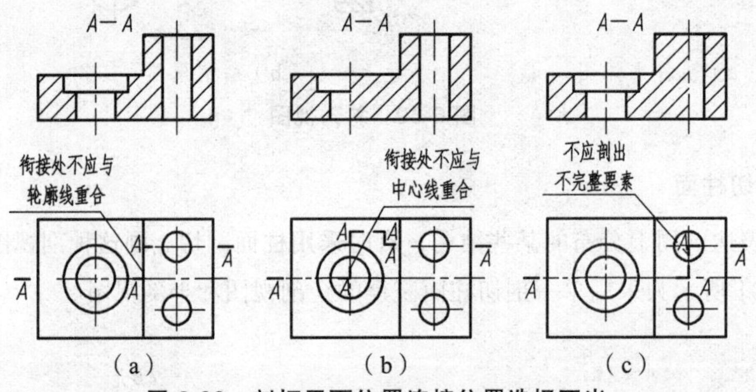

（a）　　　　　　　（b）　　　　　　　（c）

图 6-33　剖切平面位置连接位置选择不当

4. 几个相交的剖切平面

用几个相交的剖切面剖开机件，剖切面可以是平面，也可以是柱面。图 6-34 所示为两个相交的剖切平面（简称旋转剖）。图 6-35 所示为几个相交的剖切平面（简称复合剖）。

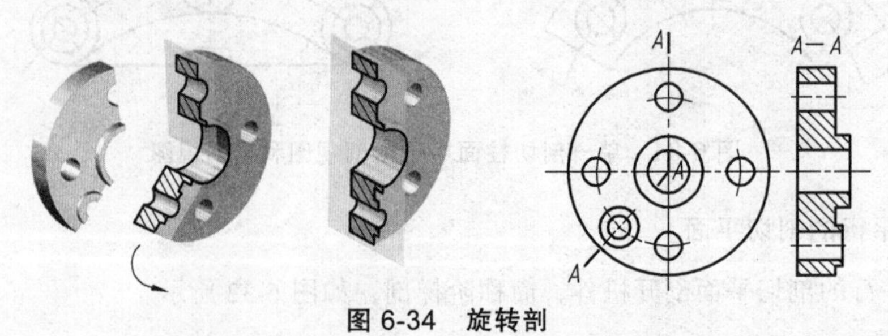

图 6-34　旋转剖

复合剖可以用展开画法绘制，对于展开绘制剖视图，在剖视图的上方应标注“×-×”展开，如图 6-35 所示。

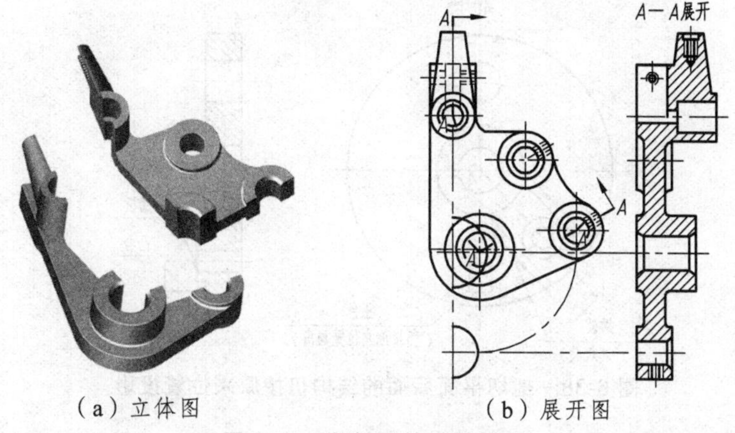

（a）立体图　　（b）展开图

图 6-35　剖视图的展开画法

几个相交平面也可以与几个平行平面组合剖切机件，如图 6-36 所示。

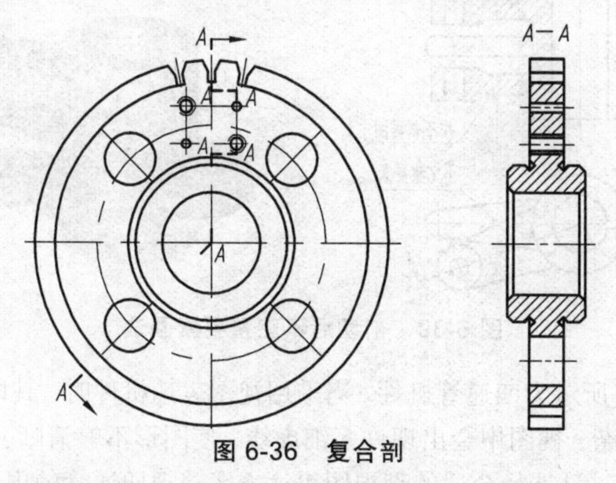

图 6-36　复合剖

画旋转剖视图时，应注意以下几点：

① 为反映被剖切部分结构的真实形状，旋转剖视图应采用“先剖切后旋转”的方法画出，有些部分的投影往往会被伸长，但却反映了机件被剖切部分的真实形状，如图 6-37（a）所示。否则，若采用“先旋转后剖切”的方法，就会出现剖切位置的标注与实际剖切位置不一致的矛盾，如图 6-37（b）所示，是错误画法。

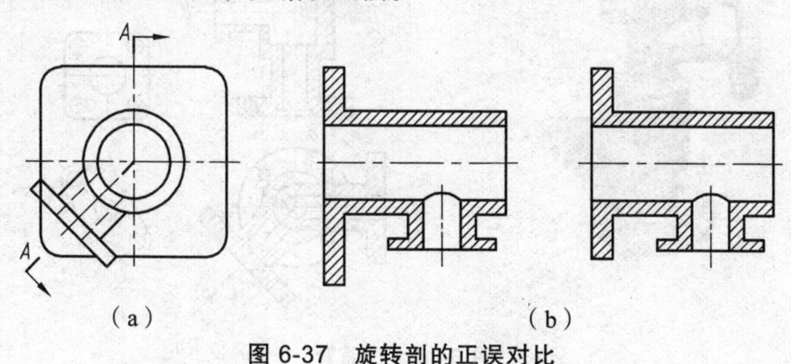

（a）　　（b）

图 6-37　旋转剖的正误对比

② 在旋转剖视图中，剖切平面后面与所表达的结构关系不太密切的其他结构一般仍然按原来的位置投影，如图 6-38 所示的凸台。

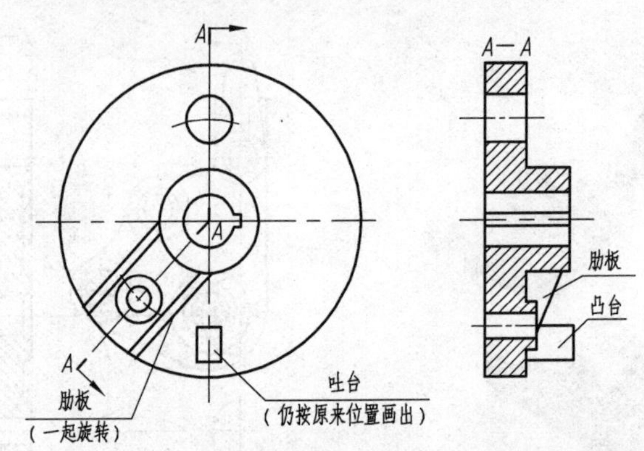

图 6-38 剖切平面后面的结构仍按原来位置投影

③ 如果剖切后产生不完整要素，应将此部分按不剖绘制，如图 6-39 中所示的壁板。

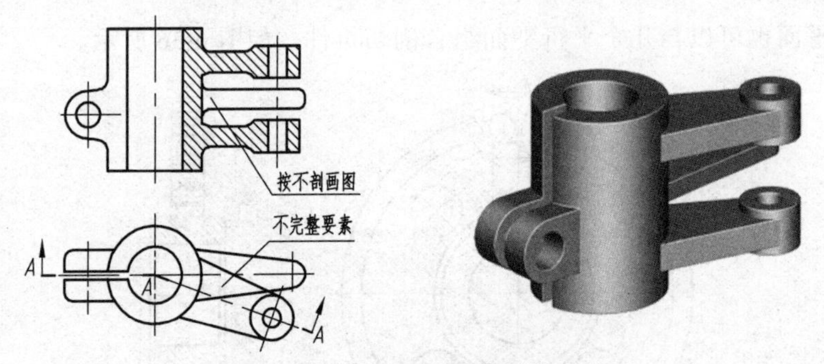

图 6-39 剖切后不完整要素画法

例 6-2 如图 6-40 所示为四通管机件。当采用视图表达机件时，其内部孔的结构都是细虚线来表示，内部结构复杂，视图中会出现许多细虚线，使图形不够清晰，既不便于绘图、读图，也不便于进行尺寸标注。试选择合适的剖视图表达方案，把四通管的内、外部结构表达清楚。

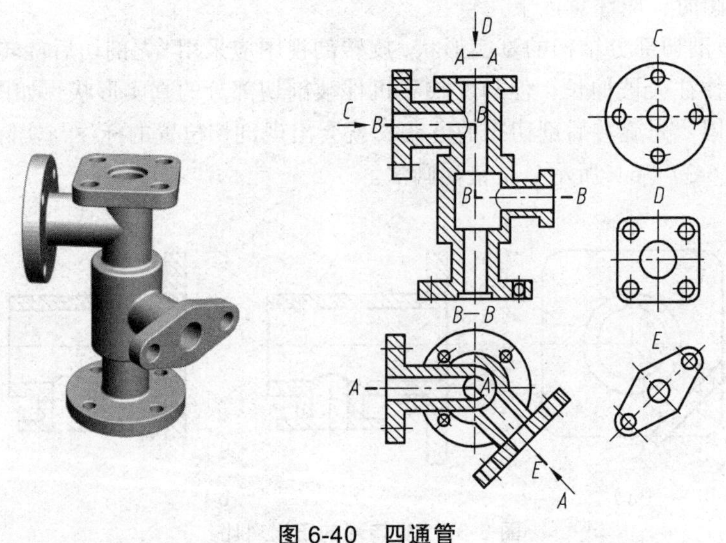

图 6-40 四通管

四通管的视图分析：

① *A-A* 剖视的主视图，采用了相交的两剖切平面的全剖视图，其剖切符号画在 *B-B* 剖视图中，因为按照投影关系进行配置，所以省略了箭头。

② *B-B* 剖视的俯视图，采用平行的两剖切平面的全剖视图，其剖切符号画在 *A-A* 剖视图中，因为按照投影关系进行配置，所以省略了箭头。

③ *C* 向局部视图和 *D* 向局部视图，未按照投影关系配置，表示两图投射方向的箭头都画在 *A-A* 剖视图相应结构附近。

④ *E* 向斜视图，未按照投影关系配置，表示其投射方向的箭头画在 *B-B* 剖视图的相应结构附近。

四通管的结构分析：

① 主视图表达了四通管的内部连通情况。

② 俯视图主要表达了上、下两水平支管的相对位置，同时还反映出总管道下端法兰的形状。

③ *C* 向局部视图表达了上水平支管左端法兰的形状和四个圆孔的分布情况；*D* 向局部视图表达了总管顶部法兰的形状。

④ *E* 向斜视图表达了下水平支管端部法兰的形状。

6.3　断面图

假想用剖切平面将机件某处断开，仅画出该剖切面与机件接触部分的图形，称为断面图，简称断面。如图 6-41 所示。

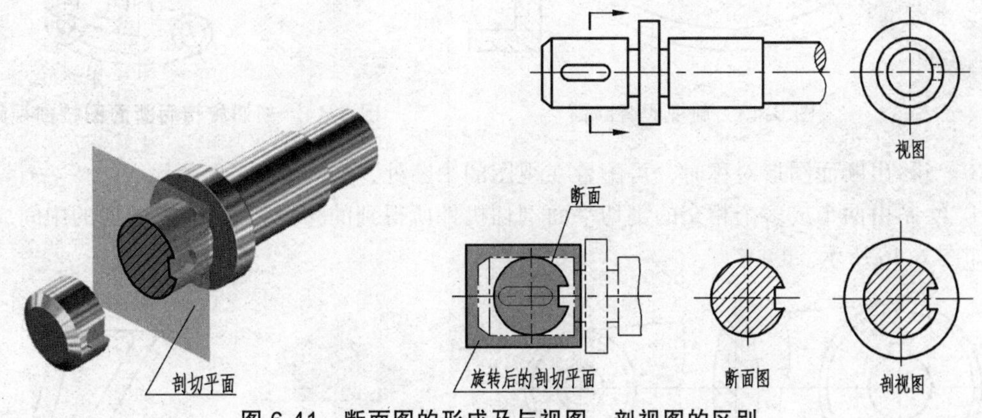

图 6-41　断面图的形成及与视图、剖视图的区别

注意区分断面图与剖视图的区别，断面图只画出机件被切处的截断面的形状。剖视图除了画出机件截断面形状之外，还应画出截断面后的可见部分的投影，如图 6-41 所示。

断面图按照位置可以分为移出断面图和重合断面图两种。

1. 移出断面图

移出断面图是画在视图外的断面图，其轮廓线用粗实线绘制，如图 6-42 所示。移出断面图用粗短画线表示剖切位置，箭头表示投射方向，大写拉丁字母表示断面图名称，断面图的剖面线与表示同一机件的剖视图上的剖面线方向，间隔相一致。

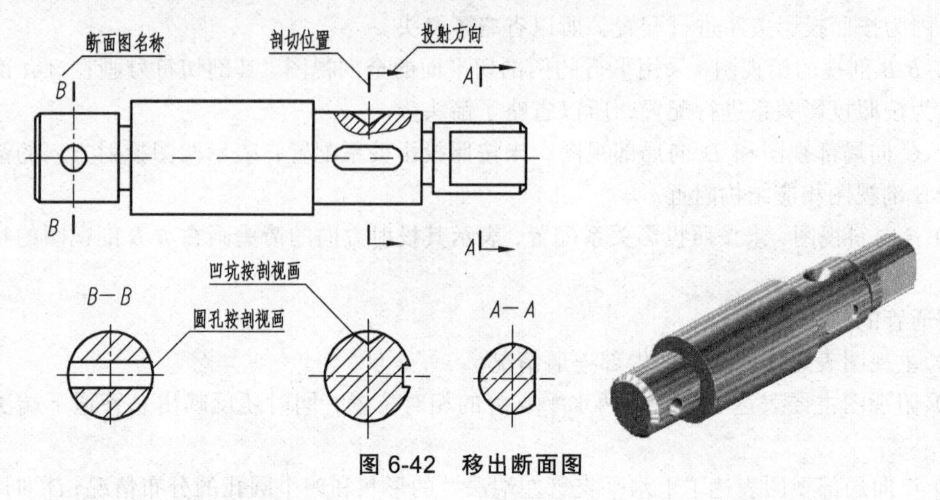

图 6-42 移出断面图

（1）画移出断面图的注意事项

① 当剖切平面通过回转面形成的孔、凹坑的轴线时，该结构应按剖视图绘制，如图 6-42 所示。

② 当剖切平面通过非圆孔，会导致出现完全分离的两个图形时，这些结构应按剖视绘制，如图 6-43 和图 6-44 所示。

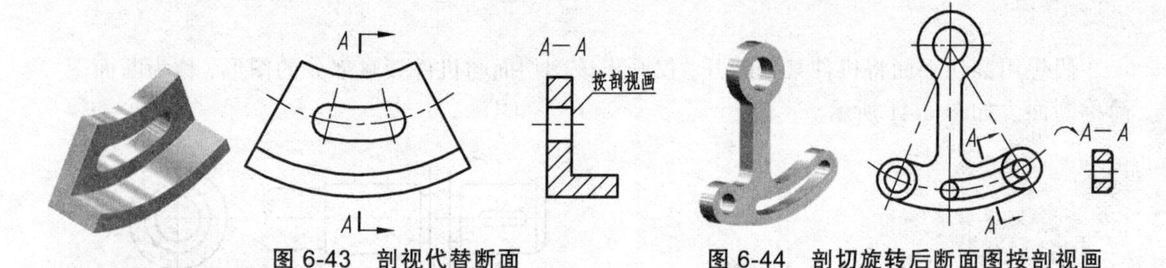

图 6-43 剖视代替断面　　图 6-44 剖切旋转后断面图按剖视画

③ 当移出断面图形对称时，可配置在视图的中断处，如图 6-45 所示。

④ 绘制由两个或多个相交的剖切平面剖切机件所得到的移出断面图时，图形的中间应断开，如图 6-46 所示。

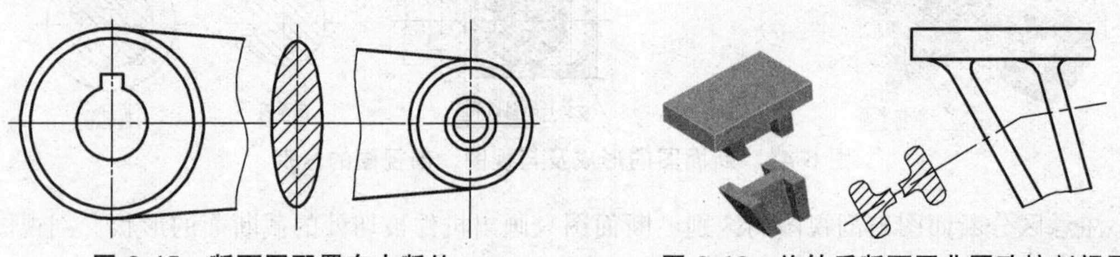

图 6-45 断面图配置在中断处　　图 6-46 旋转后断面图非圆孔按剖视画

⑤ 必要时，移出断面图可配置在其他适当的位置，在不致引起误解时，允许将图形旋转配置，此时应在断面图的上方标注出旋转符号，如图 6-47 所示。逐次剖切的多个断面图的配置如图 6-48 所示。

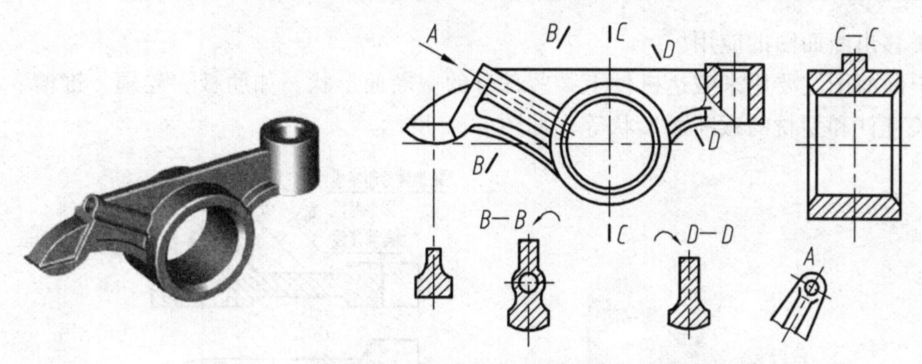

图 6-47　可配置在其他位置和旋转的移出断面图

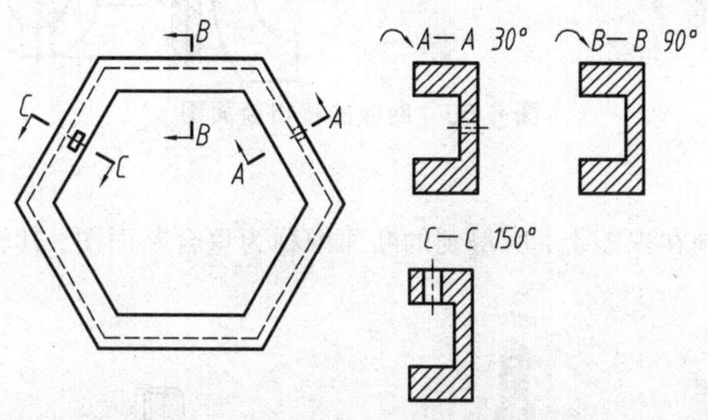

图 6-48　逐次剖切的多个断面图的配置

（2）移出断面图的配置与标注

① 标剖切符号表示剖切位置，箭头表示投影方向，并注字母，在断面图上方应用同样的字母标出相应的名称“×—×”，如图 6-42 中 *A-A* 的移出断面图。

② 配置在剖切平面迹线延长线上的对称移出断面和配置在视图中断处的移出断面，都不必标注，如图 6-42 中的锥形凹坑。

③ 配置在剖切符号延长线上的不对称移出断面，可省略字母，如图 6-49 所示。

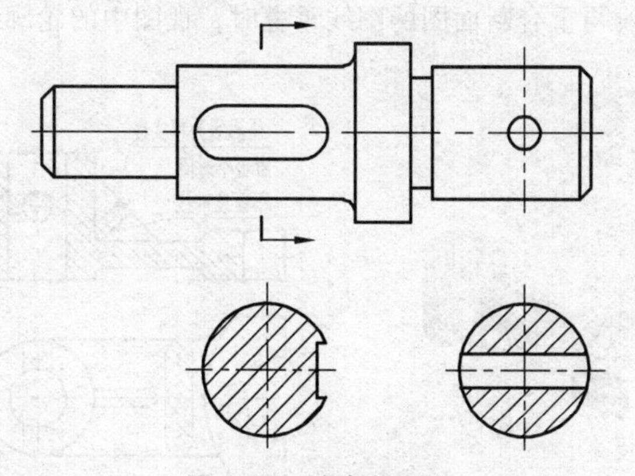

图 6-49　移出断面图

④ 不配置在剖切符号延长线上的对称移出断面，以及按投影关系配置的不对称移出断面，可省略箭头，如图 6-42 所示 *B—B* 的移出断面图。

（3）移出断面图的应用

移出断面图主要用来表达机件上某些部分的截断面形状，如肋板、轮辐、键槽、小孔及各种细长杆件和型材的截断面形状等，如图 6-50 所示。

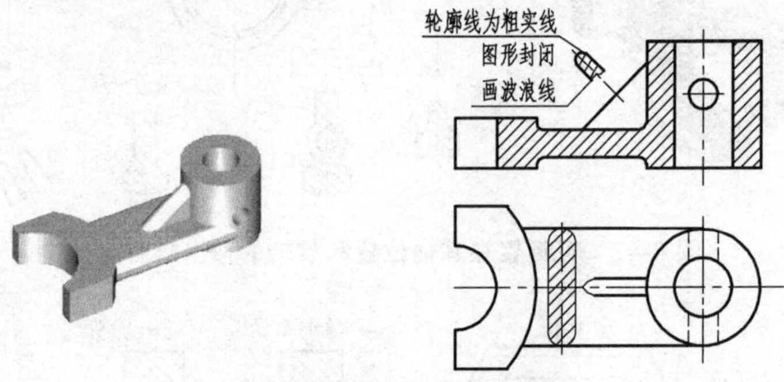

图 6-50　肋板的移出断面图

2. 重合断面图

剖切后将断面图画在视图上，所得到的断面图称为重合断面图，其轮廓线用细实线绘制，如图 6-51 所示。

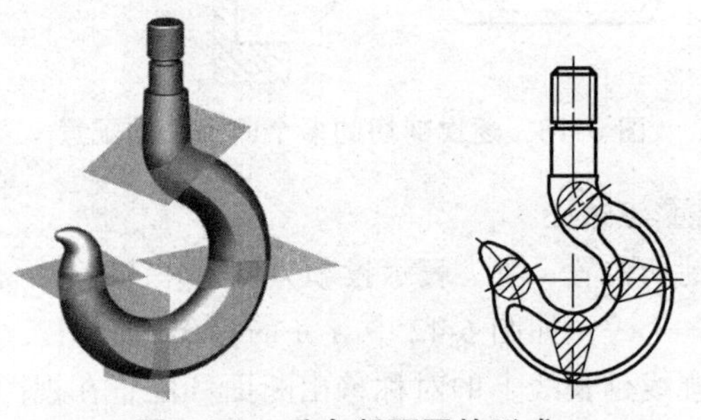

图 6-51　重合断面图的形成

重合断面图和移出断面图的基本画法相同，其区别仅是在图中的位置不同和采用的线型不同。当视图中的轮廓线与重合断面图的图线重叠时，视图中的轮廓线仍连续画出，不可间断，如图 6-52 所示。

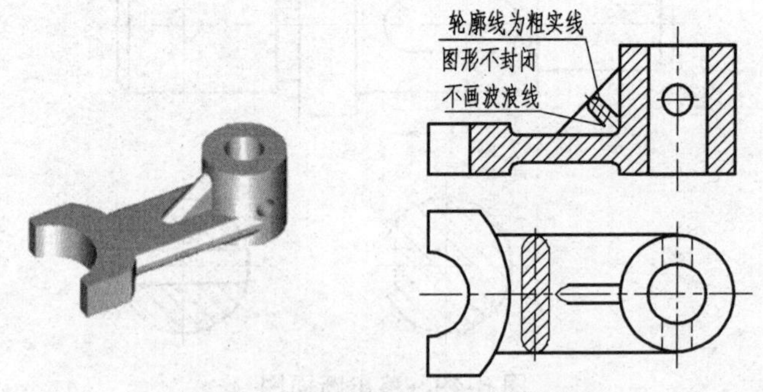

图 6-52　对称机件的重合断面图

重合断面图可省略标注。配置在剖切符号上的不对称重合断面，可省略标注，如图 6-53 所示。

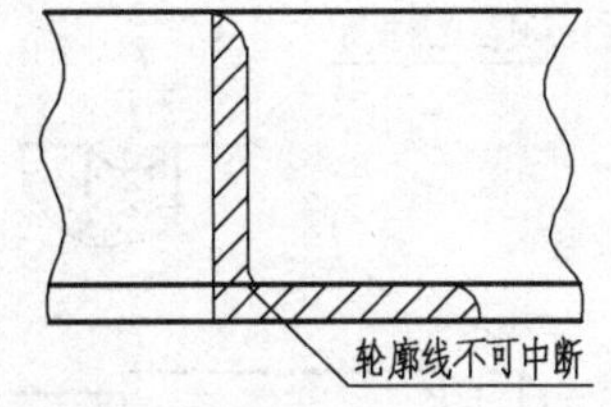

图 6-53　不对称机件重合断面图

例 6-3　如图 6-54（a）所示的传动轴，根据所学知识确定其表达方案。

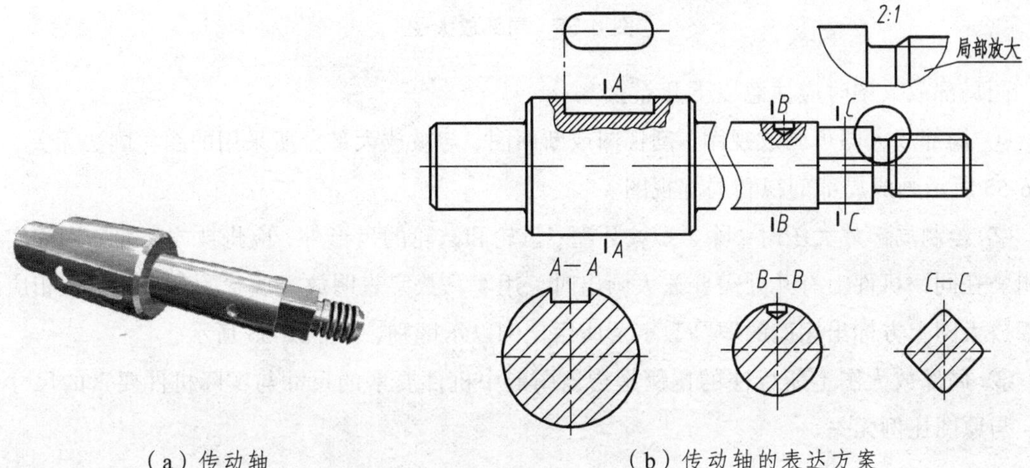

（a）传动轴　　　（b）传动轴的表达方案

图 6-54　传动轴及其零件图表达方案

传动轴的表达方案分析：如图 6-54（b）所示。

局部视图：表达主视图上方键槽形状。

两处局部剖视：主视图上键槽的内部结构及小回转孔的内部结构。

局部放大图：表达清楚螺纹退刀槽的细部结构。

轴的总长采用了断开缩短画法。

三个移出断面图：表达键槽的宽度和深度，还有小孔的结构以及平面结构。

简化画法：主视图上轴的平面画法。

6.4　规定画法和简化画法

6.4.1　局部放大图

将机件的部分结构用大于原图形的比例画出的图形，称为局部放大图。局部放大图常用于表达机件上在视图中表达不清楚或不便于标注尺寸和技术要求的细小结构，如图 6-55 所示。

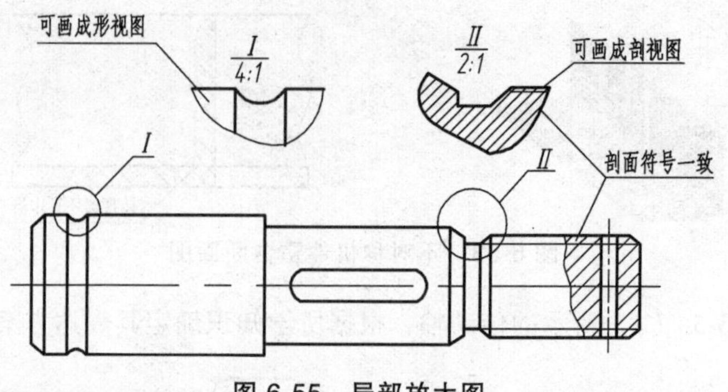

图 6-55　局部放大图

画局部放大图时应注意以下几点：

① 局部放大图可画成视图、剖视图或断面图，与被放大部分所采用的图样画法无关，如图 6-55 所示画成局部剖视和局部视图。

② 绘制局部放大图时，除了螺纹牙型、齿轮和链轮的齿形外，应将被放大部分用细实线圈出。在同一机件上有几处需要放大画出时，用罗马数字表明放大位置的顺序，并在相应的局部放大图上方标出相应的罗马数字及所用比例以示区别，如图 6-55 所示。

③ 局部放大图上所标注的比例是指该图形中机件要素的尺寸与实际机件要素的尺寸之比，与原图比例无关。

6.4.2　肋板、轮辐、薄壁及相同结构的规定画法

为了提高绘图的效率，对机件的某些结构，国家标准规定了一些简化画法，下面介绍一些常用的规定画法。

1. 对于机件的肋、轮辐及薄壁等，如按纵向剖切，这些结构都不画剖面符号，而用粗实线画出其整个轮廓线将它与其邻接部分分开，如图 6-56 和图 6-57 所示。

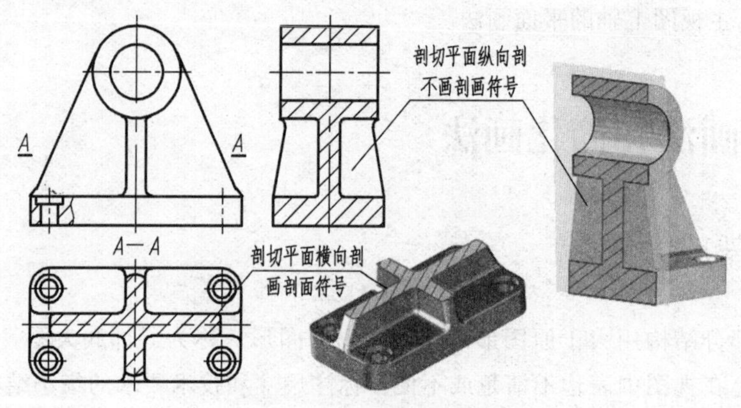

图 6-56　肋板剖切后的规定画法

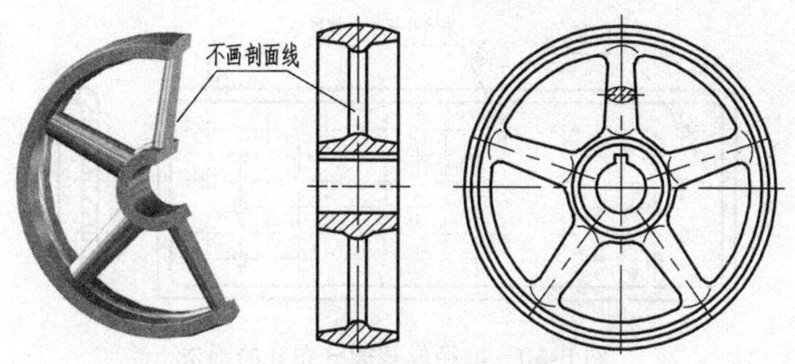

图 6-57　轮辐的剖切规定画法

2. 当回转体上有均匀分布的的肋、轮辐和孔等结构不处在剖切面上时，应将这些结构旋转到剖切平面上来表达（先旋转后剖切），如图 6-58 所示。

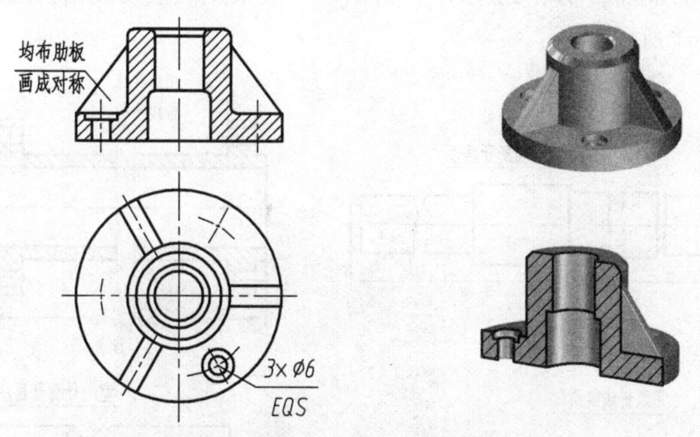

图 6-58　回转体机件上均布结构的规定画法

3. 相同结构的规定画法

（1）当机件具有若干相同结构（齿、槽）并按一定规律分布时，只需要画出几个完整的结构，其余用细实线连接，但必须在图中注明结构的总数，如图 6-59 所示 。

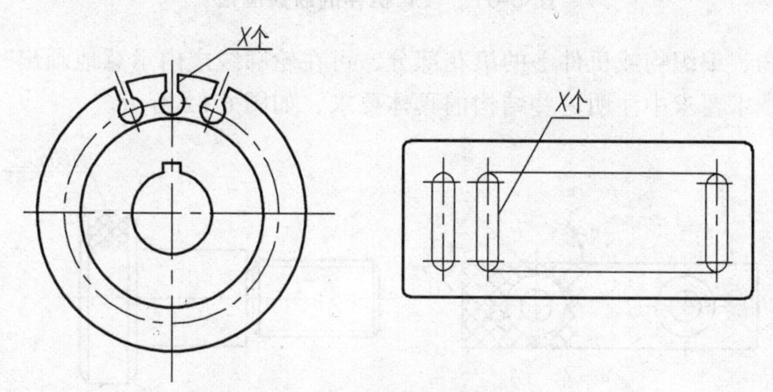

图 6-59　相同结构的规定画法

（2）若干直径相同且按规律分布的孔（圆孔、螺纹孔、沉孔等）、管道等，可以仅画出一个或几个，其余只需表明其中心位置，但在零件图中应注明总数，如图 6-60 所示。

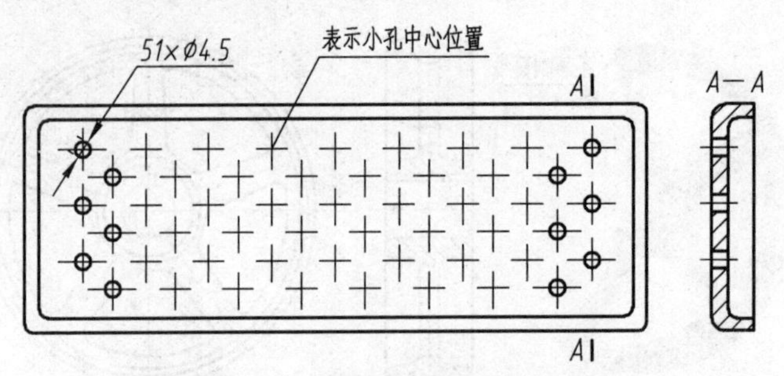

图 6-60　等径成规律分布孔的画法

4. 其他规定画法

（1）较长的机件（轴、型材、连杆等）沿其长度方向的形状一致或按照一定规律变化时，可断开后缩短绘制，如图 6-61（a）所示，折断线一般采用波浪线或双折线。断裂画法尺寸标注实长，如图 6-61 所示。

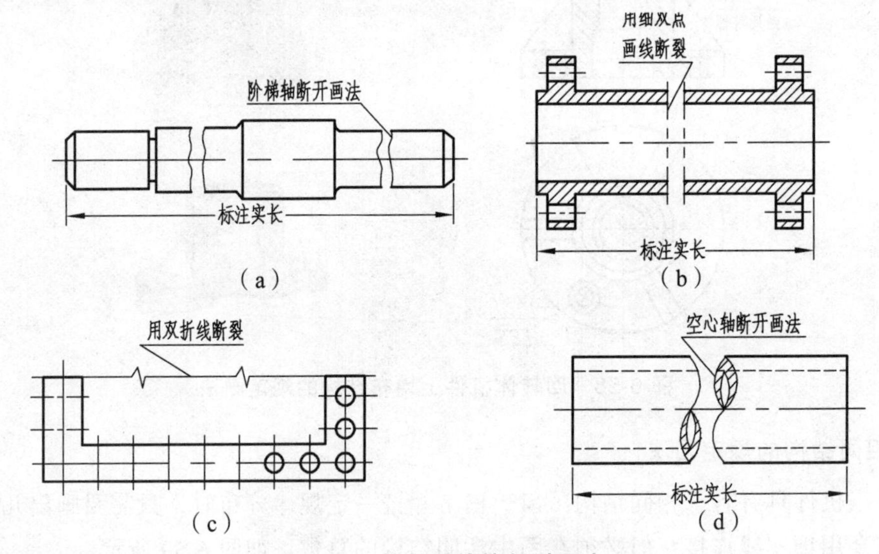

图 6-61　较长机件的断裂画法

（2）网状物、编织物或机件上的滚花部分，可在轮廓线之内示意地画出一部分粗实线，并加旁注或在技术要求中注明这些结构的具体要求，如图 6-62 所示。

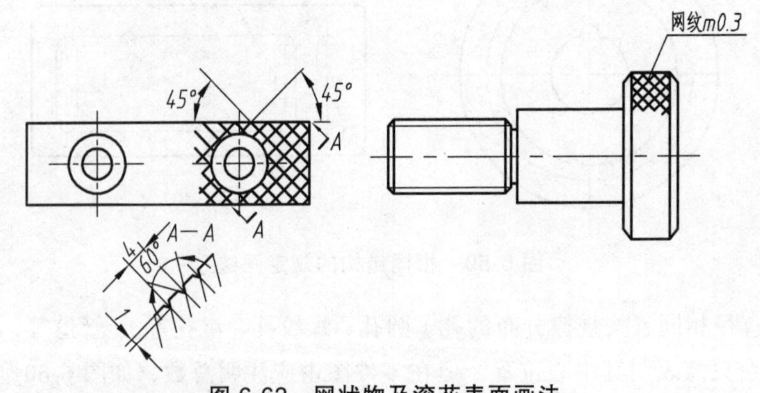

图 6-62　网状物及滚花表面画法

6.4.3　简化画法

1. 机件上较小的结构及斜度等，如在一个图形中已表示清楚，则其他视图中该部分的投影应当简化或省略，如图 6-63（a）所示。此外当图形不能充分表达平面时，可用平面符号（相交两细实线）表示，如图 6-63（b）所示。

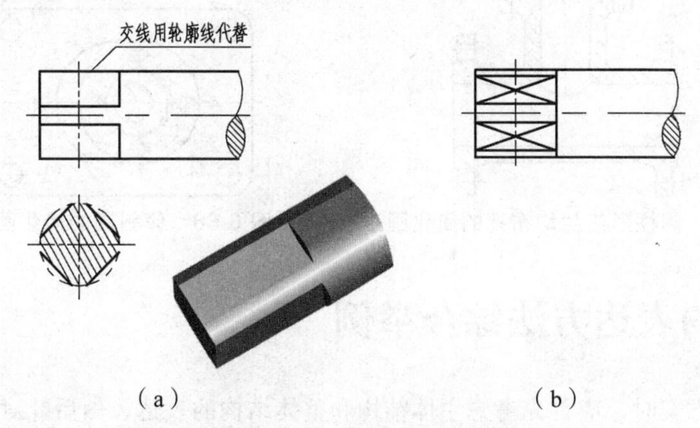

图 6-63　机件上较小结构及平面的表示方法

2. 圆柱、圆锥面上因钻小孔、铣键槽等出现的交线可简化画出，但必须有一个视图已清楚地表达了孔、槽的形状，如图 6-64 所示。

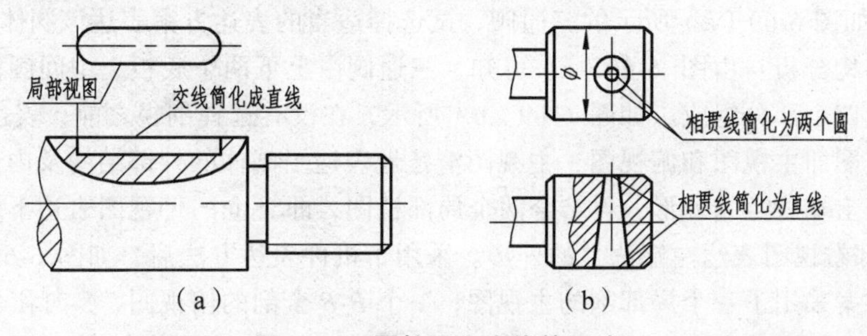

图 6-64　圆柱面上交线的画法

3. 小斜度机件主视图按小端画出，如图 6-65 所示。在不引起误解时，零件图中的小圆角、锐边的小圆角或 45°小倒角允许省略不画，但必须标注尺寸或在技术要求中加以说明，如图 6-66 所示。

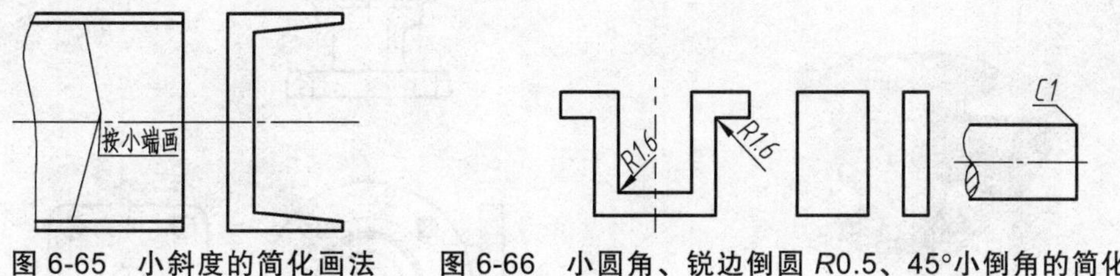

图 6-65　小斜度的简化画法　　图 6-66　小圆角、锐边倒圆 $R0.5$、45°小倒角的简化画法

4. 其他简化画法

（1）圆柱形法兰和类似零件上均匀分布的孔，可按图 6-67 所示的方法表示（由机件外向该法兰端面投射）。

（2）与投影面倾斜角度等于或小于30°的圆或圆弧，其投影可用圆或圆弧代替，如图6-68所示。

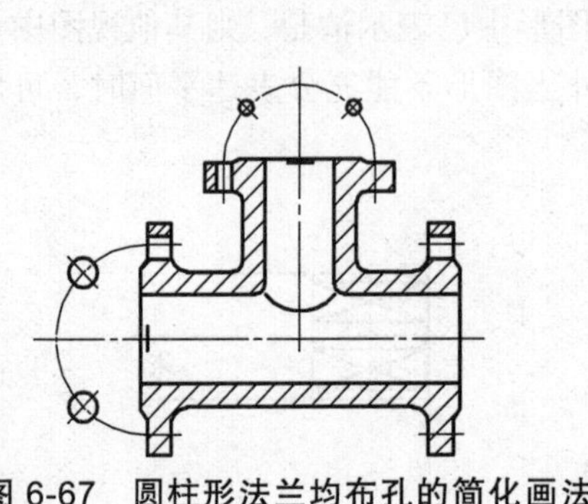

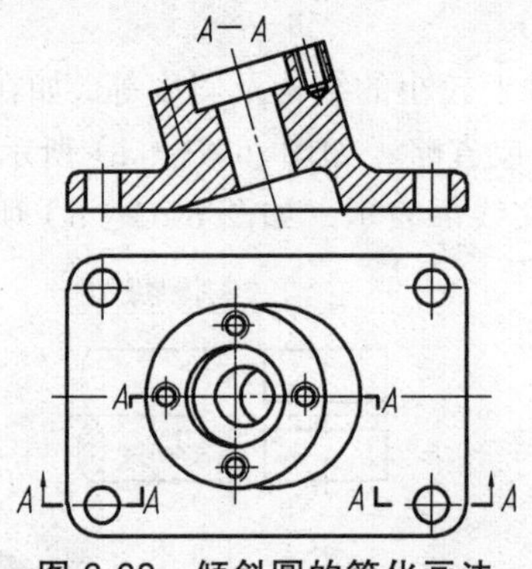

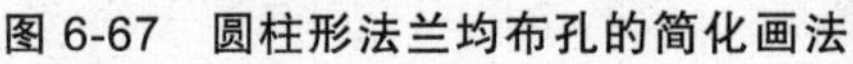

图6-67　圆柱形法兰均布孔的简化画法　　图6-68　倾斜圆的简化画法

6.5　机件的表达方法综合举例

在选择表达方案时，应首先考虑主体结构和整体结构的表达，然后针对次要结构及细小部位进行修改和补充，以达到表达完整、清晰的目的。

绘制图样时，确定机件表达方案的原则是：在完整、清晰地表达机件各部分内外结构形状及相对位置的前提下，力求看图方便，绘图简单，视图数量最少。

例6-4　如图6-69（a）所示的三通阀，试选择适当的表达方案表达该阀体。

三通阀结构分析：由图6-69（a）可知，三通阀由上下两个底板、中间圆筒及侧面带腰形法兰的圆筒四个部分组成。如图6-69（b）所示，在没有选择剖视之前，表达方案1采用了两个基本视图即主视图和俯视图，主视图清楚地表达了阀体的外部结构及内部联通情况，俯视图表达了上端法兰的外形，再结合两个局部视图，即*A*向的仰视图表达下端法兰的外形和*B*向的局部右视图表达左端法兰的外形。采用了机件表达方法后，如图6-69（c）所示，阀体的表达方案采用了一个局部剖的主视图，一个*B-B*全剖的俯视图，*C*向和*D*向的局部视图。表达方案3和表达方案4请读者自行分析，并试比较这四种表达方案的优劣。

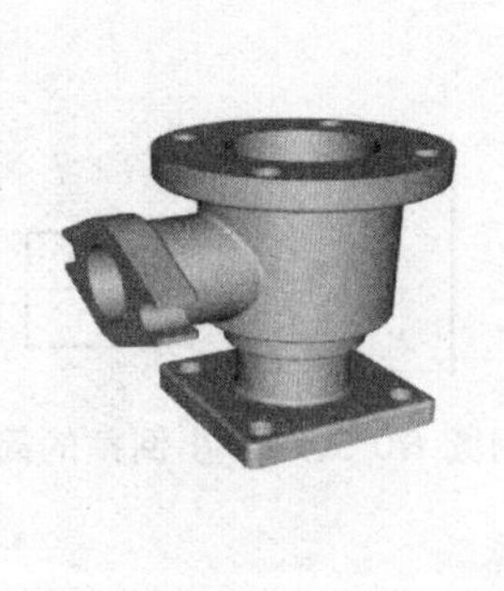

（a）三通阀

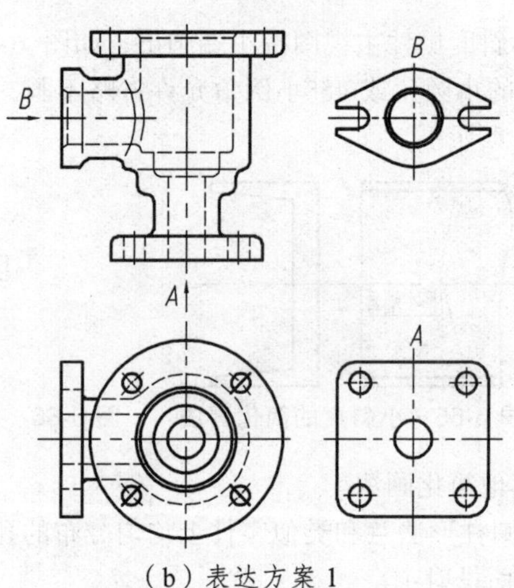

（b）表达方案1

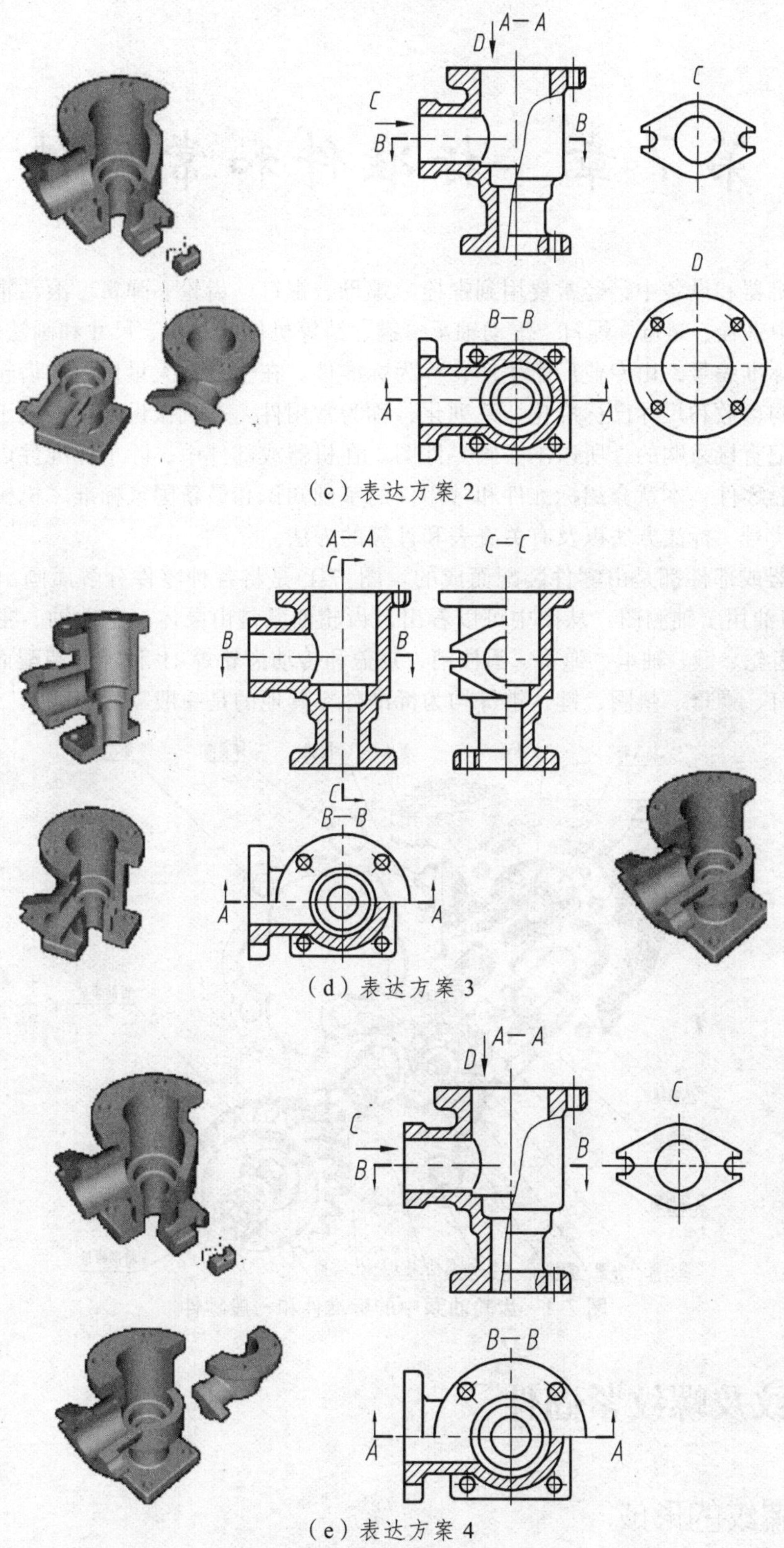

（c）表达方案2

（d）表达方案3

（e）表达方案4

图6-69　三通阀表达方案

第 7 章　标准件和常用件

在各种机器和设备中，经常要用到螺栓、螺母、螺钉、齿轮、弹簧、滚动轴承、键、销等机件，其中螺栓、螺母、螺钉、滚动轴承、键、销等机件的结构、尺寸和画法均已标准化，并有相应的标准编号，由专业厂家生产，称为标准件。在生产中大量使用的齿轮、弹簧等零件的部分结构参数和尺寸已标准化、系列化，称为常用件。在机械设计中，由于标准件一般都是根据标记直接采购的，所以不必画零件图。在机器或部件中，除了标准件以外的其他零件，称为一般零件。本章介绍标准件和常用件的基础知识和最新国家标准《机械制图》中的规定画法、代号、标注方法以及有关查表和计算的方法。

任何机器或部件都是由零件装配而成的。图 7-1 是将各种零件分解而画出的齿轮油泵（在机器中输油用）轴测图。从图中可以看出，齿轮油泵是由泵体、主动轴、主动齿轮、从动轴、从动齿轮、键、轴承、弹簧、圆柱销、泵盖和传动齿轮等 19 种零件装配而成的，其中的螺栓、螺钉、螺母、垫圈、键、销等均为标准件，其他的是一般零件。

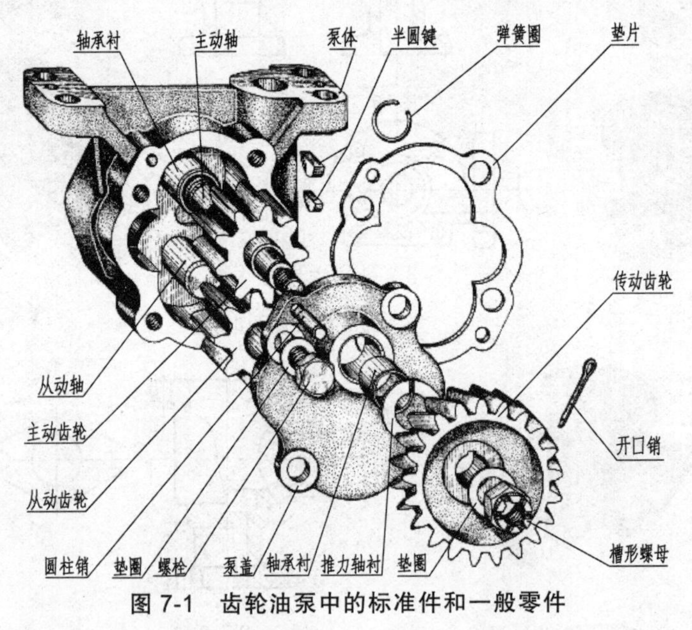

图 7-1　齿轮油泵中的标准件和一般零件

7.1　螺纹及螺纹紧固件

7.1.1　螺纹的形成

在圆柱表面上沿着螺旋线所形成的、具有规定牙型的连续凸起和沟槽称为螺纹，如图 7-2

所示。凸起是指螺纹两侧面间的实体部分，又称牙。

螺纹是零件上最常见的结构。在圆柱外表面上形成的螺纹叫做外螺纹；在圆柱内表面上形成的螺纹叫做内螺纹。

在实际生产中螺纹通常是在车床上加工的。工件等速旋转，同时车刀沿轴向等速移动，即可加工出螺纹，如图 7-3 所示。

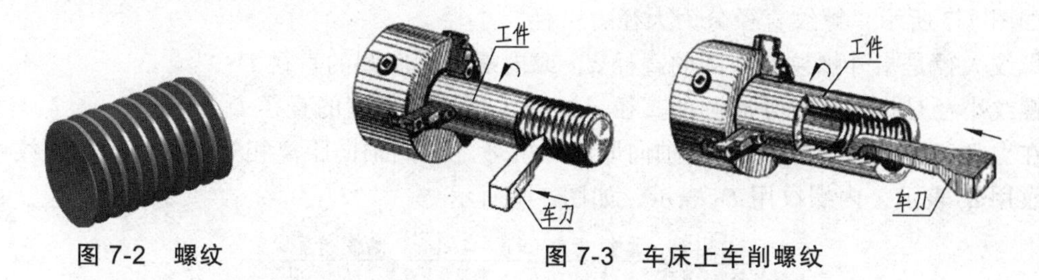

图 7-2　螺纹　　　　图 7-3　车床上车削螺纹

用板牙或丝锥加工直径较小的螺纹，俗称套扣或攻丝，如图 7-4 所示。

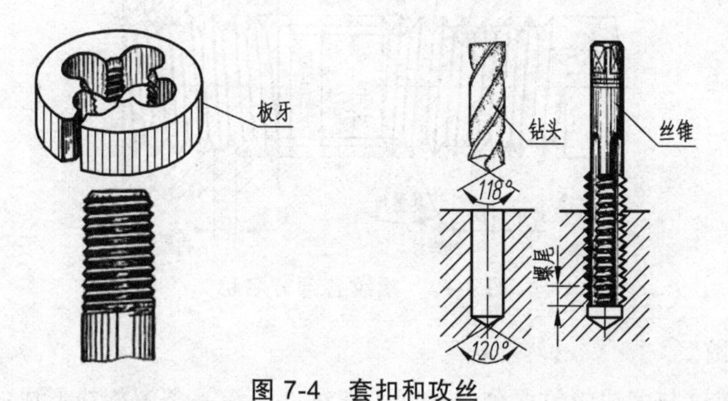

图 7-4　套扣和攻丝

7.1.2　螺纹各部分名称及要素

1. 螺纹牙型

牙型是指在通过螺纹轴线的断面上螺纹的轮廓形状，其凸起部分称为螺纹的牙，凸起的顶端称为螺纹的牙顶，沟槽的底部称为螺纹的牙底。常见的螺纹牙型有：三角形、梯形、矩形、锯齿形和方形等，不同牙型的螺纹有不同的用途。如三角形螺纹用于连接，梯形、方形螺纹用于传动等。在螺纹牙型上，相邻两牙侧面间的夹角，称为牙型角，如图 7-5 所示。三角形螺纹牙型角（60°、55°）如图 7-6 所示。

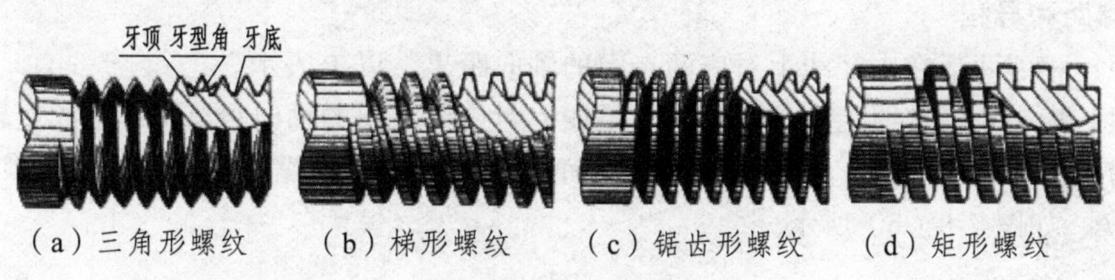

（a）三角形螺纹　（b）梯形螺纹　（c）锯齿形螺纹　（d）矩形螺纹

图 7-5　螺纹的牙型

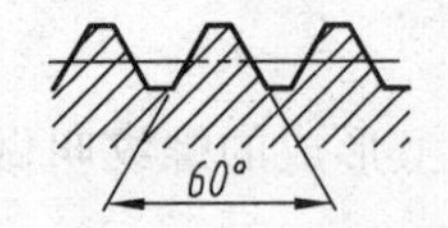

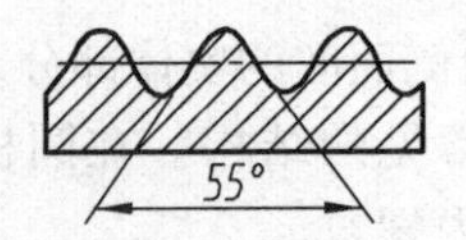

图 7-6　牙型角

2. 螺纹直径

如图 7-7 所示，螺纹直径分为大径、中径、小径。

螺纹大径是指外螺纹牙顶圆的直径 d，或内螺纹牙底圆的直径 D；

螺纹小径是指外螺纹牙底圆的直径 d_1，或内螺纹牙顶圆的直径 D_1；

在大径和小径之间，螺纹牙的轴向厚度与两牙之间的轴向距离相等处的直径为螺纹中径，外螺纹用 d_2 表示，内螺纹用 D_2 表示，如图 7-7 所示。

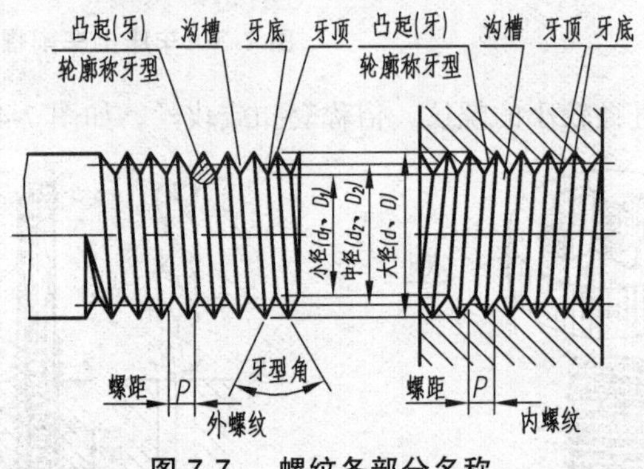

图 7-7　螺纹各部分名称

3. 螺纹的线数

螺纹有单线螺纹与多线螺纹之分。在同一螺纹件上沿一条螺旋线形成的螺纹称为单线螺纹，如图 7-8（a）所示；沿两条或两条以上螺旋线形成的螺纹称为多线螺纹，如图 7-8（b）所示，螺纹线数用 n 来表示。

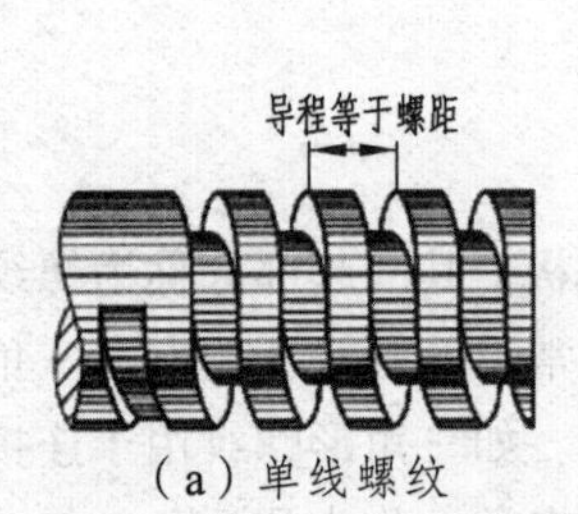

（a）单线螺纹

导程 (Pn)
螺距(P)

（b）双线螺纹

图 7-8　螺纹的线数、导程和螺距

4. 螺距和导程

螺距：相邻两牙在中径线上对应两点间的轴向距离，以 P 表示。

导程：指一条螺旋线上相邻两牙在中径线上对应两点间的轴向距离，即螺纹旋转一周轴向移动的距离，以 P_h 表示。对于单线螺纹螺距等于导程；多线螺纹导程等于线数乘以螺距，即 $P_h = nP$，如图 7-8（b）所示。

5. 旋　向

螺纹有左旋和右旋之分，将螺纹轴线竖直放置，螺纹左高、右低则为左旋，螺纹右高、左低则为右旋。右旋螺纹顺时针旋转时旋合，逆时针旋转时退出，左旋螺纹反之。常用的是右旋螺纹。以左手、右手法则判断左旋、右旋螺纹的方法，如图 7-9 所示。

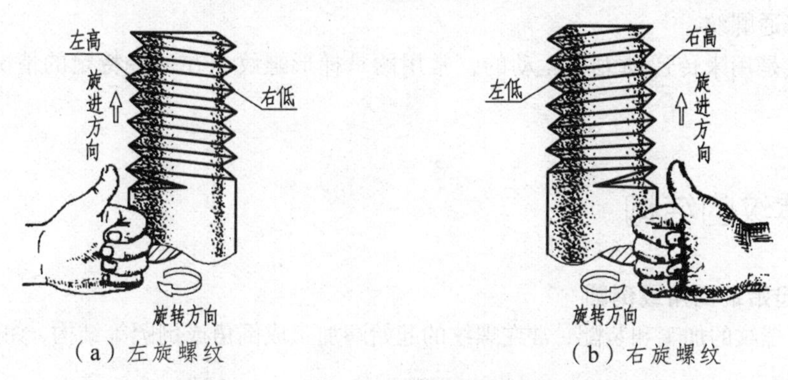

（a）左旋螺纹　　（b）右旋螺纹

图 7-9　左手、右手法则判断螺纹旋向

内外螺纹通常是配合使用的，只有上述五个结构要素完全相同的内、外螺纹才能旋合在一起。

在螺纹的诸要素中，螺纹牙型、大径和螺距是决定螺纹的最基本要素，称为螺纹三要素。凡这三个要素都符合国家标准的称为标准螺纹。螺纹牙型符合标准，而大径、螺距不符合标准的称为特殊螺纹。若螺纹牙型不符合标准，称为非标准螺纹。

7.1.3　螺纹分类

按螺纹的用途可把螺纹分为两大类：连接螺纹和传动螺纹，如表 7-1 所示。

表 7-1　螺纹类型及用途

螺纹种类			外形及牙型	用　途
连接螺纹	普通螺纹	细牙普通螺纹	30°	细牙普通螺纹一般用于薄壁零件或细小的精密零件连接上
		粗牙普通螺纹		粗牙普通螺纹一般用于机件的连接
	管螺纹	非螺纹密封的管螺纹	55°	用于管接头、旋塞、阀门及其附件
		用螺纹密封的管螺纹		用于管子、管接头、旋塞、阀门及其他螺纹连接的附件
传动螺纹	梯形螺纹		30°	用于必须承受两个方向轴向力的地方，如车床的丝杠

常见的连接螺纹有普通螺纹和管螺纹两种。其中普通螺纹又分为粗牙普通螺纹和细牙普通螺纹；管螺纹分为非螺纹密封的管螺纹和螺纹密封的管螺纹等。

连接螺纹的共同特点是牙型都是三角形，其中普通螺纹的牙型角为 60°，管螺纹的牙型角为 55°。同一种大径的普通螺纹一般有几种螺距，螺距最大的一种称为粗牙普通螺纹，其余称为细牙普通螺纹。

传动螺纹是用来传递动力和运动的，常用的是梯形螺纹，在一些特定的情况下也用锯齿形螺纹。

7.1.4 螺纹的结构

1. 螺纹起始端倒角或倒圆

为了便于螺纹的加工和装配，常在螺纹的起始端加工成倒角或倒圆等结构，如图 7-10 所示。

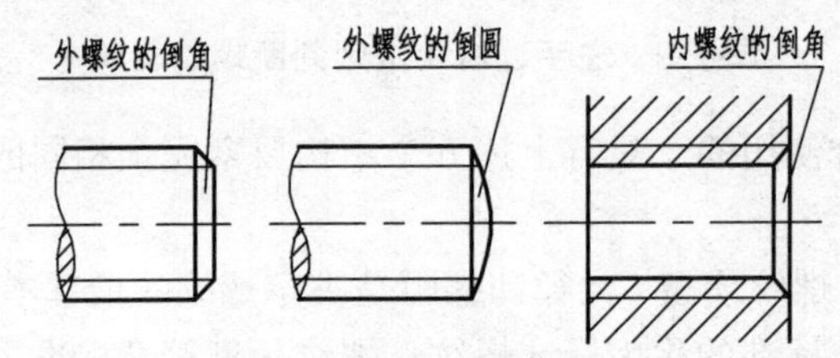

图 7-10 倒角或倒圆加工

2. 螺纹的螺尾和退刀槽

车削螺纹，加工到螺纹末端时刀具要逐渐退出切削，由此造成螺纹末尾部分的牙型不完整，这一段不完整的牙型部分称为螺尾，如图 7-11 所示。

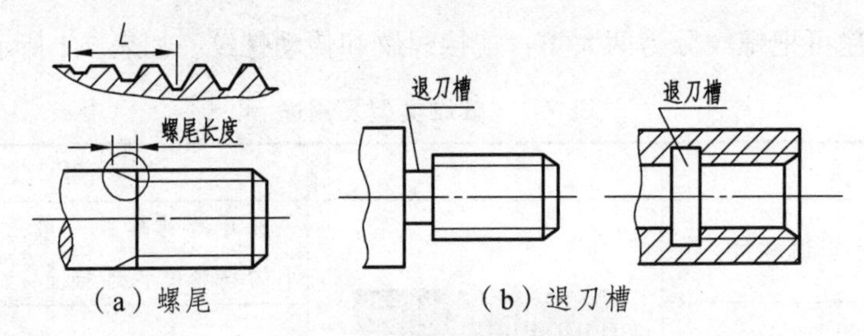

（a）螺尾　　（b）退刀槽

图 7-11 螺尾和退刀槽

在允许的情况下，为了避免产生螺尾，可以预先在螺纹末尾处加工出退刀槽，然后再车削螺纹，如图 7-11 所示。

7.1.5 螺纹的规定画法

为了简化作图，国家标准 GB/T 4459.1-1995 规定了螺纹及螺纹紧固件在图样中的表示方法。

1. 外螺纹的画法

在平行于螺纹轴线的视图上，螺纹大径（牙顶）画粗实线，小径（牙底）画细实线，并画出螺杆的倒角或倒圆部分，小径近似地画成大径的 0.85 倍，螺纹终止线画粗实线。螺纹收尾线通常不画出，如果要画出螺纹收尾，则画成斜线，其倾斜角度与轴线成 30°；在垂直于螺纹轴线的投影面的视图中，螺纹大径用粗实线表示，螺纹小径（牙底圆）的细实线只画约 3/4 圈表示，此时轴与孔上的倒角投影省略不画出。外螺纹在剖切和不剖切时的画法如图 7-12 所示。

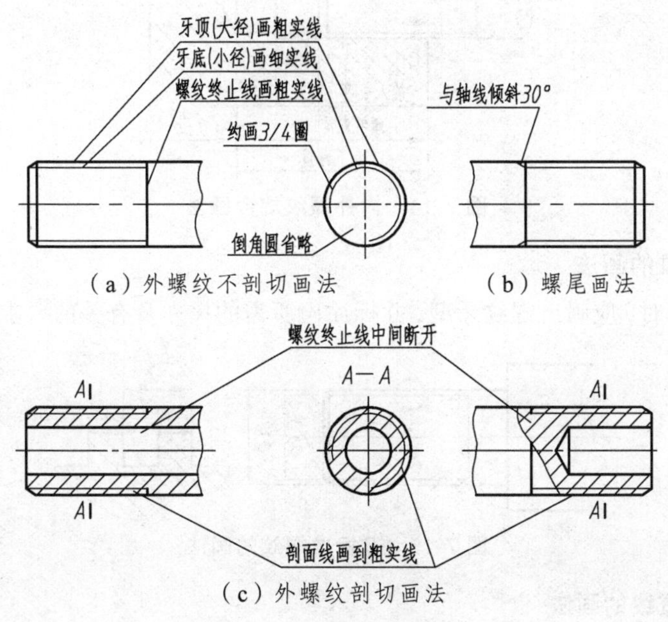

（a）外螺纹不剖切画法　（b）螺尾画法

（c）外螺纹剖切画法

图 7-12　外螺纹的画法

2. 内螺纹的画法

在平行于轴线的视图上，一般画成全剖视图，螺纹小径画粗实线，且不画入倒角区，大径画细实线，小径画成大径的 0.85 倍，剖面线画到粗实线处。绘制不通孔时画终止线（粗实线）和钻孔深度线，一般不通的钻孔深度比螺纹长度要长约 0.5*D*，锥角 120°一般不需要标注；在投影为圆的视图上，小径画粗实线，大径画细实线 3/4 圈，倒角圆省略不画，如图 7-13 所示。

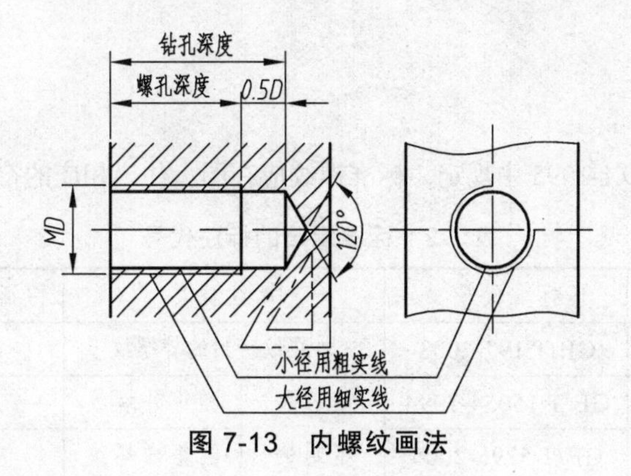

图 7-13　内螺纹画法

3. 内、外螺纹连接的画法

内、外螺纹连接时通常用剖视图表示，其画法规定：其连接旋合部分按外螺纹画，其余部分按各自画法表示。表示大、小径的粗、细实线应分别对齐，如图 7-14 所示。

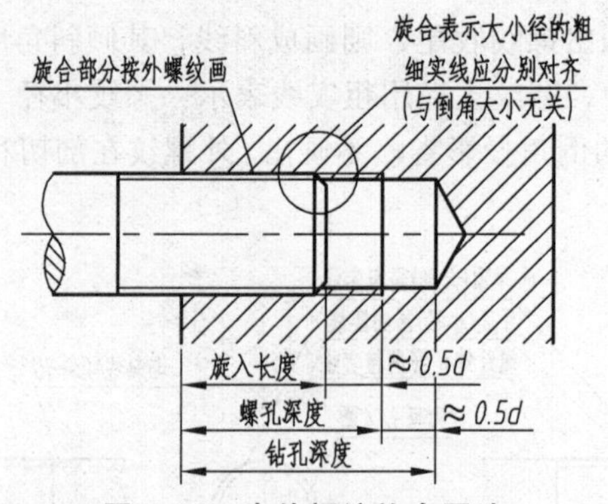

图 7-14 内外螺纹旋合画法

4. 非标准螺纹的画法

画非标准螺纹时，应画出螺纹牙型，并标注出所需的尺寸及有关的要求，如图 7-15 所示。

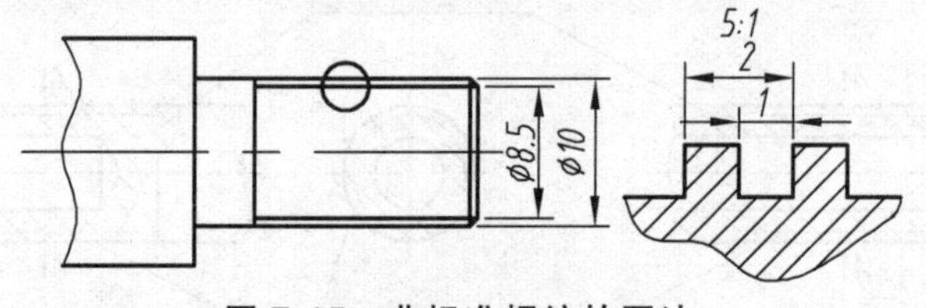

图 7-15 非标准螺纹的画法

5. 螺纹孔相贯线的画法

螺纹孔相交时只画出钻孔的相交线，如图 7-16 所示。

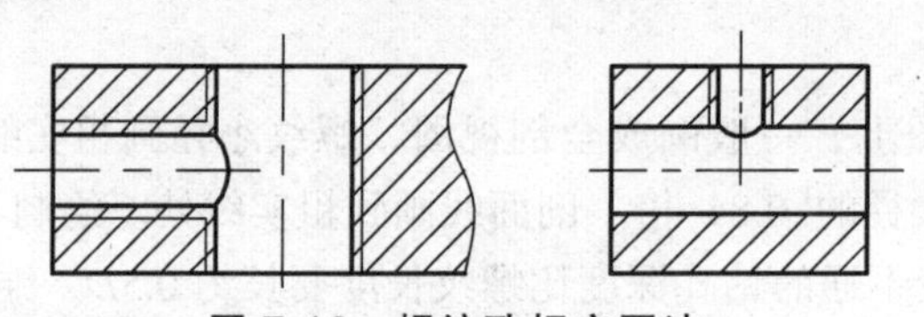

图 7-16 螺纹孔相交画法

7.1.6 螺纹标注

国家标准 GB/T 4459.1-1995 中规定，标准螺纹应在图上注出相应的符号，牙型代号见表 7-2。

表 7-2 标准螺纹的标注代号

螺纹种类	特征代号	标准代号	螺纹种类		特征代号	标准代号
普通螺纹	*M*	GB/T 197-2003	非螺纹密封的管螺纹		*G*	GB/T 7307-2001
小螺纹	*S*	GB/T 15054-1994	用螺纹密封的管螺纹	圆锥外螺纹	*R*	GB/T 7306-2000
梯形螺纹	*Tr*	GB/T 5796-2005		圆锥内螺纹	*Rc*	
锯齿形螺纹	*B*	GB/T 13576-1992		圆柱内螺纹	*Rp*	
米制螺纹	*ZM*	GB/T 1415-1992	自攻螺钉用螺纹		*ST*	GB/T 5280-2002
60°圆锥管螺纹	*NPT*	GB/T 12716-2002	自攻锁紧螺钉用螺纹		*M*	GB/T 6559-1986

1. 螺纹的标注

（1）普通螺纹标注

单线普通螺纹标注完整格式为：

特征代号 螺纹大径 × 螺距 旋向—螺纹公差带代号—旋合长度代号

多线普通螺纹标注完整格式为：

特征代号 螺纹大径 × 导程 （螺距 P） 旋向—螺纹公差带代号—旋合长度代号

① 特征代号：粗牙普通螺纹及细牙普通螺纹均用“*M*”作为特征代号。

② 公称直径：除管螺纹（代号为 *G* 或 *R*）外，其余螺纹公称直径均为螺纹大径。

③ 导程（螺距 *P*）：单线螺纹只标导程即可（螺距与之相同），多线螺纹的导程、螺距均需标出。粗牙螺纹的螺距已完全标准化，查找国标手册即可，在标注时省略标注，见表 7-3。

表 7-3　标准螺纹的标记和标注

螺纹种类		螺纹代号				公差带代号		旋合长度代号	标注示例
		特征代号	公称直径	螺距（导程）	旋向	中径	顶径		
普通螺纹	粗牙普通螺纹	*M*	20	2.5	右	6g	6g	N	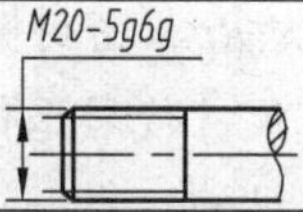 M20-5g6g
	细牙普通螺纹		20	2	左	6H	6H	S	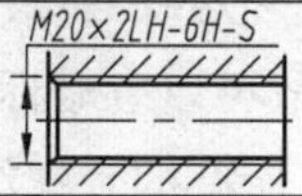 M20×2LH-6H-S
梯形螺纹		*Tr*	30	6	左	7e		L	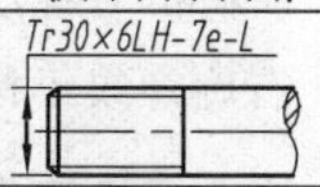 Tr30×6LH-7e-L
			30	6（12）	右	7H		N	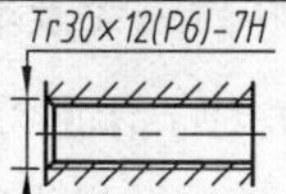 Tr30×12(P6)-7H
非螺纹密封的管螺纹		*G*	3/4	1.814	右	公差等级代号 A			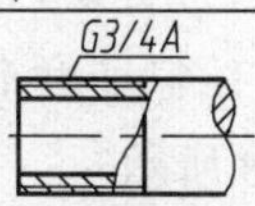 G3/4A
			1/2	2.309	左				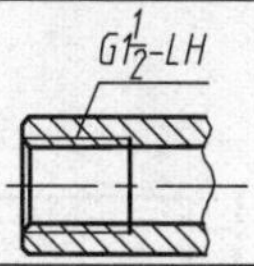 G1$\frac{1}{2}$-LH
用螺纹密封管螺纹	圆锥外螺纹	R_2（R_1）	3/8		右				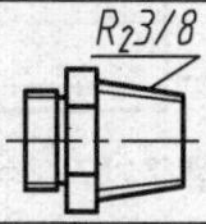 $R_2$3/8
	圆柱内螺纹	*Rp*	1/2	1.814	左				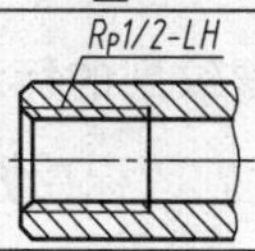 Rp1/2-LH
	圆锥内螺纹	*Rc*	1/2	1.814	右				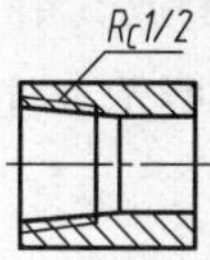 Rc1/2

④ 旋向：当旋向为右旋时，不标注；当旋向为左旋时要标注“*LH*”两个大写字母，表示左旋。

⑤ 螺纹公差带代号：由表示公差等级的数字和表示基本偏差的字母组成，外螺纹用小写字母，内螺纹用大写字母，如 5g、6g、6H 等。

⑥ 旋合长度指螺纹旋入的长度。一般分为短、中、长三种，分别用 *S*、*N*、*L* 表示，中等旋合长度可省略不标。

（2）矩形螺纹及梯形螺纹标注

矩形螺纹应标注：螺纹代号（包括牙型代号 *Tr*、螺纹大径、螺距等）、公差带代号及旋合长度三部分。

（3）管螺纹标注

管螺纹的标注格式为：

[螺纹代号] [尺寸代号] [公差带代号] + [旋向]

① 管螺纹分为密封螺纹及非密封螺纹：非密封性圆柱管螺纹代号为 *G*，密封性圆柱管螺纹代号为 *Rp*；密封性圆锥外管螺纹代号为 *R*，密封性圆锥内管螺纹代号为 *Rc*。

② 尺寸代号是指管件通孔的近似尺寸，以 in（英寸）为单位。

③ 外螺纹有 *A*、*B* 两种公差等级，公差等级代号标注在尺寸代号之后，内螺纹公差只有一种，故可以省略标注。

④ 所有的管螺纹均以引线标注，引线指向管螺纹的大径。

⑤ 右旋螺纹不标注旋向，左旋螺纹标注代号 *LH*。

2. 特殊螺纹及非标准螺纹

（1）对于牙型符合国家标准、直径或螺距不符合标准的特殊螺纹，应在牙型符号前加注“特”字，并标出大径和螺距，如图 7-17 所示。

（2）绘制非标准牙型的螺纹时，应画出螺纹的牙型，并注出所需要的尺寸及有关要求，如图 7-18 所示。

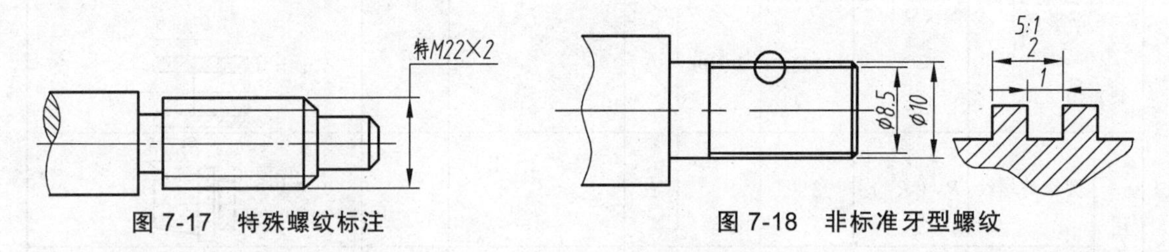

图 7-17 特殊螺纹标注　　　　图 7-18 非标准牙型螺纹

3. 螺纹副的标注方法

螺纹副的标注方法与螺纹标注方法基本相同。对于标准螺纹，其标记应直接标注在大径的尺寸线上或其引出线上；对于管螺纹，其标记应用引出线由配合部分的大径处引出标注，如图 7-19 所示。注意其配合公差的标注方法，使用“/”隔开，分子为内螺纹，分母为外螺纹。

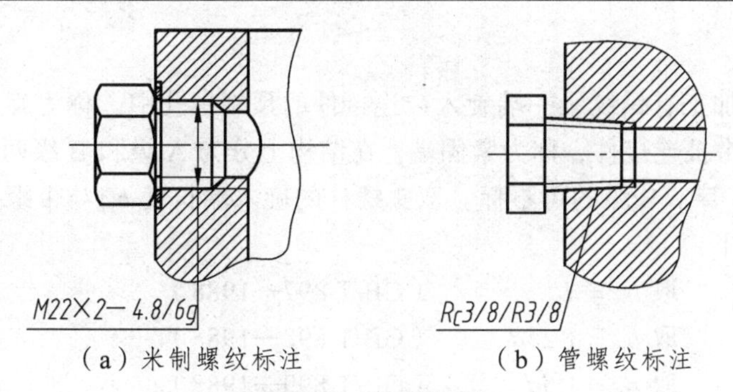

（a）米制螺纹标注　　　（b）管螺纹标注

图 7-19　螺纹标注

7.2　螺纹紧固件及其连接的画法

用螺纹起连接和紧固作用的零件称为螺纹紧固件。常用的螺纹紧固件有螺栓、双头螺柱、螺母、垫圈及螺钉等。它们的结构和尺寸都已标准化，在机械设计中不需要单独绘制它们的图样，可以根据设计的要求从相应的国家标准中查出所需的结构尺寸。

7.2.1　常用螺纹紧固件的种类及标记

图 7-20 所示为常用螺纹紧固件，主要包括有螺栓、双头螺柱、螺母、垫圈及螺钉等。

图 7-20　常用螺纹连接件

1. 螺　栓

螺栓由螺栓头和螺栓杆两部分组成，头部形状以六角形应用最多，常用等级为 A 级和 B 级，同时又有全螺纹和部分螺纹及粗细杆之别。决定螺栓的规格尺寸为螺纹公称直径 d 及螺栓长度 l，选定一种螺栓后，其他尺寸可根据国家标准查得（见附录）。六角螺栓的比例画法见图 7-21。六角头螺栓的规格尺寸见附表 B-1。

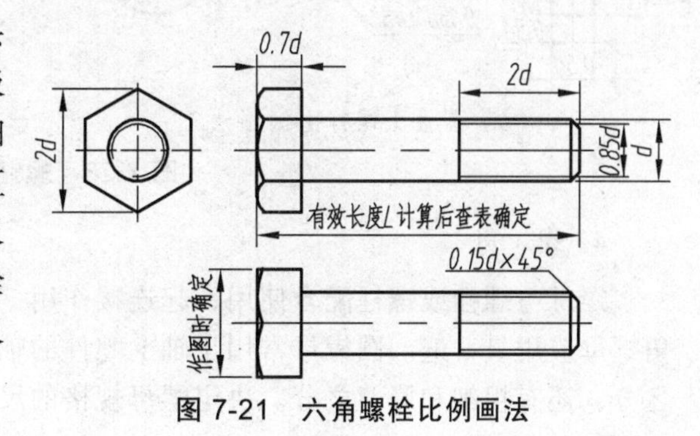

图 7-21　六角螺栓比例画法

2. 双头螺柱

双头螺柱两头加工有螺纹，一端旋入被连接件的预制螺孔中，称为旋入端；另一端与螺母旋合，紧固另一个被连接件，称为紧固端。在结构上分为A级和B级两种。A级的要在规格尺寸前标注“A”字，B级的可不标。双头螺柱的旋入端长度 b_m 与带螺孔的被连接件的材料有关，其取法如下：

青铜、钢	取 $b_m = d$	（GB/T 897—1988）
铸铁	取 $b_m = 1.25d$	（GB/T 898—1988）
铝合金	取 $b_m = 1.5d$	（GB/T 899—1988）
非金属材料	取 $b_m = 2d$	（GB/T 900—1988）

决定双头螺柱规格的尺寸为螺纹直径 d 及紧固端长度 l。选定一种双头螺柱后，其他部分尺寸可根据有关国家标准查得（见附录）。双头螺柱的比例画法见图 7-22。双头螺柱的规格尺寸见附表B-2。

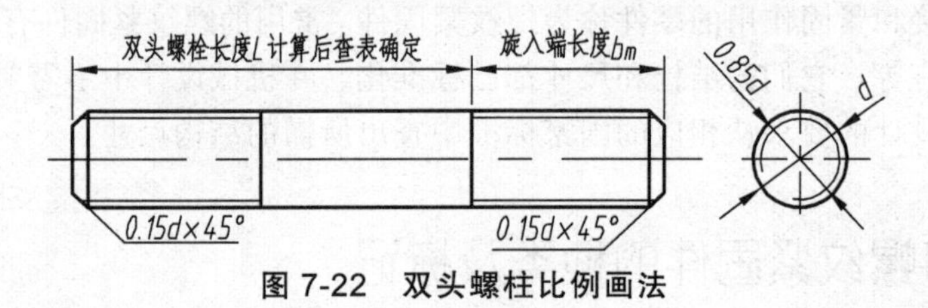

图 7-22 双头螺柱比例画法

3. 螺 钉

螺钉按使用性质可分为连接螺钉和紧定螺钉两种。前者用于连接，根据头部形状不同有开槽圆柱头螺钉、开槽沉头螺钉、开槽盘头螺钉等。后者主要用于防止两相配的零件之间发生相对运动，有开槽平端、开槽锥端、内六角平端紧定螺钉等。决定螺钉规格的尺寸为螺纹直径 d 及长度 l，其他部分尺寸可根据有关国家标准查得（见附录）。螺钉的比例画法见图 7-23。螺钉的规格尺寸见附表B-3。

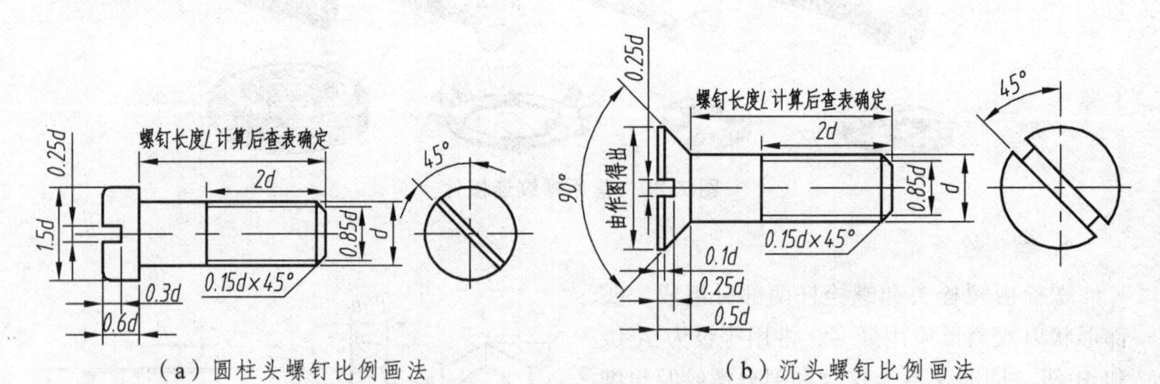

（a）圆柱头螺钉比例画法　　（b）沉头螺钉比例画法

图 7-23 螺钉比例画法

4. 螺 母

螺母与螺栓或螺柱配合使用，起连接作用。螺母的形式有六角形、圆形、方形等，以六角螺母应用最普遍。圆螺母常用于轴上零件的轴向固定。六角螺母有Ⅰ、Ⅱ及A、B、C型之分，还有粗细和厚薄之分。决定螺母规格的尺寸为螺纹公称直径 D，选定一种螺母后，其他部分尺寸可根据国家标准查得（见附表 B-6）。六角螺母的比例画法见图 7-24。六角螺母的规格尺寸见附表 B-6。

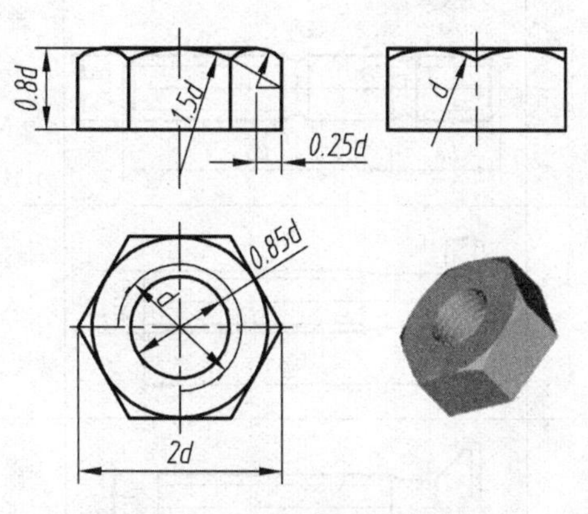

图 7-24　六角头螺母比例画法

5. 垫　圈

垫圈安装在螺母和被连接件之间，其目的是增加螺母与被连接件之间的接触面积，保护被连接件表面在拧紧螺母时不被擦伤。除平垫圈以外，还有弹簧垫圈和止动垫圈等，它们可以防止因振动而引起的螺母松动。决定垫圈规格的尺寸为螺栓直径 d，选定垫圈后，其他部分尺寸可根据有关标准查得（见附录 B）。平垫圈及弹簧垫圈的比例画法见图 7-25。平垫圈的规格尺寸见附表 B-7，标准型弹簧垫圈的规格尺寸见附表 B-8。

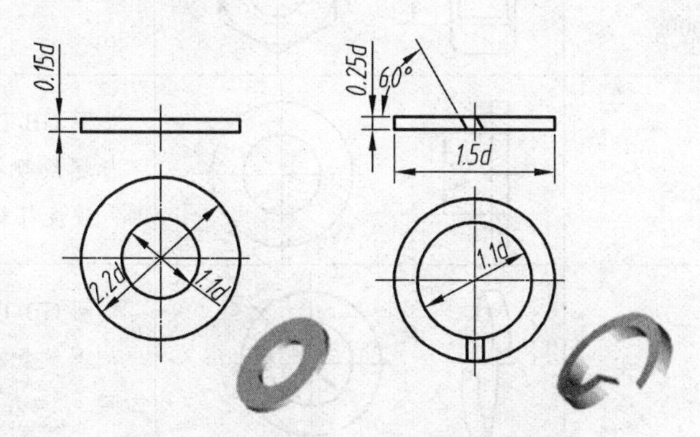

图 7-25　平垫圈、弹簧垫圈比例画法

表 7-4 为常用螺纹紧固件的标记。

表 7-4　常用螺纹紧固件的标记

名称及国标号	图　例	标记及说明
六角头螺栓 A 和 B 级 GB/T 5782—2000	M10 50	螺栓 GB/T 5782 M10×50 表示 A 级，螺纹规格 d= M10，公称长度 l= 50 mm

续表 7-4

名称及国标号	图 例	标记及说明
双头螺柱（$b_m=d$） GB/T 897—1988	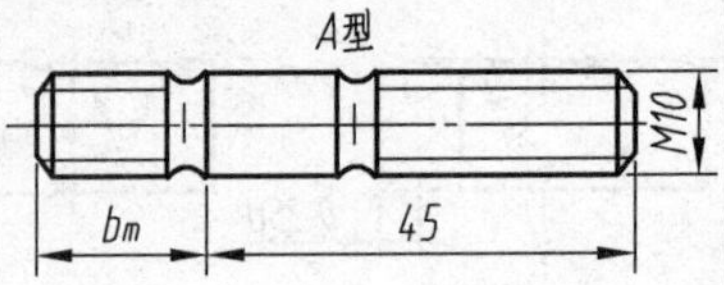	螺柱 GB/T 897 A M10×45 表示 A 型双头螺柱，螺纹规格 d= M10，公称长度 l= 45 mm。若为 B 型，则省略标记“B”
开槽盘头螺钉 GB/T 67—2000	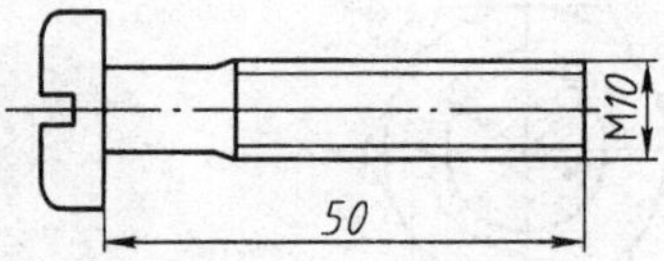	螺钉 GB/T 67 M10×50 公称长度在 40 mm 以内时为全螺纹
开槽沉头螺钉 GB/T 68—2000	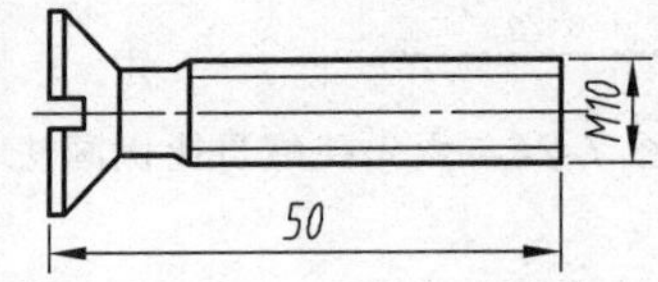	螺钉 GB/T 68 M10×50 公称长度在 45 mm 以内时为全螺纹
开槽锥端紧定螺钉 GB/T 71—1985	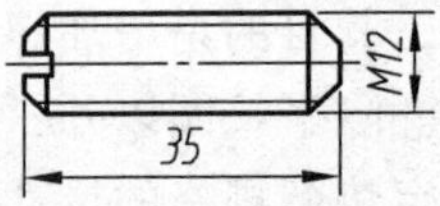	螺钉 GB/T 71 M12×35
1 型六角螺母 A 和 B 级 GB/T 6170—2000	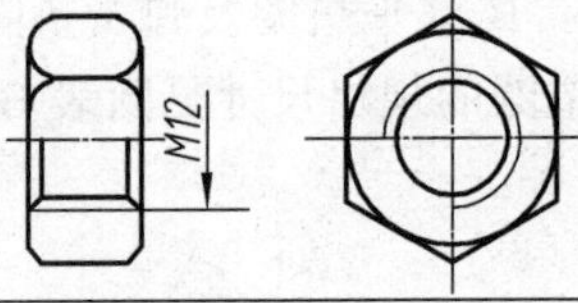	螺母 GB/T 6170 M12
平垫圈 A 级 GB/T 97.1—2002	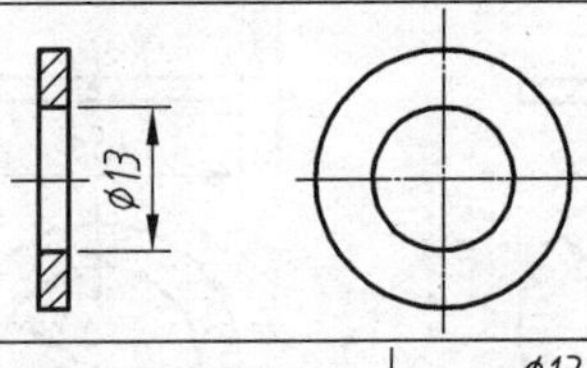	垫圈 GB/T 97.1 12 与螺纹规格 M12 配用的平垫圈，硬度等级为 200HV
标准型弹簧垫圈 GB/T 93—1987	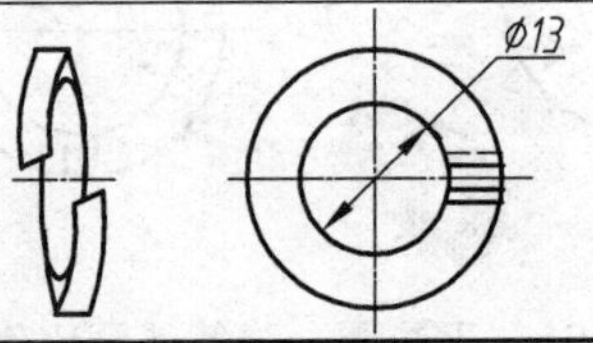	垫圈 GB/T 93 12 与螺纹规格 M12 配用的弹簧垫圈

7.2.2 常用螺纹紧固件的画法

绘制螺纹紧固件，一般有两种画法。

（1）根据已知螺纹连接件的规格尺寸，从相应附表的标准中查出各部分的具体尺寸。如绘制螺栓 GB/T 5782 M20×60 的图形，可从相应附表的标准中查到各部分尺寸（mm）为

螺栓直径 $d=20$ 螺栓头厚 $k=12.5$

螺纹长度 $b=46$ 公称长度 $b=60$

六角头对边距 s = 30 六角头对角距 e = 33.53

根据以上尺寸即可绘制螺栓零件图。

（2）在实际画图中常常根据螺纹公称直径 d、D 按比例关系计算出各部分的尺寸，近似画出螺纹连接件，绘制的尺寸数值可用近似计算方法求得，各螺纹紧固件的近似画法如表 7-5 所示。用比例关系计算各部分尺寸画连接图时，作图比较方便，但如需在图中标注尺寸时，其数值仍需从相应的标准中查得。

表 7-5　常用螺纹连接件的比例画法

名　称	比　例　画　法	名　称	比　例　画　法
螺栓	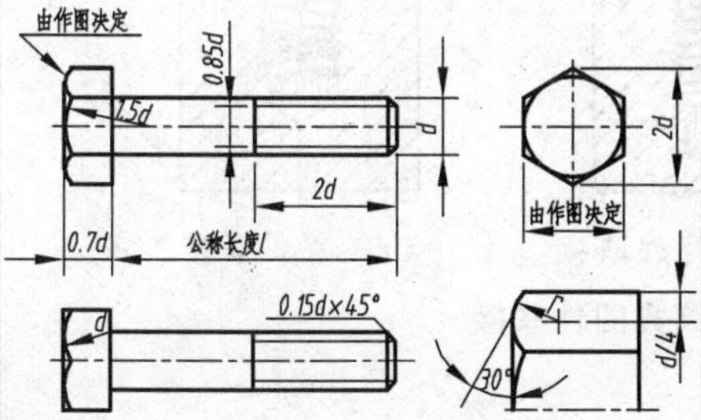	螺母	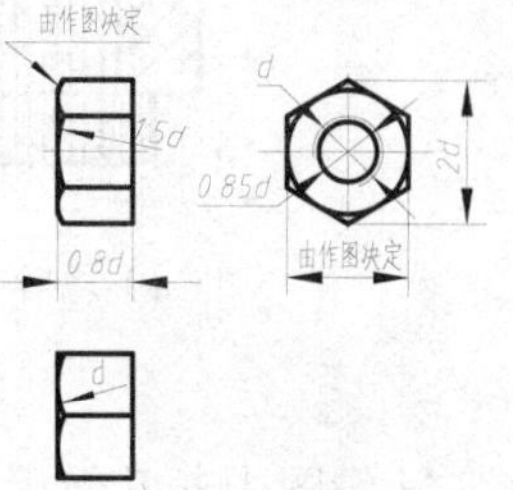
双头螺柱	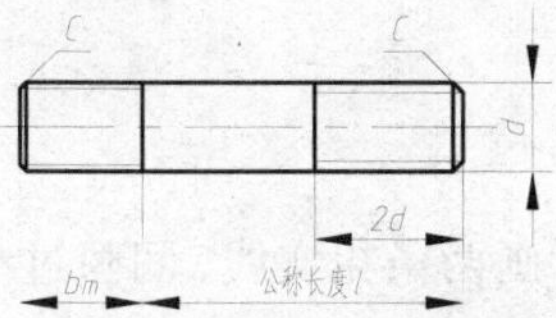	内六角圆柱头螺钉	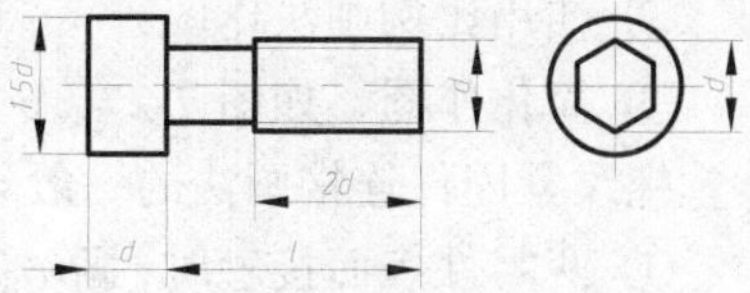
开槽圆柱头螺钉	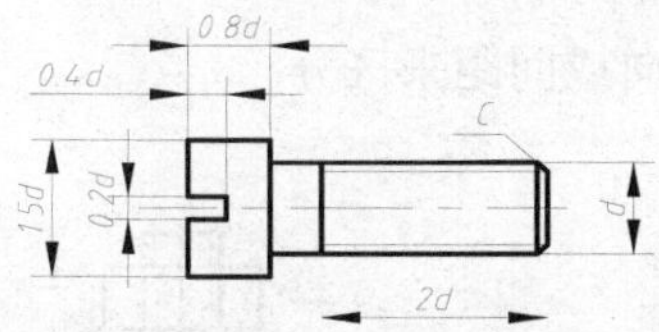	沉头螺钉	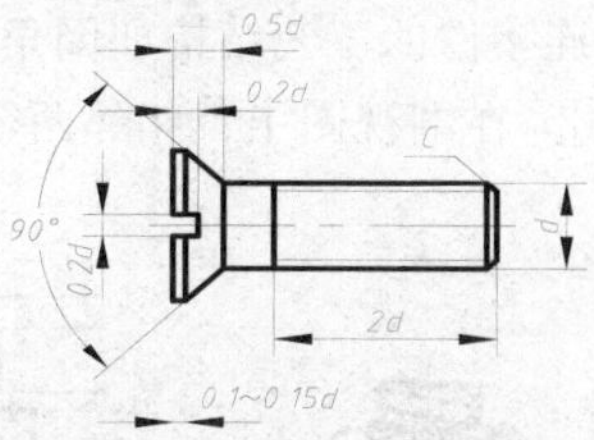
平垫圈	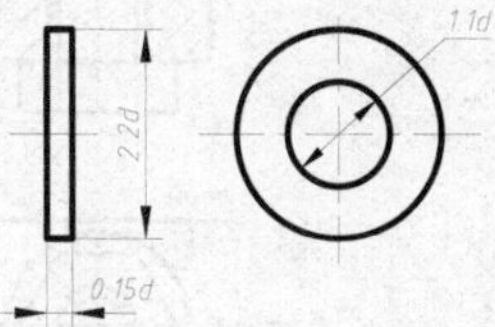	弹簧垫圈	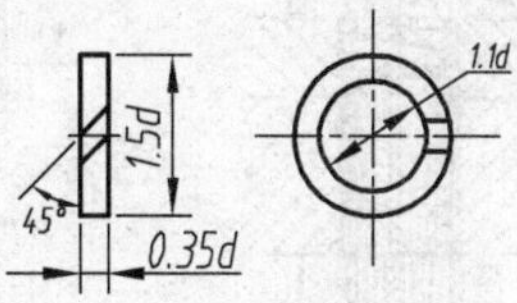
钻孔	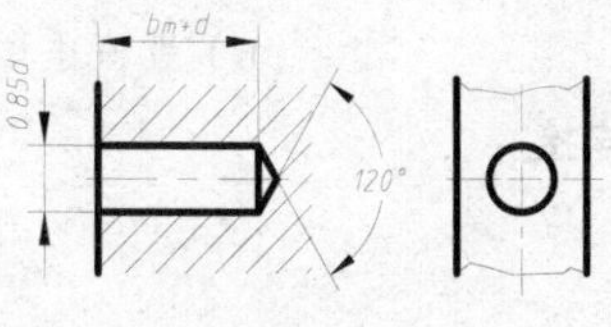	螺孔和光孔尺寸	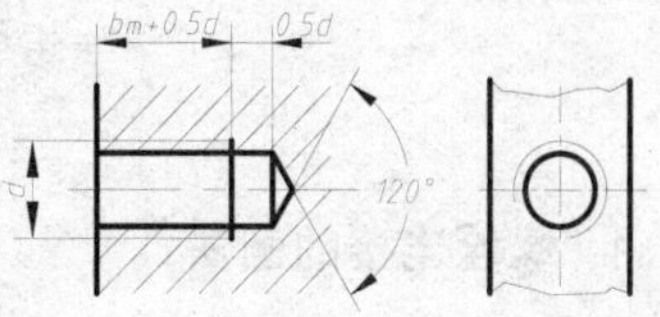

7.2.3 螺纹紧固件连接的画法

螺纹紧固件的连接形式通常有螺栓连接、双头螺柱连接和螺钉连接三类，如图 7-26 所示。

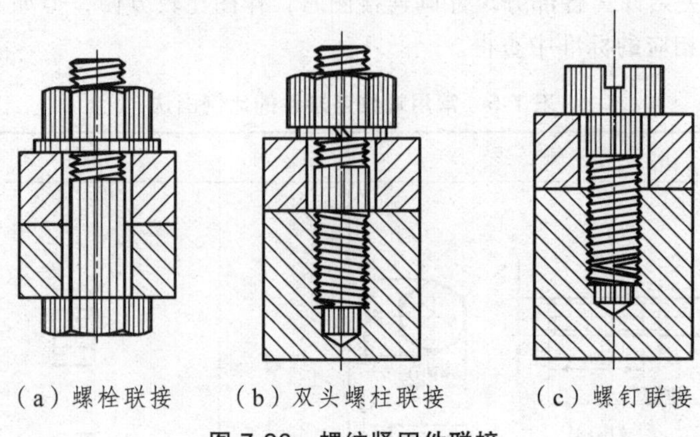

（a）螺栓联接　（b）双头螺柱联接　（c）螺钉联接

图 7-26　螺纹紧固件联接

在实际作图中通常使用的作图方法如下：

① 对每一个零件需查机械设计手册，确定它的尺寸，按设计手册标准要求画图；

② 使用比例画法作图；

③ 简化作图，如图 7-27（b）所示。

螺纹紧固件连接画法的一般规定如下：

① 两零件表面接触时，画一条粗实线，不接触时画两条粗实线，间隙过小时应夸大画出；

② 当剖切平面通过螺杆的轴线时，螺柱、螺栓、螺钉、螺母及垫圈等均按不剖切绘制，螺纹连接件的工艺结构如倒角、退刀槽等均可省略不画；

③ 在剖视图中，相邻两零件可用剖面线的方向或间距来区分。

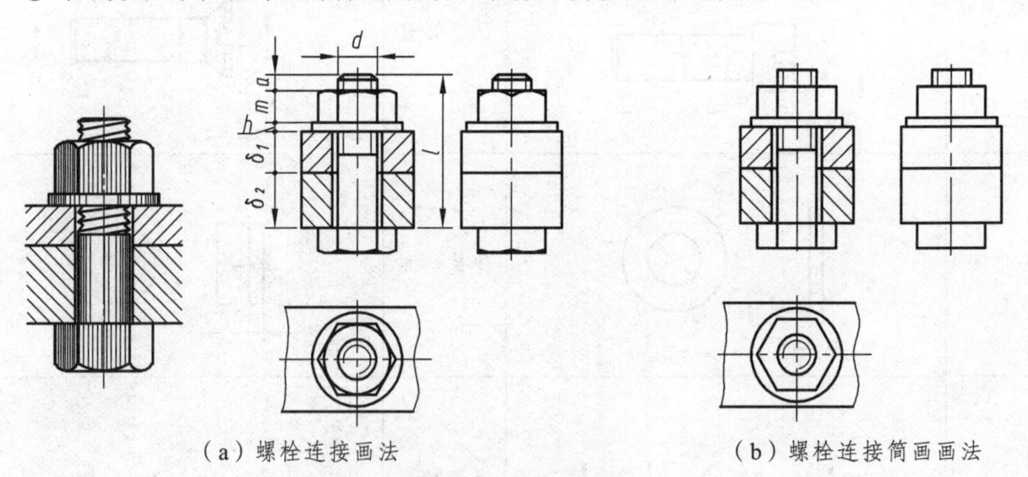

（a）螺栓连接画法　（b）螺栓连接简画画法

图 7-27　螺栓连接

1. 螺栓连接的画法

螺栓连接的特点：用螺栓穿过两个零件的光孔，加上垫圈，用螺母紧固。其中垫圈用来增大支撑面面积和防止损伤被连接的表面。螺栓有效长度 L 在作图中按下式计算。

$$l=\delta_1+\delta_2+m+h+a$$

如图 7-27（a）所示：其中δ_1和δ_2为两连接件的厚度；m为螺母的厚度；h为垫圈的厚度；a为螺栓伸出螺母外的长度，$a\approx0.3d$，然后根据螺栓的标记查相应标准尺寸，选取标准尺寸数值；也可以使用比例画法。

注意：螺栓的螺纹终止线应高于结合面，而低于上端面。

2. 双头螺柱连接画法

双头螺柱连接特点：一端全部旋入被连接零件的螺孔中，另外一端通过被连接件的光孔，用螺母、垫圈紧固。螺柱旋入端的长度 b_m 与机体的材料有关，当机体的材料为钢或青铜等硬材料时，选用 $b_m=d$ 的螺柱；当为铸铁时选用 $b_m=1.25d$ 的螺柱；为铝时选用 $b_m=2d$ 的螺柱。绘图时估算螺柱公称长度 L 为

$$L=\delta+m+h+a$$

注意：画图时旋入端的螺纹终止线与被连接零件上的螺孔的端面平齐。双头螺柱连接简要画法，如图 7-28（b）所示。

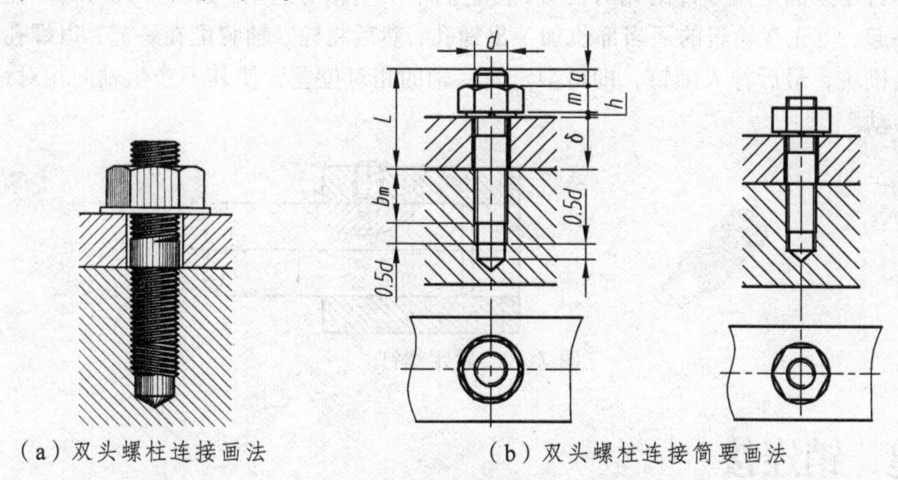

（a）双头螺柱连接画法　　（b）双头螺柱连接简要画法

图 7-28　双头螺柱连接

3. 螺钉连接的画法

螺钉连接的特点是：不用螺母，仅靠螺钉与一个零件上的螺孔连接。圆柱头螺钉是以钉头的底平面作为画螺钉的定位面，而沉头螺钉则是以一锥面作为画螺钉的定位面。螺纹终止线应在螺孔顶面以上。在垂直于螺钉轴线的投影面上，起子槽通常画成倾斜 45°的粗实线，当槽宽小于 2 mm 时，可涂黑表示。

螺钉的有效长度 L 估算式为

$$L=\delta+b_m$$

式中，δ为板厚，b_m 为螺钉旋入端的长度，其选取与双头螺柱相同，初步估算后的长度要查标准件手册，选取长度 L。

螺钉连接简要画法，如图 7-29（b）所示。

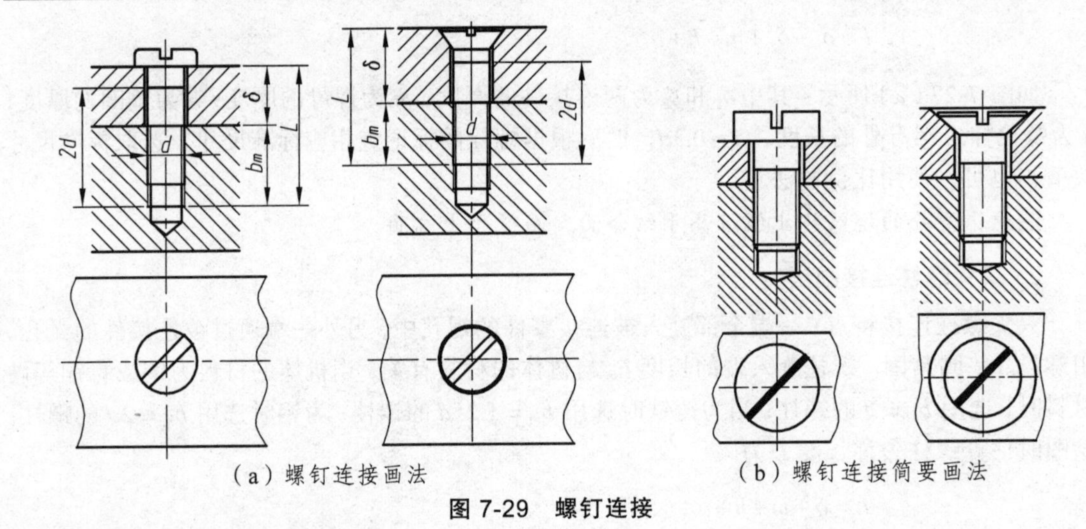

（a）螺钉连接画法　　（b）螺钉连接简要画法

图 7-29　螺钉连接

4. 紧定螺钉连接的画法

紧定螺钉用来固定两零件的相对位置，使它们不产生相对运动，如图 7-30 所示。欲将轴、轮固定在一起，可先在轮毂的适当部位加工出螺孔，然后将轮、轴装配在一起，以螺孔导向，在轴上钻出锥坑，最后拧入螺钉，即可限定轮、轴的相对位置，使其不产生轴向相对移动和径向相对转动。

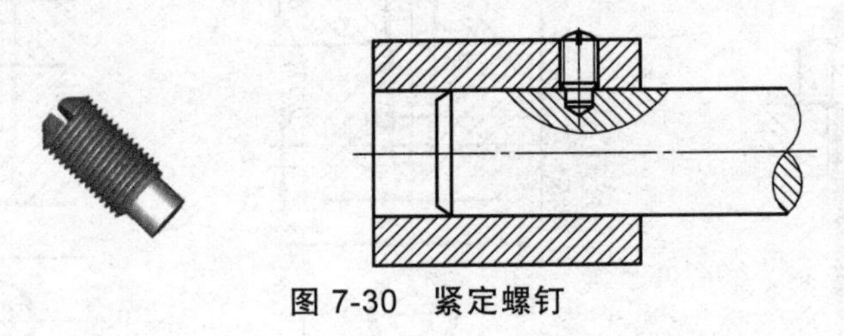

图 7-30　紧定螺钉

7.3　键、销连接

键用来连接轴及轴上的传动件，如齿轮、皮带轮等零件，起传递扭矩的作用。键一般分为两大类：常用键、花键。

7.3.1　常用键

常用键包含有普通平键、半圆键、钩头楔键等，如图 7-31 所示。

（a）平键　　（b）半圆键　　（c）钩头楔键

图 7-31　键

键的标记格式：名称—键的公称尺寸—国标代号，见表 7-6。

表 7-6　常用键的图例和标记

名称及标准编号	图　例	标记示例	说　明
普通平键 GB/T 1096—2003	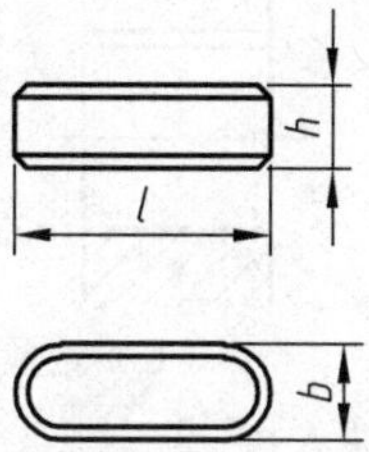	GB/T 1096—2003 键 18×100	圆头普通平键 键宽 $b=18$，$h=11$， 键长 $L=100$
半圆键 GB/T 1099.1—2003	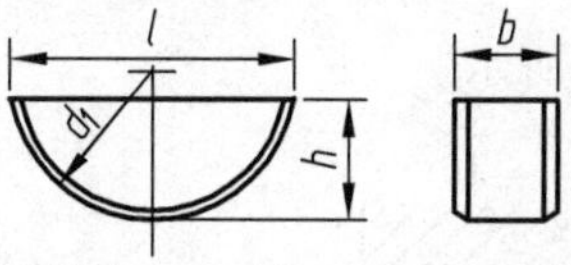	GB/T 1099.1—2003 键 6×25	半圆键 键宽 $b=6$， 直径 $d=25$
钩头楔键 GB/T 1565—2003	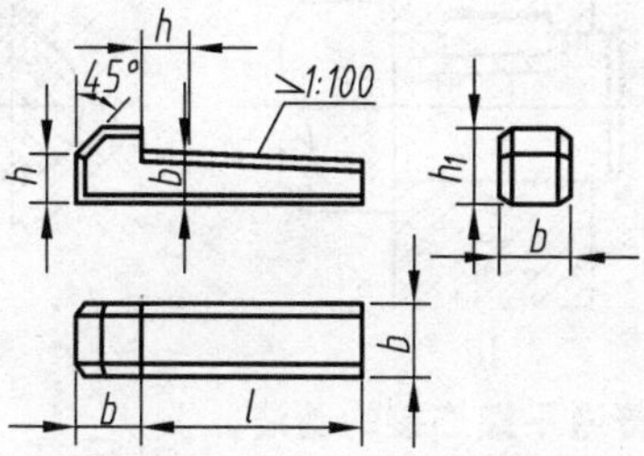	GB/T 1565—2003 键 18×100	钩头楔键 键宽 $b=18$，$h=8$， 键长 $L=100$

1. 普通平键

普通平键见图 7-32 所示。普通平键连接由键、轴槽和轮毂槽组成。键的长度 L 和宽度 b 根据轴的直径 d 和旋转扭矩的大小，从标准中选取适当值。键的横截面尺寸 $b\times h$ 可根据轴的直径 d 参照附表 B-11 选取。

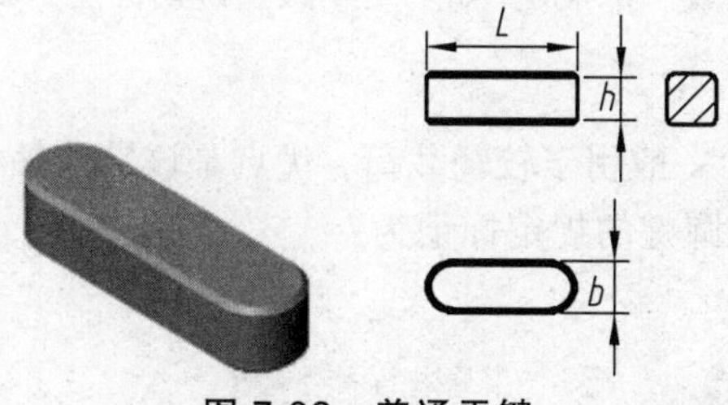

图 7-32　普通平键

普通平键分为圆头（A 型）、平头（B 型）和单圆头（C 型）三种［见图 7-31（a）］，以 A 型应用较多。作为标准件，键的规定标记为：标准号　键　类型代号　$b\times h\times L$

其中，类型代号除 A 型可以省略不注外，B 型和 C 型均要注出型号。

示例：键宽 $b=16$ mm、键高 $h=10$ mm、键长 $L=100$ mm 的普通 A 型平键和普通 B 型平键的标记分别为：

GB/T1096　键　$16\times10\times100$ 和 GB/T1096　键　B$16\times10\times100$

（1）轴槽及轮毂槽结构尺寸画法如图 7-33 所示。

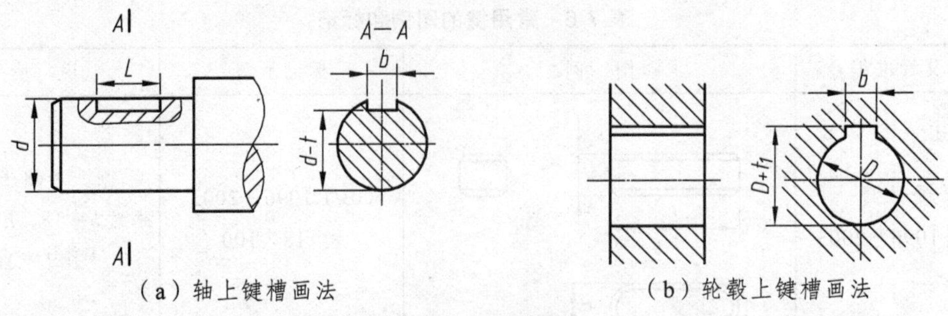

图 7-33　键槽画法

（2）键连接的画法及标记规则如图 7-34 所示。

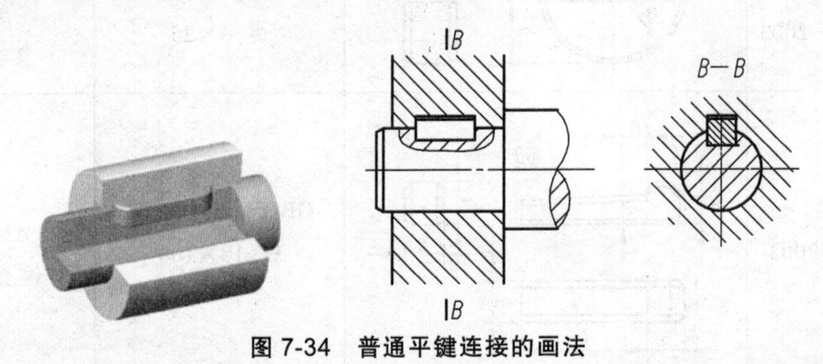

图 7-34　普通平键连接的画法

① 当剖切平面通过轴线及键的对称面时，轴上键槽采用局部剖视，而键按不剖画出；

② 键的顶面与轮毂槽的底面之间有间隙，应画两条线；

③ 当剖切平面垂直于轴线时，键和轴也应画剖面线。

普通平键的形式有 A（双圆头）、B（方头）和 C（单圆头）三种，A 型在标记时可以省略，如表 7-6 所示：GB/T1096-2003 键 10×36，如果是单圆头键则标注：GB/T1096-2003 键 C10×36。

2. 半圆键

半圆键见图 7-35 所示，一般用于较轻载荷，优点是该键在轴槽中能绕底圆弧摆动，自动调整位置。作为标准件，半圆键的规定标记为：

标准号　键　$b \times d$

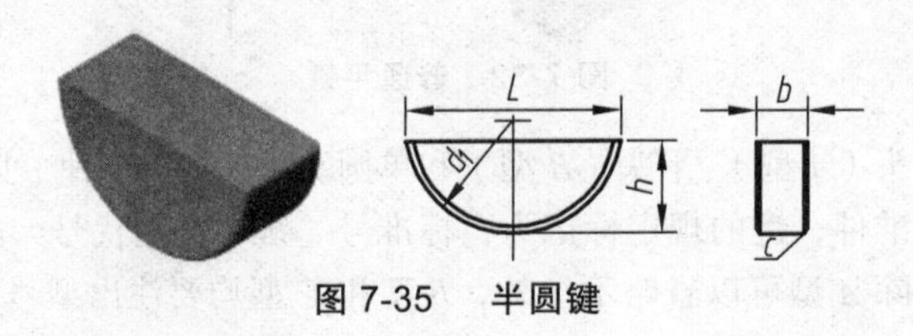

图 7-35　半圆键

例：键宽 $b = 6$ mm、键高 $h = 10$ mm、$d_1 = 25$ mm、键长 $L = 24.5$ mm 的半圆键标为 GB/T 1099 半圆键 6×25。

半圆键的两侧面也是工作面，其装配画法与普通平键类似，见图 7-36。

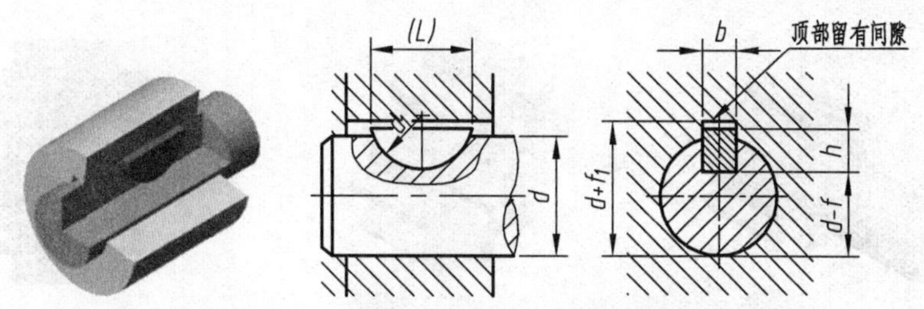

图 7-36　半圆键的尺寸标注和连接画法

3. 钩头楔键

钩头楔键见图 7-37，用于精度要求不高、转速较低时传递较大的、双向的或有振动的扭矩；用于拆卸时不能从另一端将键打出的场合。钩头楔键也是标准件，其规定标记为：标准号　键 $b \times L$。

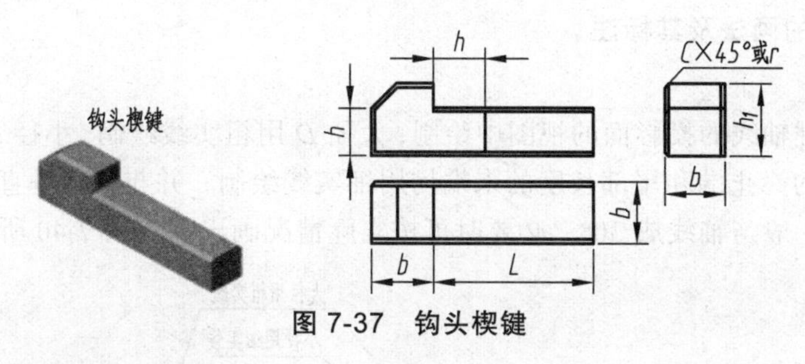

图 7-37　钩头楔键

例：键宽 $b = 18$ mm、键高 $h = 11$ mm、键长 $L = 100$ mm 的钩头楔键标注为

GB/T 1565　键　18 × 100。

钩头楔键上下两面是工作面，键的上表面和轮毂槽的底面各有 1∶100 的斜度，装配时需打入，靠楔紧作用传递扭矩。因此，键的上表面和轮毂槽的底面在装配图中应画成一条线，这是与平键及半圆键画法的不同之处，见图 7-38 所示。

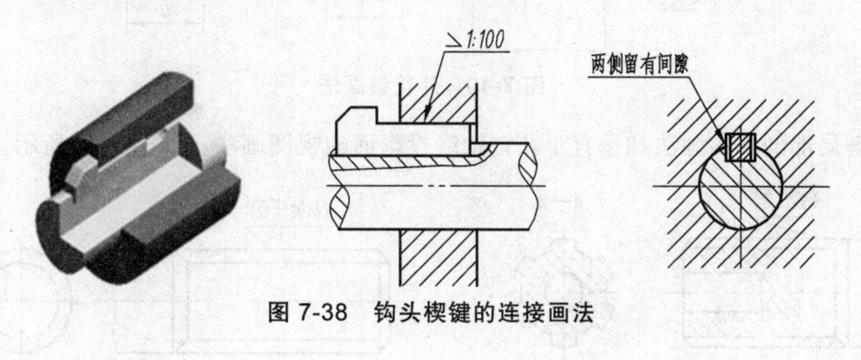

图 7-38　钩头楔键的连接画法

7.3.2　花　键

花键是把键直接做在轴和轮孔上，与它们形成一整体。因而具有传递扭矩大、连接强度高、工作可靠、同轴度和导向性好等优点，广泛应用于机床、汽车等的变速箱中。花键连接如图 7-39（a）所示，在轴上制出的花键称为外花键，这种轴称为花键轴，见图 7-39（a）。

（a）花键轴　　（b）内花键　　（c）装配图

图 7-39　花键

在孔内制出的花键称为内花键，这种孔称为花键孔，见图 7-39（b）。内、外花键装配在一起就是花键连接，见图 7-39（c）。

花键按齿形可分为矩形花键、渐开线花键等。常用的是矩形花键。

1. 矩形花键的画法及其标注

（1）外花键

在平行于花键轴线的投影面的视图中绘制，大径 D 用粗实线绘制，小径 d 用细实线绘制。花键工作长度 L 的终止端和尾部长度的末端均用细实线绘制，并与轴线垂直，尾部则画成斜线，其倾斜角度一般与轴线成 30°，必要时可按实际情况画出，如图 7-40 所示。

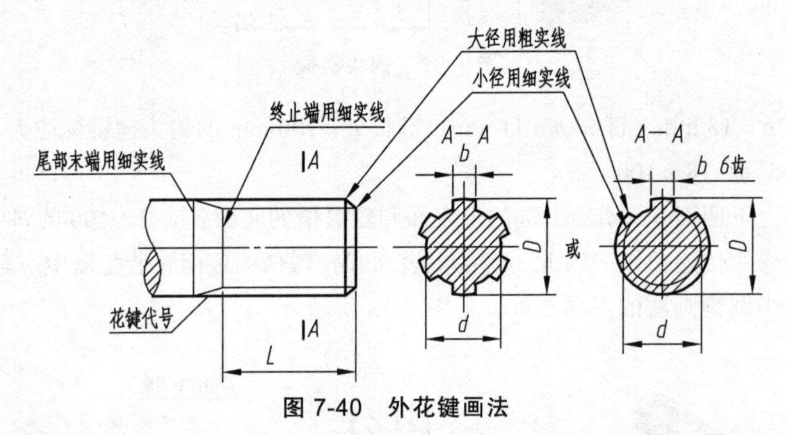

图 7-40　外花键画法

外花键局部剖视的画法和垂直于花键轴线投影面的视图画法，如图 7-41 所示。

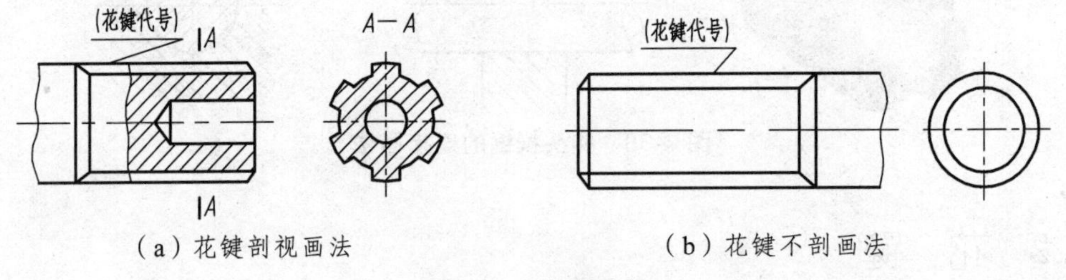

（a）花键剖视画法　　（b）花键不剖画法

图 7-41　花键画法

（2）内花键

在平行于花键轴线的投影面的剖视图中，大径及小径均用粗实线绘制，并用局部视图画出一部分或全部齿形，如图 7-42 所示。

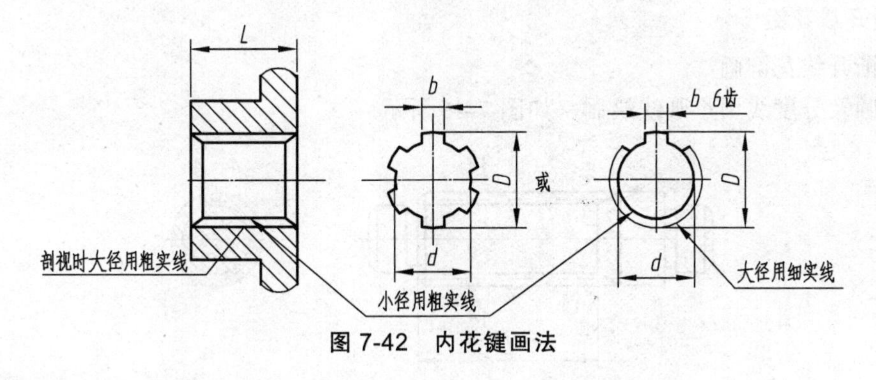

图 7-42　内花键画法

（3）花键连接画法，如图 7-43 所示。

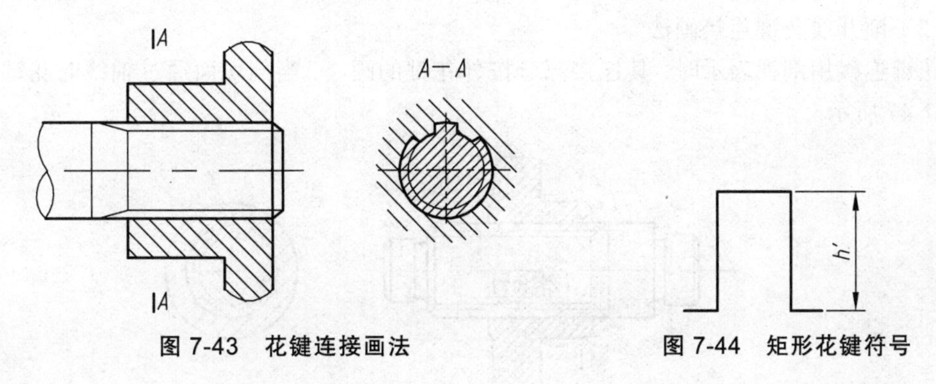

图 7-43　花键连接画法　　图 7-44　矩形花键符号

（4）花键代号

矩形花键类型用图形符号表示，如图 7-44 所示。

花键应注：大径、小径、键宽和工作长度，也可以用代号的方法表示。花键的代号标注：齿数 × 小径　小径公差带代号 × 大径　大径公差带代号 × 齿宽　齿宽公差带代号。其中，外花键公差带代号用小写字母表示；内花键公差带代号用大写字母表示。

例如，齿数 $N=6$、小径 $d=23$ mm、大径 $D=26$ mm、齿宽 $B=6$ mm 的内、外花键分别标注（见图 7-45）为：6 × 23H7 × 26H10 × 6H11 和 6 × 23f7 × 26a11 × 6d10。

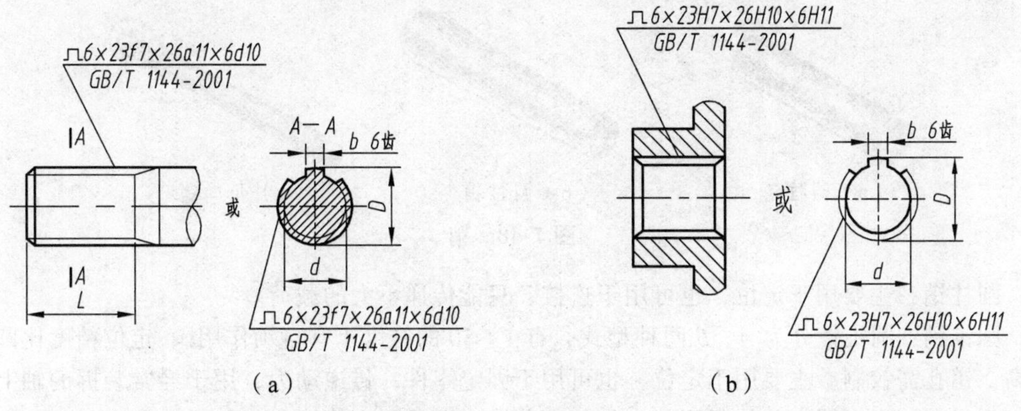

图 7-45　花键标注

2. 渐开线花键

（1）渐开线花键画法

分度圆及分度线用点画线绘制，如图 7-46 所示。

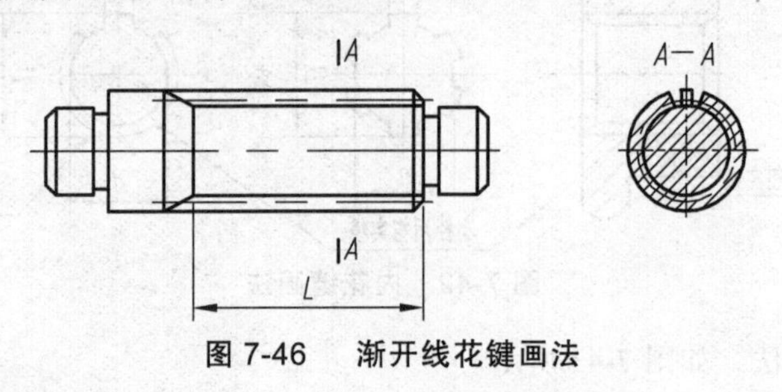

图 7-46　渐开线花键画法

（2）渐开线花键连接画法

花键连接用剖视表示时，其连接部分按外花键的画法，当剖切面通过轴线时花键轴不剖，如图 7-47 所示。

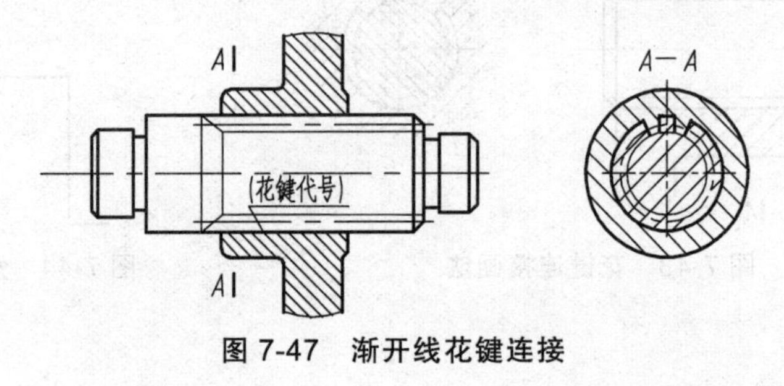

图 7-47　渐开线花键连接

7.3.3　销

1. 销连接种类

销也是一种标准件，主要用来连接和定位。常用的有圆柱销、圆锥销和开口销等，如图 7-48 所示。

（a）圆柱销　（b）圆锥销　（c）开口销

图 7-48　销

圆柱销：主要用于定位，也可用于连接，只能传递不大的载荷。

圆锥销：圆锥销分为 *A*、*B* 两种型式，有 1：50 的锥度（有自锁作用），定位精度比圆柱稍高，销孔需铰制。主要用于定位，也可用于固定零件，传递动力，用于经常装拆的轴上。

开口销：用于锁定其他紧固件，常与六角槽形螺母配合使用。

销的画法及标注见表 7-7。

表 7-7　销的画法及标注

名称	圆柱销	圆锥销	开口销
结构及规格尺寸			
简化标记示例	销 GB/T 119.2 m6 5×20	销 GB/T 117　6×24	销 GB/T 91　5×30
说　明	公称直径 d=5 mm，长度 l=20 mm，公差为 m6，材料为钢，普通淬火（A 型），表面氧化的圆柱销	公称直径 d=6 mm，长度 l=24 mm，材料为 35 钢，热处理硬度 28～38HRC，表面氧化处理的 A 型圆锥销	公称直径 d=5 mm，公称长度 l=30 mm，材料为 Q215 或 Q235，不经表面表面处理的开口销

2. 圆柱销

圆柱销连接画法如图 7-49 所示。当剖切平面通过销的轴线时，销按不剖绘制。圆柱销的有关类型、结构尺寸及参数见附表 B-13。

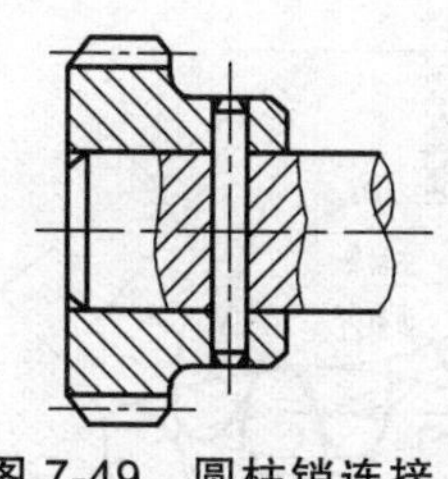

图 7-49　圆柱销连接

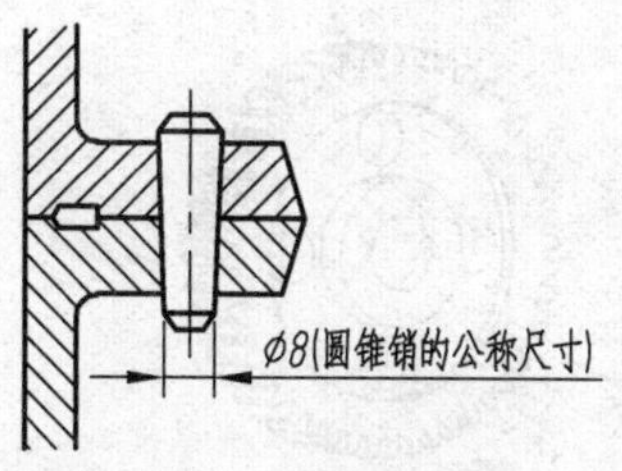

图 7-50　圆锥销连接

3. 圆锥销

圆锥销的锥度为 1∶50，以小端直径为公称直径。圆锥销的类型、结构尺寸见附表 B-12。圆锥销的连接画法见图 7-50。

4. 开口销

开口销一般用于锁紧螺栓与螺母。它的公称直径 d 是指销穿过的孔的直径，它的实际直径小于 d。开口销的有关结构尺寸及参数见附表 B-14。开口销的连接画法，如图 7-51 所示。

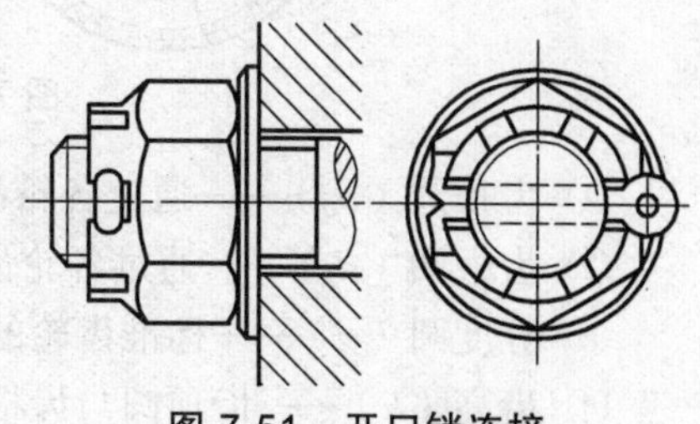

图 7-51　开口销连接

7.4　齿　轮

齿轮是机器中的传动件，用来将主动轴的转动传递给从动轴，以完成动力传递、转速及旋向的改变。

常见的齿轮有三种类型：圆柱齿轮——用于两平行轴之间的传动［图 7-52（a）］；圆锥齿

轮——用于两相交轴之间的传动［图 7-52（b）］；蜗轮蜗杆——用于两垂直交叉轴之间的传动［图 7-52（c）］。

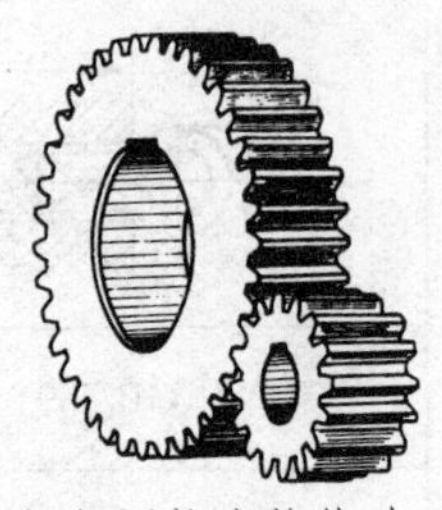

（a）圆柱齿轮传动

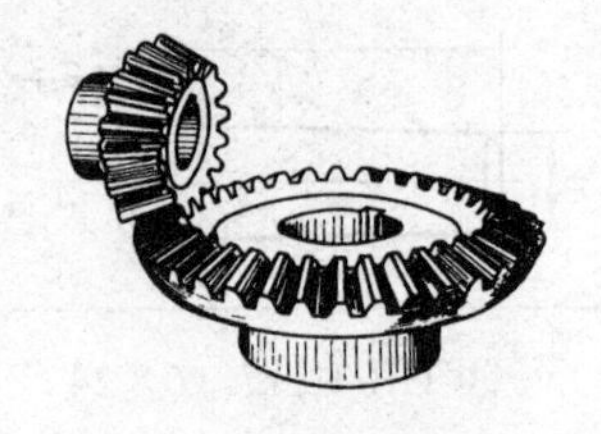

（b）圆锥齿轮传动

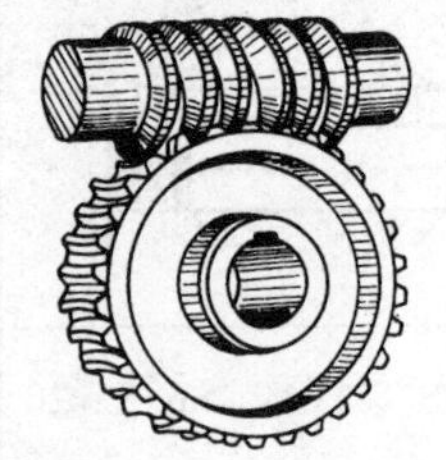

（c）蜗轮蜗杆传动

图 7-52　齿轮传动

7.4.1　圆柱齿轮

1. 直齿圆柱齿轮的各部分名称及计算公式

如图 7-53 所示，直齿圆柱齿轮的各部分名称如下：

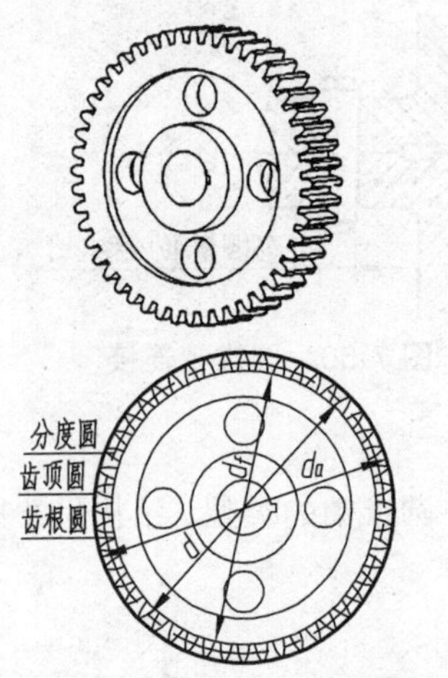

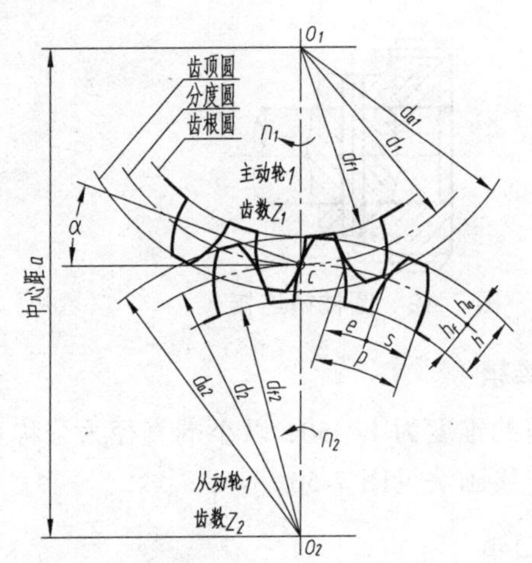

图 7-53　圆柱齿轮各部分名称

① 齿顶圆（d_a）——通过各轮齿顶部的圆；

② 齿根圆（d_f）——通过各轮齿根部的圆；

③ 分度圆（d）——标准齿轮的齿厚与齿间相等时所在位置的圆；

④ 齿高（h）——齿顶圆与齿根圆之间的径向距离；

⑤ 齿顶高（h_a）——齿顶圆与分度圆之间的径向距离；

⑥ 齿根高（h_f）——齿根圆与分度圆之间的径向距离（齿根高大于齿顶高，参见表 7-9）；

⑦ 齿距（P）——分度圆上相邻两齿廓对应点之间的弧长，$P = e + s$。

⑧ 模数（m）——齿距 P 与 π 的比值，即 $m = P/\pi$，其单位是 mm。模数是设计、制造齿轮的基本参数。模数大，轮齿就大，齿轮各部分尺寸也按比例增大。由于不同模数的齿轮要用不同的齿轮刀具加工，为了减少刀具数量，便于设计和制造，国家标准对模数规定了标准数值，参见表 7-8。

⑨ 压力角（α）——在节点 c 处，两齿廓曲线的公法线与两节圆的内公切线所夹的锐角。国家标准规定的标准压力角为$\alpha = 20°$，相啮合的两齿轮的压力角相等。

⑩ 传动比（i）——主动齿轮的转速 n_1 与从动齿轮的转速 n_2 之比称为传动比，即 $i = n_1/n_2 = z_2/z_1$（z_1 为主动轮 1 的齿数，z_2 为从动轮 2 的齿数）。

⑪ 中心矩（a）——两齿轮轴线之间的最短距离。标准直齿圆柱齿轮轮齿的各部分尺寸关系及几何尺寸计算公式见表 7-9。

表 7-8　齿轮模数系列

第一系列	1　1.25　1.5　2　2.5　3　4　5　6　7　8　10　12　16　20　25　32
第二系列	1.75　2.25　（3.25）　3.5　（3.75）　4.5　5.5　（6.5）　7　9　（11）　14
注：选用模数应先选用第一系列，其次选用第二系列；括号内模数尽可能不用。	

表 7-9　标准直齿圆柱齿轮轮齿的各部分尺寸关系

名称及代号	计算公式	名称及代号	计算公式
模　数　m	$m = d/\pi$并按表 7-8 取标准值	分度圆直径 d	$d = mz$
齿顶高　h_a	$h_a = m$	齿顶圆直径 d_a	$d_2 = d + 2h_a = m(z + 2)$
齿根高　h_f	$h_f = 1.25m$	齿根圆直径 d_f	$d_f = d—2h_f = m(z—2.5)$
齿　高　h	$h = h_a + h_f = 2.25m$	中心距　a	$a = (d_1 + d_2)/2 = m(z_1 + z_2)/2$

2. 圆柱齿轮的规定画法

单个圆柱齿轮一般用两个视图表达，取平行于齿轮轴向的视图作为主视图，且一般采取全剖或半剖视图，国标中规定了它的画法如下：

① 非剖视图中齿顶圆和齿顶线用粗实线绘制，分度圆和分度线用点画线绘制，齿根圆和齿根线用细实线绘制（也可省略不画），如图 7-54（a）、（b）、（c）所示。

② 剖视图中齿顶圆和齿顶线、齿根圆和齿根线均用粗实线绘制，分度圆和分度线仍用点画线绘制，如图 7-54（b）、（c）所示。

③ 当需要表示斜齿或人字齿的齿线时，可用三条与齿线方向一致的细实线表示其形状。如图 7-54（c）、（d）所示。

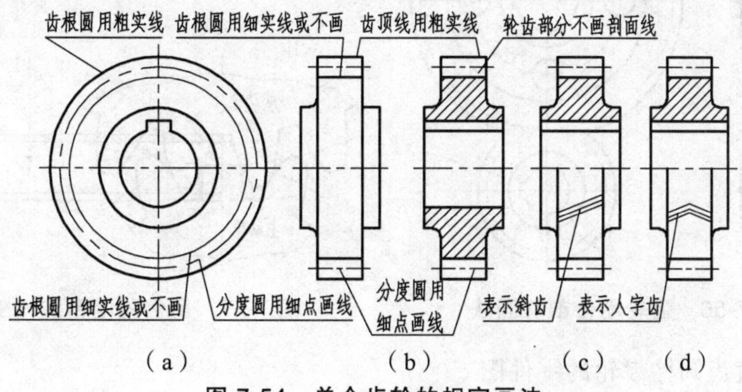

图 7-54　单个齿轮的规定画法

3. 圆柱齿轮啮合画法

① 不剖切时，在垂直于圆柱齿轮轴线的投影面的视图上，两齿轮的节圆应该相切。啮合区内的齿顶圆仍用粗实线画出，也可省略不画。在平行于圆柱齿轮轴线的投影面的视图上，啮合区内的齿顶线不需画出，节线用粗实线绘制，如图 7-55 所示。

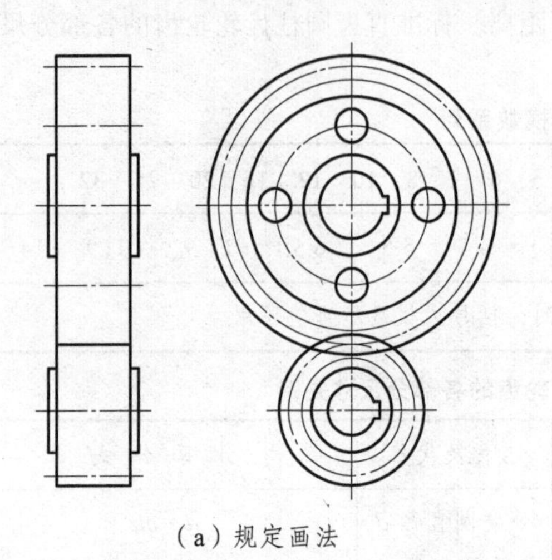

（a）规定画法　　　　（b）省略画法

图 7-55　齿轮啮合不剖切画法

② 在剖视图中，当剖切平面通过两啮合齿轮的轴线时，在啮合区内，将主动齿轮的轮齿（齿顶圆、齿根圆）用粗实线绘制，被动齿轮的轮齿被遮挡的部分（齿顶圆）用虚线绘制，也可以省略不画。

③ 在剖视图中，当剖切平面不通过啮合齿轮的轴线时，齿轮一律按不剖绘制，如图 7-56 所示。

④ 一对啮合的圆柱齿轮，由于齿根高与齿顶高相差 0.25 mm，因此一个齿轮的齿顶线和另一个齿轮的齿根线之间，应有 0.25 mm 的间隙，如图 7-57 所示。

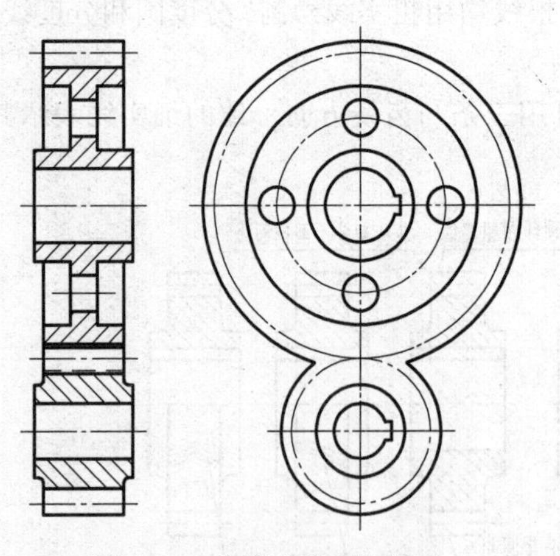

图 7-56　齿轮啮合剖切画法

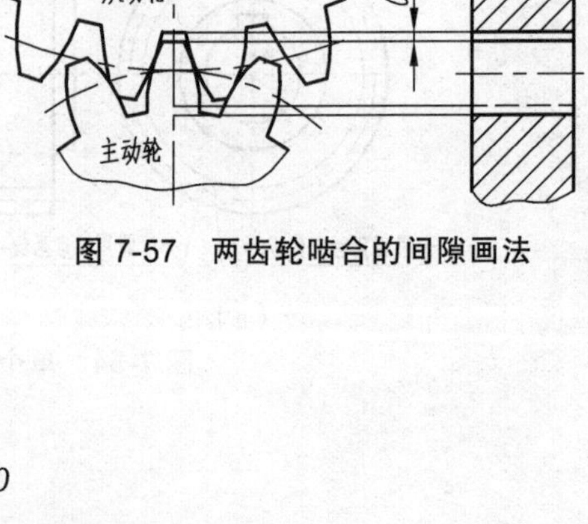

从动轮
0.25m
主动轮

图 7-57　两齿轮啮合的间隙画法

图 7-58 为直齿圆柱齿轮的零件图。

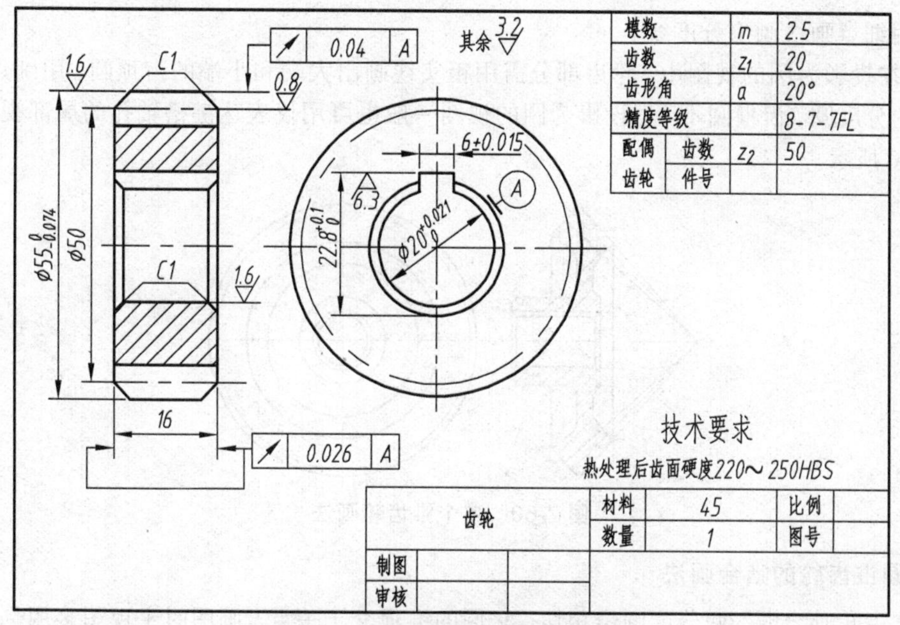

图 7-58　直齿圆柱齿轮的零件图

7.4.2　圆锥齿轮

圆锥齿轮主要用于垂直相交的两轴之间的运动传递。圆锥齿轮的轮齿位于圆锥面上，因此它的轮齿一端大而另一端小，齿厚由大端到小端逐渐变小，模数和分度圆也随之变化。为了设计和制造方便，规定以大端端面模数为标准模数来计算和确定轮齿各部分的尺寸，在图纸上标注的尺寸都是大端尺寸，如图 7-59 所示。

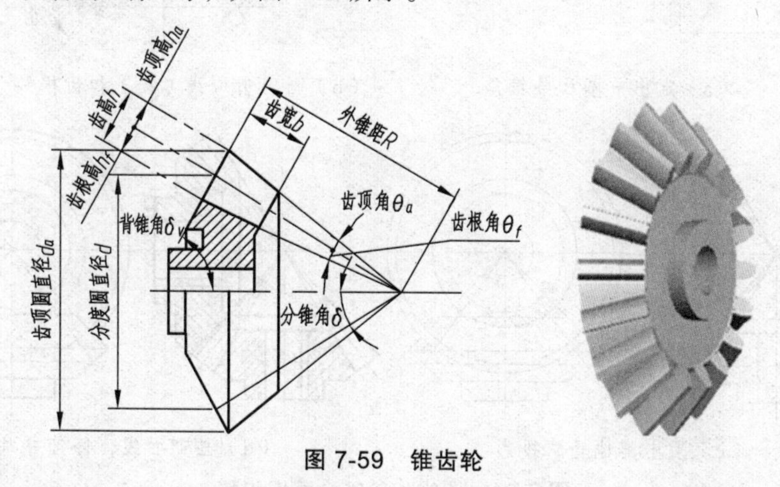

图 7-59　锥齿轮

圆锥齿轮的画法基本上与圆柱齿轮相同，只是由于圆锥的特点，在表达和作图方法上较圆柱齿轮复杂。

1. 单个圆锥齿轮的画法

① 在投影为非圆的视图中，常采用剖视，其轮齿按不剖处理，用粗实线画出齿顶线和齿

根线，用细点画线画出分度线。

② 在投影为圆的视图中，轮齿部分需用粗实线画出大端和小端的齿顶圆，用细点画线画出大端的分度圆，齿根圆不画。投影为圆的视图一般也可用仅表达键槽轴孔的局部视图代替，如图 7-60 所示。

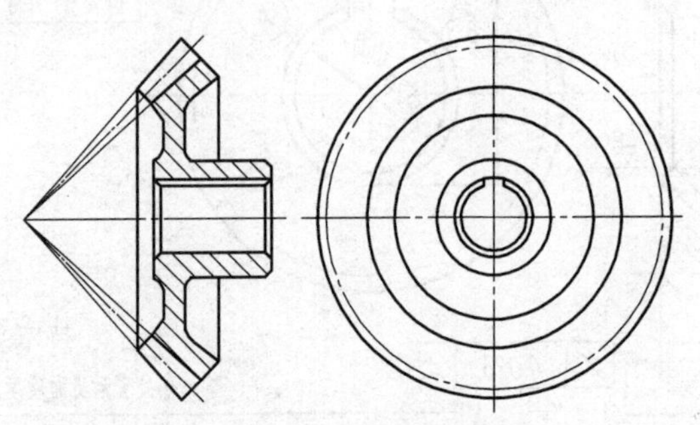

图 7-60　单个锥齿轮画法

2. 圆锥齿轮的啮合画法

圆锥齿轮啮合时，两分度圆锥相切，它们的锥顶交于一点。画图时主视图多用剖视表示，两分锥角 δ_1 和 δ_2 互为余角，其啮合区的画法与圆柱齿轮类似。绘图步骤如图 7-61 所示。

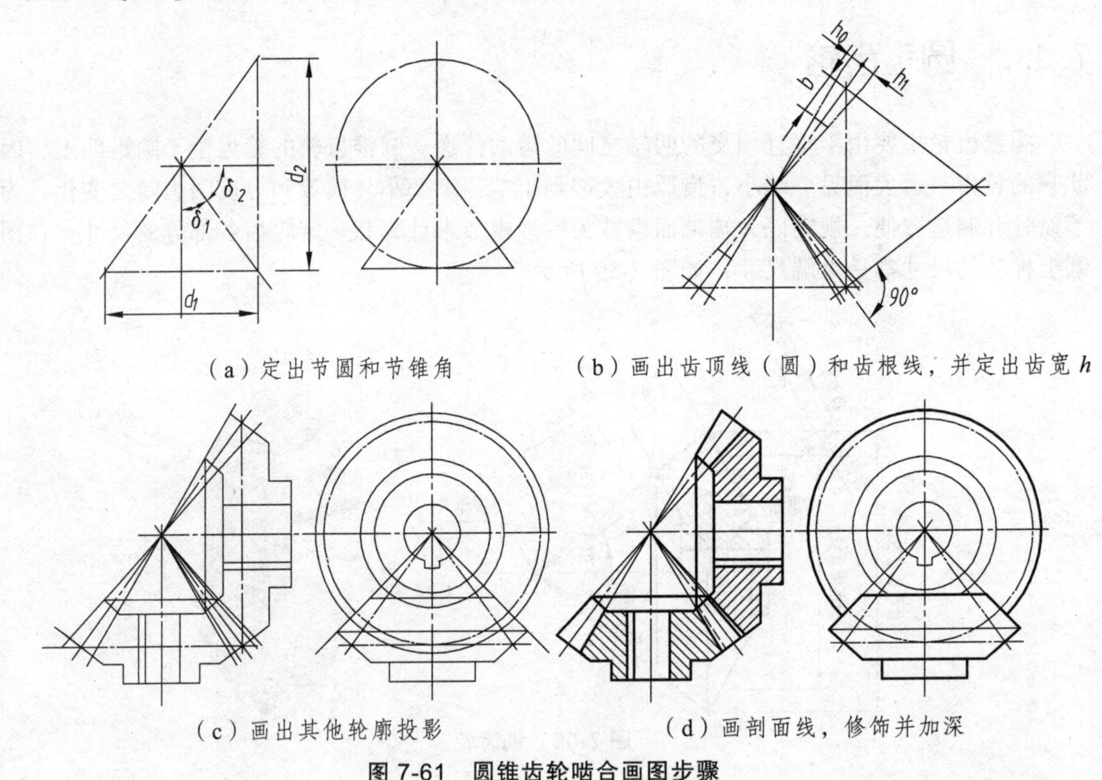

（a）定出节圆和节锥角

（b）画出齿顶线（圆）和齿根线，并定出齿宽 h

（c）画出其他轮廓投影

（d）画剖面线，修饰并加深

图 7-61　圆锥齿轮啮合画图步骤

7.4.3　蜗轮蜗杆

蜗轮实际上是斜齿的圆柱齿轮。为了增加它与蜗杆啮合时的接触面积，提高它的工作寿命，分度圆柱面改为分度圆环面，蜗轮的齿顶和齿根也形成圆环面。蜗轮蜗杆主要用于传递垂直交叉轴间的运动，其传动比大；结构紧凑，传动平稳，但传动效率低。

1. 蜗杆的画法

蜗杆的形状如梯形螺杆，轴向剖面齿形为梯形，它的齿顶线、分度线、齿根线画法与圆柱齿轮的相同，牙型可用局部剖视或局部放大图画出。在外形视图中，蜗杆的齿根圆和齿根线用细实线绘制或省略不画。具体画法如图 7-62 所示。

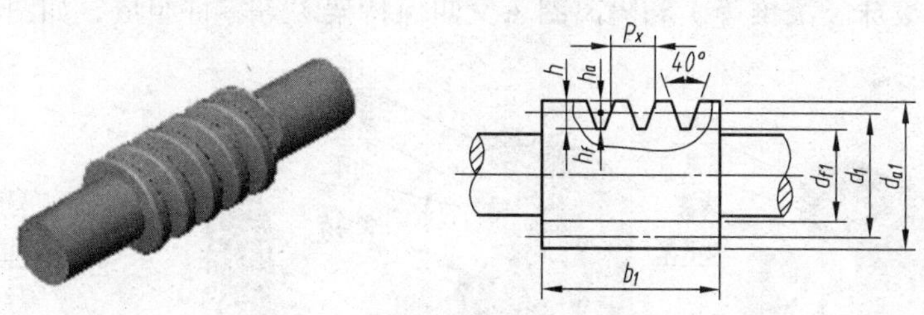

图 7-62　蜗杆的主要尺寸和画法

2. 蜗轮的画法

蜗轮与圆柱齿轮基本相同，但是在蜗轮投影为圆的视图中，轮齿部分只需画出分度圆和齿顶圆，其他圆可省略不画，其他结构形状按投影绘制。如图 7-63 所示。

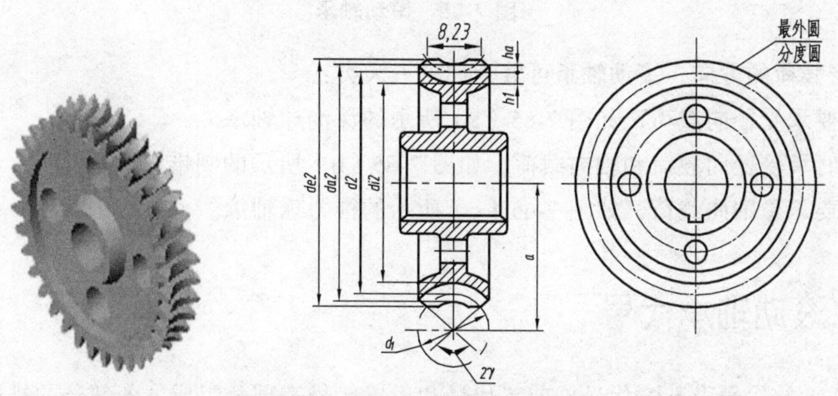

图 7-63　蜗轮的主要尺寸和画法

3. 蜗轮蜗杆的啮合画法

蜗轮蜗杆的啮合画法如图 7-64 所示。在主视图中，蜗轮被蜗杆遮住的部分不必画出；在左视图中，蜗轮的分度圆与蜗杆的分度线相切。

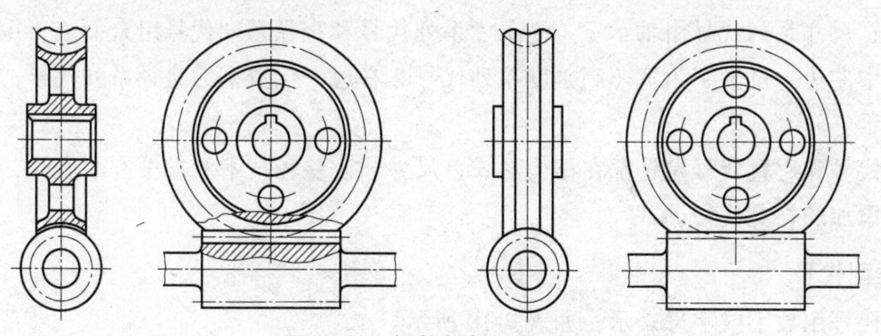

图 7-64　蜗轮蜗杆啮合画法

7.5 滚动轴承

7.5.1 滚动轴承种类及结构

滚动轴承的种类很多，但其结构大致相同，通常由外圈、内圈、滚动体（安装在内、外圈的滚道中，如滚珠、滚锥等）和隔离圈（又叫保持架）等零件组成，如图 7-65 所示。

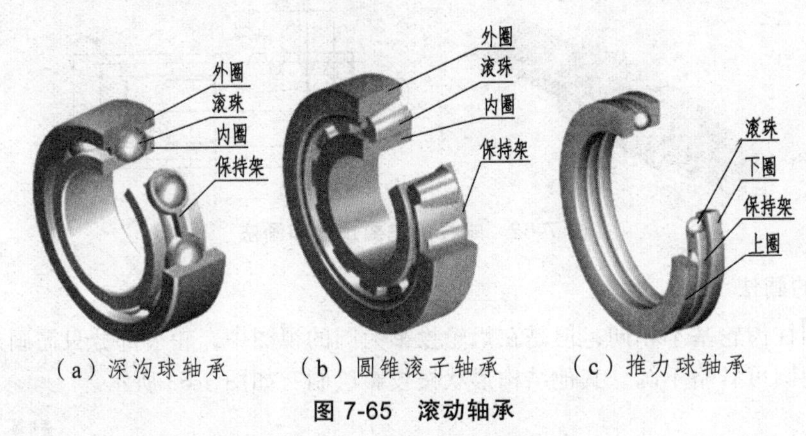

图 7-65 滚动轴承

按承受载荷的方向，滚动轴承可分为如下三大类：

① 主要承受径向载荷，如图 7-65（a）所示的深沟球轴承。

② 同时承受径向载荷和轴向载荷，如图 7-65（b）所示的圆锥滚子轴承。

③ 主要承受轴向载荷，如图 7-65（c）所示的推力球轴承。

7.5.2 滚动轴承代号

滚动轴承的代号由基本代号、前置代号和后置代号三部分组成，各部分的排列如下：

前置代号	基本代号	后置代号

滚动轴承的基本代号表示轴承的基本类型、结构和尺寸，是滚动轴承代号的基础，使用时必须标注，它由轴承类型代号、尺寸系列代号、内径代号三部分构成。类型代号由数字或字母表示；尺寸系列代号由轴承宽（高）度系列代号和直径系列代号组合而成，用两位数字表示；其中左边一位数字为宽（高）度系列代号，右边一位数字为直径系列代号，内径代号用数字表示。

前置代号和后置代号是轴承在结构形式、尺寸、公差和技术要求等有改变时，在其基本代号前后添加的补充代号。

1. 类型代号

类型代号用数字或字母表示，如表 7-10 所示。

表 7-10　滚动轴承主要类型

代号	轴承类型	代号	轴承类型
0	双列角接触球轴承	6	深沟球轴承
1	调心球轴承	7	角接触球轴承
2	调心滚子轴承和推力调心滚子轴承	8	推力轴承
3	圆锥滚子轴承	N	圆柱滚子轴承
4	双列深沟球轴承	U	外球面球轴承
5	推力球轴承	QJ	四点接触球轴承

注：在表中代号后或前加字母或数字表示该轴承中的不同结构。

2. 尺寸系列代号

由滚动轴承的宽（高）度系列代号组合而成。向心轴承、推力轴承尺寸系列代号，如表 7-11 所示。

表 7-11　滚动轴承尺寸系列代号

直径系列代号	向心轴承								推力轴承		
	宽度系列代号								宽度系列代号		
	8	0	1	2	3	4	5	6	7	9	1	2
	尺寸系列代号										
7	—	—	17	—	37	—	—	—	—	—	—	—
8	—	08	18	28	38	48	58	68	—	—	—	—
9	—	09	19	29	39	49	59	69	—	—	—	—
0	—	00	10	20	30	40	50	60	70	90	10	—
1	—	01	11	21	31	41	51	61	71	91	11	—
2	82	02	12	22	32	42	52	62	72	92	12	22
3	83	03	13	23	33	43	53	63	73	93	13	23
4	—	04	—	24	—	—	—	—	74	94	14	24
5	—	—	—	—	—	—	—	—	—	95	—	—

尺寸系列代号有时可以省略：除圆锥滚子轴承外，其余各类轴承宽度系列代号“0”均省略；深沟球轴承和角接触球轴承的 10 尺寸系列代号中的“1”可以省略；双列深沟球轴承的宽度系列代号“2”可以省略。

3. 内径代号

滚动轴承的内径代号表示轴承的公称内径（mm），如表 7-12 所示。

表 7-12　滚动轴承内径代号

轴承公称内径 d（mm）		内径代号
0.6～10（非整数）		用公称内径毫米数直接表示，在其与尺寸系列代号之间用“/”分开
1～9（整数）		用公称内径毫米数直接表示，对深沟球轴承及角接触轴承 7、8、9 直径系列，内径与尺寸系列代号之间用“/”分开
10～17	10	00
	12	01
	15	02
	17	03
20～480（22、28、32 除外）		公称内径除以 5 的商数，商数为个位数，需要在商数左边加“0”，如 08
≥500 以及 22、28、32		用尺寸内径毫米数直接表示，但在与尺寸系列代号之间用“/”分开

4. 基本代号示例

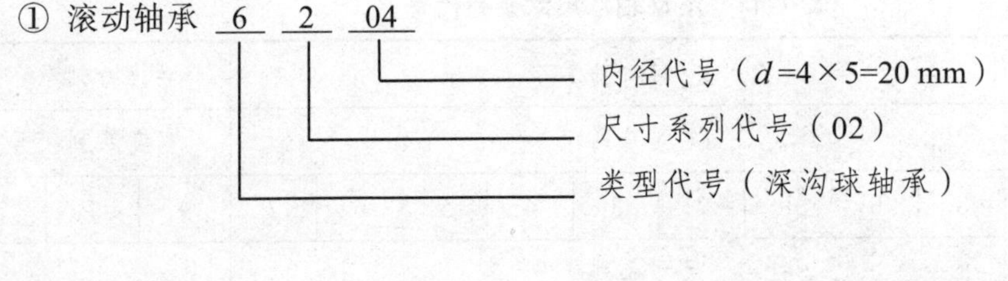

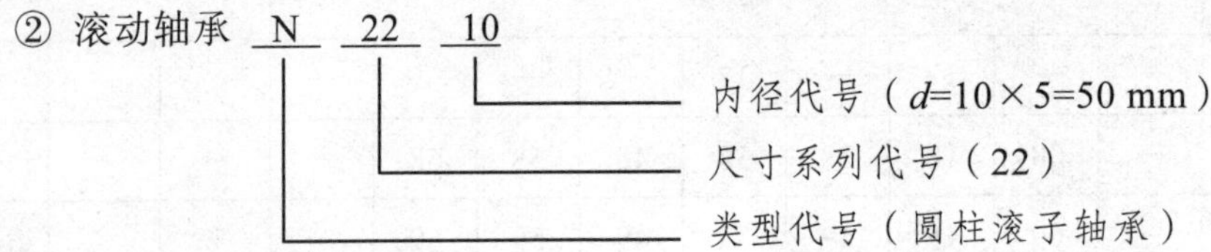

7.5.3　滚动轴承画法

滚动轴承是标准组件，一般不单独绘出零件图，国标规定在装配图中采用简化画法和规定画法来表示，其中简化画法又分为通用画法和特征画法两种。在装配图中，若不必确切地表示滚动轴承的外形轮廓、载荷特征和结构特征，可采用通用画法来表示。即在轴的两侧用粗实线矩形线框及位于线框中央正立的十字形符号表示，十字形符号不应与线框接触。在装配图中，若要较形象地表示滚动轴承的结构特征，可采用特征画法来表示，通用画法和特征画法如表 7-13 所示。

在装配图中，若要较详细地表达滚动轴承的主要结构形状，可采用规定画法来表示。此时，轴承的保持架及倒角省略不画，滚动体不画剖面线，各套圈的剖面线方向可画成一致，间隔相同。一般只在轴的一侧用规定画法表达，在轴的另一侧仍然按通用画法表示，如图 7-66 所示。

表 7-13　常用滚动轴承的画法

名称、标准号和代号	主要尺寸数据	规定画法	特征画法	装配示意图
深沟球轴承 60000	*D* *d* *B*			
圆锥滚子轴承 30000	*D* *d* *B* T *C*			
推力球轴承 50000	*D* *d* *T*			

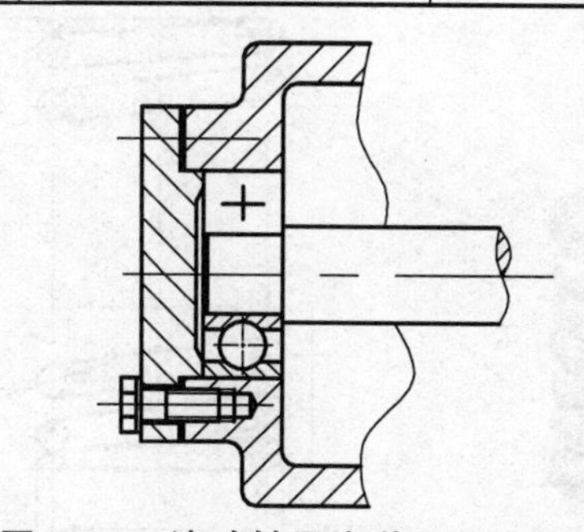

图 7-66　滚动轴承在装配图中的画法

7.6　弹　簧

弹簧是一种常用件，它通常用来减振、夹紧、测力和贮存能量。弹簧的种类很多，常用的有螺旋弹簧和涡卷弹簧等。根据受力情况不同，螺旋弹簧又可分为压缩弹簧、拉伸弹簧和扭转弹簧等，常用的各种弹簧如图 7-67 所示。弹簧的用途很广，本节仅简介圆柱螺旋压缩弹簧的尺寸计算和画法。

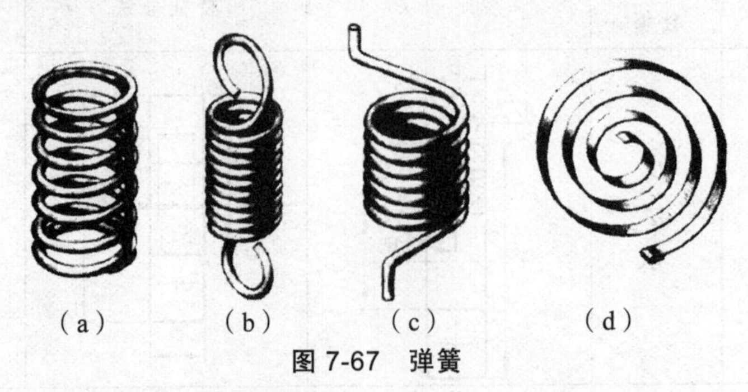

图 7-67 弹簧

7.6.1 圆柱螺旋压缩弹簧各部分名称及尺寸关系

圆柱弹簧的基本结构及各部分名称如图 7-68 所示，具体如下：

① 弹簧线径 d。制造弹簧的钢丝直径，按标准选取；

② 弹簧外径 D_2。弹簧的最大直径，$D_2 = D + d$;

③ 弹簧内径 D_1。弹簧的最小直径，$D_1 = D_2 - 2d$;

④ 弹簧中径 D。弹簧的平均直径，$D = (D_2 + D_1)/2$;

⑤ 节距 t。除支承圈外，相邻两圈间的轴向距离；

⑥ 自由高度 H_0。指弹簧不受外力作用时的高度；

⑦ 弹簧的总圈数 n_1、支承圈数 n_2、有效圈数 n。为保证圆柱螺旋压缩弹簧工作时变形均匀，使中心轴线垂直于支承面，需将弹簧两端并紧、磨平 2.5 圈，并紧、磨平的各圈仅起支撑作用，故称为支撑圈；保持节距的圈称为有效圈；两者之和称为总圈数。

⑧ 展开长度 L。制造弹簧时，簧丝的下料长度，$L \approx \pi D n_1$。

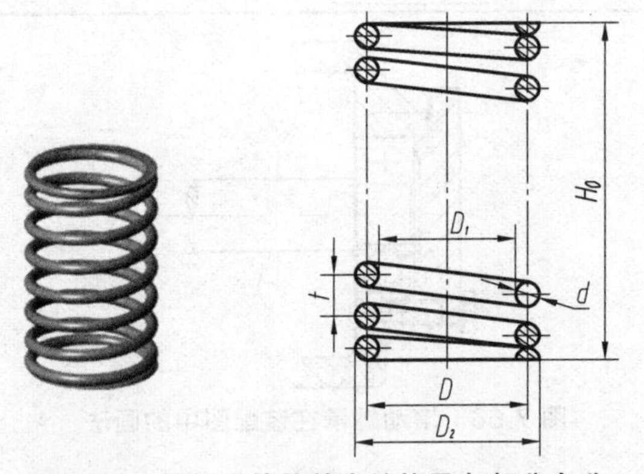

图 7-68 圆柱弹簧的基本结构及各部分名称

7.6.2 圆柱螺旋压缩弹簧的规定画法

1. 绘制规定

① 圆柱压缩弹簧可画成视图、剖视图或示意图，如图 7-69 所示；

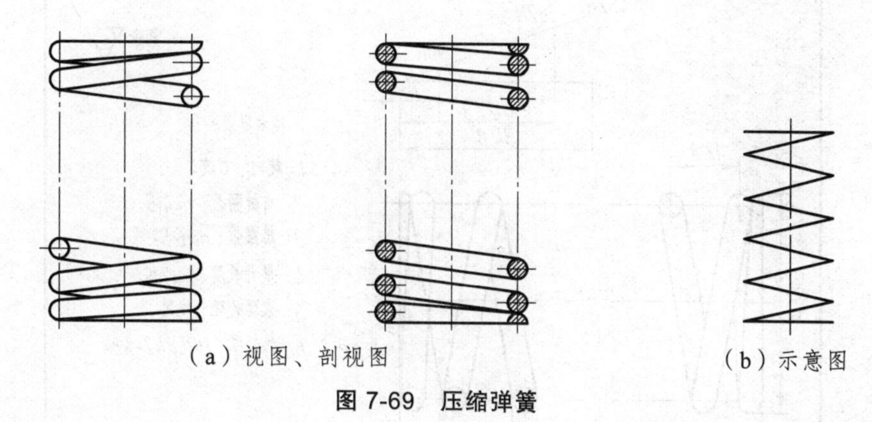

图 7-69　压缩弹簧

② 在平行于螺旋弹簧轴线的投影面的视图中，各圈的外轮廓线应画成直线；

③ 螺旋弹簧均可画成右旋，但左旋螺旋弹簧不论画成左旋或右旋，必须加写“*LH*”字；

④ 当弹簧的有效圈数在四圈以上时，可以只画出两端的 1 ~ 2 圈（支承圈除外），中间部分省略不画，用通过弹簧钢丝中心的两条点画线表示，并允许适当缩短图形的长度；

⑤ 对于螺旋压缩弹簧，如要求两端并紧且磨平时，不论支承圈数多少和末端贴紧情况如何，均按图 7-70 所示（有效圈是整数，支承圈为 2.5 圈）的形式绘制。必要时也可按支承圈的实际结构绘制。

2. 圆柱压缩弹簧绘制过程

圆柱压缩弹簧绘制过程如图 7-70 所示。

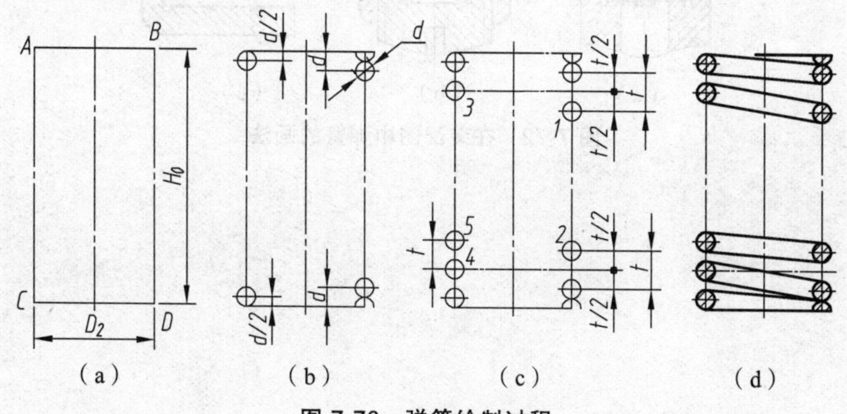

图 7-70　弹簧绘制过程

圆柱螺旋压缩弹簧的零件图见图 7-71。

在装配图中，弹簧后面被挡住的结构一般不画，可见部分从弹簧的外轮廓线或从弹簧钢丝断面的中心线画起，如图 7-72（a）所示。簧丝直径在图形上小于或等于 2 mm 时，其断面可用涂黑表示，见图 7-72（b）；簧丝直径在图形上小于或等于 1 mm 时，可用示意画法，见图 7-72（c）。

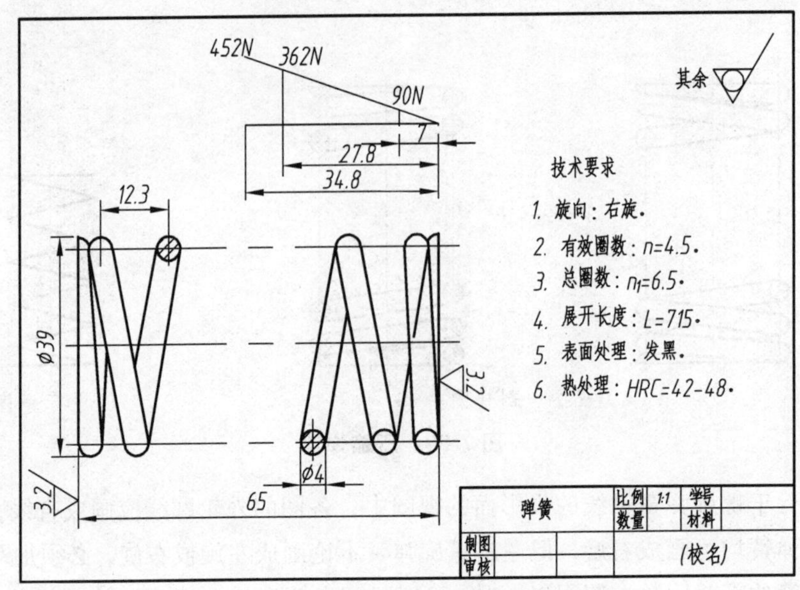

图 7-71 圆柱螺旋压缩弹簧的零件图

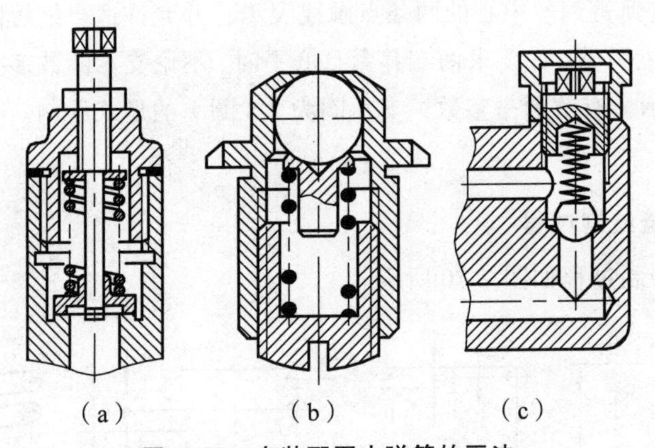

(a) (b) (c)

图 7-72 在装配图中弹簧的画法

第 8 章　零　件　图

要制造机器必须先制造零件，零件是组成机器和部件的基本制造单元。表达单个零件结构形状、尺寸大小和技术要求的图样，称为零件工作图（简称零件图）。零件图是设计部门提交给生产部门的重要技术文件。它既要反映出设计者的意图，表达出机器或部件对零件的要求，同时还要考虑到结构和制造的可能性与合理性，它是制造和检验零件的技术依据。

通常，机械零件分为标准件（如各类紧固件、键、销、滚动轴承、油杯等）和非标准件，非标准件又可分为轴套类、盘盖类、叉架类和箱体类零件等。本章介绍零件图的作用及内容、尺寸标注、零件常见工艺结构、技术要求及零件的测绘等有关的基本知识和技能。

8.1　零件图的作用

8.1.1　零件图的作用

零件图是生产和检验零件所依据的图样，是生产部门的重要技术文件，是对外技术交流的重要技术资料。零件的制造过程，一般是经过铸造、锻造或轧制等方法制出毛坯，然后对毛坯进行一系列加工，最后形成产品。零件的毛坯制造、加工工艺的拟定、工装夹具、量具的设计都是根据零件图来进行的。因此，零件图在生产过程中的重要性是显而易见的，它必须包括制造和检验该零件时所需要的全部信息。

8.1.2　零件图的内容

如图 8-1 所示为泵轴零件图。一张作为加工和检验依据的零件图应包括以下基本内容。

1. 一组图形

综合运用视图、剖视图、断面图、局部放大图等一组图形，正确、完整、清晰地表达零件的内、外形状和结构。

2. 全部尺寸

正确、齐全、清晰、合理地标注出确定零件形状、大小和各部分结构相对位置的全部尺寸。具体包括各基本形体的定形尺寸、相邻形体的定位尺寸、零件的总体尺寸等。

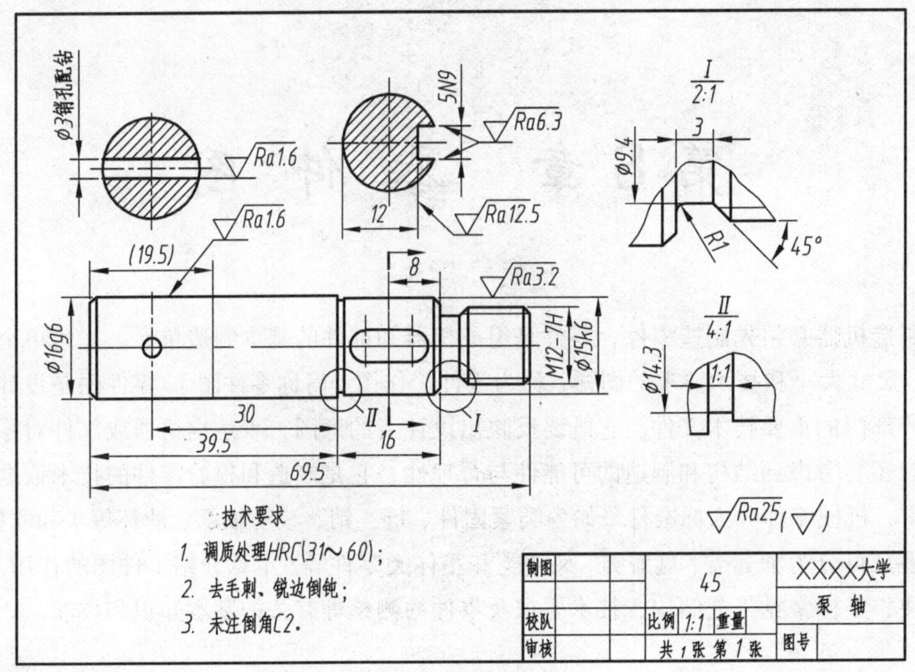

图 8-1 泵轴零件图

3. 技术要求

用规定的符号、代号、标记和文字说明等简明地给出零件制造和检验时所应达到的各项技术指标、要求，如尺寸公差、形状和位置公差、表面粗糙度、热处理、表面处理等。

4. 标题栏

在标题栏中明确填写零件名称、材料、数量、比例、图号及设计、校对、审核人员的姓名与日期等。

8.2 零件的视图选择

8.2.1 零件的视图选择

零件的视图选择原则是：在完整、正确、清晰地表达各部分结构形状和大小的前提下，力求画图简便，视图数量最少。零件的表达方案选择，应首先考虑看图方便。根据零件的结构特点，选用适当的表示方法。画图前，应对零件进行形体分析，结合零件的工作位置和加工位置，选择最能反映零件形状特征的视图作为主视图，以确定一组最佳的表达方案。

1. 形体分析

形体分析是认识零件的过程。零件的结构形状及其工作位置或加工位置不同，视图选择也往往不同。在选择视图之前，应首先对零件进行形体分析，并了解零件的工作和加工情况，以便准确地表达零件的结构形状，反映零件的设计和工艺要求。

2. 主视图的选择

主视图是表达零件形状最重要的视图。零件主视图的选择应遵循合理位置、形状特征等基本原则。

（1）合理位置原则

合理位置是指零件的加工位置和工作位置。加工位置是零件在加工时所处的位置。主视图应尽量表示零件在机床上加工时所处的位置。这样在加工时可以直接进行图物对照，既便于看图和测量尺寸，又可减少差错。如轴套类零件的加工，大部分工序是在车床或磨床上进行，因此要按加工位置画其主视图；工作位置是零件在装配体中所处的位置。零件主视图的放置，也应尽量与零件在机器或部件中的工作位置一致，如图 8-2 所示。

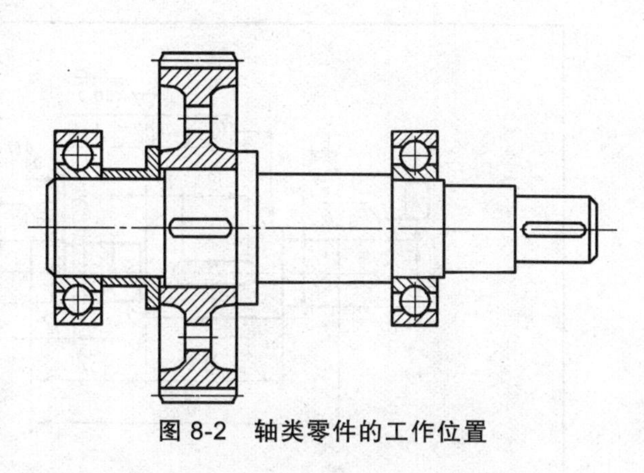

图 8-2　轴类零件的工作位置

（2）形状特征原则

形状特征原则就是将最能反映零件形状特征的方向作为主视图的投影方向，以满足表达零件清晰的要求，如图 8-3 所示。

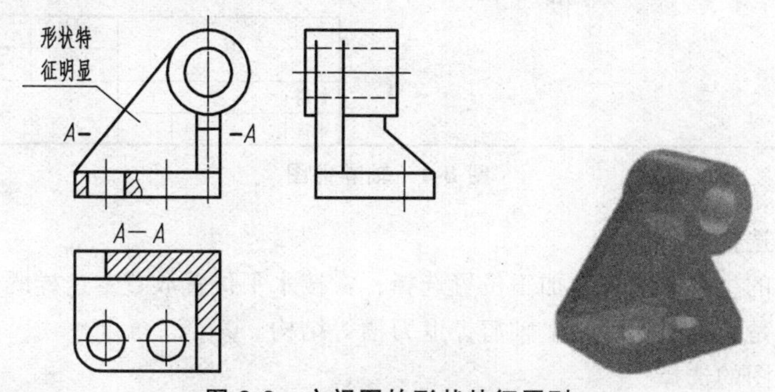

图 8-3　主视图的形状特征原则

3. 选择其他视图

主视图确定后，对其表达不清楚的部分，再选择其他视图予以完善表达。根据零件的复杂程度及内、外结构形状，全面地考虑还应需要的其他视图，在准确清晰地表达零件的前提下，使视图数量最少。

8.2.2　典型零件的表达分析

根据零件在结构形状、表达方法上的差别，常将其分为四类：轴套类零件、轮盘类零件、叉架类零件和箱体类零件。

1. 轴套类零件

（1）形体分析

轴套类零件的基本形状是同轴回转体。在轴上通常有键槽、销孔、螺纹退刀槽、倒圆等结构。此类零件主要是在车床或磨床上加工。图 8-4 所示的轴即属于轴套类零件。

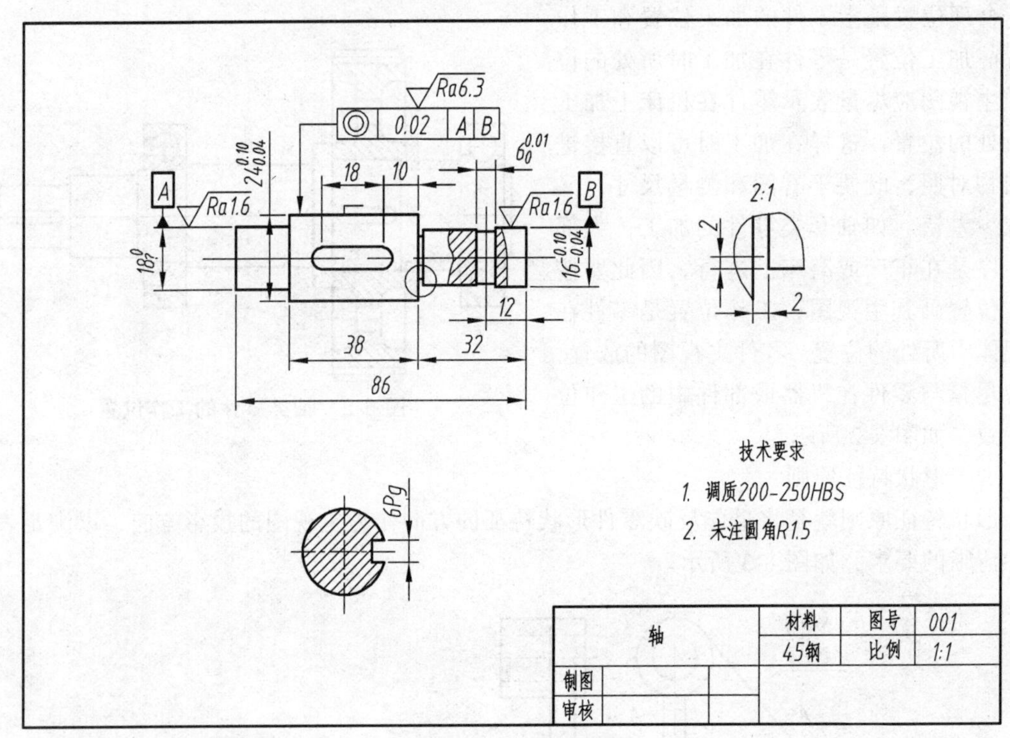

图 8-4　轴零件图

（2）主视图选择

轴套类零件的主视图应按其加工位置选择，常按水平位置放置。这样既可把各段形体的相对位置表示清楚，又能反映轴上轴肩、退刀槽等结构。

（3）其他视图的选择

轴套类零件主要结构形状是回转体，一般只画一个主视图。零件上的键槽、孔等结构，可采用局部视图、局部剖视图、移出断面图和局部放大图等来表达。

2. 盘盖类零件

（1）形体分析

盘盖类零件包括端盖、阀盖、齿轮等，这类零件的基本形体一般为回转体或其他几何形状的扁平的盘状体，通常还带有各种形状的凸缘、均布的圆孔和肋等局部结构。图 8-5 所示为轴承端盖。

（2）主视图选择

盘盖类零件的毛坯有铸件或锻件，机械加工以车削为主，主视图一般按加工位置水平放置，但有些较复杂的盘盖，因加工工序较多，主视图也可按工作位置画出。为了表达零件内部结构，主视图常取全剖视。

（3）其他视图的选择

盘盖类零件一般需要两个以上基本视图表达，除主视图外，为了表示零件上均布的孔、槽、肋、轮辐等结构，还需选用一个端面视图（左视图或右视图），图 8-5 所示就增加了一个左视图，以表达凸缘和 4 个均布的通孔。

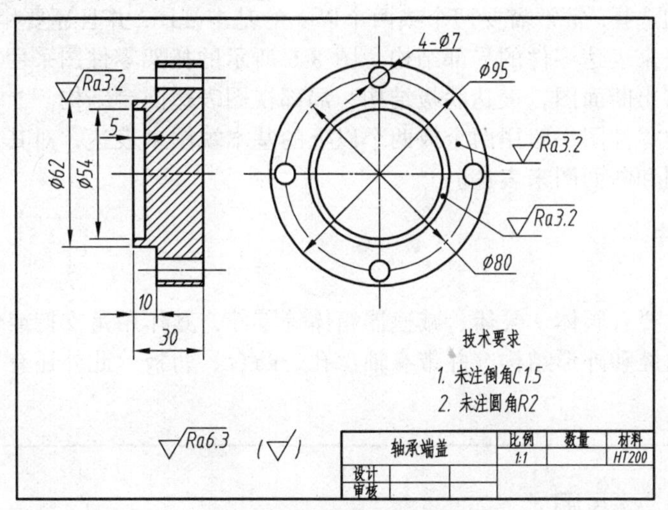

图 8-5　轴承端盖零件图

3. 叉架类零件

（1）形体分析

叉架类零件一般有拨叉、连杆、支座等。此类零件常用倾斜或弯曲的结构连接零件的工作部分与安装部分。叉架类零件多为铸件或锻件，因而具有铸造圆角、凸台、凹坑等常见结构，图 8-6 所示托架属于叉架类零件。

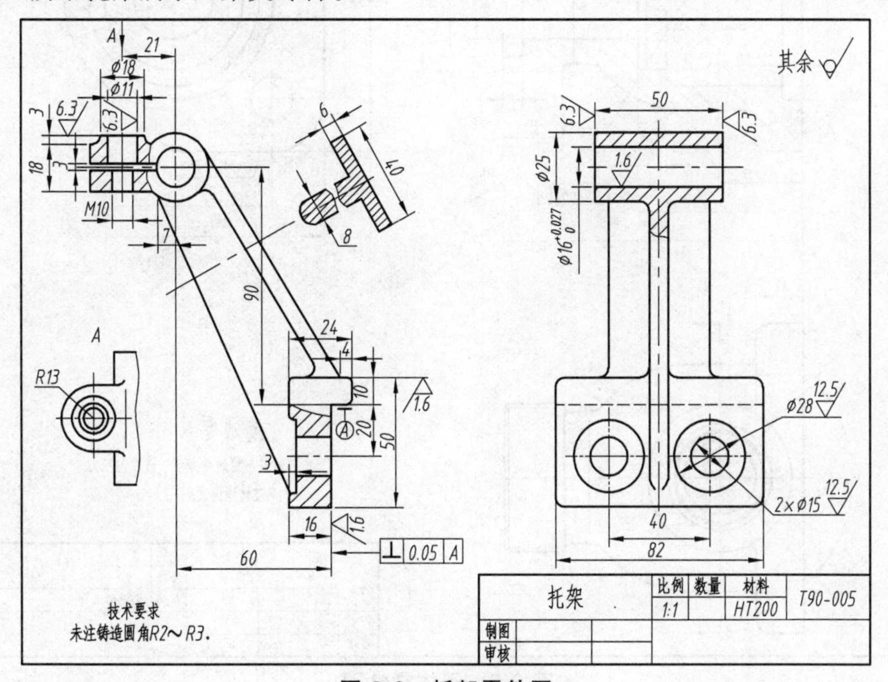

图 8-6　托架零件图

（2）主视图选择

叉架类零件结构形状比较复杂，加工位置多变，有的零件工作位置也不固定，所以这类零件的主视图一般按工作位置原则和形状特征原则择优确定。

（3）其他视图选择

对其他视图的选择，常常需要两个或两个以上的基本视图，并且还要用适当的局部视图、断面图等表达方法来表达零件的局部结构。图 8-6 所示的托架零件图采用了一个左视图，表达托架的外形；移出断面图，表达肋板结构；局部视图表达凸台结构。

因此，叉架类零件图一般用两个或两个以上的基本视图来表达，对其上局部的肋板等结构常采用局部视图和断面图来表达。

4．箱体类零件

（1）形体分析

箱体类零件主要有阀体、泵体、减速器箱体等零件，其作用是支持或包容其他零件。这类零件有复杂的内腔和外形结构，并带有轴承孔、凸台、肋板，此外还有安装孔、螺孔等结构，如图 8-7 所示。

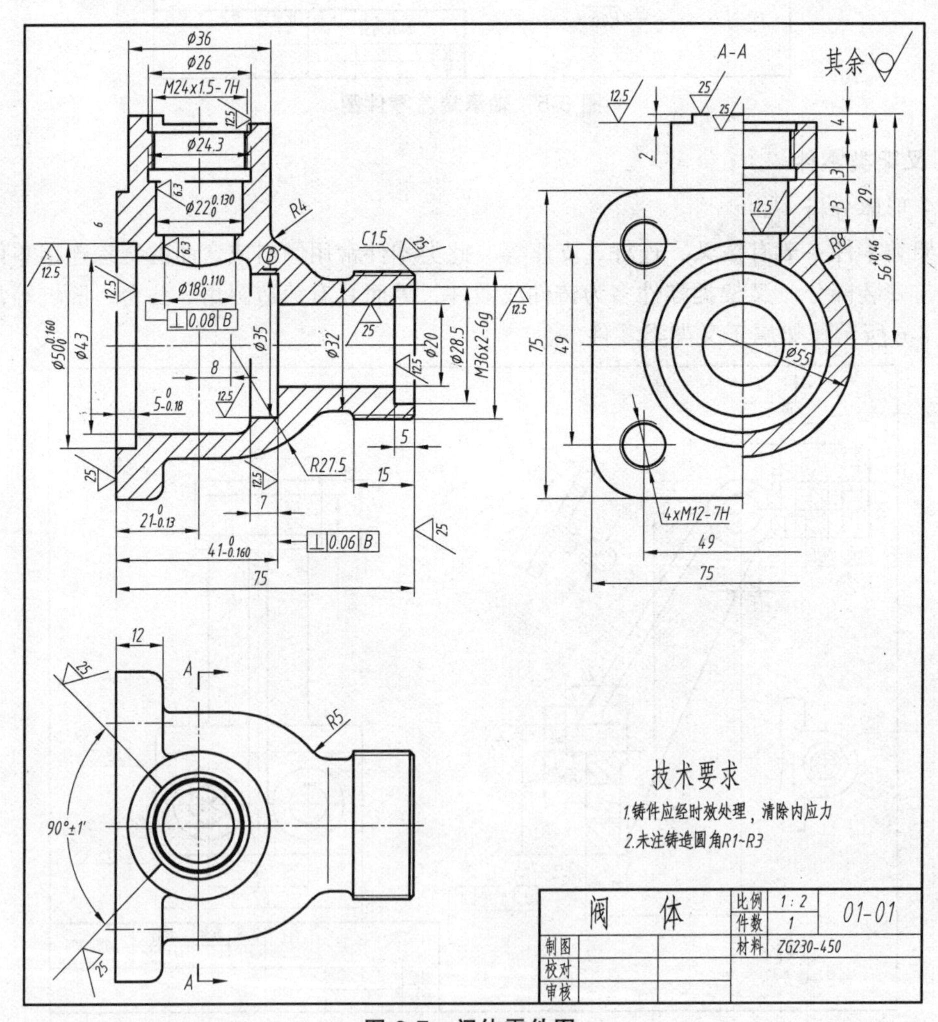

图 8-7 阀体零件图

（2）主视图选择

由于箱体类零件加工工序较多，加工位置多变，所以在选择主视图时，主要根据工作位置原则和形状特征原则来考虑，并采用剖视，以重点反映其内部结构。图 8-7 中主视图采用全剖视图来表达阀体的内部孔系结构。

（3）其他视图选择

为了表达箱体类零件的内外结构，常需要用 3 个或 3 个以上的基本视图，并根据结构特点在基本视图上采取剖视、局部视图、斜视图及规定画法等表达外形。图 8-7 左视图采用半剖视图，而为了表达阀体的外部结构，俯视图则采用基本视图。

8.3　零件上的常见工艺结构

通过对零件视图选择、尺寸注法的分析可以看出：零件的结构形状主要是由它在机器或部件中所起的作用及它的制造工艺决定的。因此零件的结构除了满足使用要求外，还必须考虑制造工艺，以方便制造。下面列举一些常见的工艺结构，供画图时参考。

8.3.1　铸造零件的工艺结构

1. 铸造圆角

铸件各个表面的相交处应做成圆角，如图 8-8 所示。这样可以防止高温液态金属冲坏砂型转角，还可避免高温液态金属在冷却收缩时在铸件的尖角处产生开裂或缩孔。铸造圆角（一般取半径为 3～5 mm）在视图上一般不予标注，而集中注写在技术要求中。铸件表面常常需要进行切削加工，此时铸造圆角被削平成尖角或倒角。

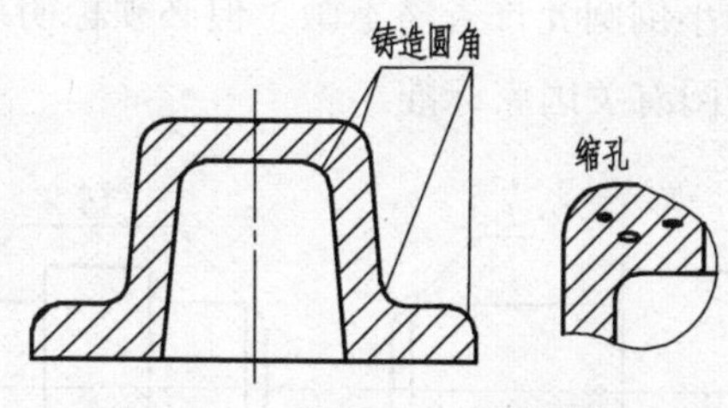

图 8-8　铸造圆角

2. 起模斜度

用铸造的方法制造零件毛坯时，为了便于从砂型中取出模型，一般沿取出模型的方向做成约 1∶20 的斜度，这个斜度叫作起模斜度。因此在零件毛坯表面也有相应的斜度，如图 8-9（a）所示。对起模斜度无特殊要求时，在图上可以不画出，也可以不予标注，如图 8-9（b）所示，必要时可在技术要求中用文字说明。

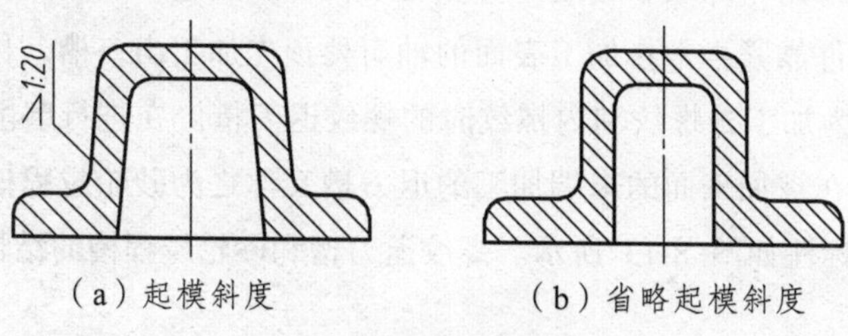

（a）起模斜度　　（b）省略起模斜度

图 8-9　起模斜度

3. 铸件壁厚

在浇铸零件时，为了避免各部分因冷却速度不同而在壁厚较大处产生缩孔或在断面突然变化处产生裂纹，应使铸件的壁厚保持大致相等或者逐渐过渡，如图 8-10 所示。

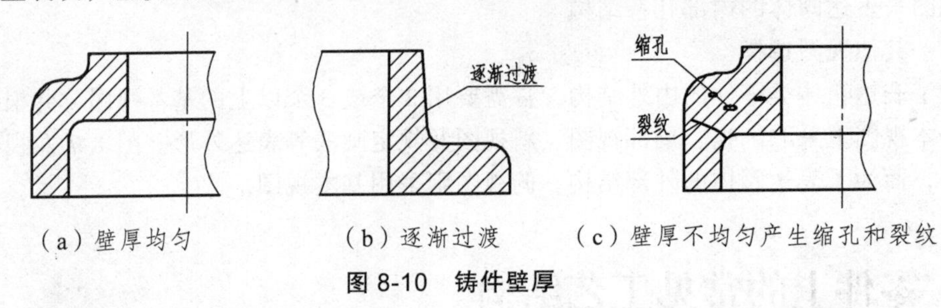

（a）壁厚均匀　　（b）逐渐过渡　　（c）壁厚不均匀产生缩孔和裂纹

图 8-10　铸件壁厚

8.3.2　零件加工面的工艺结构

1. 倒角或倒圆

为了便于装配和去除零件的毛刺、锐边，加工时常将孔或轴的端部形成的尖角切削成倒角或倒圆的形式；为了避免应力集中产生裂纹，在轴肩和孔肩处通常加工成倒圆的形式（圆角过渡的形式），如图 8-11 所示。

在绘制零件图时一般应将倒角和倒圆画出，并标注尺寸。但在不致引起误解时，零件的小倒角和小倒圆允许省略不画，但必须标明尺寸，如图 8-11（c）所示。倒角和倒圆的尺寸系列可查阅有关国家标准。

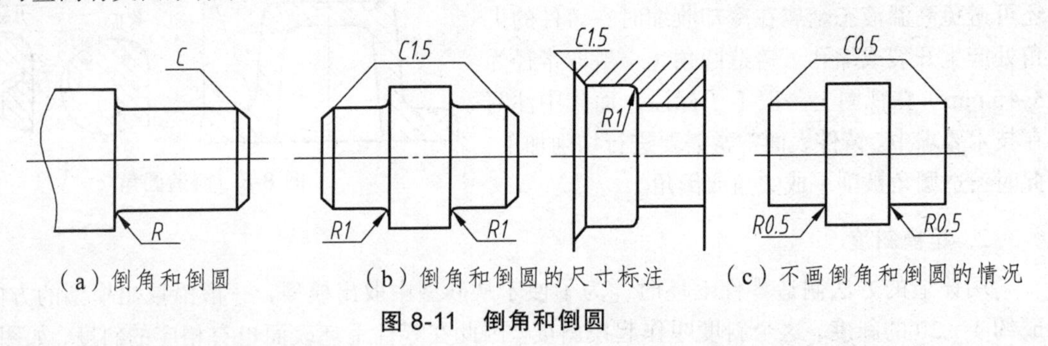

（a）倒角和倒圆　　（b）倒角和倒圆的尺寸标注　　（c）不画倒角和倒圆的情况

图 8-11　倒角和倒圆

2. 螺纹退刀槽和砂轮越程槽

在切削加工（主要是车螺纹和磨削）中，为了便于刀具进入或退出切削加工面，并且在装配时保证与相邻零件靠紧，常在加工表面的轴肩处预先加工出一槽，称之为退刀槽，如图 8-12（a）、（b）所示为加工外螺纹和内螺纹时的螺纹退刀槽。在进行磨削加工时，为了使砂轮稍稍越过加工面，在被加工面的末端加工的退刀槽又称之为砂轮越程槽，如图 8-13 所示。砂轮越程槽的画法与标注如图 8-13 所示。螺纹退刀槽和砂轮越程槽的结构和尺寸系列可查阅有关国家标准。

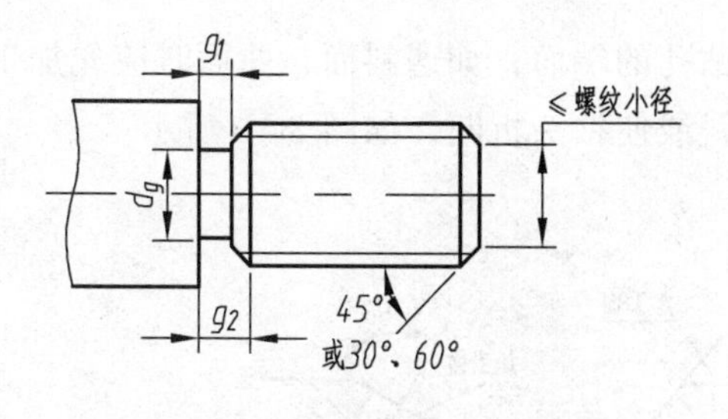

（a）外螺纹退刀槽的画法及尺寸标注

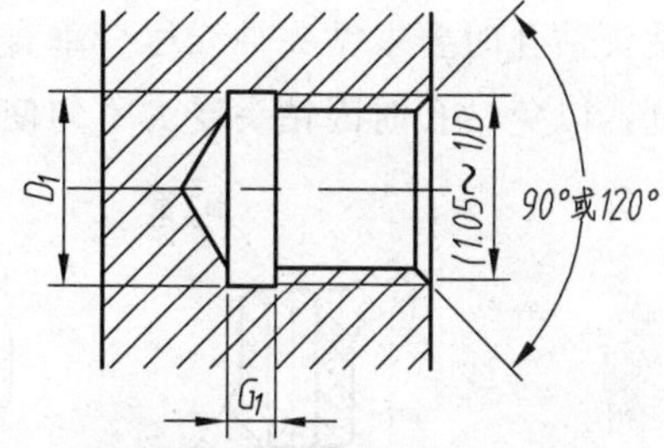

（b）内螺纹退刀槽的画法及尺寸标注

图 8-12　螺纹退刀槽的画法及尺寸标注

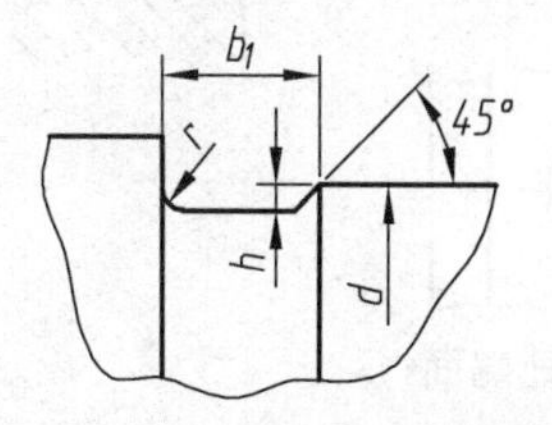

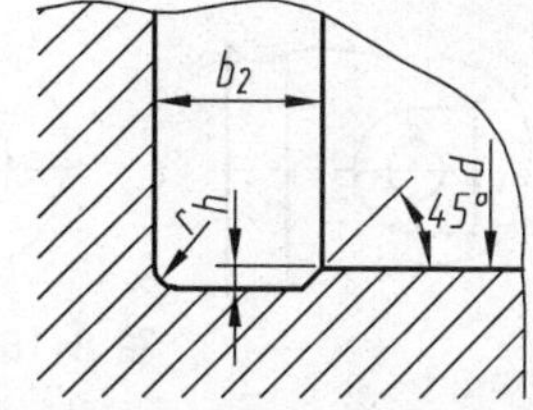

图 8-13　砂轮越程槽的画法与标注

3. 凸台和凹坑

零件上与其他零件的接触面，一般都需要加工。为了减少零件表面的机械加工面积，保证零件表面之间的良好接触，常常在铸件表面设计凸台和凹坑等结构，如图 8-14 所示。

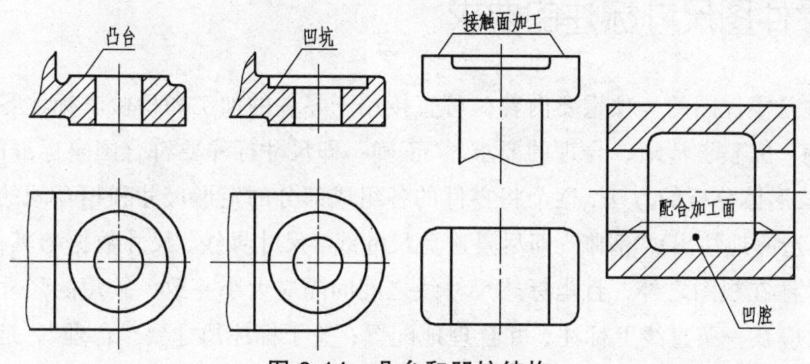

图 8-14　凸台和凹坑结构

4. 钻孔结构

零件上经常有不同用途和不同结构的孔，这些孔常常使用钻头加工而成。盲孔的底部有一个约 120°的锥角，阶梯孔的过渡处也有锥角为 120°的圆台，这些都是钻头角，在图中无需标注。盲孔和阶梯孔的结构及尺寸注法见图 8-15。

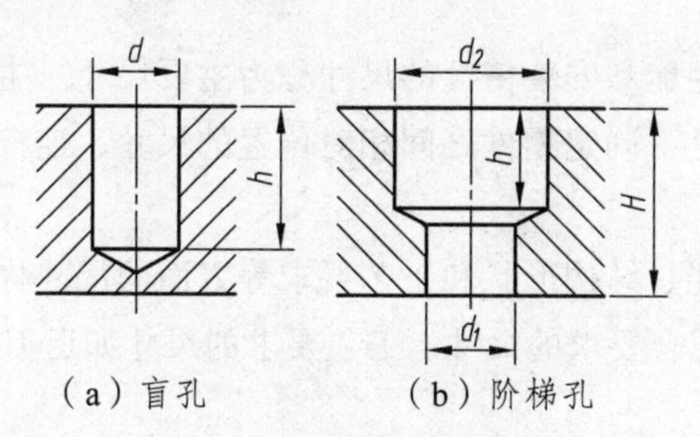

（a）盲孔　　（b）阶梯孔

图 8-15　盲孔和阶梯孔的结构及尺寸注法

用钻头钻孔时要求钻头轴线尽量垂直于被钻孔的端而，如遇斜面、曲面时应先加工成凸台或凹坑，以免钻孔时因钻头受力不匀使孔偏斜或使钻头折断，如图 8-16 所示。

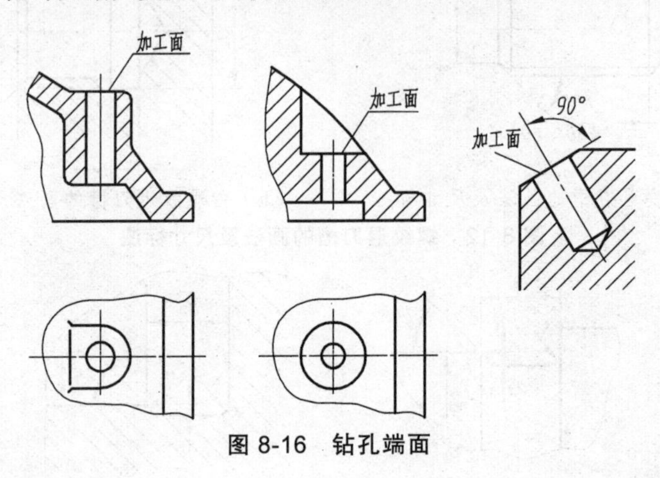

图 8-16　钻孔端面

8.4　零件图的尺寸标注

8.4.1　零件图尺寸标注的要求

尺寸标注是零件图的一项重要内容，可直接用于零件的加工和检验。标注零件的尺寸时必须满足正确、完整、清晰、合理的要求。“正确”即尺寸标注要符合国家标准的有关规定；“完整”就是按形体分析的方法，逐个将零件的各组成部分的定形尺寸和相互间的定位尺寸既不重复、也不遗漏地注出；“清晰”即尽量避免尺寸线、尺寸界线、尺寸数据与其他图线交叠，并尽量将尺寸注在视图之外，且坐标式尺寸线之间间隔应大小一致，较短的尺寸线较靠近视图；链式尺寸应在一条直线上标注，并合理地配置；关于标注尺寸要“合理”，是指既要考虑设计要求，又要考虑工艺要求。设计人员要对零件的作用、加工制造工艺及检验方法有所了解，才能合理地标注尺寸。

8.4.2　主要尺寸和非主要尺寸

凡直接影响零件使用性能和安装精度的尺寸称为主要尺寸。主要尺寸包括零件的规格性能尺寸、有配合要求的尺寸、确定零件之间相对位置的尺寸、连接尺寸和安装尺寸等，一般都有公差要求。

仅满足零件的机械性能、结构形状和工艺要求等方面的尺寸称为非主要尺寸。非主要尺寸包括外形轮廓尺寸、无配合要求的尺寸、工艺要求的尺寸如退刀槽、凸台、凹坑、倒角等，一般都不标注公差。

8.4.3　尺寸基准

零件在设计、制造时确定尺寸起点位置的点、线、面等几何元素称为尺寸基准。根据尺寸基准的作用不同分为设计基准和工艺基准。

1. 设计基准

根据零件结构特点和设计要求而选定的基准，称为设计基准。零件有长、宽、高三个方向，每个方向都要有一个设计基准，该基准又称为主要基准。对于轴套类零件，实际设计中经常采用的是轴向基准和径向基准。

2. 工艺基准

工艺基准是在加工时确定零件装夹位置以及安装时所使用的基准。工艺基准有时可能与设计基准重合，该基准不与设计基准重合时又称为辅助基准。零件同一方向有多个尺寸基准时，主要基准只有一个，其余均为辅助基准。如图 8-17 所示。

在标注尺寸时，尽可能使设计基准与工艺基准统一，以减少因两个基准不重合而引起的尺寸误差。当设计基准与工艺基准不一致时，应以保证设计要求为主，将主要尺寸从设计基准注出，次要尺寸从工艺基准注出，以便加工和测量。

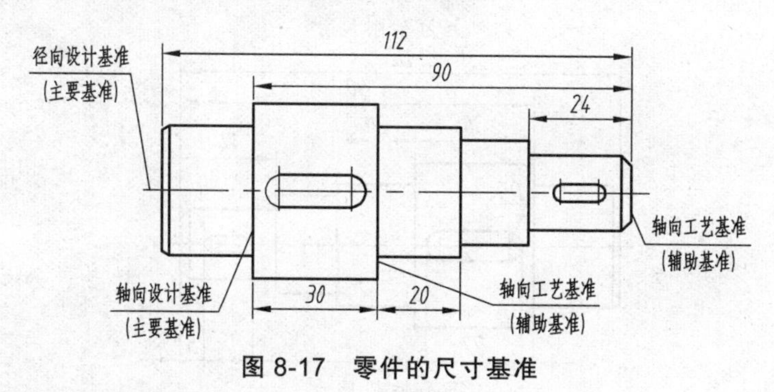

图 8-17　零件的尺寸基准

8.4.4　合理标注尺寸应注意的问题

1. 主要尺寸直接注出

主要尺寸应从设计基准直接注出。如图 8-18 中的高度尺寸 a 为主要尺寸，应直接从高度方向主要基准直接注出，以保证精度要求。

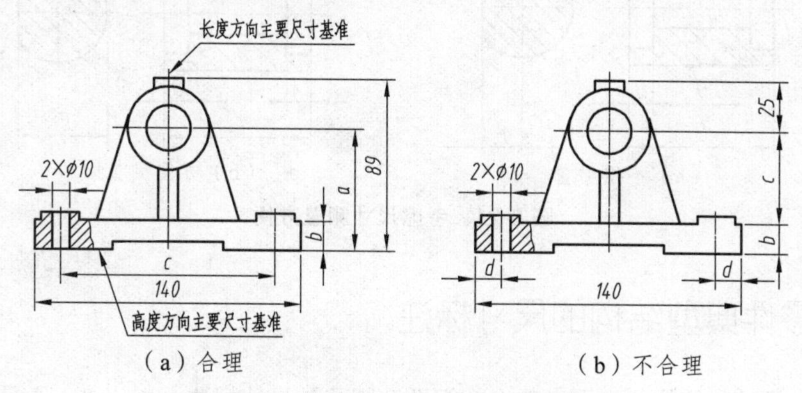

（a）合理　　　　（b）不合理

图 8-18　主要尺寸从设计基准直接注出

2. 避免出现封闭的尺寸链

封闭的尺寸链是指一个零件同一方向上的尺寸一环扣一环首尾相连，成为封闭形状的情况。在标注尺寸时，应将次要尺寸空出不注（称为开口环），其他各段加工的误差都积累至这个不要求检验的尺寸上，主要轴段的尺寸则可得到保证，如图 8-19 所示。

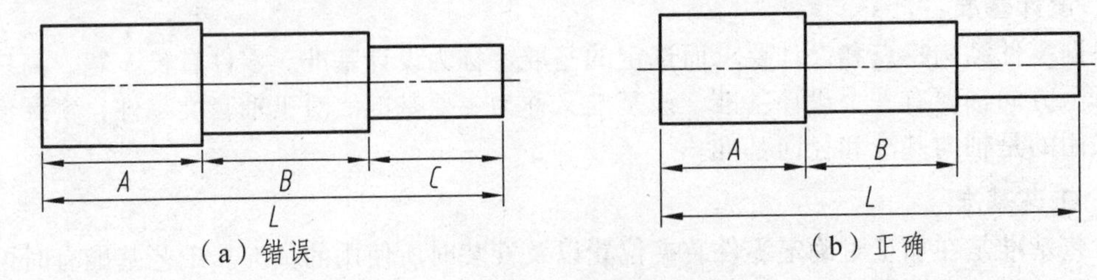

（a）错误　　　　（b）正确

图 8-19　避免标注封闭的尺寸链

3. 零件加工和测量的要求

（1）零件加工看图方便

不同加工方法所用尺寸分开标注，便于看图加工，如图 8-20 所示。

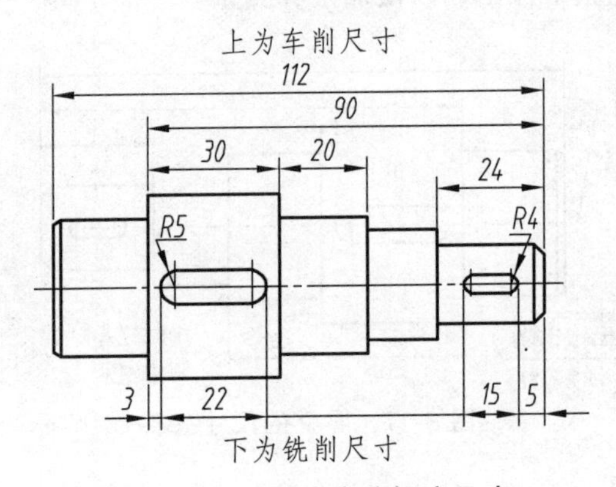

图 8-20　按加工方法标注尺寸

（2）零件测量方便

注意所注尺寸是否便于测量，如图 8-21 所示。

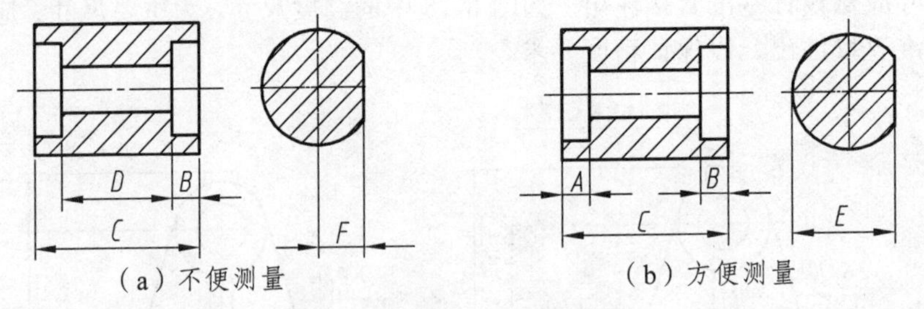

（a）不便测量　　　　（b）方便测量

图 8-21　考虑尺寸测量方便

8.4.5　零件典型结构的尺寸标注

零件图上常见的结构如光孔、锪孔、沉孔和螺孔的尺寸标注，如表 8-1 所示。

表 8-1 常见结构要素的尺寸注法及简化注法

零件结构类型		标注方法	简化注法	说 明
螺孔	通孔	3×M6-6H	3×M6-6H；3×M6-6H	3×M6 表示直径为 6，有规律分布的三个螺孔，可以旁注:也可直接注出
	不通孔	3×M6-6H；10	3×M6-6H↧10；3×M6-6H↧10	螺孔深度可与螺孔直径连注：也可分开注出
		3×M6-6H；10；12	3×M6-6H↧10 孔↧12；3×M6-6H↧10 孔↧12	需要注出孔深时,应明确标注孔深尺寸
光孔	一般孔	4×φ5；10	4×φ5-6H↧10；4×φ5-6H↧10	4×ϕ5 表示直径为 5，有规律分布的四个光孔。孔深可与孔径连注:也可分开注出
	精加工孔	4×$\phi 5_0^{+0.012}$；10；12	4×φ5↧$10_0^{+0.012}$ 钻孔↧12；4×φ5↧$10_0^{+0.012}$ 钻孔↧12	光孔深度为 12，钻孔后需精加工至 $5_0^{+0.012}$，深度为 10
	锥销孔	锥销孔φ5 配作	锥销孔φ5 配作	ϕ5 为与锥销孔相配的圆锥销小头直径。锥销孔通常是相邻两零件装配后一起加工的
沉孔	锥形沉孔	90°；φ13；6×φ7	6×φ7 ⌵φ13×90°；6×φ7 ⌵φ13×90°	6×ϕ7 表示直径为 7，有规律分布的六个孔。锥形部分尺寸可以旁注:也可直接注出

8.5 零件图的技术要求

零件图中的技术要求主要是指对零件几何精度的要求，包括表面粗糙度、极限与配合、形状与位置公差等；零件理化性能方面的要求，包括热处理、表面涂镀等；零件制造、检验的要求等。零件图中的技术要求通常用符号、代号或标记注写在图样中，没有规定标记时用简明的文字注写在标题栏附近。

8.5.1 表面粗糙度

在零件图中，根据机器设备功能的需要，对零件的表面质量提出的精度要求称做表面结构，表面结构是表面粗糙度、表面波纹度、表面缺陷、表面纹理和表面几何形状的总称。表面结构在图样上的表示法见 GB/T 131—2009。本节主要以我国工程设计中常用的表面粗糙度为例，介绍其在图样中的表示法。

1. 表面粗糙度的概念

零件表面在加工过程中，由于机床和刀具的振动，材料的不均匀等因素，加工的表面总会留下加工的痕迹，这种加工表面上具有的较小间距和峰谷所组成的微观几何形状特性称为表面粗糙度。

表面粗糙度反映零件表面的光滑程度。零件各个表面的作用不同，所需的光滑程度也不一样。表面粗糙度是评定零件表面质量的重要指标之一，对零件的配合、耐磨程度、抗疲劳强度、抗腐蚀性及外观都有影响。

2. 表面粗糙度的主要评定参数

生产中评定零件表面质量的主要参数是轮廓算术平均偏差 *Ra*。

轮廓算术平均偏差 *Ra* 是指在取样长度 *lr*（用以判别具有表面粗糙度特征的一段基准线长度）内，沿测量方向（*Z* 方向）的轮廓线上的点与基准线之间距离绝对值的算术平均值（图 8-22）。

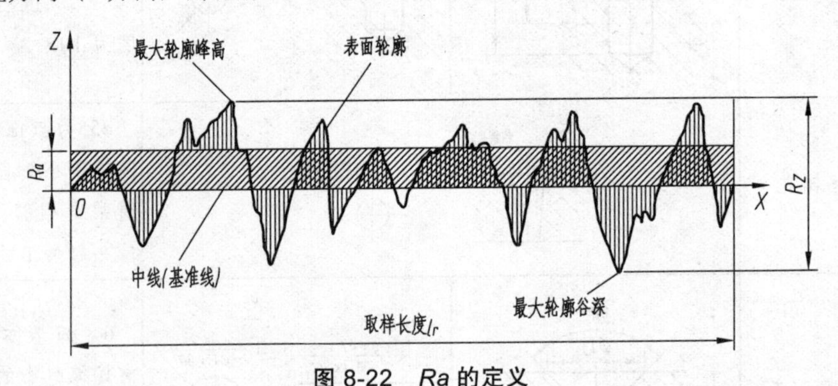

图 8-22 *Ra* 的定义

Ra 可用公式表示如下。

$$Ra = \frac{1}{lr}\int_0^l \left|Z(x)\right| \mathrm{d}x$$

式中，Z ——轮廓线上的点到基准线（中线）之间的距离；

lr——取样长度。

常用的表面粗糙度参数轮廓算术平均偏差 Ra，其规定数值见表 8-2（Ra 的计量单位为微米）。

表 8-2　轮廓算术平均偏差 Ra 的数值及取样长度 lr 的选用值（GB/T 131—2009 摘录）

Ra/μm	≥0.008～0.02	≥0.02～0.1		≥0.1～2.0			≥2.0～10.0		≥10.0～80	
lr/mm	0.08	0.25		0.8			2.5		8.0	
Ra 系列/μm	0.008	**0.025**	0.08	0.125	**0.4**	1.25	2.5	8.0	**12.5**	40
	0.01	0.032	**0.1**	0.16	0.5	**1.6**	**3.2**	10.0	16	**50**
	0.012	0.04		**0.2**	0.63	2.0	4.0		20	63
	0.016	**0.05**		0.25	**0.8**		5.0		**25**	80
	0.02	0.063		0.32	1.0		**6.3**		32	**100**

注：Ra 的数值中黑体字为第一系列，应优先选用。

3. 表面粗糙度代号

零件图中应标注表面粗糙度代号，以说明该表面加工后的表面质量要求。表面粗糙度代号即填写表面粗糙度参数的表面结构代号，由图形符号、参数代号、极限值和补充要求一起组成。

（1）图形符号

图形符号见表 8-3。图形符号的尺寸参见 GB/T 131—2009。

表 8-3　图形符号

符号类型	符　号	意义及说明
基本图形符号		基本符号，表示表面可用任何方法获得。仅在简化代号标注中可单独绘制
扩展图形符号		基本符号加一短画，表示表面是用去除材料的方法获得的，如车、铣、钻、磨、剪切、抛光、腐蚀、电火花加上、气割等。仅在简化代号标注中可单独绘制
		基本符号加一小圆，表示表面是用不去除材料方法获得的，如铸、锻、冲压变形、热轧、冷轧、粉末冶金等，也可用于保持原供应状况的表面（包括保持上道工序形成的表面）。仅在简化代号标注中可单独绘制
完整图形符号	APA　MRR　NMR	在基本图形符号和扩展图形符号的长边上加一横线。标注表面粗糙度的参数和其他说明时应使用该符号。在报告和合同的文本中应使用符号下方的文字表示对应符号
工件各表面图形符号		在上述三个符号上均可加一小圆，表示某视图中封闭轮廓的所有表面具有相同的表面粗糙度要求

（2）参数代号和补充要求的注写位置

表面粗糙度代号中标注参数代号和补充要求说明时，按图 8-23 中的位置分别标注，各位置应标注的内容见表 8-4。

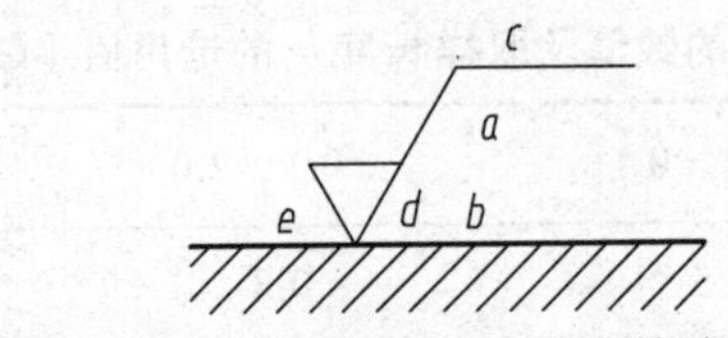

图 8-23　参数值和补充要求的注写位置

表 8-4　表面粗糙度代号中补充要求注写位置说明

位置序号	注写内容
a	注写表面粗糙度单一要求，包括表面粗糙度参数代号、极限值、传输带（或取样长度），标注顺序为传输带（或取样长度）/表面粗糙度参数代号极限值，如 0.8/*Ra* 6.3
b	若有多个要求，注写第二个表面粗糙度要求，方法同 a
c	注写加工方法、表面处理、涂层或其他加工工艺要求等
d	注写表面纹理种类和纹理的方向，纹理的标注请参阅 GB/T 131—2009 相关内容
e	注写所要求的加工余量，单位为 mm

（3）表面粗糙度代号示例

表面粗糙度代号的示例见表 8-5。

表 8-5　表面粗糙度代号示例

代　号	意　义
Ra 3.2	表示不允许去除材料，单向上限值，默认传输带，*R* 轮廓，算术平均偏差 3.2 μm，评定长度为 5 个取样长度（默认），“16%规则”（默认）
Ra 3.2	表示去除材料，单向上限，默认传输带，*R* 轮廓，算术平均偏差 3.2 μm，评定长度为 5 个取样长度（默认），“16%规则”（默认）
0.008-0.8/Ra 3.2	表示去除材料，单向上限值，传输带 0.008～0.8 mm，*R* 轮廓，算术平均偏差 3.2 μm，评定长度为 5 个取样长度（默认），“16%规则”（默认）
U Ramax 3.2 L Ra 0.8	表示不允许去除材料，双向极限值，两极限值均使用默认传输带，*R* 轮廓，上限值：算术平均偏差 3.2 μm，评定长度为 5 个取样长度（默认），“最大规则”；下限值：算术平均偏差 0.8 μm，评定长度为 5 个取样长度（默认），“16%规则”（默认）
铣 Ra 3.2 ⊥	表示去除材料，单向上限值，默认传输带，*R* 轮廓，算术平均偏差 0.8 μm，评定长度为 5 个取样长度（默认），“16%规则”（默认），加工方法为铣削，表面纹理为纹理沿垂直方向

（4）表面粗糙度代号在图样中的注法

在同一图样上，每一表面一般只标注一次代号，并尽可能注在相应的尺寸及公差的同一视图上。所标注的表面粗糙度要求是对完工零件表面的要求。同一图样上，数字大小应相同。表面粗糙度代号在图样上的注写见表 8-6。

表 8-6　表面粗糙度代号在图样上的标注示例

图　例	注法说明
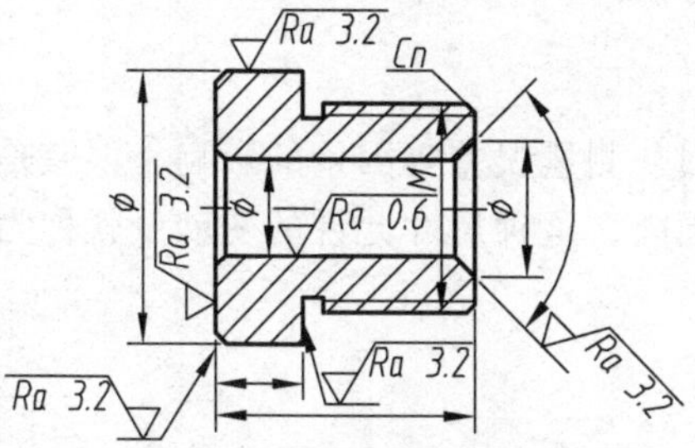 Ra 3.2　Cn　ϕ　Ra 3.2　ϕ　M　Ra 0.6　ϕ　Ra 3.2　Ra 3.2　Ra 3.2	表面粗糙度代号一般注在可见轮廓线、尺寸界线或它们的延长线上。表面粗糙度符号的尖端必须从材料外指向表面。下方、右侧的表面粗糙度代号应使用带箭头的指引线引出标注。表面粗糙度代号可以标注在尺寸线的延长线上或尺寸界线上
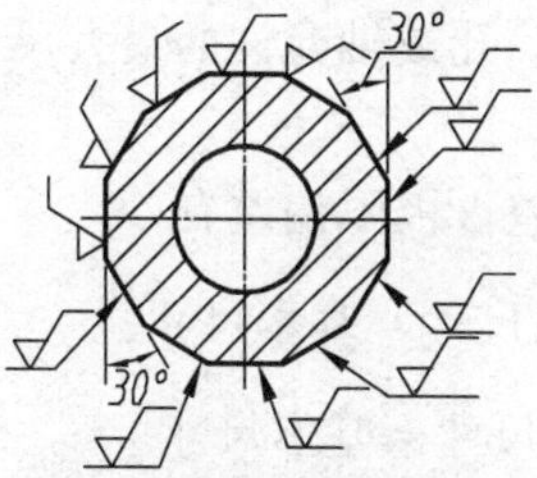 30°　30°	表面粗糙度代号方向必须按图中规定方向标注。表面粗糙度代号中数字注写方向必须与尺寸数字方向一致
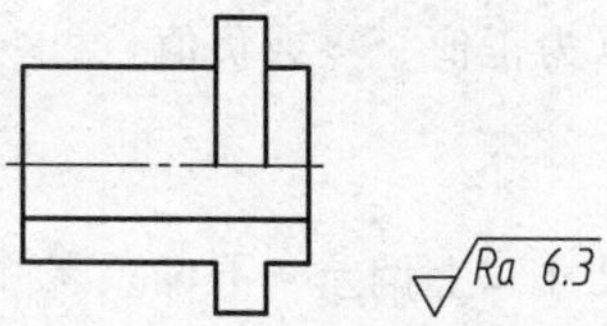 Ra 6.3	零件图中全部表面有相同的表面粗糙度要求时，可将表面粗糙度要求统一注写在标题栏附近
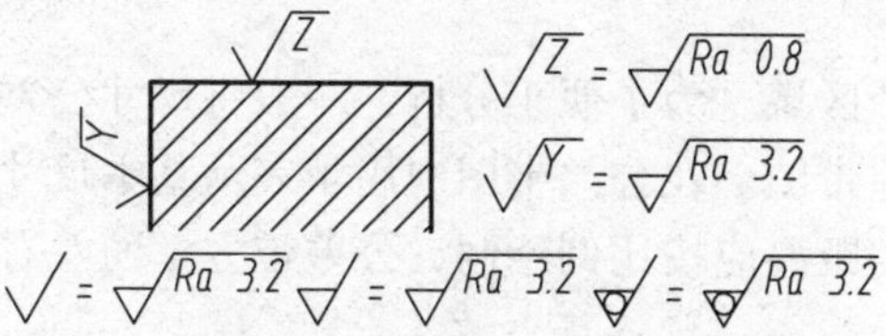 Z　Y　Z = Ra 0.8　Y = Ra 3.2　= Ra 3.2　= Ra 3.2　= Ra 3.2	多个表面有相同表面粗糙度要求时，可以使用基本符号的完整图形符号加字母的形式在图中标注在标题栏附近，使用等式的形式注写具体要求，见图（1）。若表面粗糙度要求的种类少，也可使用图（2）的形式替代图（1）中的符号
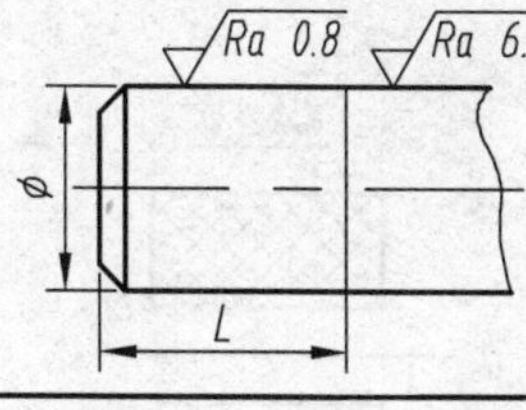 Ra 0.8　Ra 6.3　ϕ　L	同一表面上有不同的表面粗糙度要求时，须用细实线画出其分界线，并注出相应的表面粗糙度代号和尺寸

8.5.2　极限与配合

在成批或大量生产中，规格大小相同的零件或部件，不经选择地任意取一个零件（或部件）可以不必经过其他加工就能装配到产品上去，并达到预期的使用要求（如：工作性能、零件间配合的松紧程度等）的性质，称为互换性。由于互换性原则在机器制造中的应用，大大地简化了零件、部件的制造和装配过程，使产品的生产周期显著缩短，这样不但提高了劳动生产率，降低了生产成本，便于维修，而且也保证了产品质量的稳定性。

零件在制造过程中，由于加工和测量等因素引起的误差，不可能把零件的尺寸加工得绝对准确。为了使零件具有互换性，必须限制零件尺寸的误差范围。同时装配在一起的两个零件由于使用要求不同，结合松紧程度也不同。因此，根据互换性原则制定了极限与配合的国家标准。本节仅介绍其基本概念和在图样上的标注方法。

1. 极限的基本概念

在零件的加工过程中，由于机床精度、刀具磨损、测量误差等因素的影响，误差是不可避免的，但必须将零件尺寸的误差限制在允许的范围内，这种尺寸允许的变动量就称为尺寸公差，简称公差，如图 8-24 所示。

（1）基本尺寸，即设计时所确定的尺寸。

（2）实际尺寸，即通过测量所得到的尺寸。

（3）极限尺寸，即孔或轴允许尺寸变动的两个极限值。孔或轴允许的最大尺寸称为最大极限尺寸，孔或轴允许的最小尺寸称为最小极限尺寸。

（4）尺寸偏差，即某一尺寸减去基本尺寸所得的代数差。极限偏差有

上偏差（孔为 ES、轴为 es）= 最大极限尺寸 − 基本尺寸；

下偏差（孔为 EI、轴为 ei）= 最小极限尺寸 − 基本尺寸。

上、下偏差统称为极限偏差，它们可以为正值、零或负值。

（5）尺寸公差（简称公差），即允许尺寸的变动量。

尺寸公差 = 最大极限尺寸 − 最小极限尺寸 = 上偏差 − 下偏差

（6）公差带和公差带图

公差带表示公差大小和相对于零线位置的一个区域。为了便于分析，一般将尺寸公差与基本尺寸的关系，按放大比例画成简图，称为公差带图。在公差带图中用于表示基本尺寸的一条直线称为零线。在公差带图中，上、下偏差的距离应按比例绘制，公差带方框的左右长度根据需要任意确定，如图 8-24（b）所示。

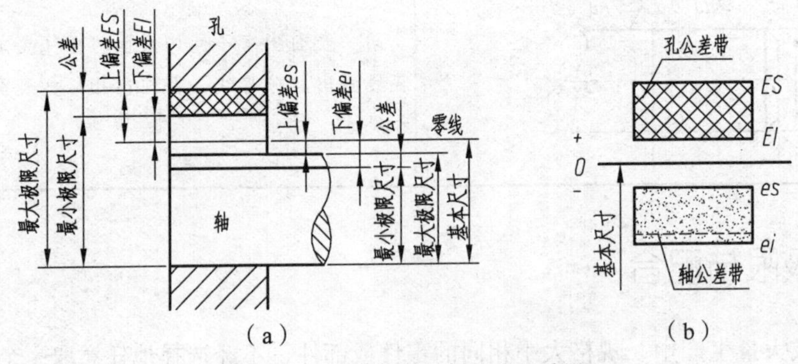

图 8-24　公差术语及公差带示意图

（7）标准公差和公差等级

标准公差是在国家标准表中所列出的、用以确定公差带大小的任意公差。

它分为 20 级，即：IT01、IT0、IT1、IT2……IT18。其中，IT 为标准公差代号，数字表示公差等级代号。从 IT01 到 IT18 等级依次降低，即尺寸的精确程度依次降低。在 20 个标准公差等级中，IT01 ~ IT11 用于配合尺寸，IT12 ~ IT18 用于非配合尺寸。选用公差等级的原则是在满足使用要求的前提下，尽可能选择较低的公差等级。具体标准公差数值请查阅附录或有关标准。

（8）基本偏差

国家标准表中列出的用以确定公差带相对于零线位置的上偏差或下偏差，称为基本偏差。一般是指公差带靠近零线的那个偏差。当公差带位于零线上方时，基木偏差为下偏差；当公差带位于零线下方时，基本偏差为上偏差。

为了满足各种配合要求，国家标准分别对孔和轴各规定了 28 个不同的基本偏差，按顺序排成了基本偏差系列，其中孔的基本偏差代号用大写字母表示，轴的基本偏差代号用小写字母表示，如图 8-25 所示。

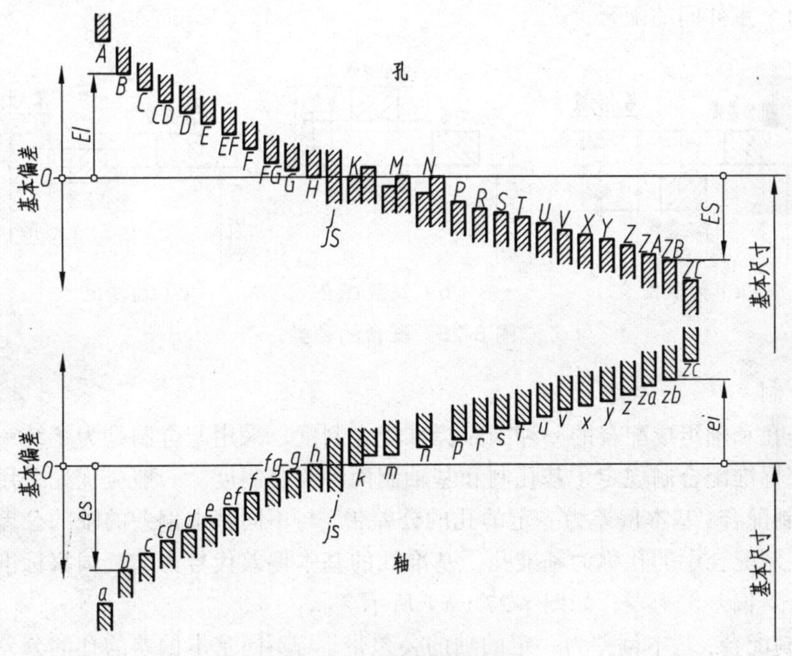

图 8-25　基本偏差系列

轴和孔的各种极限偏差值可见附表 D-1、附表 D-2。

（9）公差带代号

孔、轴公差带代号由基本偏差代号和公差等级代号组成。如 *H8*、*F7*、*G7* 等为孔公差带代号；*h7*、*f7*、*g6* 等为轴公差带代号。

例 8-1　解释公差带代号的含义：$\phi60H8$ 和 $\phi60f7$。

$\phi60H8$ 孔的公差带代号含义如下。

8——公差等级代号，*H*——孔的基本偏差代号，$\phi60$——基本尺寸。

$\phi60f7$ 轴的公差带代号含义如下：

7——公差等级代号，*f*——孔的基本偏差代号，$\phi60$——基本尺寸。

2. 配合的有关术语

配合就是机器在装配时，基本尺寸相同的相互结合的孔和轴公差带之间的关系。

（1）配合的种类

根据设计和工艺的实际需要，国家标准将配合分为间隙配合、过渡配合和过盈配合三大类。

① 间隙配合。同一规格的孔轴配合零件中，所有轴的尺寸均小于孔的尺寸。此时孔的公差带位于轴公差带之上，如图 8-26（a）所示。当互相配合的两个零件需相对运动或要求拆卸很方便时，须采用间隙配合。

② 过盈配合。同一规格的孔轴配合零件中，所有轴的尺寸均大于孔的尺寸。此时孔的公差带位于轴公差带之下，如图 8-26（b）所示。当相互配合的两个零件需牢固联接、保证相对静止或传递动力时，则须采用过盈配合。

③ 过渡配合。过渡配合是介于间隙配合、过盈配合之间的配合。此时孔和轴的公差带相互交叠，如图 8-26（c）所示。过渡配合常用于不允许有相对运动，轴与孔对中要求高，且又需拆卸的两个零件间的配合。

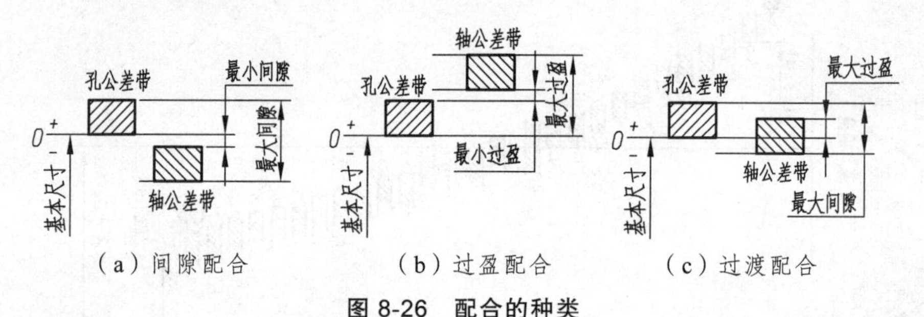

（a）间隙配合　　（b）过盈配合　　（c）过渡配合

图 8-26　配合的种类

（2）配合制

配合制是孔和轴组成配合的一种国家标准规定制度。采用配合制是为了统一基准件的极限偏差。国家标准配合制规定了基孔制和基轴制两种配合制度。一般应优先采用基孔制。

① 基孔制配合：基本偏差为一定的孔的公差带，与不同基本偏差的轴的公差带配合的一种制度。基孔制配合中的孔称为基准孔，基准孔的基本偏差代号为 H，国家标准规定基准孔的基本偏差（下偏差）为零，如图 8-27（a）所示。

② 基轴制配合：基本偏差为一定的轴的公差带，与不同基本偏差的孔的公差带配合的一种制度。基轴制配合中的轴称为基准轴，基准轴的基本偏差代号为 h，国家标准规定基准轴的基本偏差（上偏差）为零，如图 8-27（b）所示。

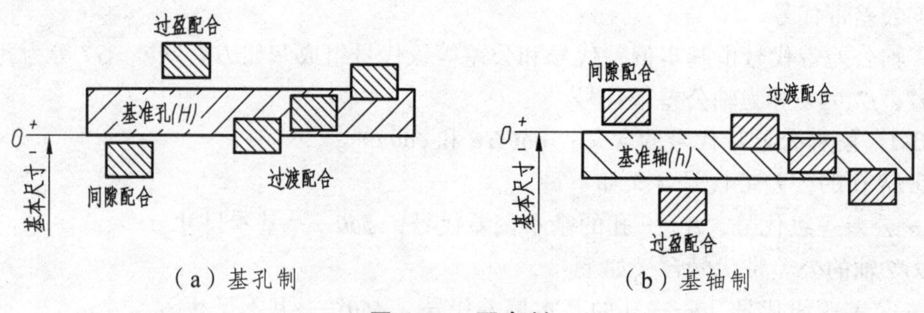

（a）基孔制　　（b）基轴制

图 8-27　配合制

一般情况下，优先选用基孔制配合。在基轴制（基孔制）配合中 $A \sim H$（$a \sim h$）用于间隙配合，$J \sim N$（$j \sim n$）一般用于过渡配合，$P \sim ZC$（$p \sim zc$）用于过盈配合。

3. 极限与配合的标注

（1）在零件图上的标注形式

极限偏差数值在零件图上的标注有如下三种形式。

① 如图 8-28（b）所示的 $\phi 18H7$，是在公称尺寸后直接注出公差带代号的标注形式，一般用于批量生产的零件图上。

② 如图 8-28（c）所示的 $\phi 14^{+0.045}_{+0.016}$ 和 $\phi 18^{+0.029}_{+0.018}$，是在公称尺寸后直接注出上、下极限偏差的形式，一般用于单件或小批量生产的零件图上。

③ 如图 8-28（d）所示的 $\phi 14h7(^{0}_{-0.018})$，是在公称尺寸后注出公差带代号，在公差带代号后的圆括号中又注出上、下极限偏差数值，这种形式是一种通用标注形式，用于生产批量不定的零件图上。

（2）配合代号在装配图上的标注形式

配合代号在装配图上的标注采用组合式注法，写成分数形式。分子为孔的公差带代号，分母为轴的公差带代号。分子中含有 H 的一般为基孔制配合，分母中含有 h 的一般为基轴制配合；若分子中含有 H，分母中也含有 h，则可认为是基孔制，也可认为是基轴制。

如图 8-28（a）所示，在公称尺寸 $\phi 18$ 和 $\phi 14$ 后面，分别用一组分式表示：分子 $H7$ 和 $F8$ 为孔的公差带代号，分母 $p6$ 和 $h7$ 为轴的公差带代号。$\phi 18\dfrac{H7}{p6}$ 是基孔制；$\phi 14\dfrac{F8}{h7}$ 是基轴制。

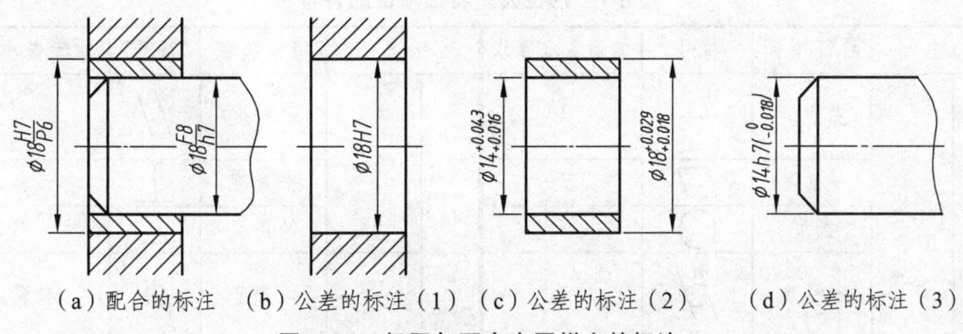

（a）配合的标注　（b）公差的标注（1）（c）公差的标注（2）　（d）公差的标注（3）

图 8-28　极限与配合在图样上的标注

8.5.3　形状和位置公差

1. 基本概念

形状和位置公差（简称形位公差）是指零件的实际形状和位置相对理想形状和位置的允许变动量。在机器中某些精确程度较高的零件，不仅需要保证其尺寸公差，而且还要保证其形状和位置公差。

对一般零件来说，它的形状和位置公差，可由尺寸公差、加工机床的精度等加以保证。对于要求较高的零件，则根据设计要求，需在零件图上注出有关的形状和位置公差。如图 8-29（a）所示，为了保证滚柱的工作质量，除了注出直径的尺寸公差外，还需要注出滚柱轴线的形状公差，表示滚柱实际轴线与理想轴线之间的变动量——直线度，必须保持在ϕ0.006 mm的圆柱面内。又如图 8-29（b）所示，箱体上两个孔是安装锥齿轮轴的孔，如果两孔轴线歪斜太大，势必会影响一对锥齿轮的啮合传动。为了保证正常的啮合，应该使两孔轴线保持一定的垂直位置，所以要注上位置公差——垂直度。图中代号的含义是：水平孔的轴线必须位于距离为 0.05 mm，且垂直于另一个孔的轴线的两平行平面之间。

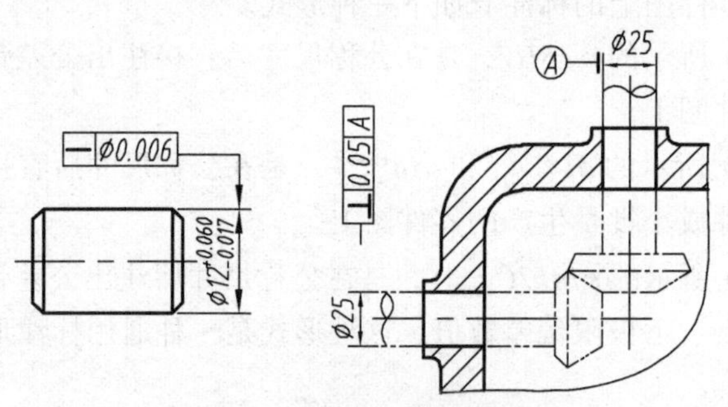

图 8-29　形状和位置公差示例

由于形状和位置公差的误差过大会影响机器的工作性能，因此对零件除应保证尺寸精度外，还应控制其形状和位置的误差。对形状和位置误差的控制是通过形状和位置公差来实现的。

GB/T 1182-2008 等国家标准对形位公差的标注和图样中的表示法等作了详细规定，本章仅摘要介绍基本的标注法。形位公差特征项目符号见表 8-7。

表 8-7　形位公差特征项目的符号

公差		特征项目	符号	有无基准要求	公差		特征项目	符号	有无基准要求
形状	形状	直线度	—	无	位置	定向	平行度	//	有
		平面度	▱	无			垂直度	⊥	有
		圆度	○	无			倾斜度	∠	有
		圆柱度	⌭	无		定位	位置度	⌖	有或无
形状或位置	轮廓	线轮廓度	⌒	有或无			同轴（同心）度	◎	有
							对称度	⌯	有
		面轮廓度	⌓	有或无		跳动	圆跳动	↗	有
							全跳动	⌰	有

2. 形位公差代号

形位公差要求在矩形方框中给出，用细实线绘制，由两格或多格组成，框格高度是图中尺寸数字高度的 2 倍，框格长度根据需要而定。框格中的字母、数字与图中数字等高。形位公差项目符号的线宽为图中数字高度的 1/10，框格应水平或垂直绘制。图 8-30 所示为标注位置公差时所用的基准符号。框格中的内容从左到右按以下次序填写（图 8-30）。

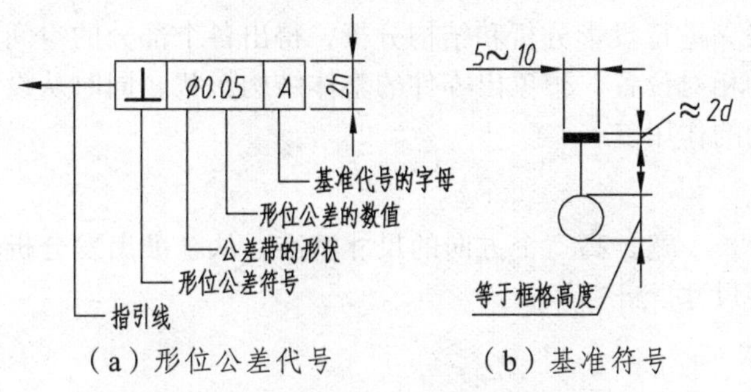

（a）形位公差代号　　　　（b）基准符号

图 8-30　形位公差代号及基准代号

3. 形位公差代号的标注示例

图 8-31 所示为气门阀杆形位公差标注示例。从图中可以看到，当被测要素为轮廓要素时，从框格引出的指引线箭头，应指在该要素的轮廓线或其延长线上。当被测要素是轴线或对称中心线（中心要素）时，应将箭头与该要素的尺寸线对齐，如 *M8×1* 轴线的同轴度注法。当基准要素是轴线时，应将基准符号与该要素的尺寸线对齐，如图 8-31 中的基准 *A*。

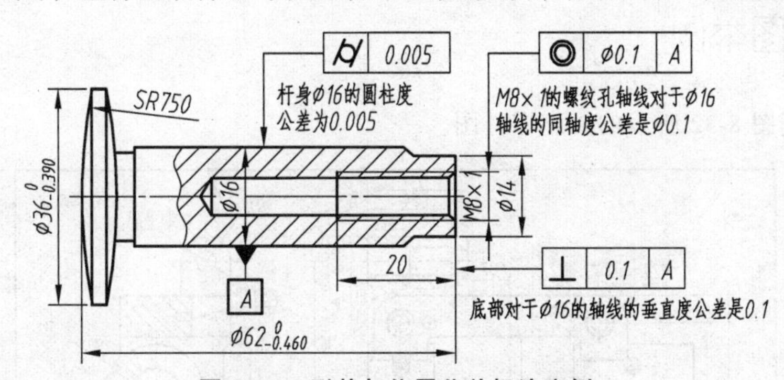

图 8-31　形状与位置公差标注实例

8.6　读零件图

在设计和制造机器时，经常需要读零件图。读零件图的目的，就是要求读者根据已给零件图，想象出零件的结构形状，了解零件的尺寸以及各项技术要求等，便于设计时参照、研究、改进零件的结构合理性等；制造时采取合理的制造加工方法，以达到图样所提出的要求，保证产品质量。

8.6.1　读零件图的方法和步骤

1. 概括了解

由标题栏了解零件的名称、材料、比例等，并大致了解零件的用途和形状。

2. 分析视图

综观零件图中的一组视图，分清哪些是基本视图，哪些是辅助视图，以及所采用的剖视、断面等表达方法。接着根据视图特征，把它分成几个部分，找出相应视图上该部分的图形，把这些图形联系起来，进行投影分析和结构分析，得出各个部分的空间形状。综合各部分形状，弄清它们之间的相对位置，想象出零件的整体结构形状，同时从设计或加工方面的要求了解零件上一些结构的作用。

3. 分析尺寸

首先找出零件的长、宽、高三个方向的尺寸基准，从基准出发分析图样上标注的各个尺寸，弄清零件的主要尺寸。

4. 了解技术要求

联系零件的结构形状和尺寸，分析包括在图样上用符号、代号表示的尺寸公差、几何公差、表面粗糙度等和用文字表示的其他要求在内的各项技术要求。

5. 综合归纳

通过上面的分析，再把视图、尺寸、技术要求综合考虑，进一步对该零件的结构形状、加工检验应达到的要求形成完整的认识。

8.6.2 读图举例

例 8-2 读图 8-32 所示的轴座零件图。

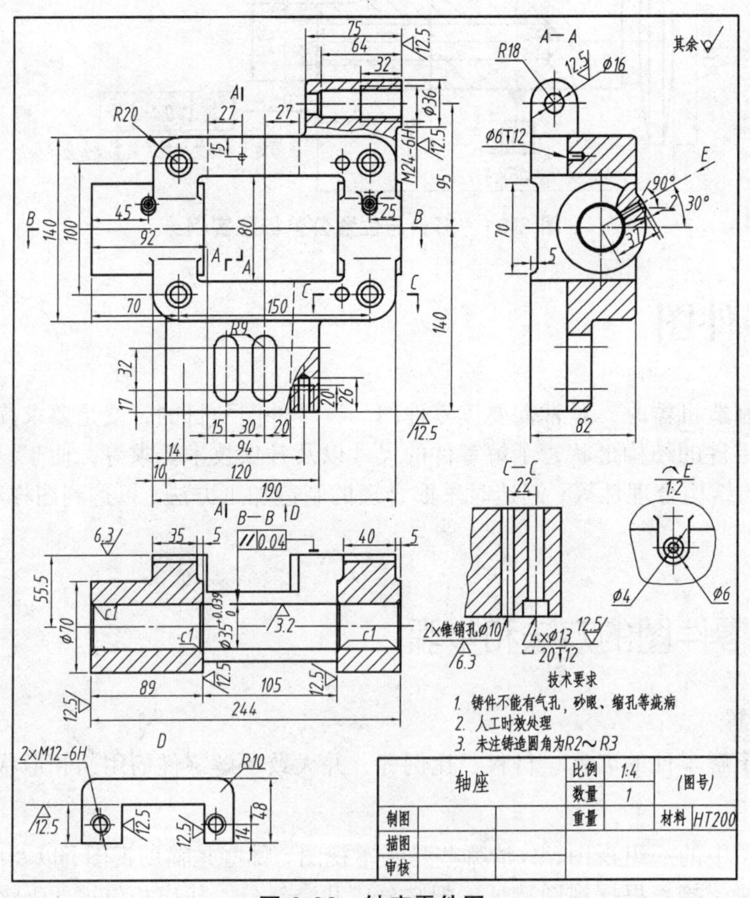

图 8-32 轴座零件图

按照读零件图的方法步骤进行分析读图。

1. 概括了解

从标题栏了解零件的名称为轴座，可想像零件的作用，材料为铸铁（可确定其毛坯为铸造件），根据画图比例 1∶4 了解零件的实际大小。

由名称知该零件的主要作用是用来支承传动轴，因此轴孔是它的主要工作结构，该零件结构较复杂，表达时用了三个基本视图和三个局部视图。

阅读其他技术资料，尽可能参看装配图及其相关的零件图等技术文件，进一步了解该零件的功用以及它与其他零件的关系。

2. 分析视图

分析视图，以便确认零件结构形状，具体方法如下。

（1）表达分析

由于该零件加工的工序较多，表达时以工作位置放置，采用最能表达零件结构形状的方向为主视图的投射方向。主视图表达了上述四部分的主要形状和它们的上下、左右位置，再对照其他视图可确定各部分的详细形状和前后位置。可以顺着各视图上标注的视图名称逐一对照，找出剖切位置。*A—A* 剖视图为阶梯剖，由 *A—A* 剖视图可看出空心圆柱、长方形板、凸台和凸耳的形状以及它们的前后位置，并从空心圆柱上的局部剖视和 *E* 视图了解油孔及凸台的结构。*B—B* 剖视图为通过空心圆柱轴线的水平全剖视，主要目的是表达轴孔，*B—B* 剖视不仅可了解左右轴孔的结构，还有长方形板和下部凸台后面的凹槽，槽的右侧面为斜面。*C—C* 局部剖视表达螺钉孔和定位销孔的深度和距离。*D* 视图表达了凹槽和两个小螺孔的结构。

（2）形体分析

先看主视图，结合其他视图，通过对图形进行线框分割，进而进行形体构思，大体了解轴座由中间的中空长方体连接左、右两空心圆柱、下部凸台、上部凸耳 4 部分构成。还根据需要进行了开槽与穿孔。该零件大致有空心圆柱、连接安装板、凸台、凸耳四部分组成。

（3）结构形状及作用分析

轴座的中间部分为左、右两空心圆柱，它们是主轴孔，是轴座的主要结构。两空心圆柱用一中空长方形板连接起来，长方形板的四角有四个孔，为轴座安装用的螺钉孔，因此长方形板为其安装部分。长方形板下部有一长方形凸台，其上有两个长圆孔和螺孔，这是与其他零件连接的结构。轴座上部有一凸耳，内中有带螺纹的阶梯孔，亦为连接其他零件之用。

3. 尺寸和技术要求分析

先看带有公差的尺寸、主要加工尺寸，再看标有表面粗糙度符号的表面，了解哪些表面是加工面，哪些是非加工面。再分析尺寸基准，然后了解哪些是定位尺寸和零件的其他主要尺寸。从轴座零件图可以看出带有公差的尺寸 $\phi 35_{0}^{+0.039}$ 是轴孔的直径，轴孔的表面粗糙度为 *Ra3.2*，左右两轴孔的轴线与后面（安装定位面）的平行度为 *0.04*，可见轴孔直径是零件上最主要的尺寸，其轴线是确定零件上其他表面的主要基准。标注表面粗糙度代号的表面还有后面、底面、轴孔的端面及凹槽的侧面和底面，其他表面均不再加工。在高度方向从主要基准轴孔轴线出发标注的尺寸有 *140* 和 *95*。高度方向的辅助基准为底面，由此标出的尺寸有 *17* 等。宽度方向从主要基准轴孔轴线注出尺寸 *55.5* 以确定后表面，并以此为辅助基准标出尺寸 *82* 以及 *48*、*28.5*、*14* 等尺寸。长度方向的尺寸基准为轴孔的左端面，以尺寸 *89*、*92*、*70*、

244 等尺寸来确定另一端面、凹槽面，连接孔轴线等辅助基准。注写的技术要求均为铸件的一般要求。

4. 综合归纳

经以上分析可以了解轴座零件的全貌，它是一个中等复杂的铸件，其上装有传动轴及其他零件，起支承作用。

例 8-3 读图 8-33 所示的支架零件图。

按照读零件图的方法步骤进行分析读图。

（1）概括了解

读图 8-33 的标题栏可知，零件为支架，属支架类零件，绘图比例为 1∶4，材料为 HT150（该零件是铸造零件）。

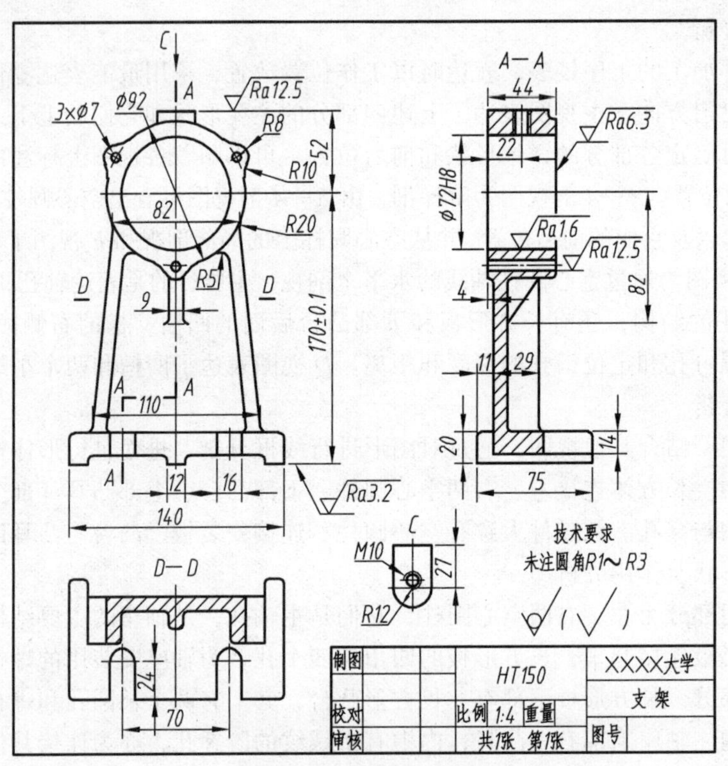

图 8-33 支架零件图

（2）分析视图

该零件图采用了三个基本视图和一个局部视图。根据视图的配置关系可知：主视图表达了支架的外部形状；俯视图采用全剖，表达了肋和底板的形状及相对位置关系；左视图采用阶梯剖，表达了支架的内部结构；而 C 向的局部视图主要表达凸台的形状。

（3）分析尺寸

通过对支架视图的形体分析和尺寸分析可以看出：长度方向的尺寸基准为零件左右对称平面，并由此注出了安装定位尺寸 *70*、总长 *140* 等尺寸；高度方向的尺寸基准为支架的安装底面，并由此注出了尺寸 *170 ± 0.1*、*20*；宽度方向的尺寸基准是圆柱部分的后端面，由此注出了尺寸 *22*、*44* 等。

（4）了解技术要求

ϕ72H8 等都有公差要求，其极限偏差数值可由公差带代号 *H8* 查表获得。整个支架中，*ϕ72H8* 孔的表面对表面粗糙度要求最高（*Ra1.6*，数值最小）。文字部分的技术要求为“未注圆角 *R1 ~ R3*”。

（5）综合考虑

将分析的零件结构形状、尺寸标注和技术要求等内容综合起来，就能比较全面地了解该零件了。

第 9 章 装 配 图

装配图是表达机器或部件的图样。通过装配图可以了解机器或部件的工作原理、零件之间的相对位置和装配关系，同时它也是装配、检验、安装、维修机器或部件以及技术交流的重要技术文件。本章介绍装配图的有关知识和部件的表达方法，并介绍绘制和阅读装配图的基本方法等内容。

9.1 装配图的作用和内容

9.1.1 装配图与零件图的关系

表达机器或部件的图样称为装配图。表示一台完整机器的装配图称为总装配图(或总图)，表示机器中部件的装配图称为部件装配图。

装配图主要用来表示机器或部件的工作原理、各零件之间的相对位置和装配连接关系。在产品设计中，通常先画出机器或部件的装配图，然后再根据装配图画出零件图。

9.1.2 装配图的作用

在设计机器或部件的过程中，一般先根据设计意图和要求画出装配图，然后再根据装配图设计零件并绘制出零件图。在生产过程中，要按照装配图把零件装配成机器或部件。在安装、使用和维修机器时，也要按照装配图上的要求进行。因此，装配图是制订装配工艺规程，进行装配、检验、安装、调试、使用和维修机器的技术依据，也是技术人员间进行设计思想交流和对外交流的重要技术资料。

9.1.3 装配图的内容

图 9-1（a）所示为滑动轴承的装配图，其立体图如图 9-1（b）所示。由此图可以看出，一张完整的装配图应包括如下内容。

1. 一组视图

选用一组恰当的视图（包括各种表达方法），正确、完整、清晰和简便地表达机器或部件的工作原理、各零件间的装配、连接关系和重要零件的结构形状等。在图 9-1（a）中，基本表达方法有视图、剖视图、断面图、局部放大图等，都可以用来表达装配体。

2. 必要的尺寸

装配图上应标注表示机器或部件规格（性能）的尺寸、零件之间的装配尺寸、总体（外形）尺寸、部件或机器的安装尺寸和其他重要尺寸等，图 9-1（a）中标出了 12 个必要的尺寸。

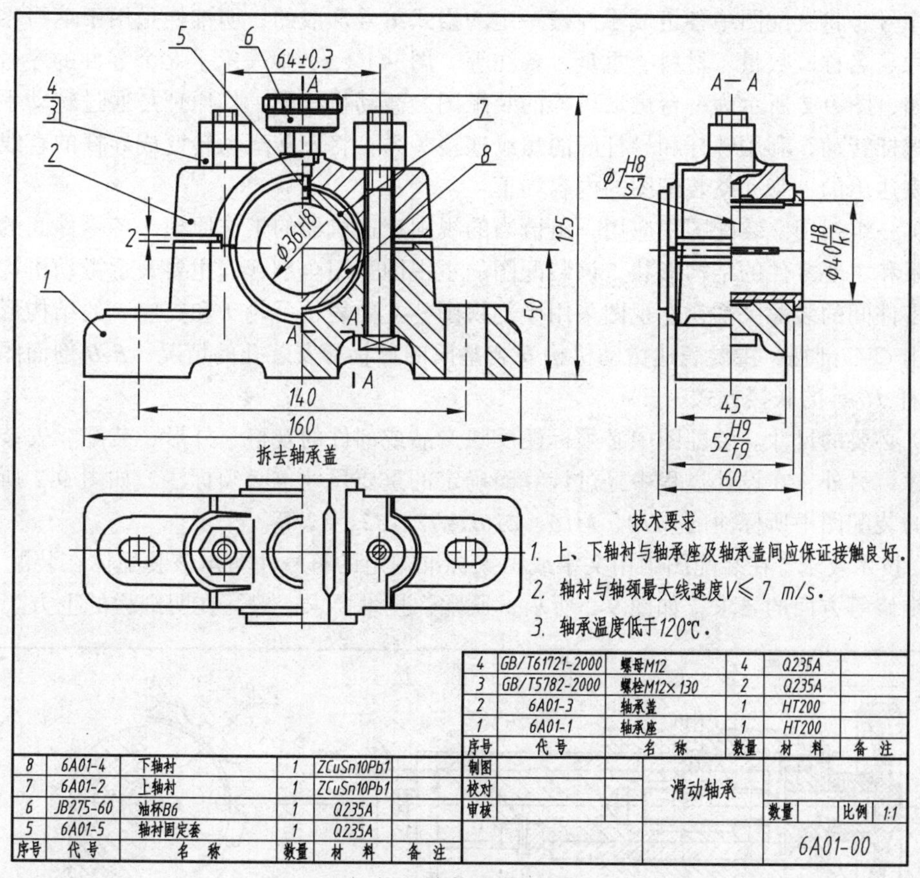

（a）滑动轴承装配图

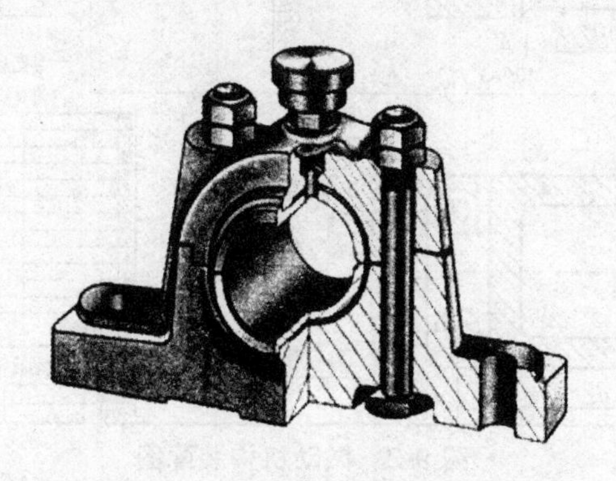

（b）滑动轴承立体图

图 9-1　滑动轴承装配图

3. 技术要求

用文字或符号说明机器或部件的性能、装配、调试和使用等方面的要求。图 9-1（a）中有三处说明了装配图的装配条件。

4. 标题栏、零部件的序号和明细栏

标题栏一般包括机器或部件的名称、图号、比例、绘图及审核人员的签名和日期等；零部件的序号是将装配图中各组成零件按一定的格式编号形成的；明细栏是用于填写零件的序号、代号、名称、数量、材料、重量、备注等。图 9-1（a）中表示了 8 个零件的序号。

又如，图 9-2 所示为一台微动机构的装配图。微动机构的工作原理是通过转动手轮，从而带动螺杆转动，利用螺杆和导杆间的螺纹连接关系，将旋转运动转变成导杆的直线运动。由该图表达出的一张完整装配图的内容如下：

（1）一组视图。装配图中应用一组恰当的视图表达机器的工作原理、各零件间的装配、连接关系和主要零件的结构形状。该装配图的主视图采用全剖视，主要表示微动机构的工作原理和零件间的装配关系；左视图采用半剖视图，主要表达手轮 *1* 和支座 *8* 的结构形状；俯视图采用 *C-C* 剖视，主要表达微动机构安装基面的形状和安装孔的情况；*B-B* 剖面图表示键 *12* 与导杆 *10* 等的联接方式。

（2）必要的尺寸。装配图中必须标注反映产品或部件的规格、外形、装配、安装所需的必要尺寸，另外，在设计过程中经过计算而确定的重要尺寸也必须标注。如图 9-2 所示的微动机构的装配图中所标注的 *M12*、*M16*、*ϕ20H8/f7*、*32*、*82* 等。

（3）技术要求。在装配图中用文字或国家标准规定的符号注写出该装配体在装配、检验、使用和维修等方面的要求，如图 9-2 所示，通常，技术要求一般写在明细栏的上方。

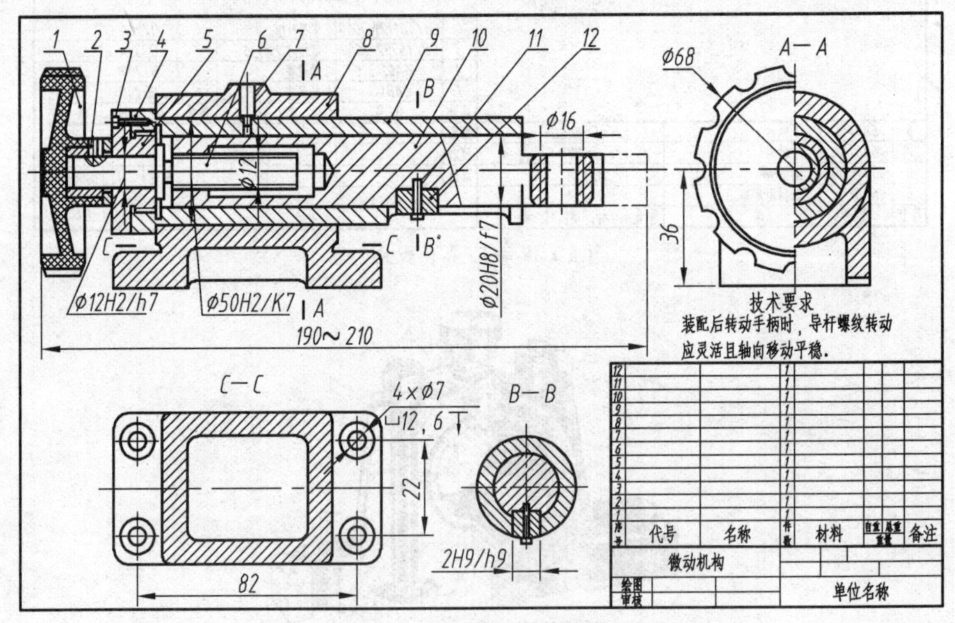

图 9-2　微动机构装配图

（4）零部件序号、标题栏和明细栏。按国家标准规定的格式绘制标题栏和明细栏，并按一定格式将零、部件进行编号，填写标题栏和明细栏，明细栏中依次列出每种零件的序号、代号、名称、材料、数量等内容；标题栏填写机器的名称、图号、比例、相关人员的签名和日期等，如图 9-2 所示。

9.2　装配图的表达方法

装配图将装配体的结构、工作原理和零件间的装配关系正确、清晰地表示清楚。前面所介绍的机件表达方法中的画法及相关规定对装配图同样适用。但由于表达的侧重点不同，国家标准对装配图的画法，还有一些规定画法和特殊画法。

9.2.1　装配图的规定画法

1. 零件间接触面、配合面的画法

相邻两个零件的接触面和基本尺寸相同的配合面只画一条轮廓线，如图 9-3 所示；但若相邻两个零件的基本尺寸不相同，则无论间隙大小，均要画成两条轮廓线。如图 9-3 所示。

2. 装配图中剖面符号的画法

装配图中相邻两个金属零件的剖面线，必须以不同方向或不同的间隔画出，如图 9-3 所示。特别注意的是，在装配图中，所有剖视、剖面图中同一零件的剖面线方向、间隔须完全一致。另外，在装配图中，宽度小于或等于 2 mm 的窄剖面区域，可全部涂黑表示，如图 9-3 中的垫片。

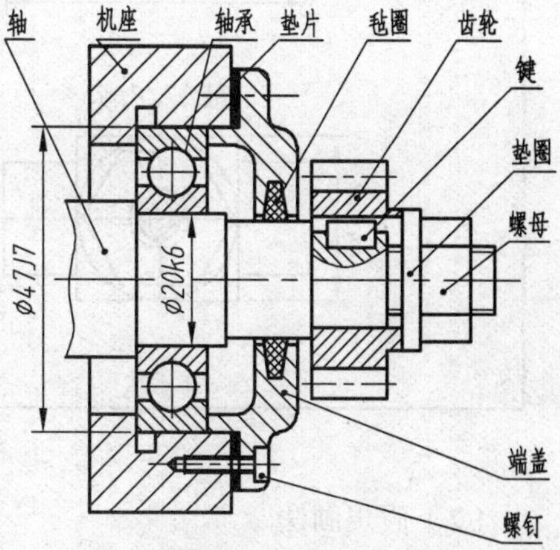

图 9-3　规定画法

在装配图中，对于紧固件及轴、球、手柄、键、连杆等实心零件，若沿纵向剖切且剖切平面通过其对称平面或轴线时，这些零件均按不剖绘制。如需表明零件的凹槽、键槽、销孔等结构，可用局部剖视表示。如图 9-3 中所示的轴、螺钉和键均按不剖绘制。为表示轴和齿轮间的键连接关系，采用局部剖视，如图 9-3 所示。

9.2.2　装配图的特殊画法和简化画法

为使装配图能简便、清晰地表达出部件中某些组成部分的形状特征，国家标准还规定了以下特殊画法和简化画法。

1. 特殊画法

（1）拆卸画法

在装配图视图绘制中，当某些零件遮住了必须表达的结构时，可假想将有关零件拆卸后

再绘制要表达的部分，需要说明时可加注“拆去××等”。图 9-4 所示的截止阀装配图的俯视图和左视图，就是拆去零件 7、8、9 后画出的。

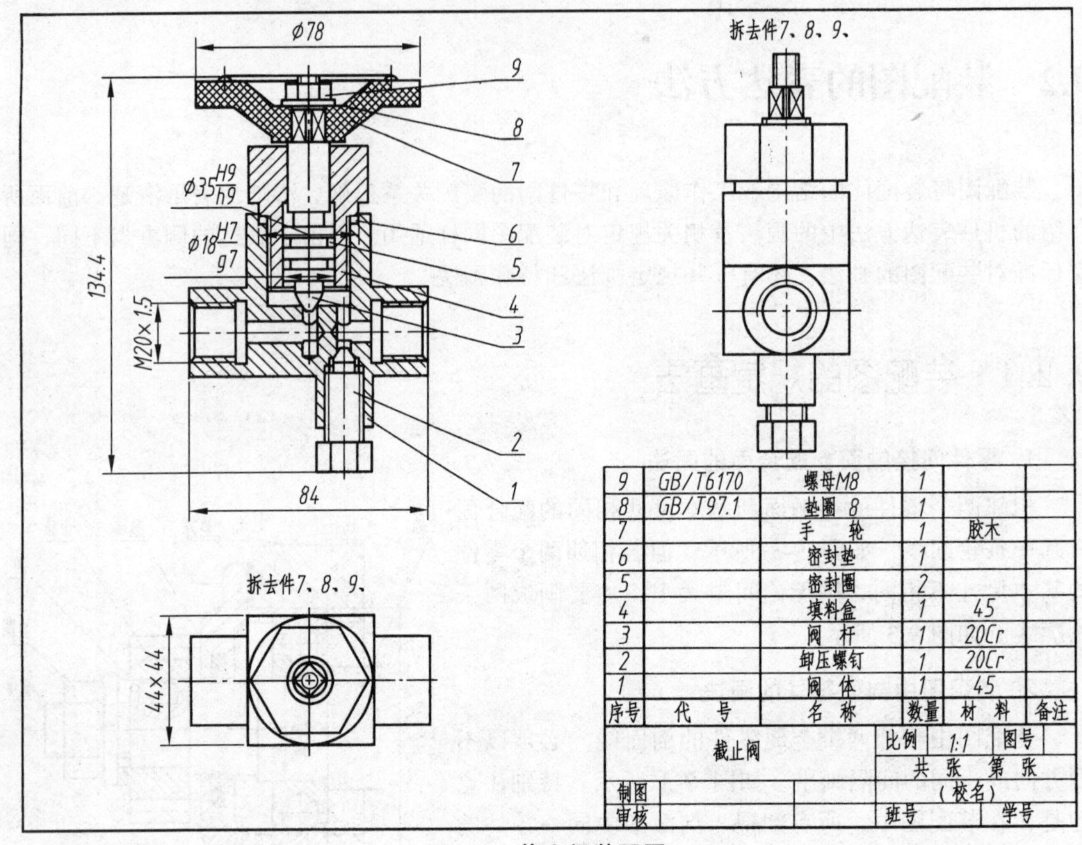

图 9-4 截止阀装配图

（2）假想画法

在装配图中，为了表达与本部件存在装配关系但又不属于本部件的相邻零、部件时，可用双点画线画出相邻零、部件的部分轮廓。如图 9-5 中的主视图，与转子油泵相邻的零件即是用双点画线画出的。在装配图中，当需要表达运动零件的运动范围或极限位置时，也可用双点画线画出该零件在极限位置处的轮廓。

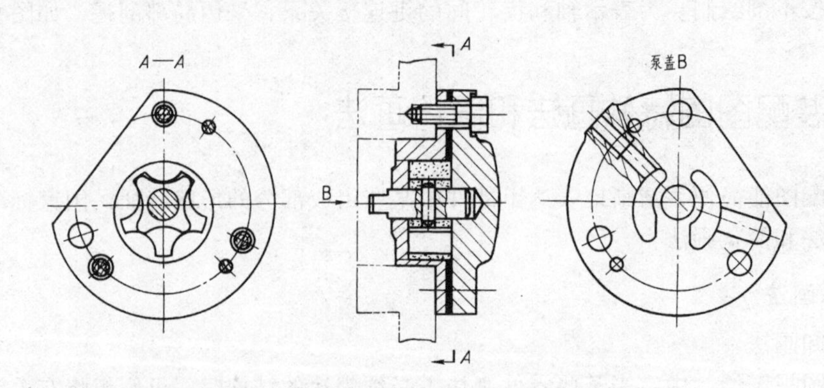

图 9-5 转子油泵装配图（装配图沿结合面剖切画法和零件的单独表示法）

（3）沿零件结合面剖切画法

为了表达部件内部的结构，可假想沿某些零件的结合面剖切，零件的结合面不画剖面线，但被剖到的其他零件要画剖面线，如图 9-5 所示的 *A-A* 视图就是沿泵盖和泵体的结合面剖切后所得到的视图。

（4）单独表达某个零件的画法

在装配图中，当某个零件的主要结构在其他视图中未能表示清楚，而该零件的形状对部件的工作原理和装配关系的理解起着十分重要的作用时，可单独画出该零件的某一视图。如图 9-5 所示转子油泵的 *B* 向视图。注意，这种表达方法要在所画视图上方注出该零件及其视图的名称。

2. 简化画法

（1）在装配图中，若干相同的零、部件组，可详细地画出一组，其余只需用点画线表示其位置即可，如图 9-3 中的螺钉连接。

（2）在装配图中，零件的工艺结构，如倒角、圆角、退刀槽、拔模斜度、滚花等均可不画，如图 9-3 中的轴的这些工艺结构，在图中已省略掉。

9.3 装配图的尺寸标注和技术要求

9.3.1 装配图的尺寸标注

由于装配图主要是用来表达零、部件的装配关系的，所以在装配图中不需要注出每个零件的全部尺寸，而只需注出一些必要的尺寸。这些尺寸按其作用不同，可分为以下五类。

（1）规格尺寸

规格尺寸是表明装配体规格和性能的尺寸，是设计和选用产品的主要依据。如图 9-2 微动机构装配图中螺杆 *6* 的螺纹尺寸 *M12* 是微动机构的性能的尺寸，它决定了手轮转动一圈后导杆 *10* 的位移量。

（2）装配尺寸

装配尺寸包括零件间有配合关系的配合尺寸以及零件间相对位置尺寸。如图 9-2 微动机构装配图中 $\phi 20H8/f7$、$\phi 30H8/k7$、$\phi H8/h7$ 的配合尺寸。

（3）安装尺寸

安装尺寸是机器或部件安装到基座或其他工作位置时所需的尺寸。如图 9-2 微动机构装配图中的 *82*、*32*、4-$\phi 7$ 孔所表示的安装尺寸。

（4）外形尺寸

外形尺寸是指反映装配体总长、总宽、总高的外形轮廓尺寸。如图 9-2 微动机构装配图中的 *190～210*、*36*、$\phi 68$。

（5）其他重要尺寸

在设计过程中经过计算而确定的尺寸和主要零件的主要尺寸以及在装配或使用中必须说明的尺寸。如图 9-2 微动机构装配图中的尺寸 *190～210*，它不仅表示了微动机构的总长，而且表示了运动零件导杆 *10* 的运动范围。非标准零件上的螺纹标记，如图 9-2 微动机构装配图中的 *M12*、*M16* 在装配图中要注明。

以上五类尺寸，并非装配图中每张装配图上都需全部标注，有时同一个尺寸，可同时兼有几种含义。所以装配图上的尺寸标注，要根据具体的装配体情况来确定。

9.3.2 装配图的技术要求

装配图的技术要求一般用文字注写在图样下方的空白处。技术要求因装配体的不同，其具体的内容有很大不同，但技术要求一般应包括以下几个方面：

（1）装配要求：装配要求是指装配后必须保证的精度以及装配时的要求等；

（2）检验要求：检验要求是指装配过程中及装配后必须保证其精度的各种检验方法；

（3）使用要求：使用要求是对装配体的基本性能、维护、保养、使用时的要求。如图 9-1（a）滑动轴承装配图、图 9-2 微动机构装配图中的技术要求。

9.3.2 装配图的技术要求

装配图的技术要求一般用文字注写在图样下方的空白处。技术要求因装配体的不同，其具体的内容有很大不同，但技术要求一般应包括以下几个方面。

（1）装配要求：装配要求是指装配后必须保证的精度以及装配时的要求等。

（2）检验要求：检验要求是指装配过程中及装配后必须保证其精度的各种检验方法。

（3）使用要求：使用要求是对装配体的基本性能、维护、保养、使用时的要求。如图 9-2 微动机构装配图中的技术要求。

9.4 装配图的零、部件编号与明细栏

装配图上所有的零、部件都必须编注序号，并在明细栏中填写各个零、部件的相关信息，以便于统计零、部件数量，进行生产的准备工作。同时，在看装配图时，也是根据序号查阅明细栏了解零件的名称、材料和数量，有助于看图和图样管理。

9.4.1 零、部件编号

（1）装配图中所有的零、部件都必须编写序号。装配图中一个部件只可以编写一个序号；同一装配图中相同的零、部件只编写一次。装配图中零、部件序号要与明细栏中的序号一致。

（2）序号的编排方法

① 装配图中编写零、部件序号的常用方法有三种，如图 9-6 所示。

② 同一装配图中编写零、部件序号的形式应一致。

③ 指引线应自所指部分的可见轮廓引出，并在末端画一圆点。如所指部分轮廓内不便画圆点时，可在指引线末端画一箭头，并指向该部分的轮廓，如图 9-7 所示。

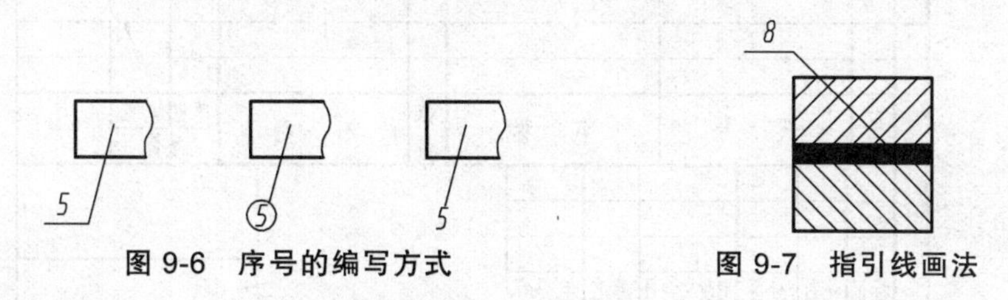

图 9-6　序号的编写方式　　图 9-7　指引线画法

④ 指引线可画成折线，但只可曲折一次。

⑤ 一组紧固件以及装配关系清楚的零件组，可以采用公共指引线，如图 9-8 所示。

⑥ 零件的序号应沿水平或垂直方向按顺时针或逆时针方向排列，序号间隔应尽可能相等，如图 9-2 微动机构装配图中所示。

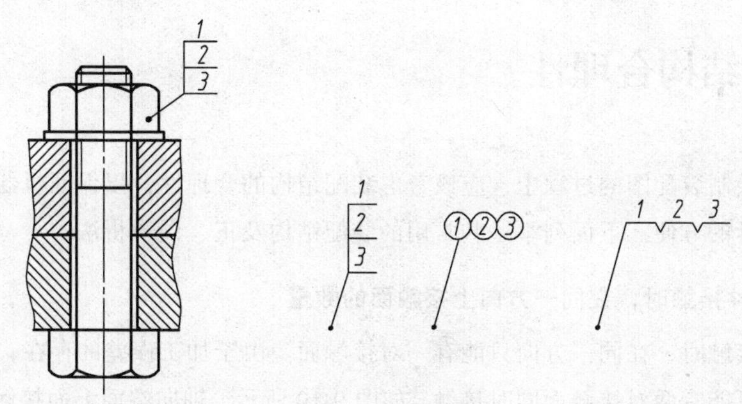

图 9-8　公共指引线

9.4.2　标题栏及明细栏

装配图中标题栏格式与零件图中的标题栏相类似，如图 9-9 所示。标题栏和明细栏的格式国家标准中虽然有统一的规定，但一些企业根据产品自行确定适合于本企业的标题栏和明细栏。标题栏在第一章已有图例格式可供参考。

明细栏是说明装配图中各零件的名称、数量、材料等内容的表格。注意事项如下：

（1）明细栏中所填零件序号应和装配图中所编零件的序号一致。明细栏画在标题栏上方，序号在明细栏中应自下而上按顺序填写，以便增加零件。如位置不够，可将明细栏紧接标题栏左侧画出，仍自下而上按顺序填写。

（2）对于标准件，在名称栏内还应注出规定标记及主要参数，并在代号栏中写明所依据的标准代号，如图 9-2 所示。

（3）在特殊情况下，装配图中也可以不画明细栏，而单独编写在另一张纸上。

（4）生产图样中的明细栏按 GB/T10609.2-1989 规定的格式，如图 9-9 所示。

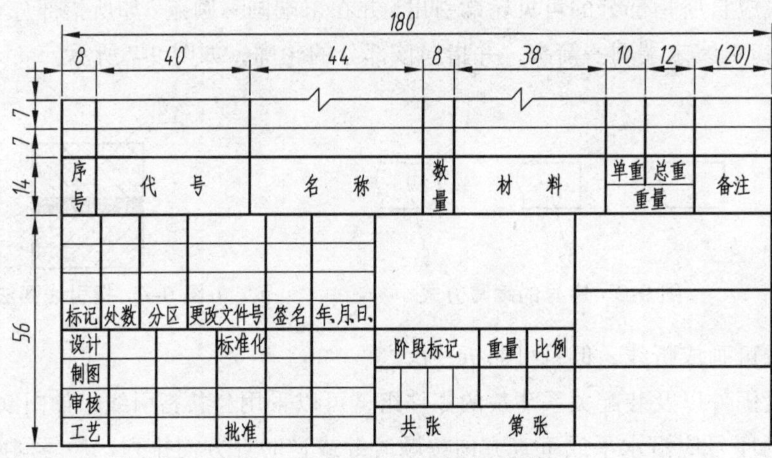

图 9-9 标题栏与明细栏格式

9.5 装配结构合理性

在设计和绘制装配图的过程中，应该考虑装配结构的合理性，以保证机器（或部件）的使用性能和装拆的方便。下面列举一些常用的装配结构及正、误辨析法。

1. 两个零件接触时，在同一方向上接触面的数量

两个零件接触时，在同一方向只能有一对接触面。由于加工误差的存在，因此两个零件同一方向上不可能有两对接触面同时接触，如图 9-10 所示，轴向端面上面接触，下面就有间隙，即使间隙很小，也应夸大画出。如图 9-11 所示，径向圆柱面下面接触，上面就有间隙，即使间隙很小，也应夸大画出。这种设计既可满足装配要求，同时制造也很方便。

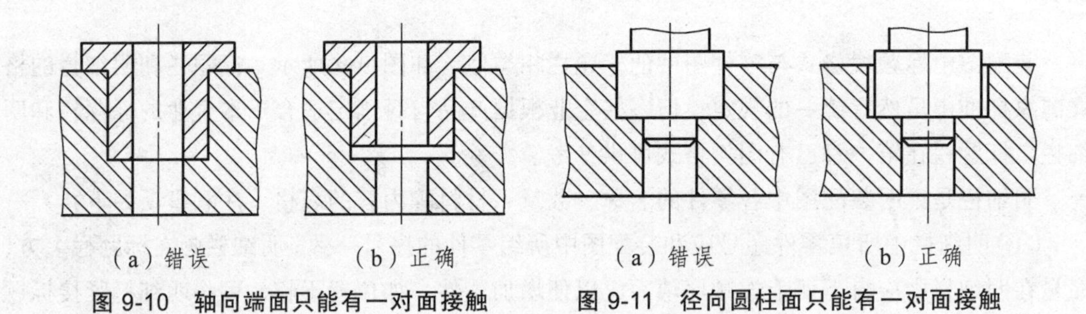

图 9-10 轴向端面只能有一对面接触　　图 9-11 径向圆柱面只能有一对面接触

2. 两零件接触处的拐角结构

轴与孔装配时，为了使轴肩端面与孔端面紧密接触，孔应倒角或轴根切退刀槽，以保证两端面能紧密接触，如图 9-12 所示。

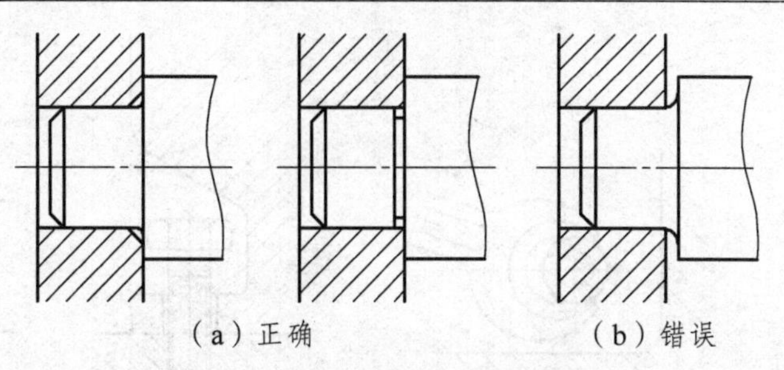

（a）正确　　（b）错误

图 9-12　两零件接触处的拐角结构

3. 滚动轴承的合理安装

滚动轴承常用轴肩或孔肩轴向定位，设计时应考虑维修、安装、拆卸的方便。为了方便滚动轴承的拆卸，轴肩（轴径方向）高度应小于轴承内圈的厚度，孔肩（孔径方向）高度应小于轴承外圈的厚度。

如图 9-13 所示，圆柱（锥）滚子轴承与座体间的轴向定位靠孔肩和轴承的左端面接触来实现，考虑到拆装的方便，孔肩高度应小于轴承外圈厚度或在孔肩上加工小孔，均可方便地将轴承从座体中拆除。

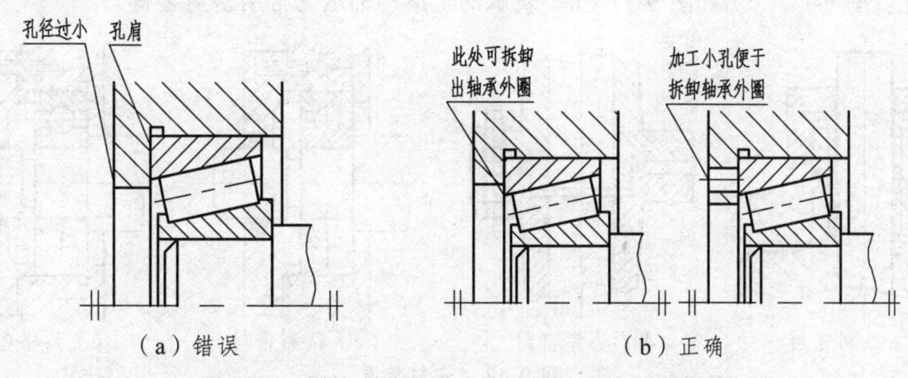

（a）错误　　（b）正确

图 9-13　圆柱（锥）滚子轴承与孔肩的合理安装

如图 9-14 所示，深沟球轴承左端面与轴肩接触，考虑到拆卸轴承的方便，轴肩高度应小于深沟球轴承内圈厚度。

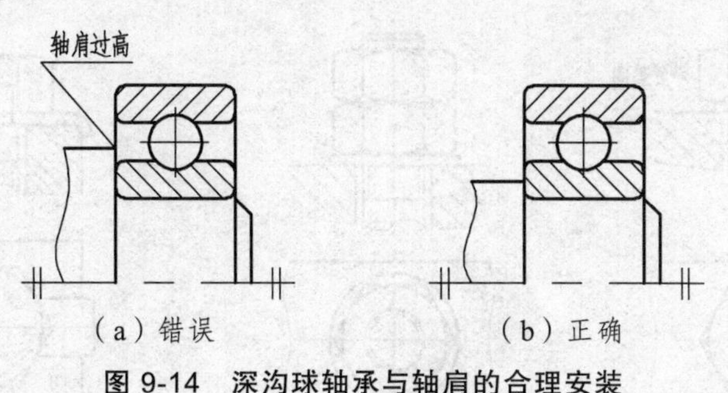

（a）错误　　（b）正确

图 9-14　深沟球轴承与轴肩的合理安装

4. 螺栓、螺母的合理拆装

用螺纹紧固件连接时，要考虑到安装和拆卸紧固件是否方便。在安排螺栓的位置时，应考虑扳手的空间活动范围，空间太小，扳手无法使用，如图 9-15（a）所示。安装螺栓时，应考虑螺栓放入时所需要的空间，空间太小，螺栓无法放入，如图 9-16（a）所示。

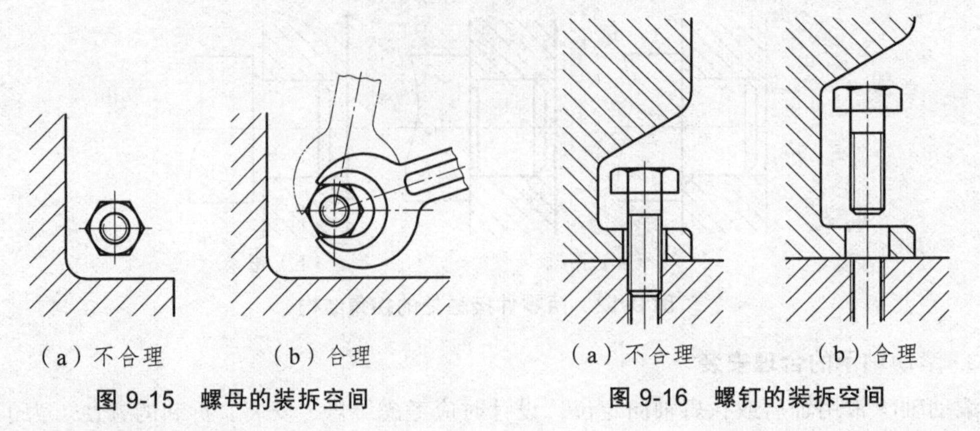

（a）不合理　　（b）合理

图 9-15　螺母的装拆空间

（a）不合理　　（b）合理

图 9-16　螺钉的装拆空间

5. 密封装置和防松装置

密封装置用于防止机器中油的外溢或阀门、管路中气体、液体的泄漏，通常采用的密封装置如图 9-17 所示。其中在油泵、阀门等部件中常采用填料函密封装置，图 9-17（a）所示为常见的一种用填料函密封的装置。图 9-17（b）所示是管道中的管子接口处用垫片密封的密封装置。图 9-17（c）和图 9-17（d）表示的是滚动轴承的常用密封装置。

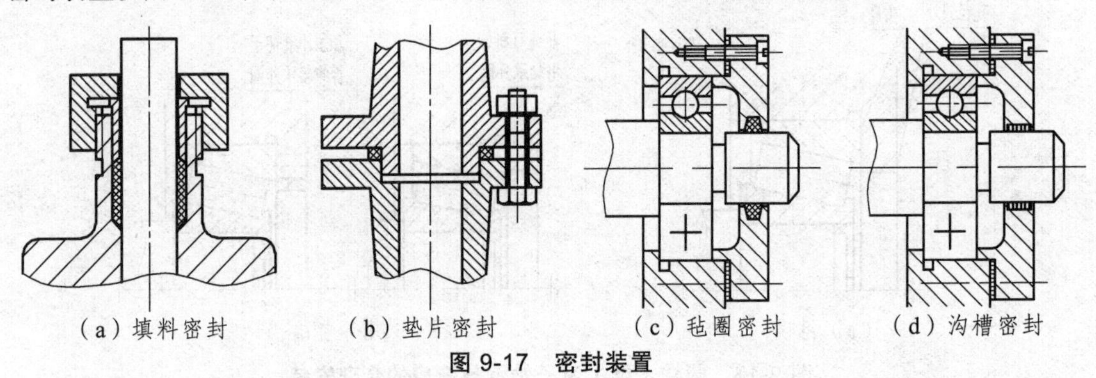

（a）填料密封　　（b）垫片密封　　（c）毡圈密封　　（d）沟槽密封

图 9-17　密封装置

为防止机器因工作振动而致使螺纹紧固件松开，常采用双螺母、弹簧垫圈、止动垫圈、开口销等防松装置，如图 9-18 所示。

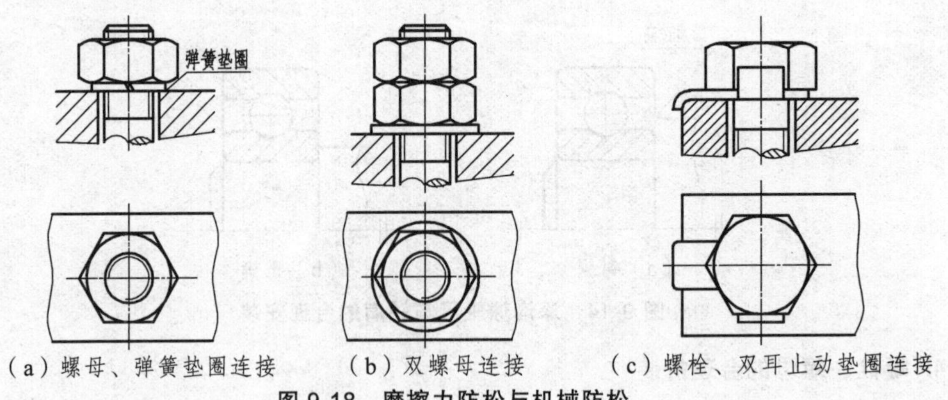

（a）螺母、弹簧垫圈连接　　（b）双螺母连接　　（c）螺栓、双耳止动垫圈连接

图 9-18　摩擦力防松与机械防松

螺纹连接的防松按防松的原理不同，可分为摩擦力防松与机械防松。如采用双螺母、弹簧垫圈的防松装置属于摩擦防松装置；采用开口销、止动垫圈的防松装置属于机械防松装置。

另外，还有圆螺母和止动垫圈防松，如图 9-19（a）所示，轴承是通过止动垫圈伸出的叶片分别与轴、圆螺母上方槽相接触来防止轴承内圈松动。图 9-19（b）所示是圆螺母的视图，图 9-19（c）所示是止动垫圈的视图。

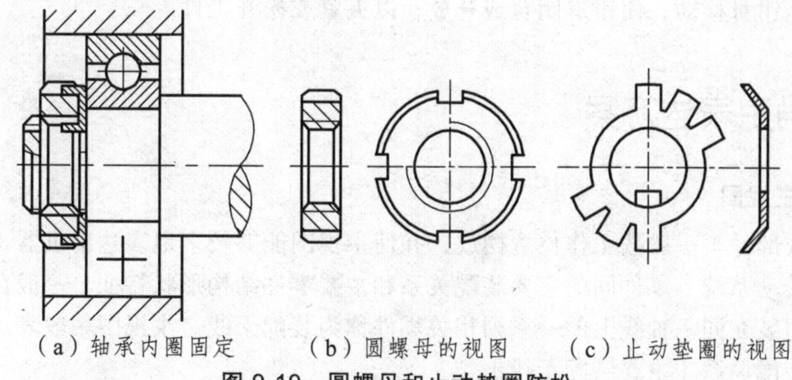

图 9-19　圆螺母和止动垫圈防松

6. 轴向定位的结构

装在轴上的滚动轴承等一般都要轴向定位。如图 9-20（a）所示，左边轴承内圈采用螺栓紧固轴端挡圈进行轴向定位，右边是轴端挡圈的视图。如图 9-20（b）所示，左边轴承内圈采用弹性挡圈进行轴向定位，右边是弹性挡圈的特征视图。

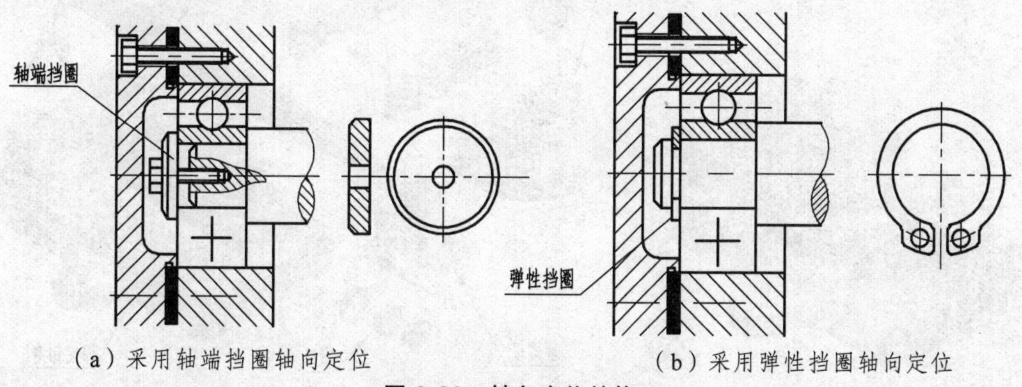

图 9-20　轴向定位结构

9.6　画装配图的方法和步骤

根据已知机器所包含零件的零件图，就可以拼画出部件的装配图。下面以图 9-21 所示的台虎钳为例来说明画装配图的方法和步骤。图 9-22 所示是台虎钳的零件图。

9.6.1　分析、了解部件工作原理及结构

在画装配图之前，必须对所表达的机器（或部件）的功用、工作原理、零件之间的装配关系及技术要求等进行分析，以便于考虑装配图的表达方案。通过图 9-21、图 9-22 所示台虎

钳实物图了解其装配关系和工作原理。台虎钳是用来夹持工件进行加工的部件，它主要是由固定钳身、活动钳口、钳口板、丝杠和套螺母等组成。丝杠固定在固定钳身上，转动丝杠可带动套螺母作直线移动。套螺母与活动钳口用螺钉连成整体，因此，当丝杠转动时，活动钳口就会沿固定钳身移动；使钳口闭合或开放，以夹紧或松开工件。

9.6.2 确定表达方案

1. 选择主视图

机器（或部件）一般按工作位置摆放，并使主视图能够较多地表达出机器（或部件）的工作原理、传动系统、零件间的主要装配关系和主要零件结构形状特征。一般在机器（或部件）中，将组装在同一轴线上的一系列相关零件称为装配干线。主视图一般表达机器（或部件）的主要装配关系（主要装配干线）。

图 9-24 所示的台虎钳按工作位置放置，主视图采用了全剖的方式，沿丝杠轴向把螺母、垫圈、套螺母、固定钳身、活动钳身等相关零件组装在一起，为主要装配关系（装配干线）。垂直方向的紧定螺钉、套螺母、活动钳身连接部分是次要装配干线。

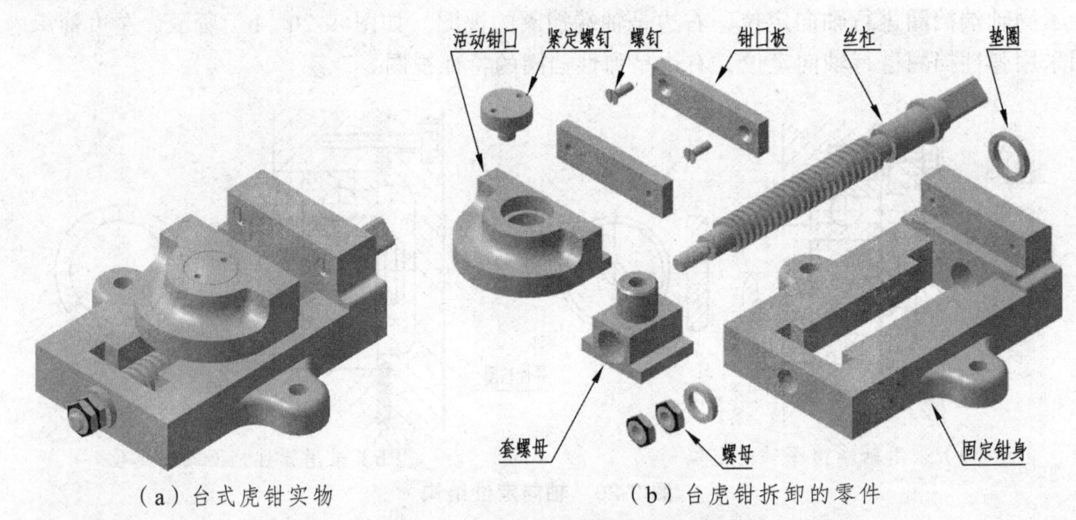

（a）台式虎钳实物　　（b）台虎钳拆卸的零件

图 9-21　台虎钳实物图和拆卸图

2. 选择其他视图

主视图确定后，机器（或部件）的主要装配关系和工作原理一般能表达清楚。但只有一个主视图，往往还不能把机器（或部件）的所有装配关系和工作原理全部表达出来。因此，还要根据机器（或部件）的结构形状特征，选择其他表达方法，并确定视图数量，表达出次要的装配关系、工作原理和次要零件的结构形状。

图 9-24 为台虎钳装配图，所示俯、左视图表达了台虎钳主要零件的结构形状和局部结构。其中，左视图采用了半剖视图，补充表达紧定螺钉、套螺母、固定钳身、活动钳身等装配关系及固定钳身、活动钳身等结构形状；俯视图采用局部剖视图，突出表达了活动钳板与活动钳身、固定钳身等次要装配关系及固定钳身的外部形状。

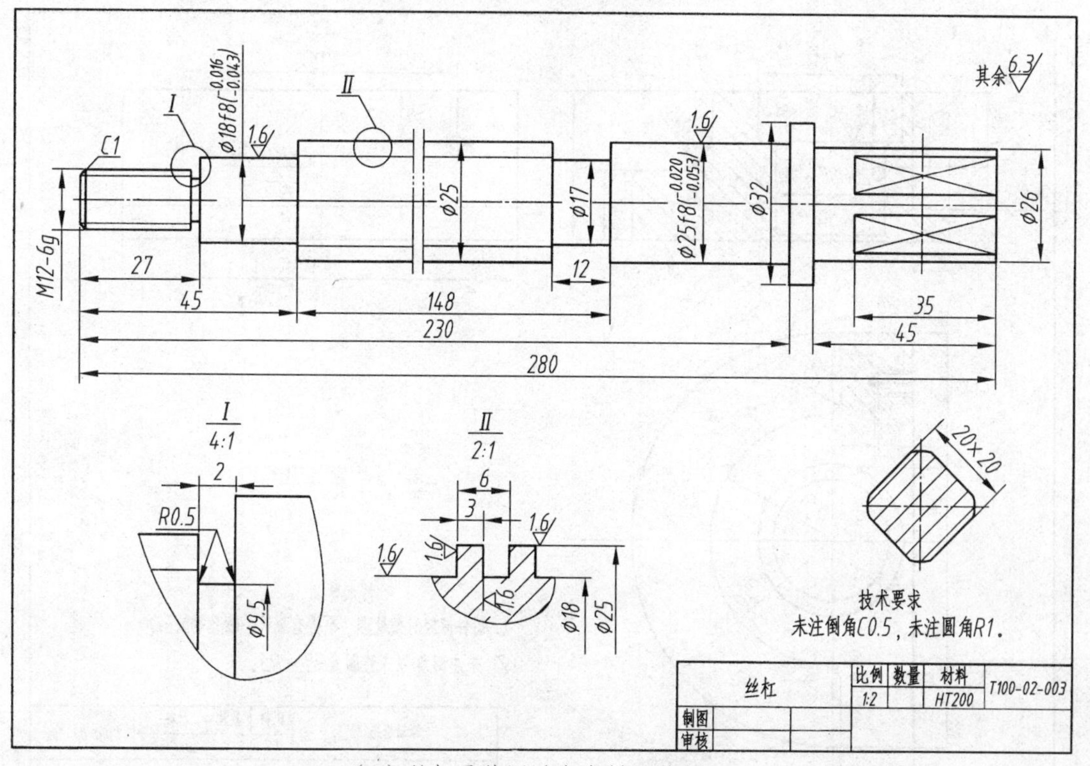

（a）丝杠零件图（台虎钳零件图）

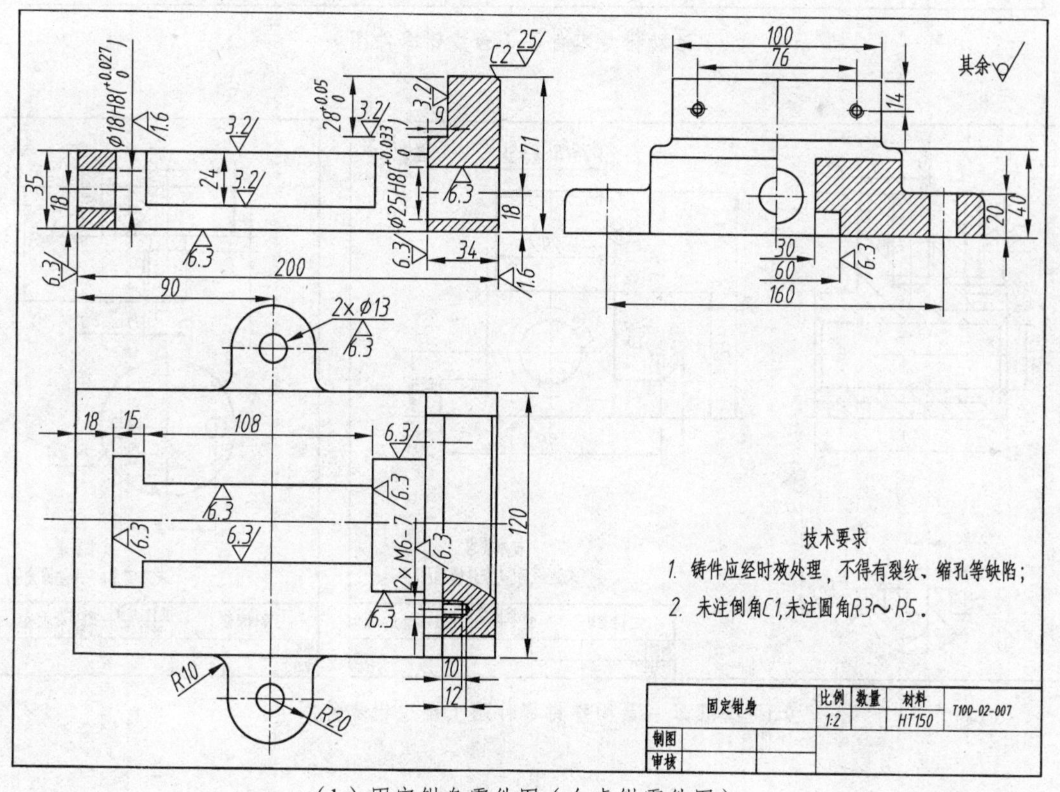

（b）固定钳身零件图（台虎钳零件图）

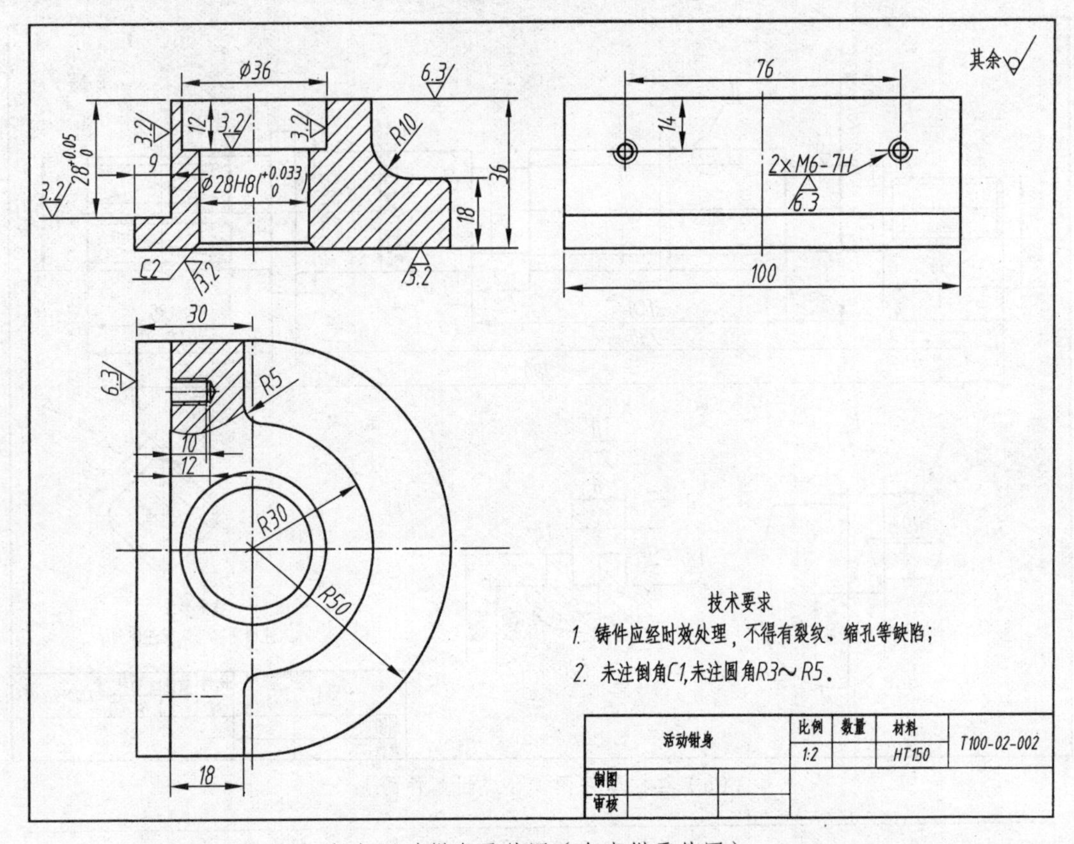

（c）活动钳身零件图（台虎钳零件图）

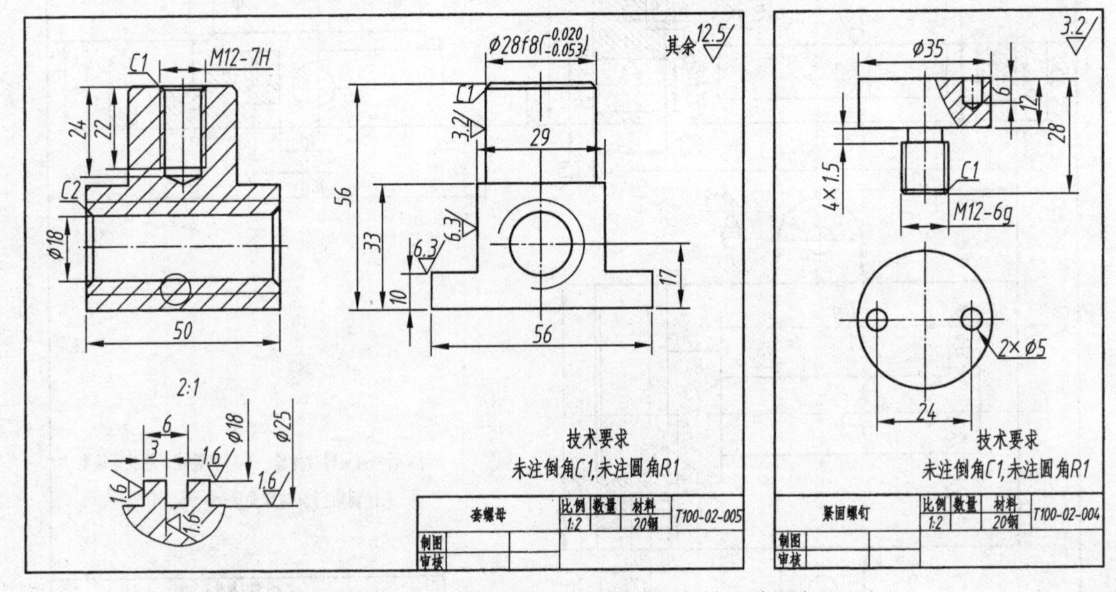

（d）套螺母、紧固螺钉零件图（台虎钳零件图）

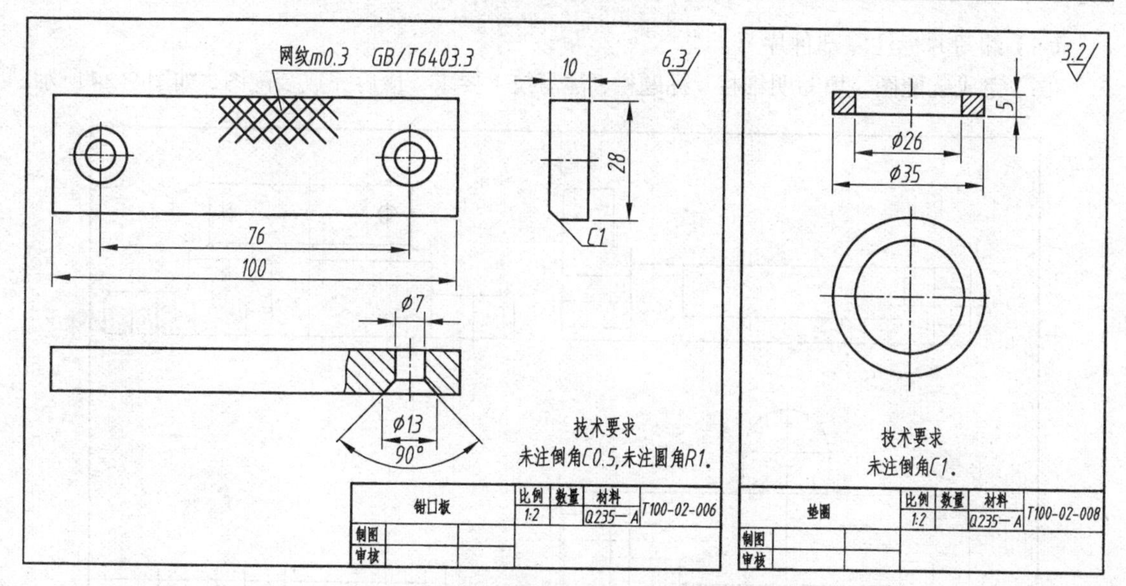

（e）钳口板、垫圈零件图（台虎钳零件图）

图 9-22 台虎钳零件图

9.6.3 画装配图的方法和步骤

下面以台虎钳为例，说明画装配图的方法和步骤。

首先确定视图方案：根据前面对台虎钳的表达分析，主视图按工作位置选定，采用全剖的方式，并沿丝杠轴向把螺母、垫圈、套螺母、固定钳身、活动钳身等相关零件组装在一起。主视图确定后，采用俯、左视图来表达台虎钳主要零件的结构形状和局部结构。其中，左视图采用半剖视图，补充表达紧定螺钉、套螺母、固定钳身、活动钳身等装配关系以及固定钳身、活动钳身等结构形状；俯视图采用局部剖视图，突出表达活动钳板与活动钳身、固定钳身等次要装配关系及固定钳身的外部形状。表达方法确定后，即可着手画装配图，具体步骤如下：

（1）选比例，定图幅。根据确定的表达方案和部件的大小及复杂程度，确定适当的比例和图幅，留出标题栏、明细表的位置。注意考虑尺寸标注、零件序号、明细栏和技术要求的位置。图面的总体布局既要均匀又要整齐，还要排列疏密得当。

（2）布置视图。首先合理布置各个视图的位置，注意留出标注尺寸、零件序号、明细栏和技术要求的位置，然后画出各个视图的主轴线、对称线和作图基准线。

（3）画底图。画底图的基本原则是“先主后次”，从主视图入手，几个视图配合进行。画图时可采用由内向外画，即从主要装配干线开始，逐步向外延伸；也可采用由外向内画，先画外部零件，如箱体（或阀体）的大致轮廓，再将内部零件逐个画出，但具体问题具体分析，要根据具体的部件灵活运用。先画出台虎钳主要零件（固定钳身）的外形图，如图 9-23（a）所示。

按照装配关系逐个画出主要装配干线上的零件轮廓图，再依次画出次要装配干线上的零件轮廓图。画零件间装配关系时，先画起定位作用的基准件，后画其他零件，并检查零件间的装配关系是否正确，如图 9-23（b）所示。

（4）检查校核，加深图线。画剖面线，标注尺寸及公差配合，如图 9-23（c）所示。

（5）编写并标注零部件序号。

（6）完成装配图。填写明细栏、标题栏，注写技术要求，最后完成装配图，如图 9-24 所示。

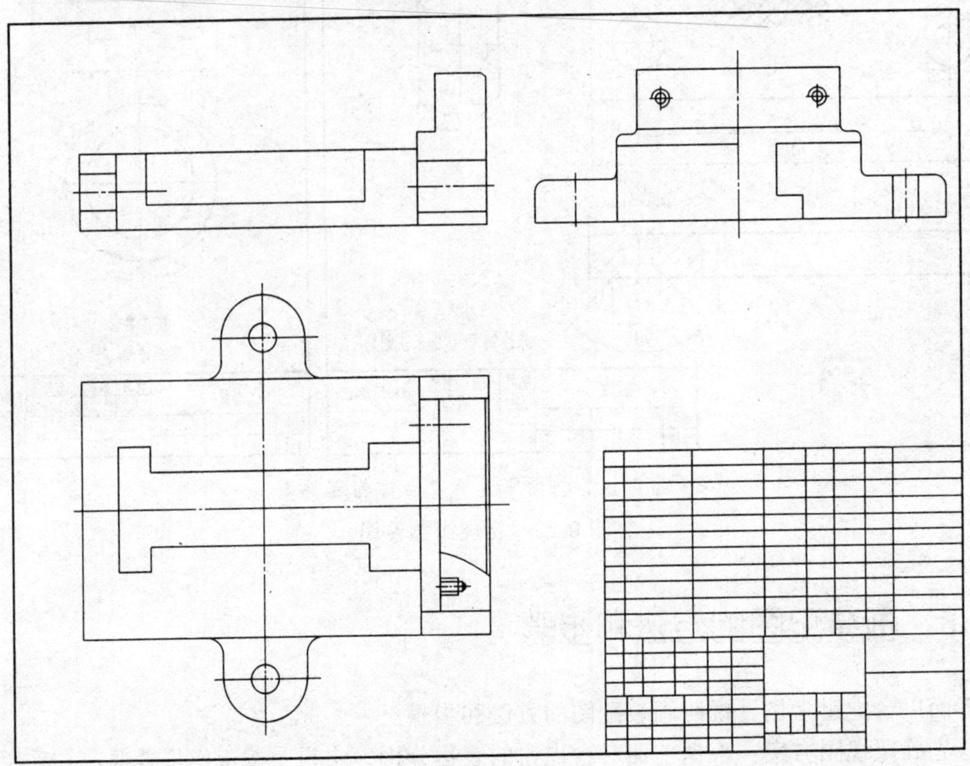

（a）画图框、标题栏、明细栏、主要基准线，画主要零件（固定钳身）的外形图

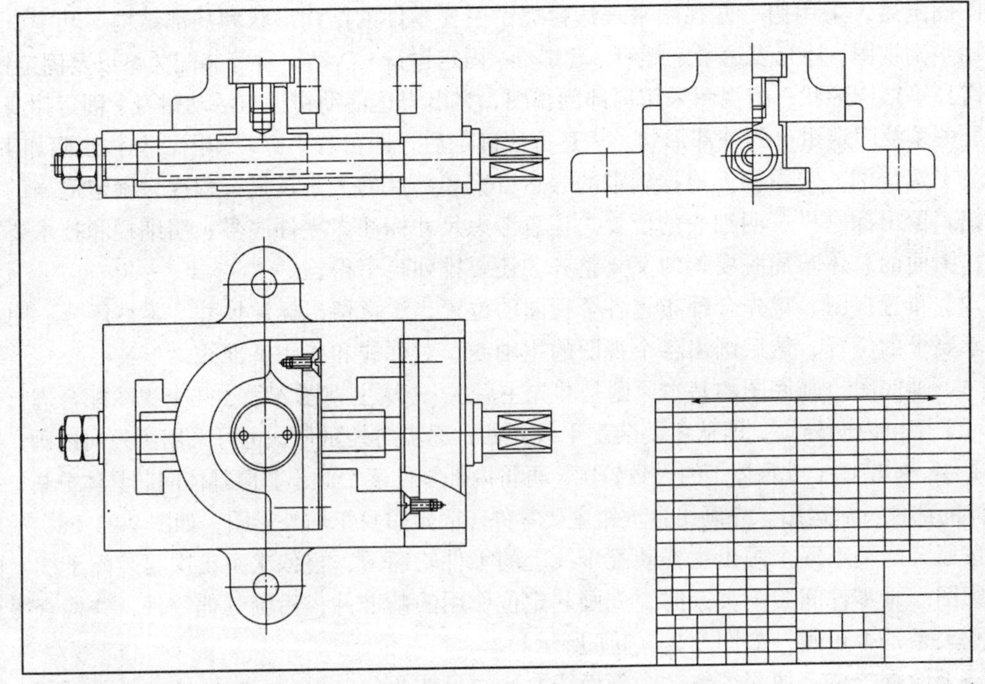

（b）按照装配关系逐个画出主要装配干线上的零件轮廓图，再依次画出次要装配干线上的零件轮廓图

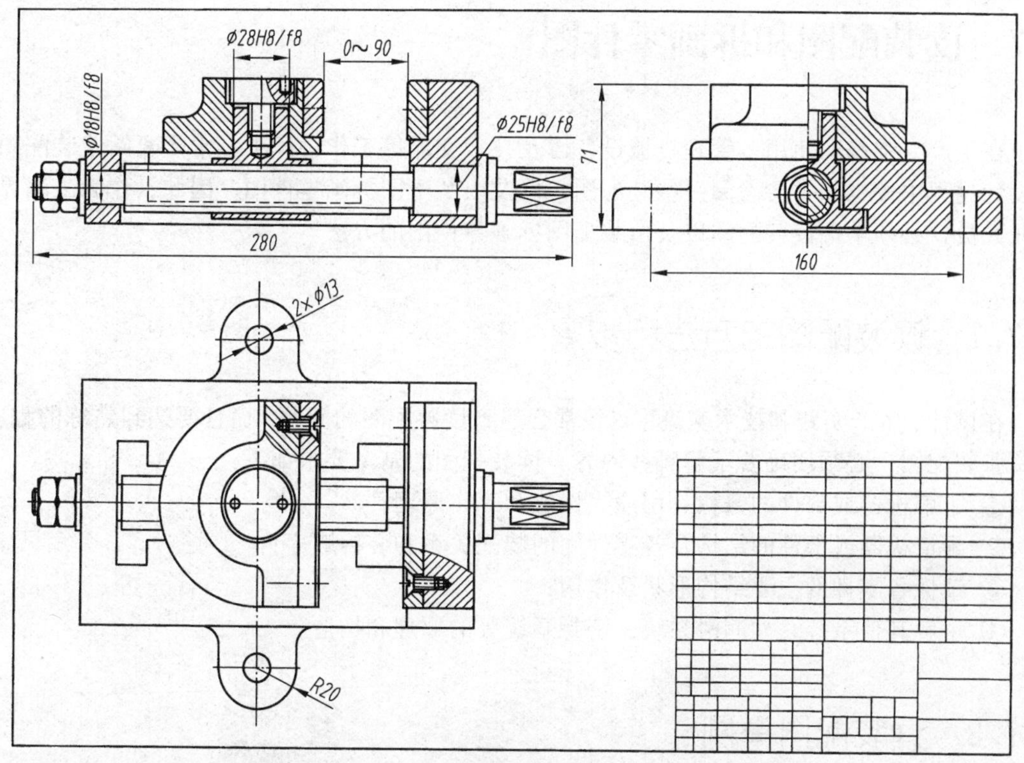

（c）检查校核，加深图线。画剖面线，标注尺寸及公差配合

图 9-23　画台虎钳装配图的步骤

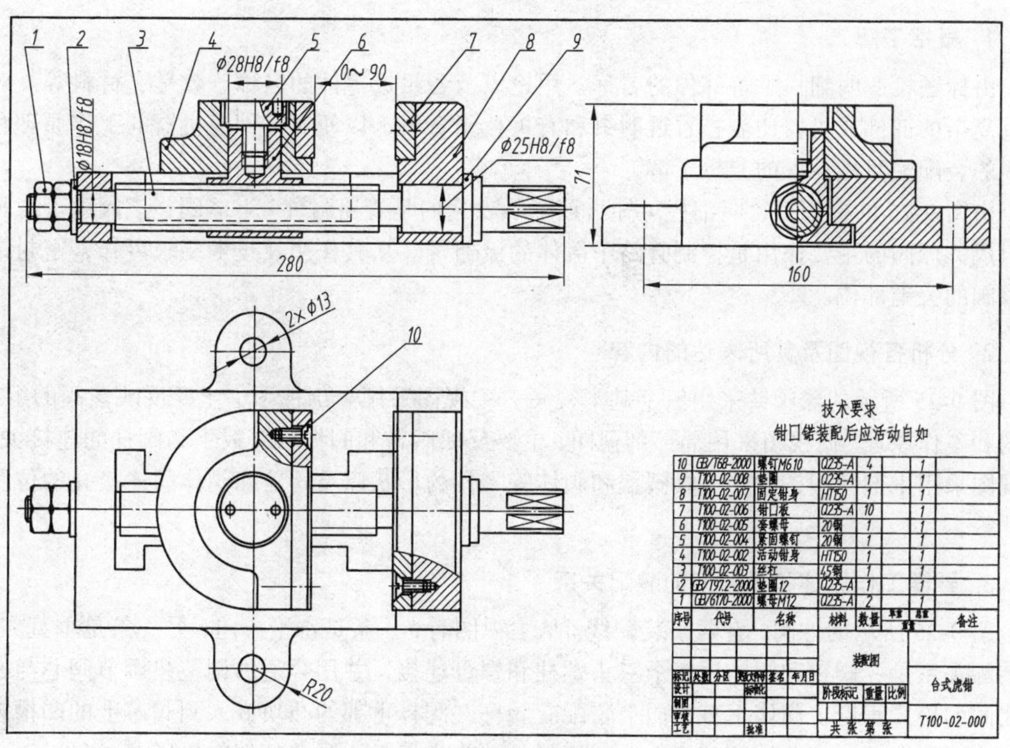

序号	代号	名称	材料	数量	单重	总重	备注
10	GB/T68-2000	螺钉M610	Q235-A	4		1	
9	T100-02-008	垫圈	Q235-A	1		1	
8	T100-02-007	固定钳身	HT150	1		1	
7	T100-02-006	钳口板	Q235-A	10		1	
6	T100-02-005	套螺母	20钢	1		1	
5	T100-02-004	紧固螺钉	20钢	1		1	
4	T100-02-002	活动钳身	HT150	1		1	
3	T100-02-003	丝杠	45钢	1		1	
2	GB/T97.2-2000	垫圈12	Q235-A	1		1	
1	GB/6170-2000	螺母M12	Q235-A	2		1	

图 9-24　台虎钳装配图

9.7 读装配图和拆画零件图

在生产、维修和使用、管理机械设备以及技术交流等工作过程中，常需要阅读装配图；在设计过程中，也经常要参阅一些装配图，以及由装配图拆画零件图。因此，作为工程界的从业人员，必须掌握读装配图以及由装配图拆画零件图的方法。

9.7.1 读装配图的方法和步骤

在设计、生产实践和技术交流中，经常会遇到读装配图的问题，而且要达到熟练的程度。读一张装配图，必须明确要了解哪些内容。读装配图的基本要求如下：

① 了解机器或部件的名称、用途、性能和工作原理；

② 弄清机器或部件的结构及各零件间的装配关系和装拆顺序；

③ 读懂各零件的主要结构形状及作用；

④ 了解其他系统，如润滑系统、密封系统等的原理和构造。

9.7.2 读装配图举例

现以图 9-25 所示球阀为例说明读装配图的一般方法和步骤。

1. 概括了解

由标题栏、明细栏了解部件的名称、用途以及各组成零件的名称、数量、材料等。对于有些复杂的部件或机器还需查看说明书和有关技术资料，以便对部件或机器的工作原理和零件间的装配关系做深入的分析了解。

由图 9-25 的标题栏、明细栏可知，该图所表达的是管路附件——球阀，该阀由十二种零件组成。球阀的主要作用是控制管路中流体的流通量。从其作用及技术要求可知，密封结构是该阀的关键部位。

2. 分析各视图及其所表达的内容

图 9-25 所示的球阀共采用三个基本视图。主视图采用全剖视图，主要反映该阀的组成、结构和工作原理。俯视图采用局部剖视图，主要反映阀盖和阀体以及扳手和阀杆的连接关系。左视图采用半剖视图，主要反映阀盖和阀体等零件的形状以及阀盖和阀体间连接孔的位置和尺寸等。

3. 弄懂工作原理和零件间的装配关系

图 9-25 所示的球阀，有两条装配线。从主视图看，一条是水平方向，另一条是垂直方向。其装配关系是：阀盖和阀体用四个双头螺柱和螺母连接，并用合适的调整垫调节阀芯与密封圈之间的松紧程度。阀体垂直方向上装配有阀杆，阀杆下部的凸块嵌入到阀芯上的凹槽内。为防止流体泄漏，在此处装有填料垫、填料，并旋入填料压紧套将填料压紧。

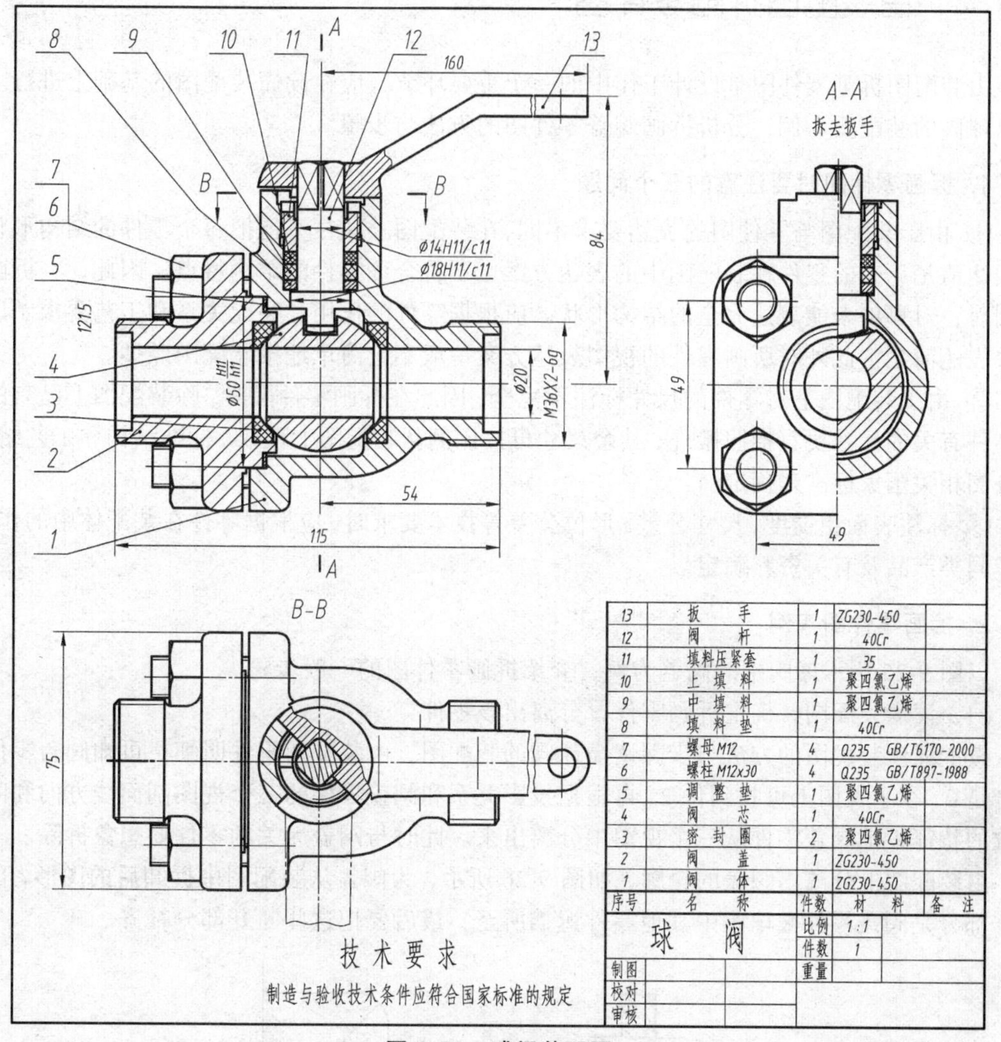

序号	名称	件数	材料	备注
13	扳手	1	ZG230-450	
12	阀杆	1	40Cr	
11	填料压紧套	1	35	
10	上填料	1	聚四氯乙烯	
9	中填料	1	聚四氯乙烯	
8	填料垫	1	40Cr	
7	螺母 M12	4	Q235 GB/T6170-2000	
6	螺柱 M12x30	4	Q235 GB/T897-1988	
5	调整垫	1	聚四氯乙烯	
4	阀芯	1	40Cr	
3	密封圈	2	聚四氯乙烯	
2	阀盖	1	ZG230-450	
1	阀体	1	ZG230-450	

球阀	比例	1:1
	件数	1
制图	重量	
校对		
审核		

图 9-25 球阀装配图

球阀的工作原理：扳手在主视图中的位置时，阀门为全部开启，管路中流体的流通量最大。当扳手顺时针旋转到俯视图中双点画线所示的位置时，阀门为全部关闭，管路中流体的流通量为零。当扳手处在这两个极限位置之间时，管路中流体的流通量随扳手的位置变化而改变。

4. 分析零件的结构形状

在弄懂部件工作原理和零件间的装配关系后，分析零件的结构形状，将有助于进一步了解部件结构特点。

分析某一零件的结构形状时，首先要在装配图中找出反映该零件形状特征的投影轮廓。接着可按视图间的投影关系，同一零件在各剖视图中的剖面线方向、间隔必须一致的画法规定，将该零件的相应投影从装配图中分离出来。然后根据分离出的投影，按形体分析和结构分析的方法，弄清零件的结构形状。

9.7.3 由装配图拆画零件图

由装配图拆画零件图是设计工作中的一个重要环节，应在读懂装配图的基础上进行。下面以球阀的装配图为例，分析拆画阀盖零件图的方法与步骤。

1. 拆画零件图时要注意的三个问题

① 由于装配图与零件图的表达要求不同，在装配图上往往不能把每个零件的结构形状完全表达清楚，有的零件在装配图中的表达方案也不符合该零件的结构特点。因此，在拆画零件图时，对那些未能表达完全的结构形状，应根据零件的作用、装配关系和工艺要求予以确定并表达清楚。此外对所画零件的视图表达方案一般不应简单地按装配图照抄。

② 由于装配图上对零件的尺寸标注不完全，因此在拆画零件图时，除装配图上已有的与该零件有关的尺寸要直接照搬外，其余尺寸可按比例从装配图上量取。标准结构和工艺结构，可查阅相关国家标准来确定。

③ 标注表面粗糙度、尺寸公差、形位公差等技术要求时，应根据零件在装配体中的作用，参考同类产品及有关资料确定。

2. 拆画零件图实例

以图 9-25 所示球阀中的阀盖为例，介绍拆画零件图的一般步骤。

（1）读懂装配图，确定拆画零件，分离出该零件

按上述读装配图的方法与步骤读懂球阀的装配图，由装配图零件明细栏可知阀盖零件的序号是 2，在主视图上可找到件 2，再根据投影关系和阀盖零件的三个视图剖面线方向和间距一致的特征，把阀盖零件从三个视图中分离出来。此时与阀盖无关的零件要想象拆除。

由装配图上分离出阀盖的轮廓，如图 9-26 所示，为阀盖从装配图中拆卸后的图形，图中断开部分是阀盖零件被球阀中其他零件遮挡所至，最后要把这些断开部分补齐。

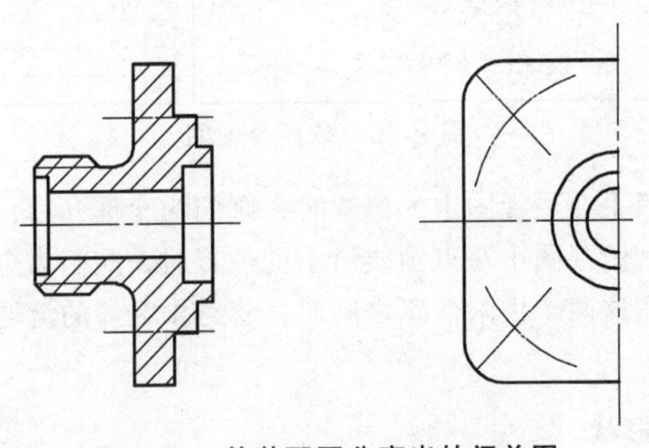

图 9-26 从装配图分离出的阀盖图

（2）确定要拆画零件的表达方案

由装配图拆画零件图时，零件的表达方案要根据零件的结构特点，按零件图一章中各种不同零件表达方案进行考虑，不强求与装配图一致。一般情况下，箱体、支座类零件表达方案可以与装配图一致。轴套、盘盖类零件，一般按加工位置摆放，选取主视图。球阀阀盖属于盘盖类零件，因此表达方案与装配图一致。根据端盖类零件的表达特点，决定主视图采用沿对称面的全剖，左视图采用一般视图。

（3）对零件结构形状的处理

确定零件的结构形状可用形体分析法来分析。但在装配图中，对零件上标准结构（如倒角、倒圆、退刀槽），由于采用了简化画法未表达出来。在拆画零件图时，应结合考虑设计和工艺的要求，补画出这些标准结构。

（4）注写尺寸标注和技术要求

对于装配图上已有的与该零件有关的尺寸要直接照搬，其余尺寸可按比例从装配图上量取。标准结构和工艺结构，可查阅相关国家标准确定，标注阀盖的尺寸。

根据阀盖在装配体中的作用，参考同类产品的有关资料，标注表面粗糙度、尺寸公差、形位公差等，并注写技术要求。技术要求分公差与配合、表面粗糙度和文字说明三项。装配图中有配合要求的应标注公差带代号或公差数值，如图 9-27 所示的 $\phi 50h11$ 尺寸。加工表面标表面粗糙度符号和数值，不加工表面在图纸的右上角标其余和不加工面符号。文字说明性技术要求如图 9-27 中的技术要求。

（5）填写标题栏，核对检查，完成后的阀盖零件图如图 9-27 所示。

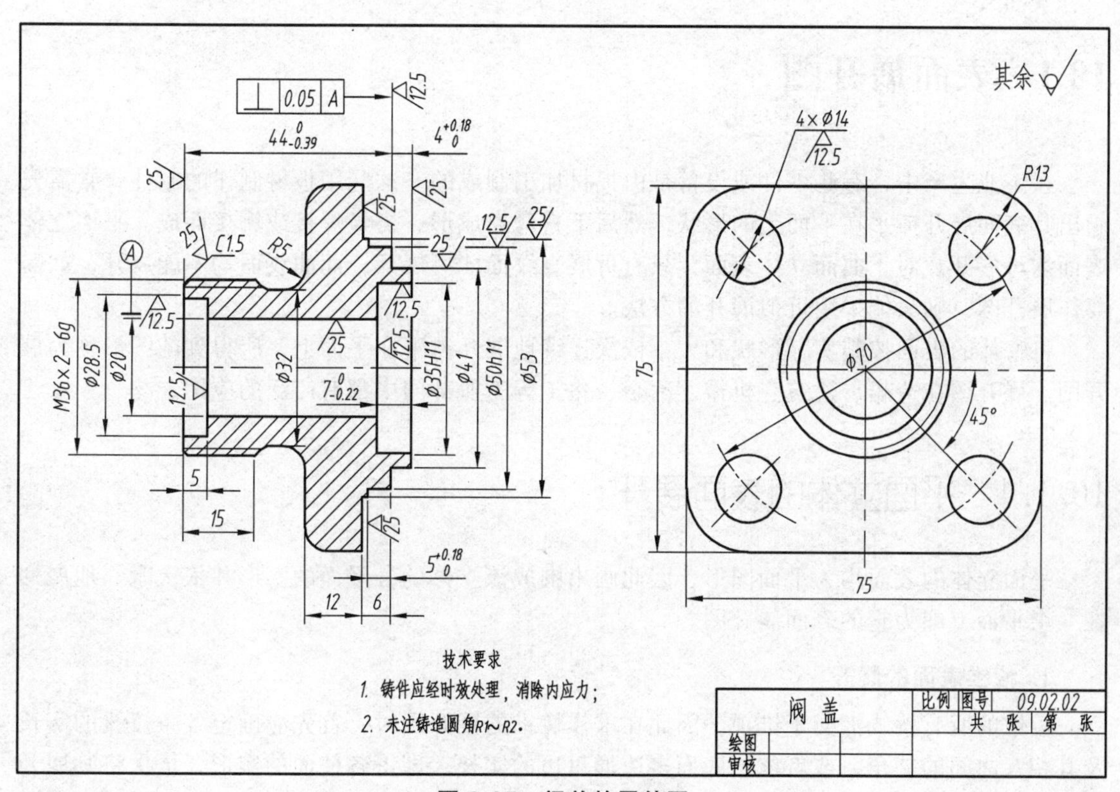

图 9-27　阀盖的零件图

第 10 章　其他工程图样

展开图和焊接图是机械制造中经常遇到的两种图样。机械制造行业中，各种容器设备、工艺管线、电力用压力钢管等，多采用金属板料制作。这些板料制件的加工过程主要工序有：放样（画展开图），下料（号料、裁剪），成型（冲压或弯曲），最后用焊接或铆接的方法制成整体。本章主要介绍平面立体、可展曲面、不可展曲面的展开，钣金件展开的厚度处理，国家标准规定的焊接符号及焊接图等基本知识。

10.1　表面展开图

在工业生产中，有些零件或设备是由板材加工制成的。这些用板材制作的制件，常需先画出其表面展开摊平在平面上的形状，然后下料弯卷成形，再经焊接或铆接而成。平面立体表面均可展开。对于曲面立体表面，只有可展直纹面才可展开，而曲纹面均不能展开，如需要作展开图，则只能采用近似展开的方法。

将物体的表面按其实际形状和大小依次连续地展开摊平在平面上，所得到的图形称为展开图。展开图在造船、建筑、机械、冶金、化工等工业部门中都有广泛的应用。

10.1.1　平面立体的表面展开

平面立体的表面均为平面图形，因此画出围成该立体的各平面的实形并依次毗邻地展列在一个平面上即为它的表面展开图。

1. 棱锥表面的展开

棱锥的所有棱线汇交于锥顶，因此在求作棱锥的展开图时，首先应确定各条棱线的实长及其相互之间的夹角，或者求出底面多边形每边的实长，即得各棱面的实形，依次将其展开在一个平面内。由于各条棱线汇交于一点，这种求作展开图的方法称为放射线法。

图 10-1 所示三棱锥 $S\text{-}ABC$，其各棱面均为三角形。若已知三角形三边的实长，即可作出它的实形。因此，棱锥表面展开，主要是求得各棱线及底面各边的实长。

从图 10-1（a）可以看出，棱锥底面为水平面，其水平投影 ab、bc、ca 反映各底边实长。棱线 SA 为正平线，正面投影 $s'a'$反映实长，其他两棱线 SB、SC 均为一般位置直线，可用直角三角形法求出其实长。为此，可作一个直角边 SO 等于各棱线两端点的 z 坐标差，在另一直角边上分别量取 $OB = sb$、$OC = sc$，斜边 SB 与 SC 即为两棱线实长［见图 10-1（a）］。

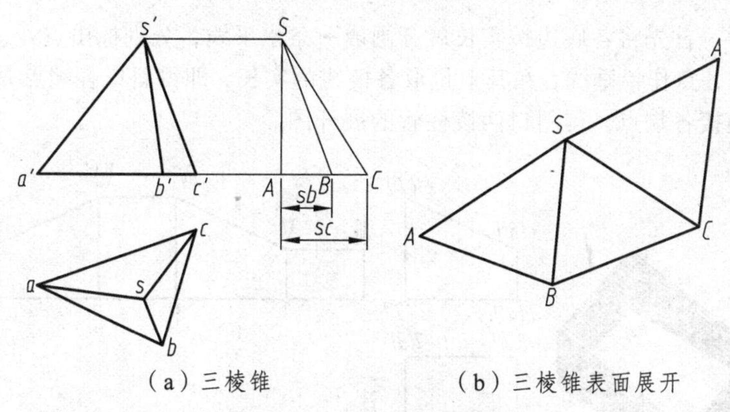

（a）三棱锥　　（b）三棱锥表面展开

图 10-1　三棱锥表面展开

作图时，可从任一根棱线（如 *SA*）开始，用已求出的三边实长画出△*SAB*，即得一个棱面实形。然后依次相邻地画出其余棱面的实形，即为三棱锥 *S-ABC* 的表面展开图，如图 10-1（b）所示。

2. 截顶棱锥表面的展开

如用平面 *P* 截切三棱锥［见图 10-2（a）］，该平面 *P* 与三条棱线分别交于三点 *D*、*E*、*F*，去掉锥顶部分，成为截头三棱锥，其棱面是四边形。由初等几何可知，仅知四个边长还不能作出四边形的实形。故展开时，仍需先按完整的三棱锥展开，再截去锥顶部分。为此，先在投影图上定出三点 *D*、*E*、*F* 的位置，求出 *SD*、*SE*、*SF* 的实长，然后在三棱锥展开图对应的棱线 *SA*、*SB*、*SC* 与 *SA* 上量出，如图 10-2（b）所示，得点 *D*、*E*、*F* 和 *D*，并把各点用直线连接，即得截头三棱锥的表面展开图。

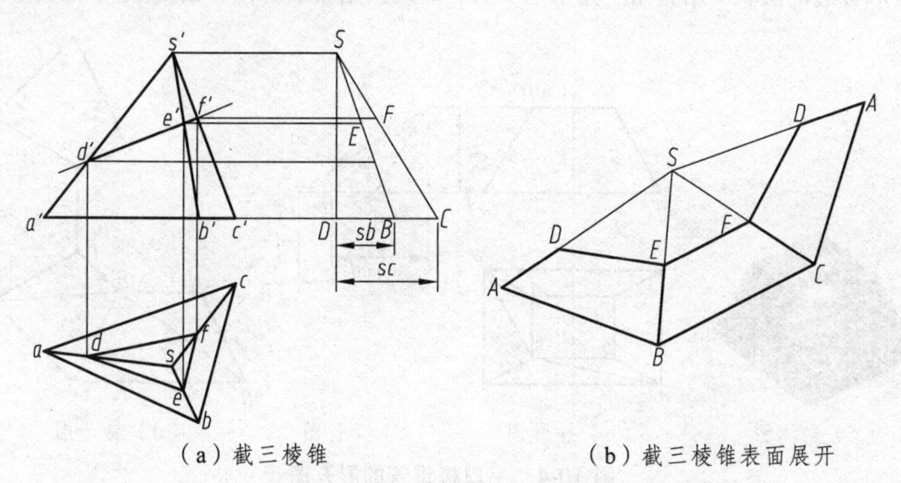

（a）截三棱锥　　（b）截三棱锥表面展开

图 10-2　截三棱锥表面展开

3. 棱柱表面的展开

图 10-3（a）、（b）所示是一顶口倾斜的四棱柱管的立体图和投影图。由于四棱柱处于铅垂位置，故前后棱面在主视图上反映实形，左右两侧棱面分别在俯视图上反映实际宽度，在主视图上反映实际高度。所以四棱柱四个棱面的实形均可画出，其展开图如图 10-3（c）所示。

作展开图时，首先将各底边按实长展开画成一条水平线，分别标出点Ⅳ、Ⅰ、Ⅱ、Ⅲ、Ⅳ。再过底边上各点作铅垂线，在其上量取各棱线的实长，即得斜口各端点Ⅷ、Ⅴ、Ⅵ、Ⅶ、Ⅷ。然后依次连接各端点，得斜口四棱柱管的展开图。

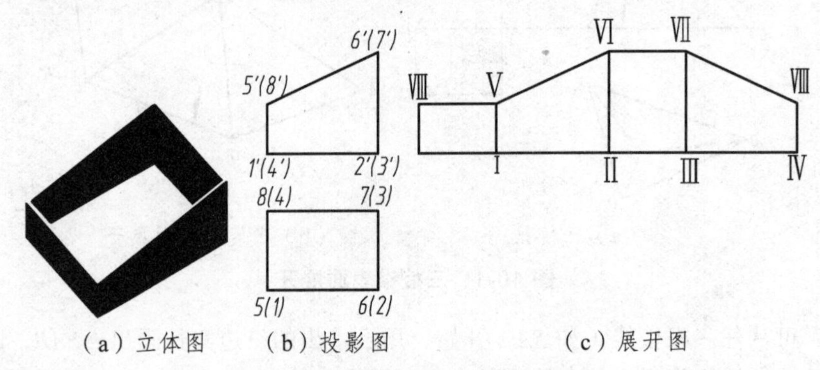

（a）立体图　（b）投影图　（c）展开图

图 10-3　斜口直四棱柱管的展开图

4. 棱台表面的展开

图 10-4（a）、（b）所示是一平口棱锥管的立体图和投影图。它由四个等腰梯形围成，四个等腰梯形在投影图中均不反映实形。

为画出它的展开图，必须先求出这四个梯形的实形。在梯形的四个边中，其上底、下底的水平投影反映其实长，梯形的两腰是一般位置直线。因此，要求梯形的实形，应先求出梯形两腰的实长。但是，仅知道梯形的四边实长，其实形仍是不定的，因此还需要把梯形的对角线长度求出来（即化成两个三角形来处理）。可见，平口棱锥管的各表面分别化成两个三角形，求出三角形各边的实长（用直角三角形法）后，即可画出其展开图，如图 10-4（c）、（d）所示。

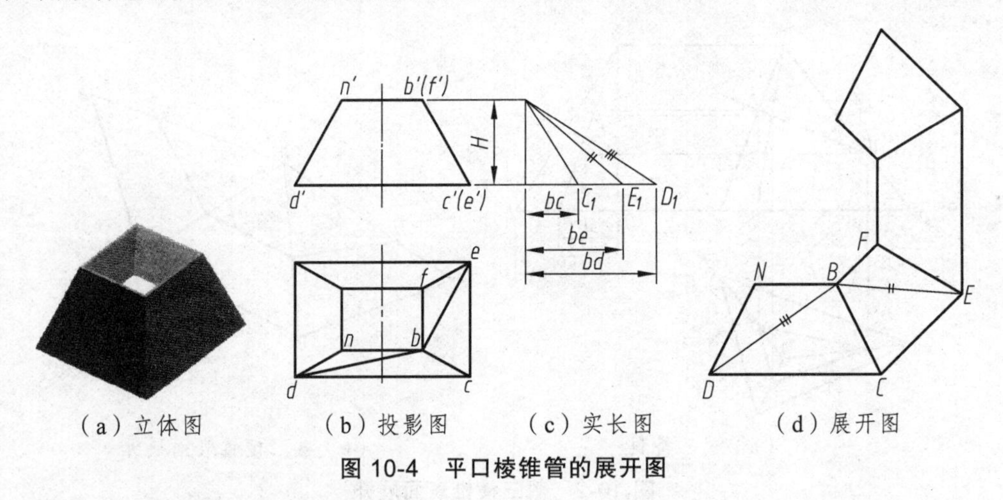

（a）立体图　（b）投影图　（c）实长图　（d）展开图

图 10-4　平口棱锥管的展开图

10.1.2　可展曲面的表面展开

曲面分为可展曲面与不可展曲面。在直线面（直母线形成的曲面）中，凡连续两素线平行或相交的曲面，均为可展曲面，如柱面与锥面等。

1. 柱面的展开

圆管制件与棱柱制件相似，只是前者素线平行，后者棱线平行。因此，棱柱的展开方法都可用于圆管展开。由于圆管制件的素线展开后仍然互相平行，故作图时可利用这个特性。

（1）圆管表面的展开

如图 10-5 所示，一段圆管表面的展开图是一个矩形。矩形一边长度为圆柱正截面的周长 πD（D 为圆柱直径），其邻边长度等于圆柱高度 H。

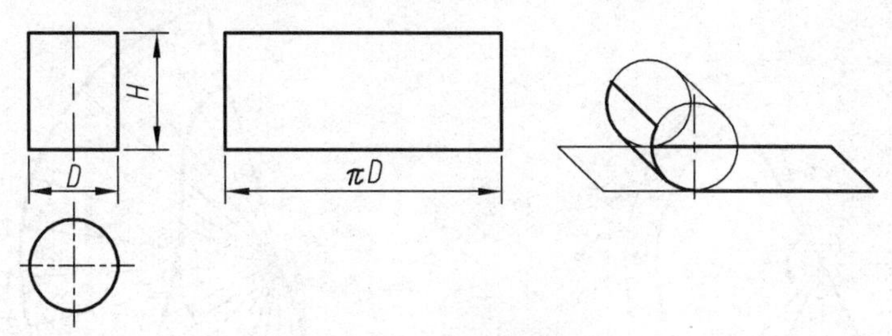

图 10-5　圆柱表面展开

（2）斜口圆管的展开

图 10-6 所示为一斜口圆管。利用素线互相平行且垂直于底圆的特点作出其展开图。其作图步骤如下：

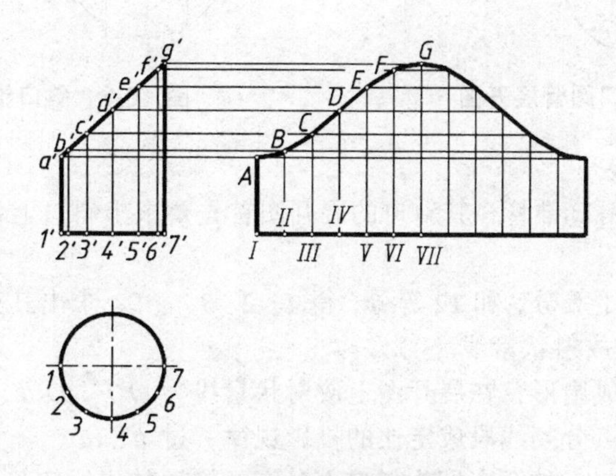

图 10-6　斜口圆管展开图

① 在俯视图上将圆周等分，如图 10-6 为 12 等分。得点 *1*、*2*、*3*、…。过各等分点在主视图上作出相应的素线 *1'a'*、*2'b'*、*3'c'*、…、*7'g'*。

② 将底圆展开成一条直线，取 *I II* 近似等于底圆周长的 *1/12*，得到各等分点 *I*、*II*、*III*、…、*VII* 等。

③ 分别过点 *I*、*II*、*III*、…、*VII* 作垂线，并分别截取长度为 *1'a'*、*2'b'*、*3'c'*、…、*7'g'* 的各端点 *A*、*B*、*C*、…、*G* 等。

④ 光滑连接各端点 *A*、*B*、*C*、…、*G* 即得斜口圆管展开图的一半，另一半为其对称图形。

2. 锥面的展开

由于圆锥面上所有素线汇交于锥顶，所以可用放射线法求作圆锥的展开图。正圆锥面展开后为扇形，用计算方法可求出该扇形的直线边等于圆锥素线的实长，扇形的弧长等于底圆的周长 πD。

（1）圆锥制件的展开

图 10-7 所示正圆锥表面的展开图为一扇形，其半径 R 即为素线长度，弧长为 πD（D 为圆锥底圆直径）。扇形的中心角为

$$\alpha = \frac{360^\circ \cdot \pi d}{2\pi R} = 180^\circ \frac{d}{R}$$

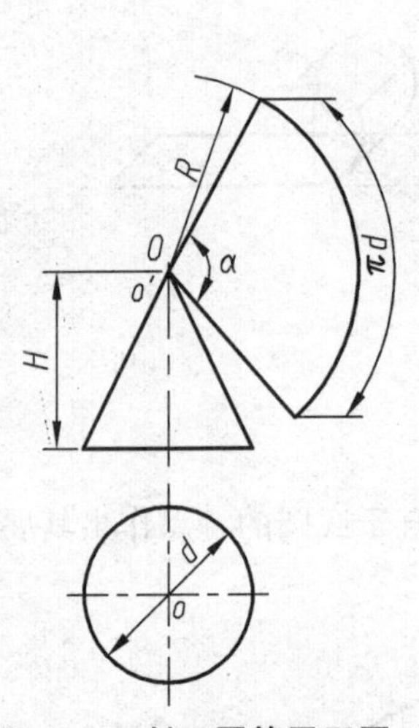

图 10-7　斜口圆管展开图

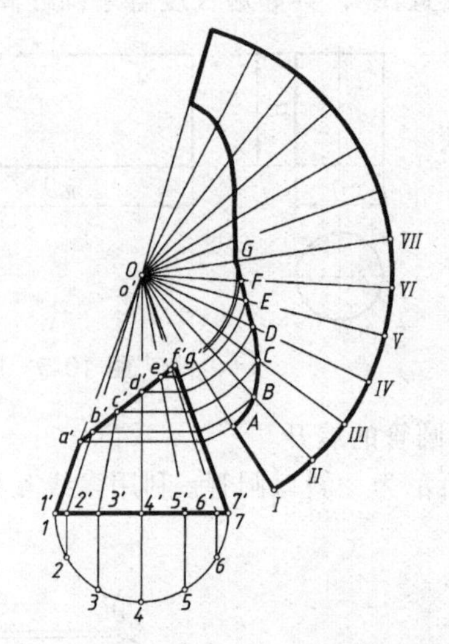

图 10-8　斜口锥管展开图

（2）斜口锥管的展开

图 10-8 所示为一斜口锥管，其斜口的展开图首先要求出斜口上各点至锥顶的素线长度。其作图步骤如下：

① 将底圆进行若干等分，如 12 等分，得 *1*、*2*、*3*、…7。求出其正面投影 *1'*、*2'*、*3'*、…、*7'*，并与锥顶 *o'* 连接成放射状素线。

② 将圆锥面展开成扇形，在展开图上放射状素线为 *O*Ⅰ、*O*Ⅱ、*O*Ⅲ、…、*O*Ⅶ等。

③ 应用直线上一点分割线段成定比的投影规律，过 *b'*、*c'*、…、*f'* 作水平方向的直线与 *o'7'* 线相交。这些交点与 *o'* 的距离即为斜口上各点至锥顶的素线实长。

④ 过 *O* 点分别将 *OA*、*OB*、*OC*、…、*OG* 实长量到展开图上相应的素线上。光滑连接各点即得斜口锥管的展开图。

OA、*OB*、*OC*、…、*OG* 实长的求法说明：因 *OA*、*OG* 位于圆锥面的最左、最右素线上，均为正平线，正面投影反映实长，可直接从正面投影量取；*OB*、*OC*、…、*OF* 为一般位置直线，投影不反映实长，但如将 *OB*、*OC*、…、*OF* 直线绕圆锥轴线旋转到 *OA* 或 *OG* 位置，此时投影即反映实长，在旋转过程中根据点 *B*、*C*、…、*F* 旋转至最左或最右素线时的位置，即可求得 *OB*、*OC*、…、*OF* 的实长。

10.1.3　不可展曲面的近似展开

曲线面和不可展直线面，在理论上是不可展的，如球面。在生产中，为了得到不可展曲面立体的平面展开图，往往采用近似的方法来进行，即把不可展曲面分成若干与它接近的可展曲

面或小平面（如三角形平面）来进行近似展开。下面仅以球面为例，说明其近似展开法的应用。

球面在工程上采用近似展开，常用的有以下两种方法。

1. 柱面法

球面按柱面近似展开原理，如图 10-9 所示。

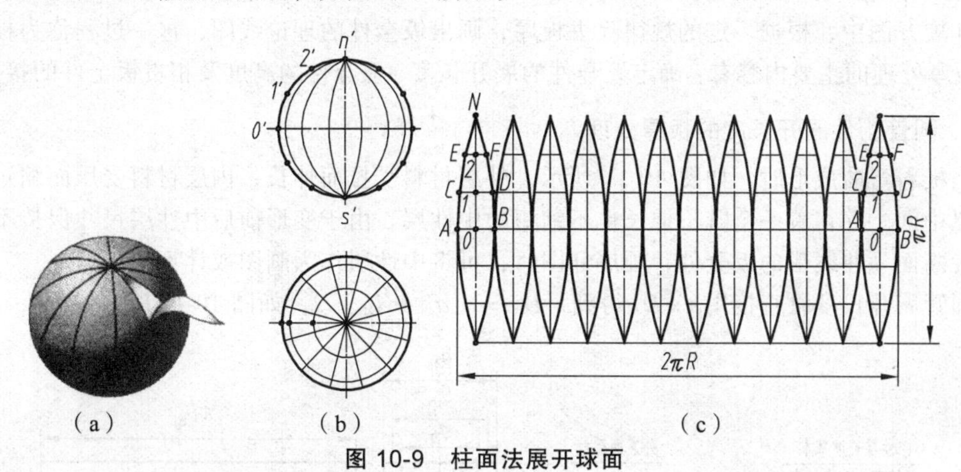

图 10-9　柱面法展开球面

① 过球心作一系列铅垂面，均匀截球面为若干等份［图 10-9（b）中为 12 等份］。

② 作出一等份球面的外切圆柱面，如 *nasb*，近似代替每一部分球面。

③ 作外切圆柱面的展开图。

在正面投影上，将转向线的投影 *n'o's'*分成若干等份（图中为六等份）。在展开图上将 *n'o's'* 展成直线 *NOS*，并将其六等分得 *O*、*Ⅰ*、*Ⅱ*、…；从所得等分点引水平线，在水平线上取 *AB* = *ab*，*CD* = *cd*，*EF* = *ef*（近似作图，可取相应切线长代替），连接 *A*、*C*、*E*、*N*、…，即得十二分之一球面的近似展开图，其余部分的作图相同。

2. 近似锥面法

如图 10-10（a）、（b）所示，用水平面将球分成若干等份（图 10-10 中为七等份），然后除当中编号为 *1* 的部分近似地当作圆柱面展开外，其余即以它们的内接正圆锥面作近似展开，其中编号为 *2*、*3*、*5*、*6* 四部分当作截头正锥面来展开，编号为 *4*、*7* 部分当作正圆锥面展开，各个锥面的顶点分别为 s_1'、s_2'、s_3' 等点，所得展开图如图 10-10（c）所示。

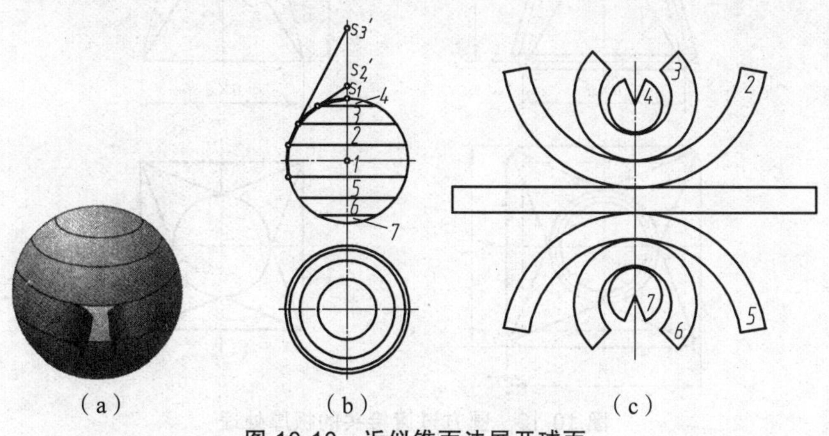

图 10-10　近似锥面法展开球面

11.1.4 钣金件展开的厚度处理

钣金构件加工所用材料都有一定厚度，当板厚大于 1.5 mm 时，作展开图时应考虑板厚对展开尺寸的影响，否则会使构件的形状、尺寸不准确而影响构件质量。

在展开图中，根据一定的规律除去板厚，画出钣金件的理论线图，这一过程称为板厚处理。板厚处理的主要内容有：确定钣金件的展开长度、钣金件的高度及相贯钣金件的接口等。

1. 圆管构件展开长度的板厚处理

当板料弯曲成形时，如图 10-11 所示，外层材料受拉而伸长，内层材料受压而缩短，而在板厚中间。存在着一个既不伸长也不缩短的中性层。由于变形前后中性层尺寸保持不变，所以凡断面为曲线形的钣金件，画展开图时，可将中性层作为画图或计算的依据。

圆管展开长度可直接用$\pi \times D_{中}$得到，$D_{中} = (d_{内} + d_{外})/2$，如图 10-12 所示。

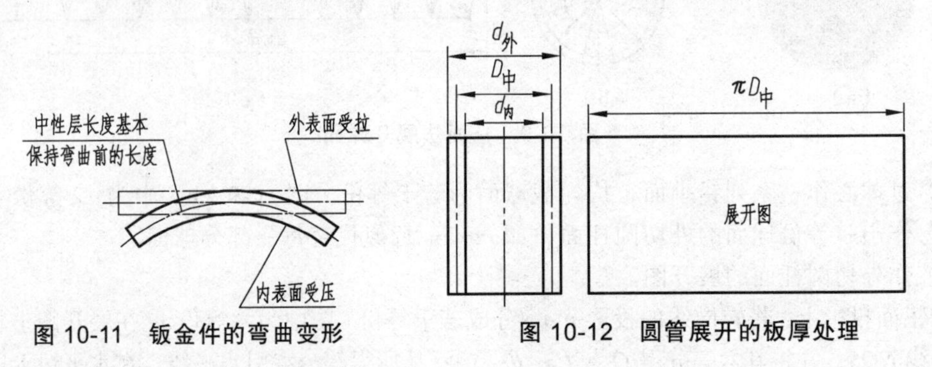

图 10-11 钣金件的弯曲变形　　图 10-12 圆管展开的板厚处理

2. 圆方过渡接头的板厚处理

圆方过渡接头由平面和锥面组合而成，具有圆弧弯板和折角弯板的综合特征。板厚处理方法如图 10-13 所示，圆口取中性层直径，方口取内表面尺寸（精度要求不高时），高度取上下口中性层间的垂直距离。

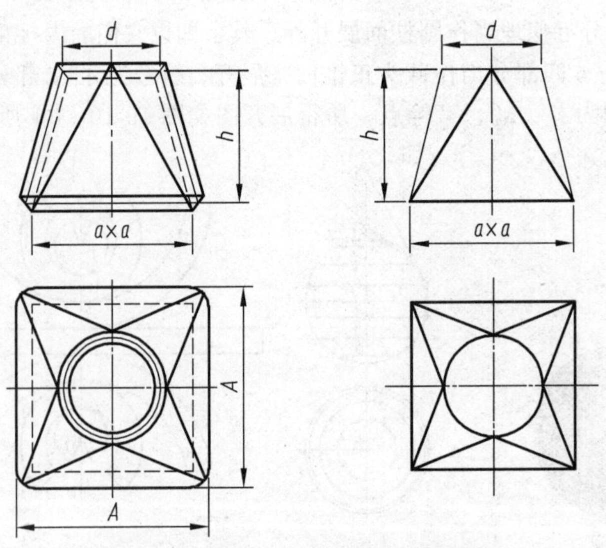

图 10-13 圆方过渡接头的板厚处理

10.2　焊接图

将两个被连接的金属件，用电弧或火焰在连接处进行局部加热，并采用填充熔化金属或加压等方法使其融合在一起的过程，称为焊接。表达这种连接关系的图形，称为焊接图。

焊接图除了要把焊接件的结构表达清楚以外，还必须把焊接的有关内容表示清楚。为此，国家标准规定了焊接的画法、符号、尺寸标注方法和焊接方法的表示代号等内容。由于焊接具有施工简便、连接可靠等优点，故在机械、化工、造船、建筑等行业中广泛应用。本节简要介绍常见的焊缝符号及其标注方法。

10.2.1　焊缝的种类

1. 焊接接头及焊缝的形式

在工程中，根据两金属焊件在焊接时的相对位置，常见的焊接接头形式有对接、搭接、T 形接和角接四种，如图 10-14 所示。

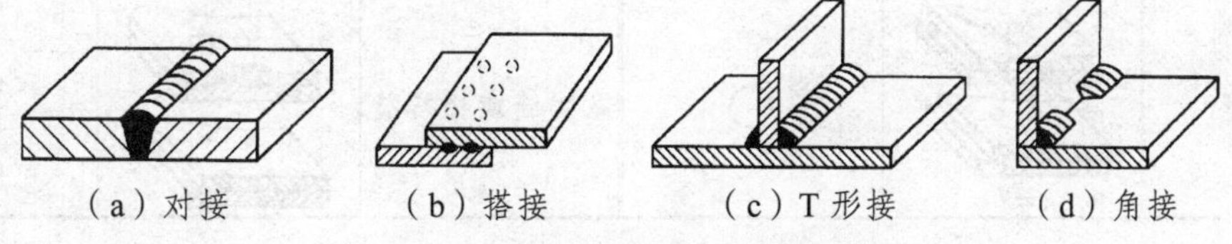

图 10-14　常用焊接的接头形式

焊接后，两焊接件接头缝隙熔接处，叫做焊缝。常见的焊缝形式有对接焊缝［图 10-14（a）］、点焊缝［图 10-14（b）］和角焊缝［图 10-14（c）、（d）］等。

2. 常见焊接方法代号

焊接方法很多，常见的有电弧焊、电渣焊、点焊和钎焊等。焊接方法可用文字在技术要求中注明，也可用数字代号直接注写在尾部符号中。常用的焊接方法及代号见表 10-1。

表 10-1　焊接方法代号

代号	焊接方法	代号	焊接方法
1	电弧焊	311	氧-乙炔焊
111	手弧焊	4	压焊
12	埋弧焊	43	锻焊
15	等离子弧焊	72	电渣焊
21	点焊	91	硬钎焊
3	气焊	94	软钎焊

10.2.2 焊缝符号（GB/T 324—2008）

焊缝符号一般由基本符号、辅助符号、补充符号、焊缝尺寸符号和指引线组成。有关焊缝符号的规定由国家标准 GB/T 324-2008 给出，下面简介其主要内容。

1. 基本符号

基本符号是表示焊缝横截面形状的符号，常用焊缝名称、形式、符号见表 10-2。

表 10-2 常用焊缝的基本符号

焊缝名称	焊缝形式	符 号	焊缝名称	焊缝形式	符 号
I 形焊缝			带纯边 V 形焊缝		
角焊缝			带钝边单边 V 形焊缝		
V 形焊接			带钝边 J 形焊缝		
单边 V 形焊缝			带钝边 U 形焊缝		
点焊缝	 N=2		塞焊缝或槽焊缝		

2. 基本符号组合

标注双面焊缝或接头时，基本符号可组合使用，如表 10-3 所示。

表 10-3 常用焊缝的基本符号组合

名 称	示 意 图	符 号
双面 V 形焊缝（X 焊缝）		
双面 V 形焊缝（K 焊缝）	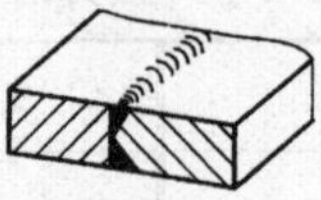	
带钝边的双面 V 形焊缝		
带钝边的双面单 V 形焊缝	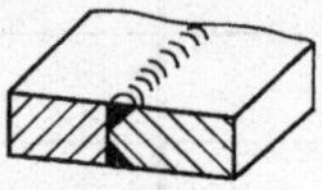	
双面 U 形焊缝		

3. 补充符号

补充符号是为了补充说明焊缝或接头的某些特征（诸如表面形状、衬垫、焊缝分布、施焊地点等）而采用的符号，见表 10-4。

表 10-4　补充符号及标注说明

名　称	符　号	示意图及标注示例	说　明
平面符号	—		表示 V 形对接焊缝表面齐平
凹面符号	⌣		表示角焊缝表面凹陷
凸面符号	⌢		表示 X 形焊缝表面凸起
带垫板符号	▭		表示焊缝的底部有垫板
三面焊缝符号	⊏		表示工件三面施焊，开口方向与实际方向一致
周围焊缝符号	○		表示环绕工件周围施焊
现场符号	▶	5 100 111 4条	表示现场施焊，有四条相同的焊缝
尾部符号	<		

4. 指引线（参见 GB/T 4457.2—2003）

指引线一般由带箭头的箭头线和两条基准线（一条为细实线，另一条为细虚线）两部分组成，如图 10-15 所示。细虚线可以画在细实线的上侧或下侧，基准线一般与标题栏的长边相平行，必要时，也可与标题栏的长边相垂直。箭头线用细实线绘制，箭头指向有关焊缝处，必要时允许箭头线折弯一次。当需要说明焊接方法时，可在基准线末端增加尾部符号，见表 10-4。

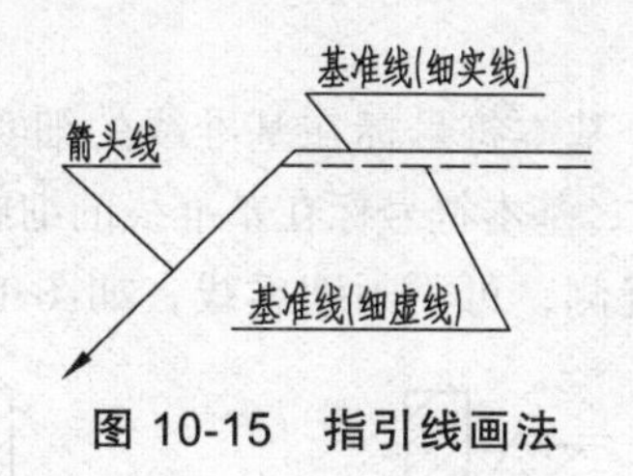

图 10-15　指引线画法

5. 焊缝尺寸符号

焊缝尺寸符号是表示焊接坡口和焊缝尺寸的符号，一般不标注，必要时基本符号可附带尺寸符号及数据，焊缝尺寸符号见表 10-5。

表 10-5 焊缝尺寸符号

符号	名称	示意图	符号	名称	示意图
δ	工件厚度	δ	e	焊缝间距	e
α	坡口角度	α	K	焊角尺寸	k
b	根部间隙	b	d	焊核直径	d
p	钝边	p	S	焊缝有效厚度	s
c	焊缝宽度	c	N	相同焊缝数量符号	N=3
R	根部半径	R	H	坡口深度	H
l	焊缝长度	l	h	余高	h
n	焊缝段数	n=2	β	坡口面角度	β

10.2.3 常见焊缝的标注

1. 基本符号的标注位置

为了在图样上能确切地表示焊缝位置，国家标准中规定了基本符号相对基准线的位置，如图 10-16 所示。

① 如果焊缝接头在箭头侧，基本符号标在基准线的细实线一侧，如图 10-16（a）所示。

② 如果焊缝接头不在箭头侧，基本符号标在基准线的细虚线一侧，如图 10-16（b）所示。

③ 标注对称焊缝及双面焊缝侧，可不画细虚线，如图 10-16（c）、（d）所示。

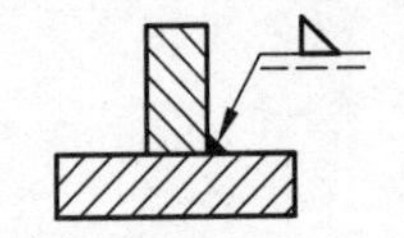
（a）焊缝在接头的箭头一侧

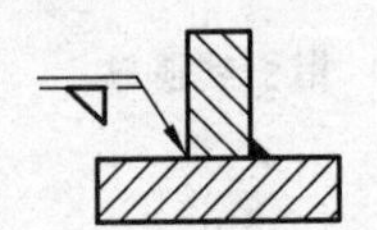
（b）焊缝在接头的非箭头一侧

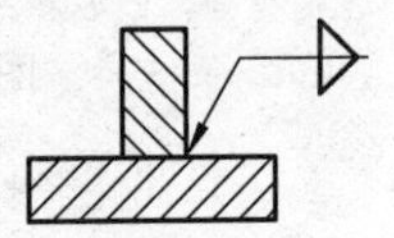
（c）对称焊缝

（d）双面焊缝

图 10-16 基本符号的标注位置

2. 焊缝尺寸符号的标注位置

焊缝尺寸符号的标注位置，如图 10-17 所示。其标注原则如下：

① 焊缝横截面上的尺寸，标在基本符号的左侧；

② 焊缝长度方向的尺寸，标在基本符号的右侧；

③ 坡口角度α、坡口面角度β、根部间隙 b 等尺寸标在基本符号的上侧或下侧；

④ 相同焊缝数量符号标在尾部；

⑤ 当需要标注的尺寸数据较多又不易分辨时，可在数据前面增加相应的尺寸符号；

⑥ 焊接方法代号标注在尾部符号中。

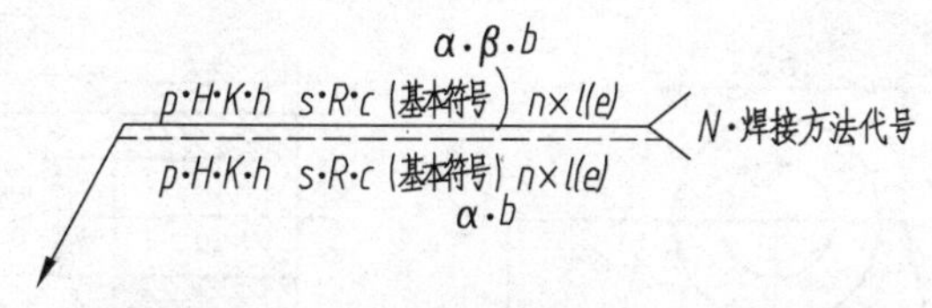

图 10-17　焊缝尺寸符号的标注原则

常用焊缝尺寸符号，见表 10-5。

3. 常见焊缝标注

常见焊缝标注示例，见表 10-6。

表 10-6　常见焊缝标注典型示例

接头形式	焊缝形式	标注示例	说　明
对接接头			表示用手工电弧焊，带钝边 V 形焊缝，坡口角度为α，钝边为 P，根部间隙为 b
T 形接头			表示单面角焊缝，焊脚尺寸为 K
角接接头			表示双面焊缝，上面为带钝边单边 V 形焊缝，坡口角度为α，钝边为 P，间隙为 b，下面焊缝为角焊缝，焊角尺寸为 K
搭接接头			○表示点焊缝，d 表示焊点直径，e 表示焊点间距离，相同焊缝有 n 段

10.2.4 焊缝图示例

焊接图是焊接件的装配图，它应包括装配图的所有内容，另外，焊接图还应标注焊缝。

图 10-18 所示为一焊接件实例——支座焊接图。图中的焊缝标注表明了各构件连接处的接头形式、焊缝符号及焊接尺寸。焊接方法在技术要求中统一说明，因此在基准线尾部不再标注焊接方法的代号。

在技术制图中，一般按国家标准 GB/T 324—1988 规定的焊缝符号表示焊缝。也可按国家标准 GB/T 4458.1—2002 和 GB/T 4458.3—1984 等规定的制图方法表示焊缝。

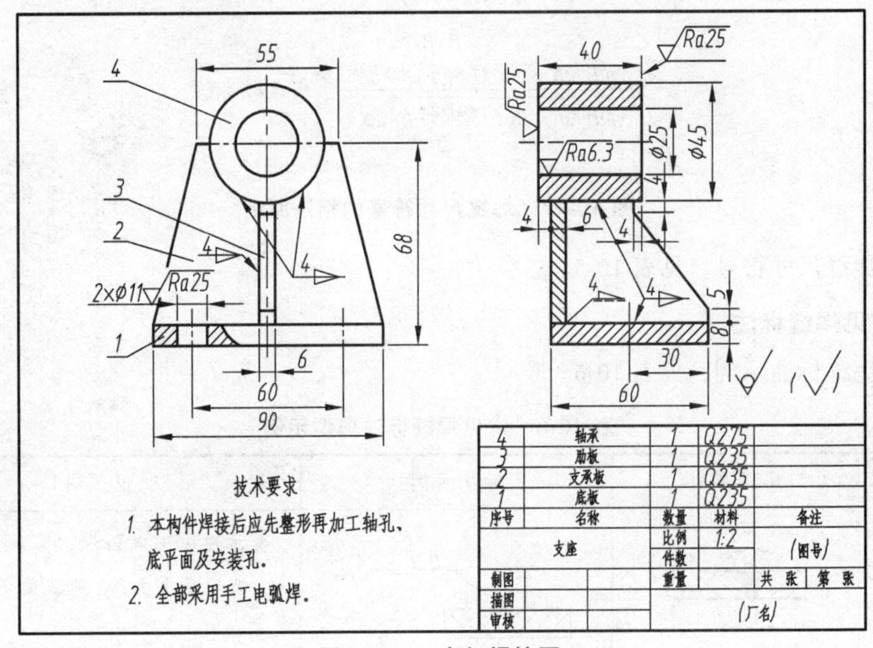

图 10-18 支架焊接图

第 11 章　计算机辅助绘图

计算机辅助设计（Computer Aided Design，CAD）技术经过几十年的发展，已日趋成熟。目前，计算机辅助绘图（Computer Graphics，CG）作为计算机辅助设计（CAD）、计算机辅助制造（CAM）和计算机辅助工程（Computer Aided Engineering，CAE）的重要组成部分，正广泛应用于机械、建筑、电子、航空、造船、石油化工、土木工程、纺织、轻工等行业。

计算机辅助绘图技术已使人类绘图方式发生了革命性变革，不仅大大提高了绘图速度，而且绘图精度高。计算机辅助绘图不仅可以完成手工绘图所能做到的一切，而且还可以实现手工绘图无法做到的图形复制、镜像等编辑操作；可以将图形一步到位地绘制在描图纸上，直接晒成生产中使用的蓝图；也可以通过实体造型生成三维实体，再进行自动消隐、润色、赋材质等生成真实感图像；进一步可以将绘图和设计结果传输到数控机床，自动加工得到产品零件，从而实现无图纸化生产。

AutoCAD 系列软件是美国 Autodesk 公司开发出的专门用于计算机绘图设计工作的软件。自 Autodesk 公司最早推出 R1.0 版本以来，由于其简单、易学、精确、代码开放、容易集成等优点，一直受到广大工程设计人员的青睐。今天，AutoCAD 系统各种版本的软件，以及一些主要以 AutoCAD 为基础，通过二次开发完成的专业 CAD 软件，已被广泛地应用于各种工程设计领域，极大地提高了设计人员的工作效率。本章以 AutoCAD 2007 版本为基础，介绍 AutoCAD 的基本知识及其工程绘图应用。

11.1　AutoCAD 绘图基础

11.1.1　AutoCAD 2007 的工作界面

中文版 AutoCAD 2007 为用户提供了 AutoCAD 经典和三维建模两种工作空间模式。对于习惯于 AutoCAD 传统界面的用户来说，可以采用 AutoCAD 经典工作空间，如图 11-1 所示。该界面主要由菜单栏、工具栏、绘图窗口、文本窗口与命令行、状态栏等元素组成。

1. 标题栏

标题栏位于应用程序窗口的最上面，用于显示当前正在运行的程序名及文件名等信息，如果是 AutoCAD 默认的图形文件，其名称为 DrawingN.dwg（N 是数字）。单击标题栏右端的按钮，可以最小化、最大化或关闭应用程序窗口。标题栏最左边是应用程序的小图标，单击它将会弹出一个 AutoCAD 窗口控制下拉菜单，可以执行最小化或最大化窗口、恢复窗口、移动窗口、关闭 AutoCAD 等操作。

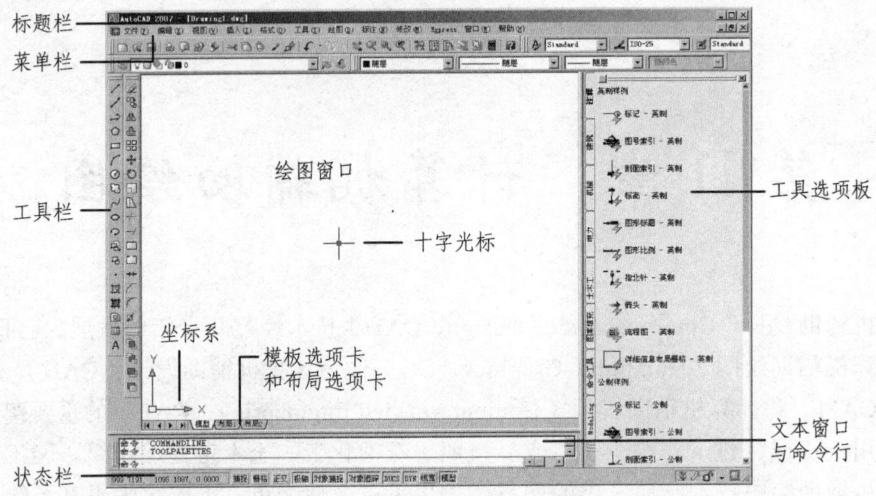

图 11-1　中文版 AutoCAD 2007 的经典工作界面组成

2. 菜单栏与快捷菜单

中文版 AutoCAD 2007 的菜单栏由“文件”、“编辑”、“视图”等菜单组成，几乎包括了 AutoCAD 中全部的功能和命令。

快捷菜单又称为上下文相关菜单。在绘图区域、工具栏、状态行、模型与布局选项卡以及一些对话框上右击时，将弹出一个快捷菜单，该菜单中的命令与 AutoCAD 当前状态相关。使用它们可以在不启动菜单栏的情况下快速、高效地完成某些操作。

3. 工具栏

工具栏是应用程序调用命令的另一种方式，它包含许多由图标表示的命令按钮。在 AutoCAD 中，系统共提供了二十多个已命名的工具栏。默认情况下，“标准”、“属性”、“绘图”和“修改”等工具栏处于打开状态，如图 11-2 所示。如果要显示当前隐藏的工具栏，可在任意工具栏上右击，此时将弹出一个快捷菜单，如图 11-3 所示。通过选择命令可以显示或关闭相应的工具栏。

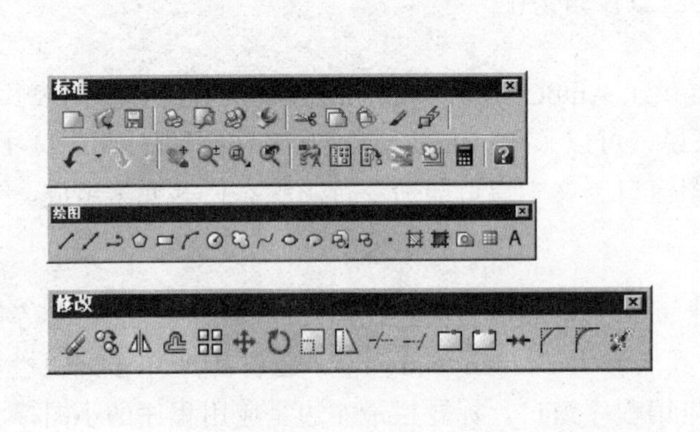

图 11-2　“标准”、“绘图”、“修改”工具栏

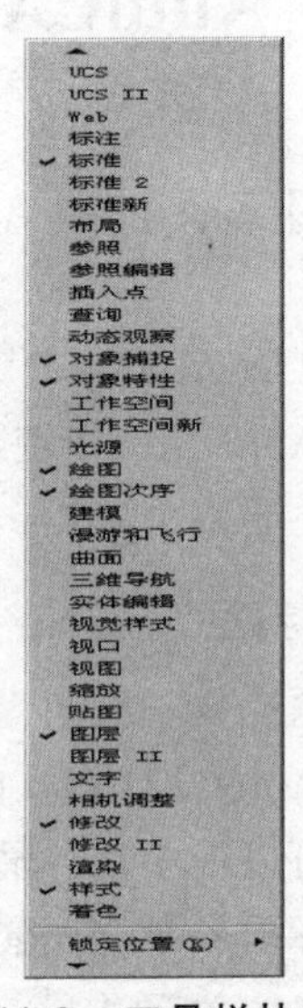

图 11-3　工具栏快捷菜单

4. 绘图窗口

在 AutoCAD 中，绘图窗口是用户绘图的工作区域，所有的绘图结果都反映在这个窗口中。可以根据需要关闭其周围和里面的各个工具栏，以增大绘图空间。如果图纸比较大，需要查看未显示部分时，可以单击窗口右边与下边滚动条上的箭头，或拖动滚动条上的滑块来移动图纸。

在绘图窗口中除了显示当前的绘图结果外，还显示了当前使用的坐标系类型以及坐标原点、*X* 轴、*Y* 轴、*Z* 轴的方向等。默认情况下，坐标系为世界坐标系（WCS）。绘图窗口的下方有“模型”和“布局”选项卡，单击其标签可以在模型空间或图纸空间之间来回切换。

5. 命令行与文本窗口

“命令行”窗口位于绘图窗口的底部，用于接收用户输入的命令，并显示 AutoCAD 提示信息。在 AutoCAD 2007 中，“命令行”窗口可以拖放为浮动窗口。

“AutoCAD 文本窗口”是记录 AutoCAD 命令的窗口，是放大的“命令行”窗口，它记录了已执行的命令，也可以用来输入新命令。在 AutoCAD 2007 中，可以选择“视图”→“显示”→“文本窗口”命令、执行 TEXTSCR 命令或按 F2 键来打开 AutoCAD 文本窗口，它记录了对文档进行的所有操作 。

6. 状态栏

状态栏用来显示 AutoCAD 当前的状态，如当前光标的坐标、命令和按钮的说明等。

在绘图窗口中移动光标时，状态栏的“坐标”区将动态地显示当前坐标值。坐标显示取决于所选择的模式和程序中运行的命令，共有“相对”、“绝对”和“无”3 种模式。

状态栏中还包括如“捕捉”、“栅格”、“正交”、“极轴”、“对象捕捉”、“对象追踪”、DUCS、DYN、“线宽”、“模型”（或“图纸”）10 个功能按钮，如图 11-4 所示。

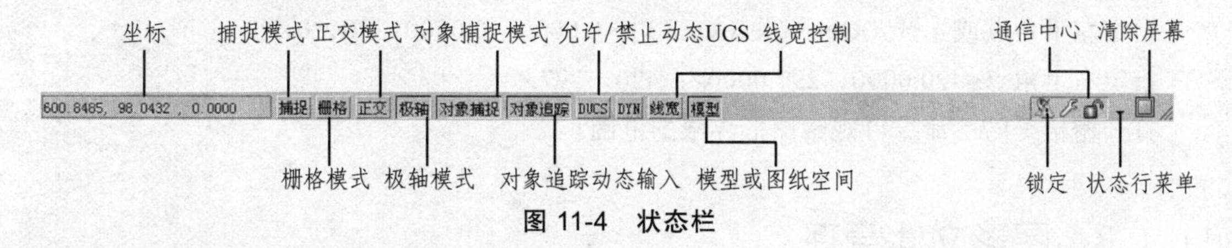

图 11-4　状态栏

11.1.2　绘图环境设置

要绘制一幅符合国家标准的工程图样，就必须对 AutoCAD 软件进行绘图环境设置，这是在绘制新图之前要做的工作。

1. 设置绘图单位

在 AutoCAD 中，用户可以采用 1∶1 的比例因子绘图，因此，所有的直线、圆和其他对象都可以以真实大小来绘制。

在中文版 AutoCAD 2007 中，用户可以选择“格式”→“单位”命令，在打开的“图形单位”对话框中设置绘图时使用的长度单位、角度单位，以及单位的显示格式和精度等参数。AutoCAD 中的单位设置默认参数符合国际，可以不设置。“图形单位”对话框如图 11-5 所示。

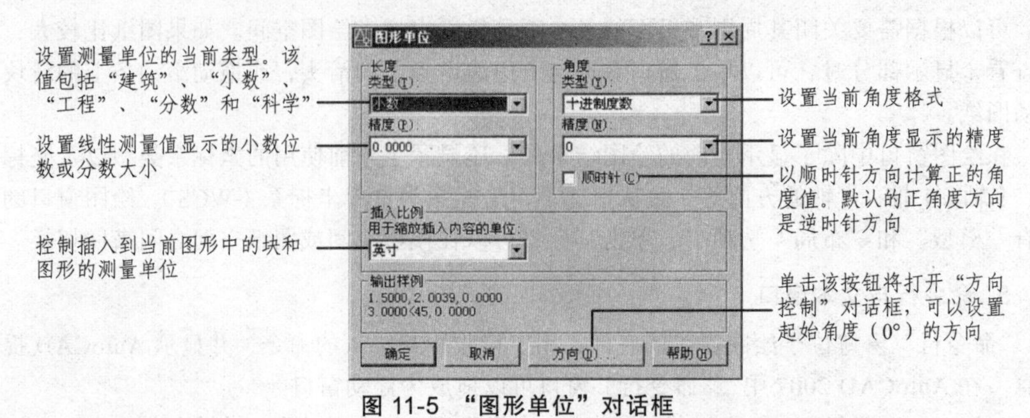

图 11-5 “图形单位”对话框

2. 设置绘图界限

在中文版 AutoCAD 2007 中，用户不仅可以通过设置参数选项和图形单位来设置绘图环境，还可以设置绘图界限。使用 LIMITS 命令可以在模型空间中设置一个想象的矩形绘图区域，也称为图限。

下拉菜单：格式→图形界限

命令行输入：Limits↙

建立 A4 图幅的图形界限的步骤如下：

命令：Limits↙

重新设置模型空间界限：

指定左下角点或［开（ON）/关（OFF）］<0.0000，0.0000>：0，0↙

指定右上角点<420.0000，297.0000>：420，297↙

打开栅格（F7）命令可观察图形界限的范围。

11.1.3 图形文件管理

1. 创建新图形文件

在 AutoCAD 2007 中，图形文件管理包括创建新的图形文件、打开已有的图形文件、关闭图形文件以及保存图形文件等操作。选择“文件”→“新建”命令（NEW），或在“标准”工具栏中单击“新建”按钮，可以创建新图形文件，此时将打开“选择样板”对话框，如图 11-6 所示。

在“选择样板”对话框中，可以在“名称”列表框中选中某一样板文件，这时在其右面的“预览”框中将显示出该样板的预览图像。单击“打开”按钮，可以以选中的样板文件为样板创建新图形，此时会显示图形文件的布局（选择样板文件 acad.dwt 或 acadiso.dwt 除外）。

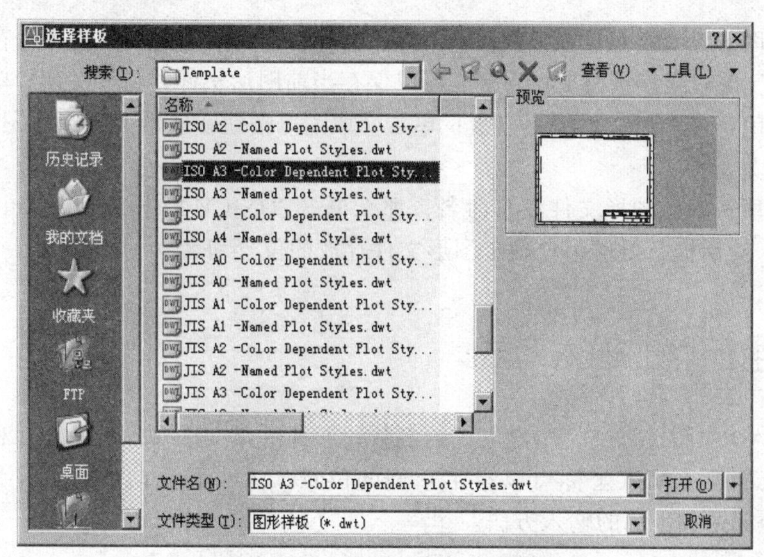

图 11-6 “选择样板”对话框

2. 打开图形文件

选择“文件”→“打开”命令（OPEN），或在“标准”工具栏中单击“打开”按钮，可以打开已有的图形文件，此时将打开“选择文件”对话框。选择需要打开的图形文件，在右面的“预览”框中将显示出该图形的预览图像。默认情况下，打开的图形文件的格式为.dwg。

在 AutoCAD 中，可以以“打开”、“以只读方式打开”、“局部打开”和“以只读方式局部打开”4 种方式打开图形文件。当以“打开”、“局部打开”方式打开图形时，可以对打开的图形进行编辑，如果以“以只读方式打开”、“以只读方式局部打开”方式打开图形时，则无法对打开的图形进行编辑。

如果选择以“局部打开”、“以只读方式局部打开”方式打开图形，这时将打开“局部打开”对话框。可以在“要加载几何图形的视图”选项组中选择要打开的视图，在“要加载几何图形的图层”选项组中选择要打开的图层，然后单击“打开”按钮，即可在视图中打开选中图层上的对象。

3. 保存图形文件

在 AutoCAD 中，可以使用多种方式将所绘图形以文件形式存入磁盘。例如，可以选择“文件”→“保存”命令（QSAVE），或在“标准”工具栏中单击“保存”按钮，以当前使用的文件名保存图形；也可以选择“文件”→“另存为”命令（SAVEAS），将当前图形以新的名称保存。

在第一次保存创建的图形时，系统将打开“图形另存为”对话框。默认情况下，文件以“AutoCAD2004 图形（*.dwg）”格式保存，也可以在“文件类型”下拉列表框中选择其他格式，如 AutoCAD2000/LT2000 图形（*.dwg）、AutoCAD 图形标准（*.dws）等格式。

4. 关闭图形文件

选择“文件”→“关闭”命令（CLOSE），或在绘图窗口中单击“关闭”按钮，可以关闭当前图形文件。

如果当前图形没有存盘，系统将弹出 AutoCAD 警告对话框，询问是否保存文件。此时，单击“是（Y）”按钮或直接按 Enter 键，可以保存当前图形文件并将其关闭；单击“否（N）”按钮，可以关闭当前图形文件但不存盘；单击“取消”按钮，取消关闭当前图形文件操作，即不保存也不关闭。

如果当前所编辑的图形文件没有命名，那么单击“是（Y）”按钮后，AutoCAD 会打开“图形另存为”对话框，要求用户确定图形文件存放的位置和名称。

11.1.4 坐标点的输入方式

在 AutoCAD 作图过程中，用户生成的多数图形都由点、直线、圆弧、圆和文本等组成。所有这些对象都要求输入坐标点以指定它们的位置、大小和方向。因此，用户需要了解 AutoCAD 的坐标系和坐标的输入方法。

1. 世界坐标系

AutoCAD 系统为这个三维空间提供了一个绝对的坐标系，并称之为世界坐标系（WCS，World Coordinate System），这个坐标系存在于任何一个图形之中，并且不可更改。AutoCAD 的缺省坐标系是世界坐标系。AutoCAD 的世界坐标系包括 *X* 轴、*Y* 轴和 *Z* 轴。*X* 轴为屏幕的水平方向，向右为正方向；*Y* 轴为屏幕的垂直方向，向上为正方向；*Z* 轴垂直于 *XY* 平面，且符合右手法则。

2. 用户坐标系

相对于世界坐标系 WCS，用户可根据需要创建无限多的坐标系，这些坐标系称为用户坐标系（UCS，User Coordinate System）。用户使用“ucs”命令来对 UCS 进行定义、保存、恢复和移动等一系列操作。如可以通过改变原点位置，绕 *X* 或 *Y* 或 *Z* 轴等来创建坐标系。*X* 轴、*Y* 轴和 *Z* 轴三根轴之间仍然相互垂直。

3. 坐标的表示方法

在 AutoCAD 2007 中，点的坐标可以使用绝对直角坐标、绝对极坐标、相对直角坐标和相对极坐标 4 种方法表示。

（1）绝对直角坐标

绝对直角坐标系由一个坐标原点（0，0）和两个通过原点的相互垂直的坐标轴构成，如图 11-7 所示。其中，水平方向的坐标轴为 *X* 轴，以向右为其正方向；垂直方向的坐标轴为 *Y* 轴，以向上为其正方向。平面上任何一点 *P* 都可以由 *X* 轴和 *Y* 轴的坐标所定义，表示为：*x*，*y*，坐标间用逗号隔开。

（2）绝对极坐标

绝对极坐标系是由一个极点和一个极轴构成的（见图 11-8），极轴的正方向为系统设置方向（通常为水平向右，即正东方）。平面上任何一点 *P* 都可以由该点到极点的连线长度 *L*（即极径，*L*>0）和连线与极轴的交角 α（极角，常设定逆时针方向为正）所定义。

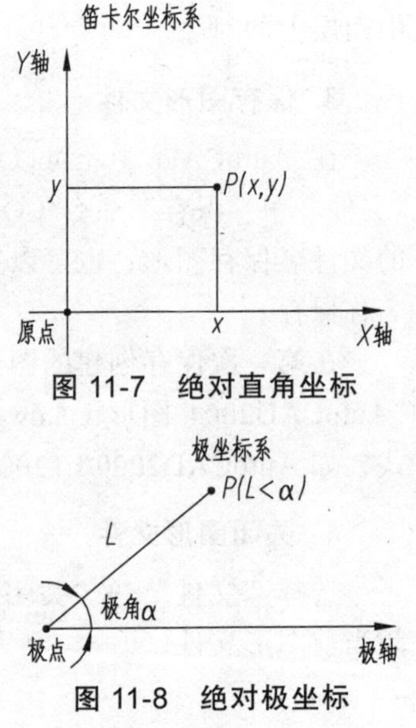

图 11-7 绝对直角坐标

图 11-8 绝对极坐标

表示为：$L<\alpha$，其中“<”后的数值表示角度。例如，点（20<60）表示到点（0，0）的极径为 20，极角为 60°。

（3）相对直角坐标

相对直角坐标是指新的一点相对于前一点的 X 轴和 Y 轴位移。它的表示方法是在绝对坐标表达方式前加上“@”号，表示为：@X，Y，如@13，8。

（4）相对极坐标

相对极坐标是指相对于前一点的连线长度值和连线与极轴的夹角大小，表示为：@$L<\alpha$。L 表示新的一点和前一点的连线长度，α 表示新的一点和前一点连线与极轴的夹角。如@110 < 30，表示新的点和前一点连线长度为 110，新的点和前一点连线与极轴正方向的夹角为 30°。

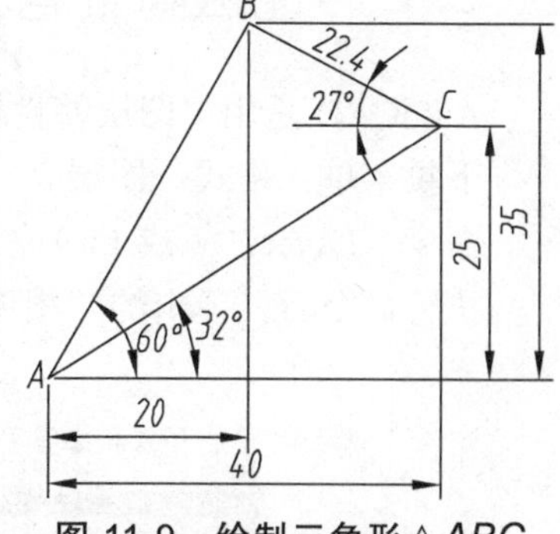

图 11-9　绘制三角形△*ABC*

例 11-1　使用上述 4 种坐标表示法，创建如图 11-9 所示三角形△*ABC*。

（1）使用绝对直角坐标

命令：LINE 指定第一点：0，0↙　　（指定第一点为坐标原点）

指定下一点或 [放弃（U）]：20，35↙　　（输入 *B* 点的绝对直角坐标）

指定下一点或 [放弃（U）]：40，25↙　　（输入 *C* 点的绝对直角坐标）

指定下一点或 [闭合（C）/放弃（U）]：c↙　　（闭合三角形）

（2）使用绝对极坐标

命令：LINE 指定第一点：0，0↙　　（指定第一点为坐标原点）

指定下一点或 [放弃（U）]：47.2<60↙　　（输入 *B* 点的绝对极坐标）

指定下一点或 [放弃（U）]：40.3<32↙　　（输入 *C* 点的绝对极坐标）

指定下一点或 [闭合（C）/放弃（U）]：c↙　　（闭合三角形）

（3）使用相对直角坐标

命令：LINE 指定第一点：0，0↙　　（指定第一点为坐标原点）

指定下一点或 [放弃（U）]：@20，35↙　　（输入 *B* 点的相对直角坐标）

指定下一点或 [放弃（U）]：@20，－10↙　　（输入 *C* 点的相对直角坐标）

指定下一点或 [闭合（C）/放弃（U）]：c↙　　（闭合三角形）

（4）使用相对极坐标

命令：LINE 指定第一点：0，0↙　　（指定第一点为坐标原点）

指定下一点或 [放弃（U）]：@40.3<60↙　　（输入 *B* 点的相对极坐标）

指定下一点或 [放弃（U）]：@22.4<-27↙　　（输入 *C* 点的相对极坐标）

指定下一点或 [闭合（C）/放弃（U）]：c↙　　（闭合三角形）

11.2　图层设置和管理

在 AutoCAD 中，图形中通常包含多个图层，它们就像一张张透明的图纸重叠在一起。图层是用户组织和管理图形的强有力工具。在中文版 AutoCAD 2007 中，所有图形对象都具有图层、颜色、线型和线宽这 4 个基本属性。用户可以使用不同的图层、不同的颜色、不同的线型和线宽绘制不同的对象和元素，方便控制对象的显示和编辑，从而提高绘制复杂图形的效率和准确性。

11.2.1 “图层特性管理器”对话框的组成

AutoCAD 是用“图层特性管理器”对话框对图层的特性进行操作和管理的。

下拉菜单：格式→图层

命令：Layer↙（或 La）

执行命令后，弹出的“图层特性管理器”对话框如图 11-10 所示。

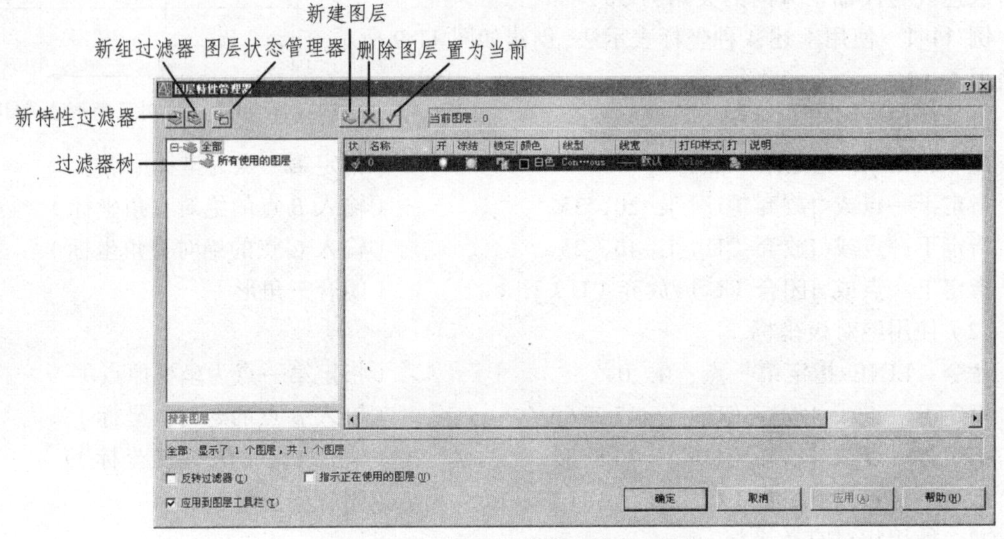

图 11-10 “图层特性管理器”设置

11.2.2 创建新图层

开始绘制新图形时，AutoCAD 将自动创建一个名为 0 的图层。用户不能删除或重命名图层 0。在绘图过程中，如果用户要使用更多的图层来组织图形，就需要先创建新图层。

在“图层特性管理器”对话框中单击“新建图层”按钮，可以创建一个名称为“图层 1”的新图层。默认情况下，新建图层与当前图层的状态、颜色、线性、线宽等设置相同。

当创建新的图层后，图层的名称就显示在图层列表框中，如果要更改图层的名称，可单击该图层名，然后输入一个新的图层名并按 Enter 键即可。

11.2.3 设置图层颜色

每个图层都拥有自己的颜色，对不同的图层可以设置相同的颜色，也可以设置不同的颜色，绘制复杂图形时就可以很容易地区分图形的各个部分。

新建图层后，要改变图层的颜色，可在“图层特性管理器”对话框中单击图层的“颜色”列对应的图标，打开“选择颜色”对话框，如图 11-11 所示。

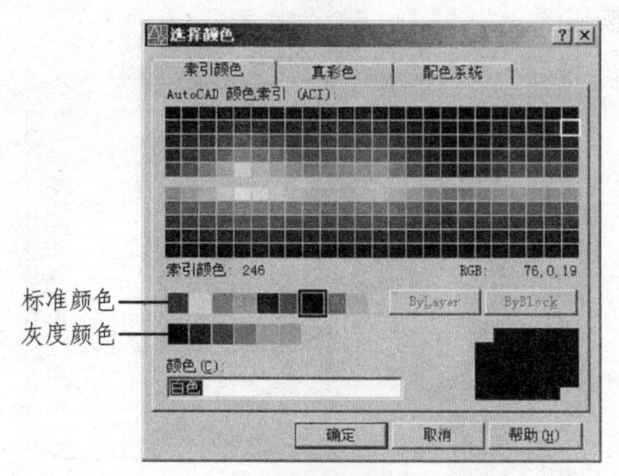

图 11-11　“选择颜色”对话框

在“选择颜色”对话框中，可以使用“索引颜色”、“真彩色”和“配色系统”3 个选项卡为图层选择颜色。

11.2.4　使用与管理线型

线型是指图形基本元素中线条的组成和显示方式。在 AutoCAD 中既有简单线型，也有由一些特殊符号组成的复杂线型，以满足不同国家或行业标准的要求。

1. 设置图层线型

在绘制图形时要使用线型来区分图形元素，这就需要对线型进行设置。默认情况下，图层的线型为 Continuous。要改变线型，可在图层列表中单击“线型”列的 Continuous，打开“选择线型”对话框，如图 11-12 所示，在“已加载的线型”列表框中选择一种线型，然后单击“确定”按钮。

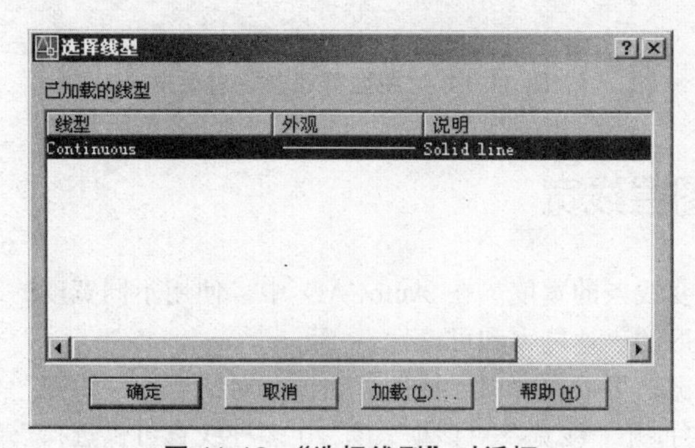

图 11-12　“选择线型”对话框

2. 加载线型

默认情况下，在“选择线型”对话框的“已加载的线型”列表框中只有 Continuous 一种线型，如果要使用其他线型，必须将其添加到“已加载的线型”列表框中。可单击“加载”按钮打开“加载或重载线型”对话框，如图 11-13 所示，从当前线型库中选择需要加载的线型，然后单击“确定”按钮。

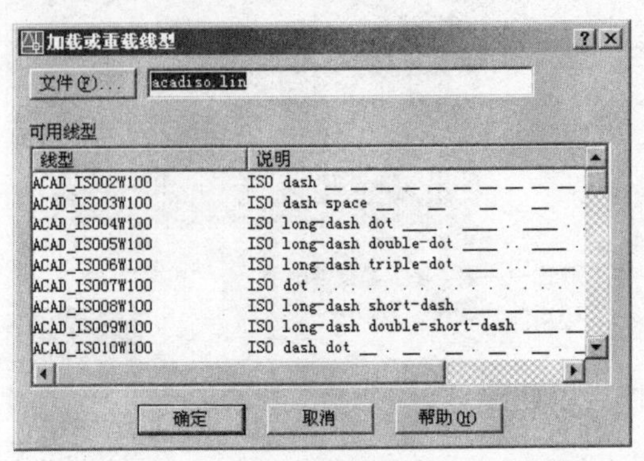

图 11-13 “加载或重载线型”对话框

3. 设置线型比例

选择“格式”→“线型”命令，打开“线型管理器”对话框，如图 11-14 所示，可设置图形中的线型比例，从而改变非连续线型的外观。

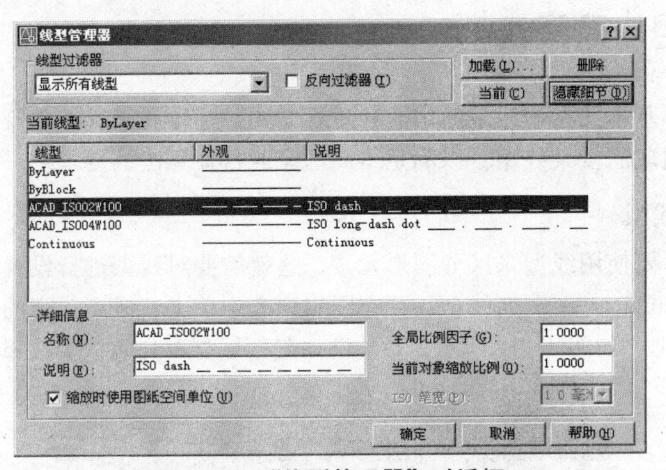

图 11-14 “线型管理器”对话框

11.2.5 设置图层线宽

线宽设置就是改变线条的宽度。在 AutoCAD 中，使用不同宽度的线条表现对象的大小或类型，可以提高图形的表达能力和可读性。

要设置图层的线宽，可以在“图层特性管理器”对话框的“线宽”列中单击该图层对应的线宽“——默认”，打开“线宽”对话框，有 20 多种线宽可供选择。也可以选择“格式”→“线宽”命令，打开“线宽设置”对话框，如图 11-15 所示，通过调整线宽比例，使图形中的线宽显示得更宽或更窄。

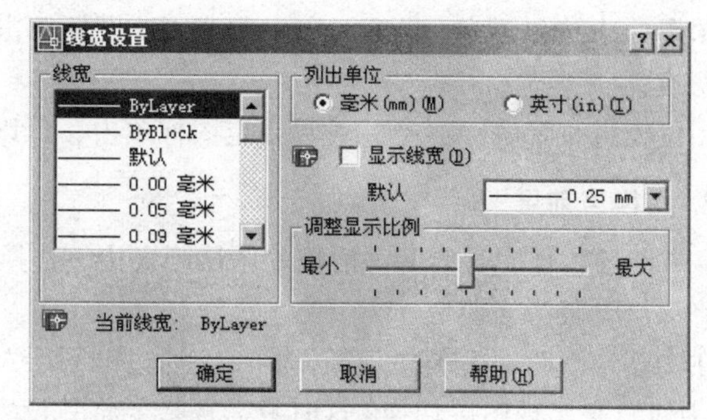

图 11-15　“线宽”和“线宽”设置对话框

11.2.6　管理图层

在 AutoCAD 中，使用“图层特性管理器”对话框不仅可以创建图层，设置图层的颜色、线型和线宽，还可以对图层进行更多的设置与管理，如图层的切换、重命名、删除及图层的显示控制等。

1. 设置图层特性

使用图层绘制图形时，新对象的各种特性将默认为随层，由当前图层的默认设置决定。也可以单独设置对象的特性，新设置的特性将覆盖原来随层的特性。在“图层特性管理器”对话框中，每个图层都包含状态、名称、打开/关闭、冻结/解冻、锁定/解锁、线型、颜色、线宽和打印样式等特性，如图 11-16 所示。

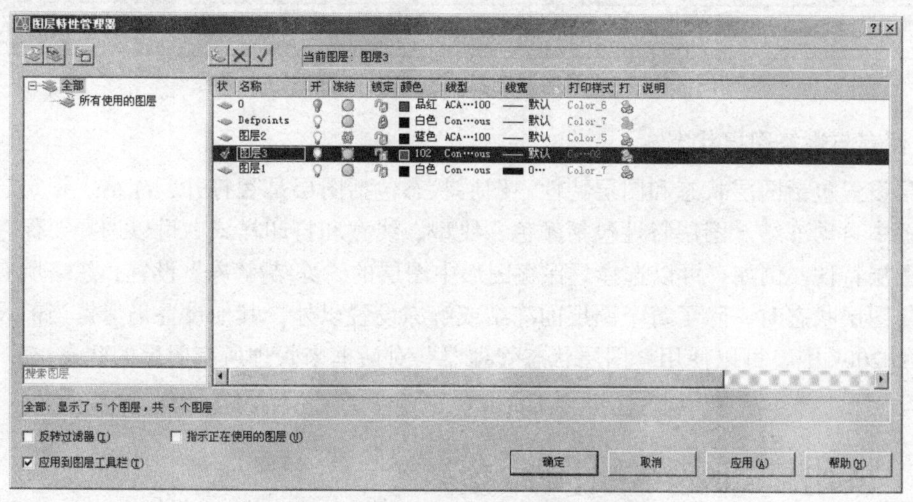

图 11-16　“图层特性管理器”对话框

图层列表表头含义如下：

状态：显示图层和过滤器的状态；

名称：显示图层名字；

图层的打开和关闭：对灯泡图标单击，就可以进行开关切换；

图层的冻结和解冻：光标对着太阳或雪花图标单击，可以在冻结（雪花）和解冻（太阳）之间切换；

图层锁定或者解锁：光标对着锁定图标单击，可以进行锁定或者解锁切换。

2. 切换当前层

在“图层特性管理器”对话框的图层列表中，选择某一图层后，单击“当前图层”按钮，即可将该层设置为当前层。

在实际绘图时，为了便于操作，主要通过“图层”工具栏和“对象特性”工具栏（如图11-17 所示）来实现图层切换，这时只需选择要将其设置为当前层的图层名称即可。此外，“图层”工具栏和“对象特性”工具栏中的主要选项与“图层特性管理器”对话框中的内容相对应，因此也可以用来设置与管理图层特性。

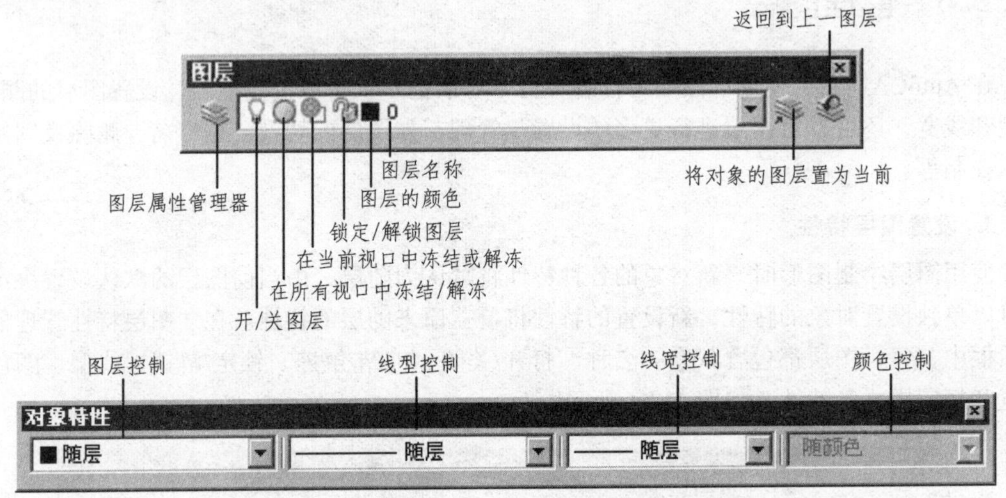

图 11-17 “图层”工具栏和“对象特性”工具栏

3. 保存与恢复图层状态

图层设置包括图层状态和图层特性。图层状态包括图层是否打开、冻结、锁定、打印和在新视图中自动冻结。图层特性包括颜色、线型、线宽和打印样式。可以选择要保存的图层状态和图层特性。例如，可以选择只保存图形中图层的“冻结/解冻”设置，忽略所有其他设置。恢复图层状态时，除了每个图层的冻结或解冻设置以外，其他设置仍保持当前设置。在AutoCAD 2007 中，可以使用“图层状态管理器”对话框来管理所有图层的状态。

11.3 常用二维基本绘图命令

在 AutoCAD 2007 中，使用“绘图”菜单中的命令，可以绘制点、直线、圆、圆弧和多边形等简单二维图形。二维图形对象是整个 AutoCAD 的绘图基础，因此要熟练地掌握它们的绘制方法和技巧。

11.3.1 “绘图”命令的输入方法

为了满足不同用户的需要，使操作更加灵活方便，AutoCAD 2007 提供了多种方法来实现相同的功能。例如，可以使用“绘图”菜单、“绘图”工具栏和绘图命令等 3 种方法来绘制基本图形对象。

1. 绘图菜单

绘图菜单是绘制图形最基本、最常用的方法，其中包含了 AutoCAD 2007 的大部分绘图命令。选择该菜单中的命令或子命令，如图 11-18 所示，可绘制出相应的二维图形。

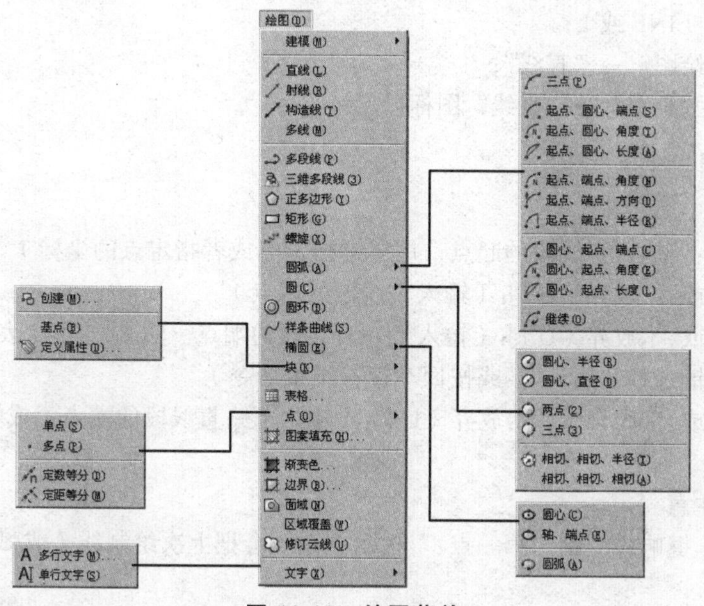

图 11-18　绘图菜单

2. 绘图工具栏

“绘图”工具栏中的每个工具按钮都与“绘图”菜单中的绘图命令相对应，是图形化的绘图命令。“绘图”工具栏如图 11-19 所示。

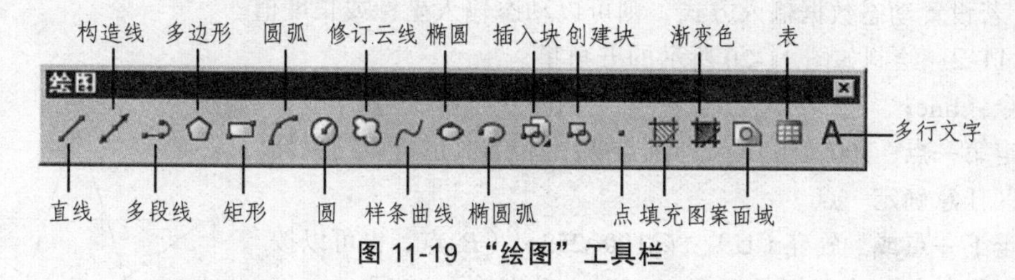

图 11-19　“绘图”工具栏

3. 命令提示行中输入绘图命令

使用绘图命令也可以绘制图形，在命令提示行中输入绘图命令，按 Enter 键，并根据命令行的提示信息进行绘图操作。这种方法快捷，准确性高，但要求掌握绘图命令及其选择项的具体用法。

AutoCAD 2007 在实际绘图时，采用命令行工作机制，以命令的方式实现用户与系统的信息交互，而前面介绍的 3 种绘图方法是为了方便操作而设置的，是 3 种不同的调用绘图命令的方式。

11.3.2 绘制直线

直线是由起点和终点来确定的，起点和终点通过鼠标或键盘输入。

1. 使用方法

① 命令行：LINE 或 L；

② 菜单："绘图" → "直线"；

③ 工具栏："绘图" → "直线" 图标。

2. 操作步骤

命令：_line

指定第一点：（输入直线段的起点，用鼠标指定点或者指定点的坐标）

指定下一点或 [放弃（U）]：（输入直线段的端点）

指定下一点或 [放弃（U）]：（输入下一直线段的端点。输入选项 U 表示放弃前面的输入；单击鼠标右键选择"确认"，或按回车键，结束命令）

指定下一点或 [闭合（C）/放弃（U）]：（输入下一直线段的端点，或输入选项 C 使图形闭合，结束命令）

3. 提示、注意

① 若用回车键响应"指定第一点："提示，系统会把上次绘制线（或弧）的终点作为本次操作的起始点。

② 执行画线命令一次可画一条线段，也可以连续画多条线段。

③ 绘制两条以上直线段后，若用"C"响应"指定下一点："提示，系统会自动连接起始点和最后一个端点，从而绘出封闭的图形。

④ 若用"U"响应"指定下一点："提示，则擦除最近一次绘制的直线段。

⑤ 若设置动态数据输入方式，则可以动态输入坐标或长度值。

例 11-2 绘制如图 11-20 所示的五角星。

命令：line；

指定第一点：100，100↙（即顶点 P_1 的位置，也可以用鼠标在绘图区任意确定一点）

指定下一点或 [放弃（U）]：@100<252↙（P_2 点，也可以按下"DYN"按钮，在鼠标位置为 108°时，动态输入 100）

指定下一点或 [放弃（U）]：@100<36↙（P_3 点）

指定下一点或 [闭合（C）/放弃（U）]：@ 100，0↙（错位的 P_4 点，也可以按下"DYN"按钮，在鼠标位置为 0°时，动态输入 100）

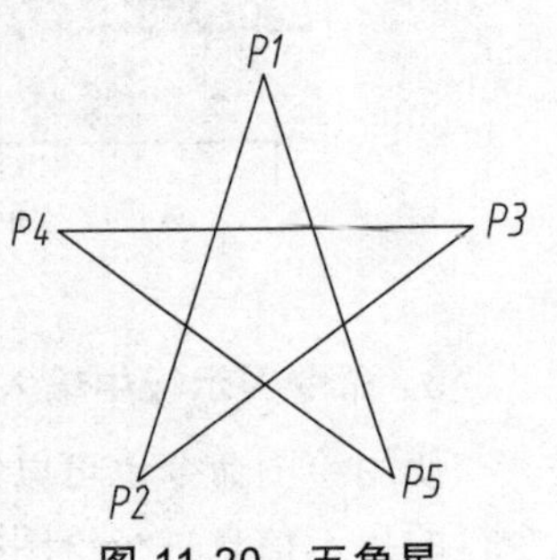

图 11-20 五角星

指定下一点或 [闭合（C）/放弃（U）]：U↙（取消对 P_4 的输入）

指定下一点或 [闭合（C）/放弃（U）]：@ -100，0（P_4 点，也可以按下“DYN”按钮，在鼠标位置为 180°时，动态输入 100）

指定下一点或 [闭合（C）/放弃（U）]：@100<-36↙（P_5）

指定下一点或 [闭合（C）/放弃（U）]：C↙（封闭五角星并结束命令）

11.3.3　绘制圆

绘制圆命令是 AutoCAD 中最简单的曲线命令。

1. 使用方法

① 命令行：CIRCLE；

② 菜单：“绘图”→“圆”；

③ 工具栏：“绘图”→“圆”图标。

2. 操作步骤

命令：_circle

指定圆的圆心或 [三点（3P）/两点（2P）/相切、相切、半径（T）]：（指定圆心）

指定圆的半径或 [直径（D）]：（直接输入半径数值或用鼠标指定半径长度）

3. 提示、注意、技巧

① 三点（3P）：用指定圆周上三点的方法画圆。

② 两点（2P）：指定直径的两端点画圆。

③ 相切、相切、半径（T）：按先指定两个相切对象，后给出半径的方法画圆。

④ 相切、相切、相切：菜单中的画圆选项比工具栏选项多一种，即“相切、相切、相切”的方法。

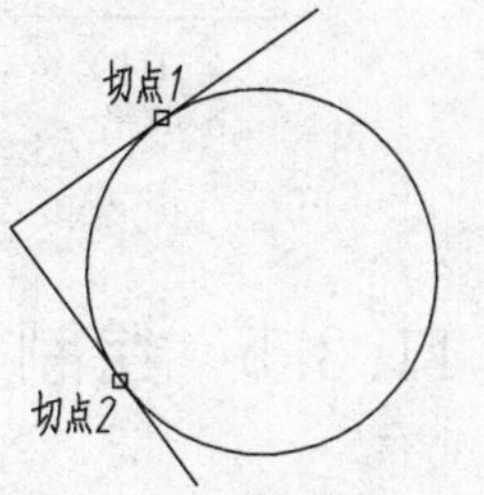

例 11-3　绘制如图 11-21 所示的图形。

命令：line

指定第一点：（指定第一点）

指定下一点或 [放弃（U）]：（指定第二点）

指定下一点或 [放弃（U）]：（指定第三点）

指定下一点或 [闭合（C）/放弃（U）]：（回车退出）

图 11-21　相切、相切、半径画圆

命令：circle

指定圆的圆心或 [三点（3P）/两点（2P）/相切、相切、半径（T）]：T

指定对象与圆的第一个切点：（指定第一个切点）

指定对象与圆的第二个切点：（指定第二个切点）

指定圆的半径 <30.0000>：↙（默认）

11.3.4 绘制矩形

1. 使用方法

① 命令行：RECTANG（缩写名：REC）；

② 菜单："绘图"→"矩形"；

③ 工具栏："绘图" → "矩形" 图标。

2. 操作步骤

命令：_rectang

指定第一个角点或 [倒角（C）/标高（E）/圆角（F）/厚度（T）/宽度（W）]:（指定一点）

指定另一个角点或 [面积（A）/尺寸（D）/旋转（R）]:

3. 提示、注意

① 第一个角点：通过指定两个角点确定矩形，如图 11-22（a）所示。

② 倒角（C）：指定倒角距离，绘制带倒角的矩形，如图 11-22（b）所示。

③ 标高（E）：指定矩形标高（*Z* 坐标），即把矩形画在标高为 *Z* 且与 *XOY* 坐标面平行的平面上，并作为后续矩形的标高值。

④ 圆角（F）：指定圆角半径，绘制带圆角的矩形，如图 11-22（c）所示。

⑤ 厚度（T）：指定矩形的厚度，如图 11-22（d）所示。

⑥ 宽度（W）：指定线宽，如图 11-22（e）所示。

⑦ 面积（A）：指定面积的长或宽创建矩形。

⑧ 尺寸（D）：使用长和宽创建矩形。

⑨ 旋转（R）：旋转所绘制的矩形的角度。

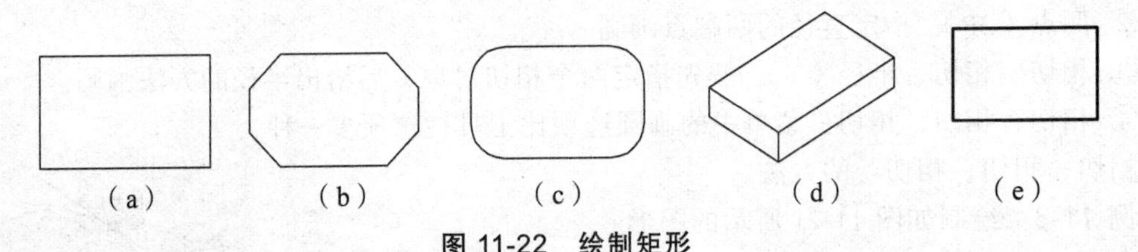

图 11-22 绘制矩形

11.3.5 绘制正多边形

1. 使用方法

① 命令行：POLYGON；

② 菜单："绘图" → "正多边形"；

③ 工具栏："绘图" → "正多边形" 图标。

2. 操作步骤

命令：polygon

输入边的数目<4>:（指定多边形的边数，默认值为 4）

指定正多边形的心点或［边（E）]:（指定中心点）

输入选项［内接于圆（I）/外切于圆（C）]：<I>:（指定内接于圆或外切于圆，I 表示内接于圆，C 表示外切于圆）

指定圆的半径:（指定外接圆或内切圆的半径）所绘正多边形如图 11-23（a)、图 11-23（b）所示。

3. 提示、注意

如果选择“边”选项，则只要指定多边形的一条边，系统就会按逆时针方向创建该正多边形，如图 11-23（c）所示。

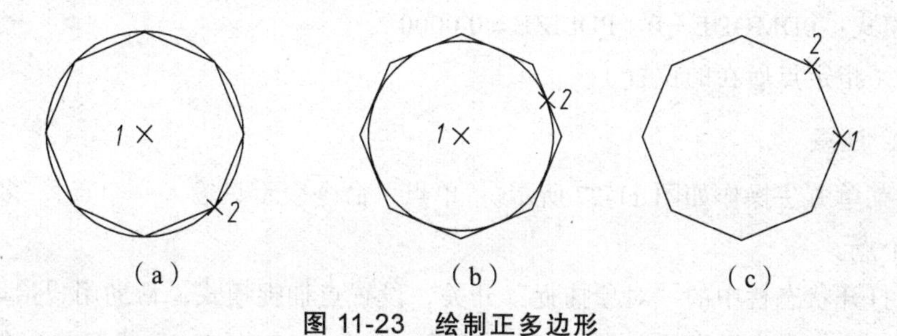

图 11-23　绘制正多边形

例 11-4　绘制如图 11-24 所示的螺母外形图。

（1）利用“圆”命令绘制一个圆，命令行提示与操作如下：

命令：circle

指定圆的圆心或［三点（3P）/两点（2P）/相切、相切、半径（T）]：150，150

指定圆的半径或［直径（D）]：50

得到的结果如图 11-25 所示。

（2）利用“正多边形”命令绘制正六边形，命令行提示与操作如下：

命令：polygon 输入边的数目<4>：6

指定正多边形的中心点或［边（E）]：150，150

输入选项［内接于圆（I）/外切于圆（C）] <I>：C

指定圆的半径：50

得到的结果如图 11-26 所示。

（3）同样以（150，150）为中心、30 为半径绘制另一个圆，结果如图 11-24 所示。

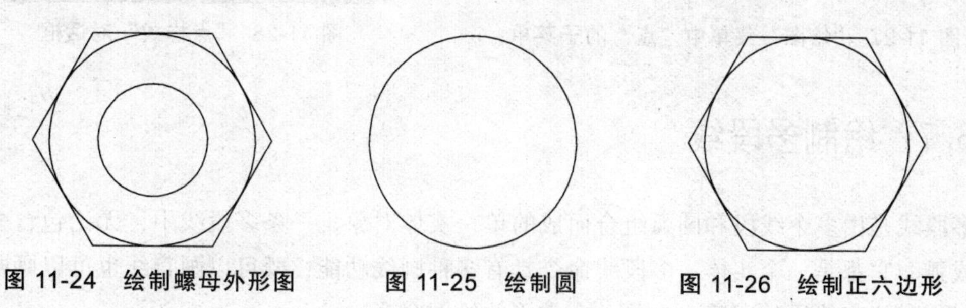

图 11-24　绘制螺母外形图　　**图 11-25　绘制圆**　　**图 11-26　绘制正六边形**

11.3.6　绘制点

1. 使用方法

① 命令行：POINT

② 菜单："绘图" → "点" → "单点" / "多点"

③ 工具栏："绘图" → "点" 图标

2. 操作步骤

命令：_point

当前点模式：PDMODE = 0　PDSIZE = 0.0000

指定点：（指定点所在的位置）

3. 提示、注意

① 通过菜单方法操作如图 11-27 所示。"单点" 命令表示只输入一个点，"多点" 命令表示可输入多个点。

② 可以打开状态栏中的 "对象捕捉" 开关，设置点捕捉模式，帮助用户拾取点。

③ 点在图形中的表示样式共有 20 种。可通过命令 "DDPTYPE" 或菜单命令 "格式" → "点样式"，在弹出的 "点样式" 对话框中进行设置，如图 11-28 所示。

图 11-27 "绘图" 菜单中 "点" 的子菜单

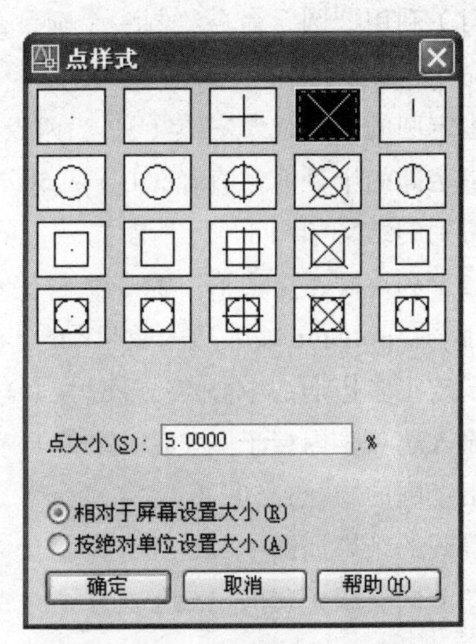

图 11-28 "点样式" 对话框

11.3.7　绘制多段线

多段线是由多个线段和圆弧组合而成的单一实体对象，一条多段线中，无论包含多少段直线或弧，它都是一个实体。多段线命令具有多种画线功能，既可以画直线也可以画圆弧，又可以实时改变线段的宽度，也是一个常用的绘图命令。

1. 使用方法

① 命令行：PLINE（缩写名：PL）;

② 菜单："绘图"→"多段线";

③ 工具栏："绘图"→"多段线"图标。

2. 操作步骤

命令：_pline

指定起点：（指定多段线的起点）

当前线宽为 0.0000

指定下一个点或 [圆弧（A）/半宽（H）/长度（L）/放弃（U）/宽度（W）]：（指定多段线的下一点）

3. 提示、注意

① 当多段线的宽度大于 0 时，如果绘制闭合的多段线，一定要用"闭合"选项才能使其完全封闭，否则起点与终点会出现一段缺口，如图 11-29 所示。

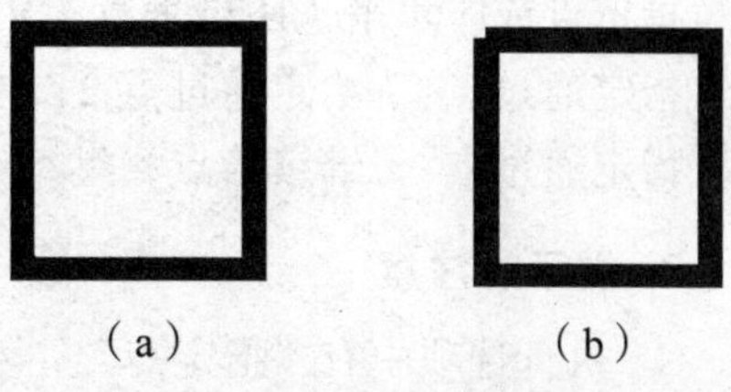

图 11-29　封口的区别

② 在绘制多段线的过程中如果选择"U"，则取消刚刚绘制的那一段多段线，当确定刚画的多段线有错误时，选择此项。

③ 多段线起点宽度值以上一次输入值为默认值，而终点宽度值是以起点宽度值为默认值。

④ 当使用分解命令对多段线进行分解时，多段线的线宽信息将丢失。

例 11-5　用多段线命令绘制如图 11-30 所示的图形。

图 11-30　画多段线

命令：_pline

指定起点：确定 1 点

当前线宽为 0.0000

指定下一个点或 ［圆弧（A）/半宽（H）/长度（L）/放弃（U）/宽度（W）]：w（改变线宽）

指定起点宽度 <0.0000>：3

指定端点宽度 <3.0000>：3

指定下一点或 ［圆弧（A）/闭合（C）/半宽（H）/长度（L）/放弃（U）/宽度（W）]：确定 2 点

指定下一点或 ［圆弧（A）/闭合（C）/半宽（H）/长度（L）/放弃（U）/宽度（W）]：w（改变线宽）

指定起点宽度 <3.0000>：10

指定端点宽度 <10.0000>：0

指定下一个点或 ［圆弧（A）/半宽（H）/长度（L）/放弃（U）/宽度（W）/]：确定 3 点

指定下一点或 ［圆弧（A）/闭合（C）/半宽（H）/长度（L）/放弃（U）/宽度（W）]：回车结束

上述命令绘制的图像，如图 11-30 所示。

11.3.8 绘制构造线

构造线为两端可以无限延伸的直线，没有起点和终点，可以放置在三维空间的任何地方，主要用于绘制辅助线。

1. 使用方法

① 命令行：XLINE；

② 菜单："绘图" → "构造线"；

③ 工具栏："绘图" → "构造线" 图标。

2. 操作步骤

命令：xline

指定点或 [水平（H）/垂直（V）/角度（A）/二等分（B）/偏移（O）]:（给出根点 1）

指定通过点:（给定通过点 2，绘制一条双向无限长直线）

指定通过点:（继续给点，继续绘制线，回车结束）

3. 提示、注意

① 执行选项中有"指定点"、"水平"、"垂直"、"角度"、"二等分" 和 "偏移" 六种方式绘制构造线。

② 这种线可以模拟手工作图中的辅助作图线。用特殊的线型显示，在绘图输出时可不作输出，常用于辅助作图。

11.3.9 绘制圆弧

1. 使用方法

① 命令行：ARC（缩写名：A）；

② 菜单："绘图" →"圆弧"；

③ 工具栏："绘图" →"圆弧" 图标。

2. 操作步骤

命令：_arc

指定圆弧的起点或[圆心（C）]:（指定起点）

指定圆弧的第二点或[圆心（C）/端点（E）]:（指定第 2 点）

指定圆弧的端点:（指定端点）

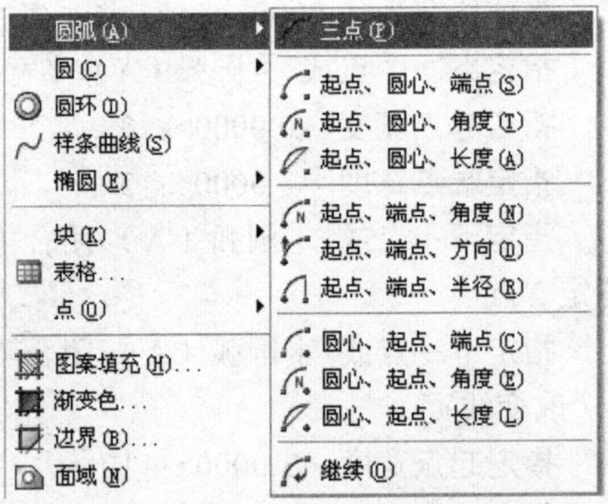

用命令行方式画圆弧时，可以根据系统提示，选择不同的选项，具体功能与 "圆弧" 子菜单的 11 种方式相似，如图 11-31 所示。用 "圆弧" 的 11 种方式所绘图形，如图 11-32 所示。

图 11-31 "绘图" 菜单中的 "圆弧" 子菜单

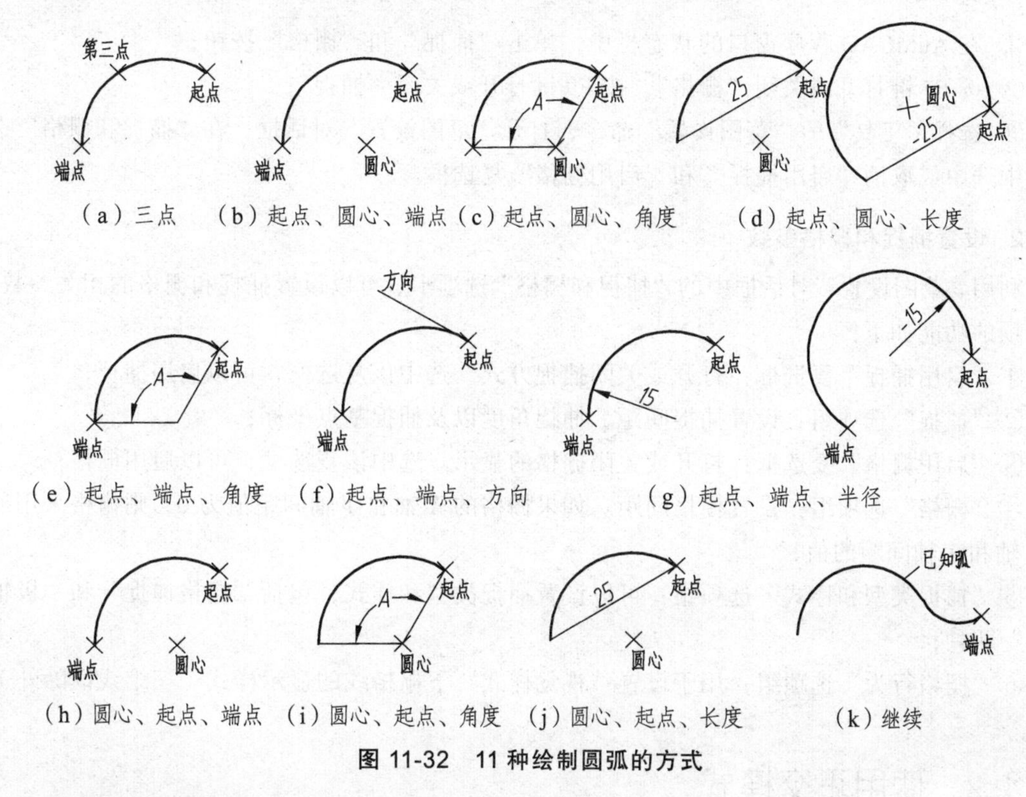

（a）三点　（b）起点、圆心、端点（c）起点、圆心、角度　（d）起点、圆心、长度

（e）起点、端点、角度　（f）起点、端点、方向　（g）起点、端点、半径

（h）圆心、起点、端点（i）圆心、起点、角度（j）圆心、起点、长度　（k）继续

图 11-32　11 种绘制圆弧的方式

3. 提示、注意

① 用“起点、圆心、长度”方式画圆弧，长度是指连接弧上两点的弦长。沿逆时针方向画圆弧时，若弦长值为正，则得到劣弧；反之，则得到优弧。

② 用“起点、端点、半径”方式画圆弧时，只能沿逆时针方向画，若半径值为正，则得到劣弧；反之，则得到优弧。

③ 用“继续”方式绘制的圆弧与上一线段或圆弧相切，因此继续画圆弧段，只要提供端点即可。

11.4　绘图辅助工具

11.4.1　设置捕捉和栅格

在绘制图形时，尽管可以通过移动光标来指定点的位置，但却很难精确指定点的某一位置。在 AutoCAD 中，使用“捕捉”和“栅格”功能，可以用来精确定位点，提高绘图效率。

1. 打开或关闭捕捉和栅格

“捕捉”用于设定鼠标光标移动的间距。“栅格”是一些标定位置的小点，起坐标纸的作用，可以提供直观的距离和位置参照。要打开或关闭“捕捉”和“栅格”功能，可以选择以下几种方法：

① 在 AutoCAD 程序窗口的状态栏中，单击“捕捉”和“栅格”按钮；

② 按 F7 键打开或关闭“栅格”，按 F9 键打开或关闭“捕捉”；

③ 选择“工具”→“草图设置”命令，打开“草图设置”对话框，在“捕捉和栅格”选项卡中选中或取消“启用捕捉”和“启用栅格”复选框。

2. 设置捕捉和栅格参数

利用“草图设置”对话框中的“捕捉和栅格”选项卡，可以设置捕捉和栅格的相关参数，各选项的功能如下：

①“启用捕捉”复选框：打开或关闭捕捉方式。选中该复选框，可以启用捕捉；

②“捕捉”选项组：设置捕捉间距、捕捉角度以及捕捉基点坐标；

③“启用栅格”复选框：打开或关闭栅格的显示。选中该复选框，可以启用栅格；

④“栅格”选项组：设置栅格间距。如果栅格的 *X* 轴和 *Y* 轴间距值为 0，则栅格采用捕捉 *X* 轴和 *Y* 轴间距的值；

⑤“捕捉类型和样式”选项组：可以设置捕捉类型和样式，包括“栅格捕捉”和“极轴捕捉”两种；

⑥“栅格行为”选项组：用于设置“视觉样式”下栅格线的显示样式（三维线框除外）。

11.4.2 使用正交模式

AutoCAD 提供的正交模式也可以用来精确定位点，它将定点设备的输入限制为水平或垂直。使用 ORTHO 命令，可以打开正交模式，用于控制是否以正交方式绘图。在正交模式下，可以方便地绘出与当前 *X* 轴或 *Y* 轴平行的线段。在 AutoCAD 程序窗口的状态栏中单击“正交”按钮，或按 F8 键，可以打开或关闭正交方式。

打开正交功能后，输入的第 1 点是任意的，但当移动光标准备指定第 2 点时，引出的橡皮筋线已不再是这两点之间的连线，而是起点到光标十字线的垂直线中较长的那段线，此时单击，橡皮筋线就变成所绘直线。

11.4.3 打开对象捕捉功能

在绘图的过程中，经常要指定一些对象上已有的点，例如端点、圆心和两个对象的交点等。如果只凭观察来拾取，不可能非常准确地找到这些点。在 AutoCAD 中，可以通过“对象捕捉”工具栏和“草图设置”对话框等方式调用对象捕捉功能，迅速、准确地捕捉到某些特殊点，从而精确地绘制图形。

1.“对象捕捉”工具栏

在绘图过程中，当要求指定点时，如图 11-33 所示，单击“对象捕捉”工具栏中相应的特征点按钮，再把光标移到要捕捉对象上的特征点附近，即可捕捉到相应的对象特征点。

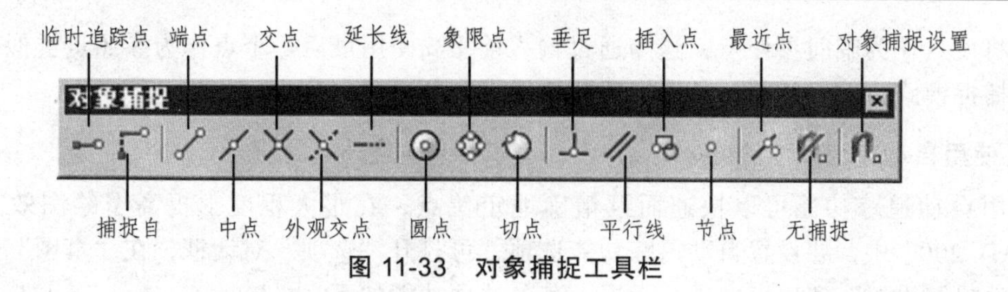

图 11-33　对象捕捉工具栏

2. 使用自动捕捉功能

绘图的过程中，使用对象捕捉的频率非常高。为此，AutoCAD 又提供了一种自动对象捕捉模式。自动捕捉就是当把光标放在一个对象上时，系统自动捕捉到对象上所有符合条件的几何特征点，并显示相应的标记。如果把光标放在捕捉点上多停留一会，系统还会显示捕捉的提示。这样，在选点之前，就可以预览和确认捕捉点。

要打开对象捕捉模式，可在“草图设置”对话框的“对象捕捉”选项卡中，选中“启用对象捕捉”复选框，然后在“对象捕捉模式”选项组中选中相应复选。

3. 对象捕捉快捷菜单

当要求指定点时，可以按下 Shift 键或者 Ctrl 键，右击打开对象捕捉快捷菜单，如图 11-34 所示。选择需要的子命令，再把光标移到要捕捉对象的特征点附近，即可捕捉到相应的对象特征点。

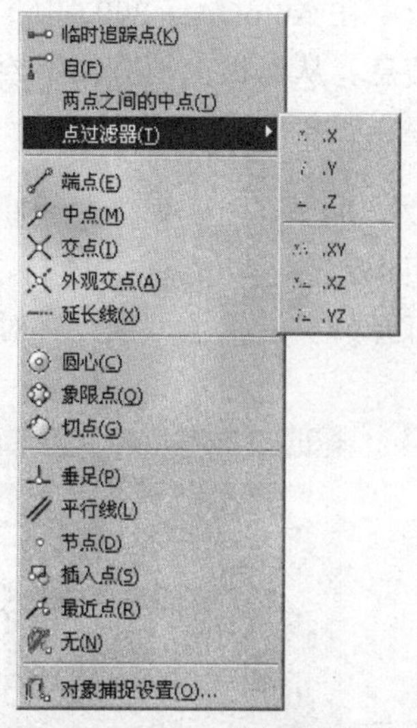

图 11-34　对象捕捉快捷菜单

11.4.4　使用自动追踪

在 AutoCAD 中，自动追踪可按指定角度绘制对象，或者绘制与其他对象有特定关系的对象。自动追踪功能分极轴追踪和对象捕捉追踪两种，是非常有用的辅助绘图工具。

1. 极轴追踪与对象捕捉追踪

极轴追踪是按事先给定的角度增量来追踪特征点。而对象捕捉追踪则按与对象的某种特定关系来追踪，这种特定的关系确定了一个未知角度。也就是说，如果事先知道要追踪的方向（角度），则使用极轴追踪；如果事先不知道具体的追踪方向（角度），但知道与其他对象的某种关系（如相交），则用对象捕捉追踪。极轴追踪和对象捕捉追踪可以同时使用。

2. 使用“临时追踪点”和“捕捉自”功能

在“对象捕捉”工具栏中，还有两个非常有用的对象捕捉工具，即“临时追踪点”和“捕捉自”工具。

“临时追踪点”工具：可在一次操作中创建多条追踪线，并根据这些追踪线确定所要定位的点。

“捕捉自”工具：在使用相对坐标指定下一个应用点时，“捕捉自”工具可以提示输入基点，并将该点作为临时参照点，这与通过输入前缀@使用最后一个点作为参照点类似。它不是对象捕捉模式，但经常与对象捕捉一起使用。

3. 使用自动追踪功能绘图

使用自动追踪功能可以快速而且精确地定位点，在很大程度上提高了绘图效率。在 AutoCAD 2007 中，要设置自动追踪功能选项，可打开“选项”对话框，在“草图”选项卡的“自动追踪设置”选项组中进行设置，其各选项功能如下：

①“显示极轴追踪矢量”复选框：设置是否显示极轴追踪的矢量数据；

②“显示全屏追踪矢量”复选框：设置是否显示全屏追踪的矢量数据；

③“显示自动追踪工具栏提示”复选框：设置在追踪特征点时是否显示工具栏上相应按钮的提示文字。

11.4.5 使用动态输入

在 AutoCAD 2007 中，使用动态输入功能可以在指针位置处显示标注输入和命令提示等信息，从而极大地方便了绘图。

1. 启用指针输入

在“草图设置”对话框的“动态输入”选项卡中，选中“启用指针输入”复选框可以启用指针输入功能。如图 11-35 所示，可以在“指针输入”选项组中单击“设置”按钮，使用打开的“指针输入设置”对话框设置指针的格式和可见性。

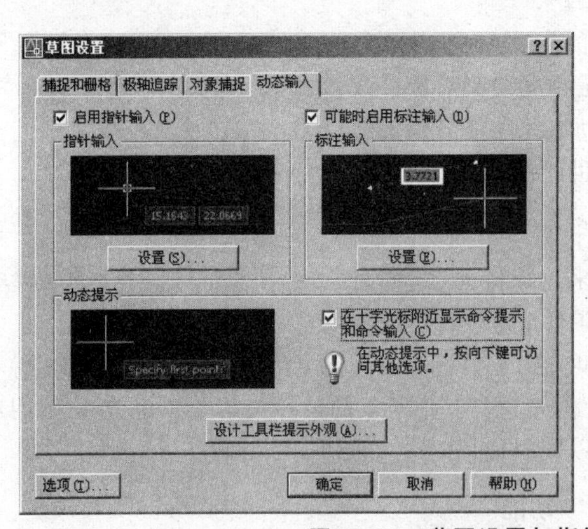

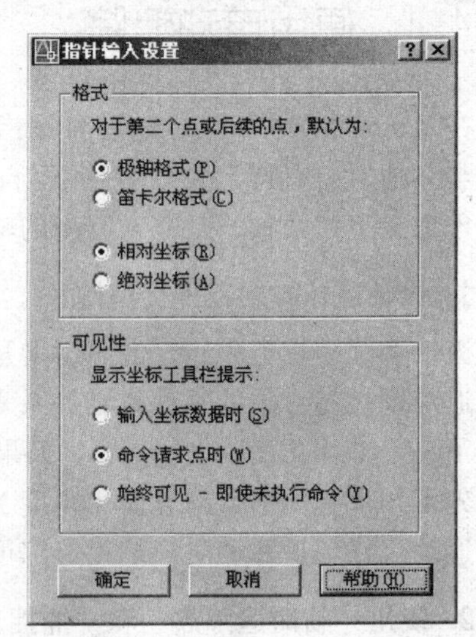

图 11-35 草图设置与指针输入设置

2. 启用标注输入

在“草图设置”对话框的“动态输入”选项卡中，选中“可能时启用标注输入”复选框可以启用标注输入功能。在“标注输入”选项组中单击“设置”按钮，使用打开的“标注输入的设置”对话框可以设置标注的可见性。如图 11-36 所示。

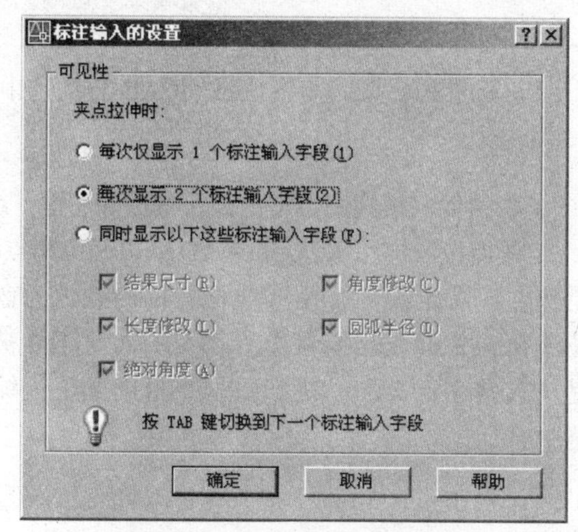

图 11-36 “标注输入”的设置

3. 显示动态提示

在“草图设置”对话框的“动态输入”选项卡中，选中“动态提示”选项组中的“在十字光标附近显示命令提示和命令输入”复选框，可以在光标附近显示命令提示。如图 11-37 所示。

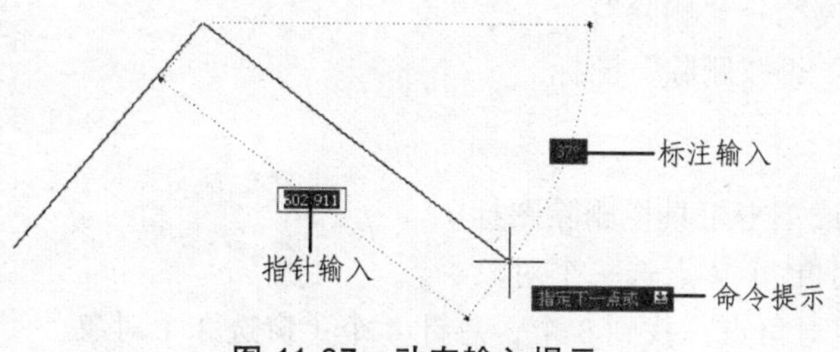

图 11-37 动态输入提示

11.5 二维图形编辑

中文版 AutoCAD 2007 的“修改”菜单中包含了大部分编辑命令，通过选择该菜单中的命令或子命令，可以帮助用户合理地构造和组织图形，保证绘图的准确性，简化绘图操作。

11.5.1 选择编辑对象

AutoCAD 的许多编辑命令要求选择一个或多个对象进行编辑。当选择对象之后，AutoCAD 用虚线显示它们以示加亮。选择编辑对象的常用方法有以下几种：

1. 拾取方式（默认方式）

在选择状态下，AutoCAD 将用一个拾取框（小方框）代替屏幕十字光标。用鼠标将拾取框拾取选择对象，按鼠标左键，对象会呈虚线变亮，表示已被选中。

2. 全部选择方式

在“选择对象”提示下键入ALL并按回车键，AutoCAD自动选中绘图区域内的所有对象。

3. 默认窗口方式

在“选择对象”提示下，将拾取框移到图中空白处，按鼠标左键，AutoCAD提示：要求指定对角点。可将鼠标移到另一位置后按鼠标左键。AutoCAD会以两个角点确定一个矩形拾取窗口。

（1）如果矩形窗口是从左向右定义的，是实线框，框内颜色为蓝色，则位于拾取窗口内部的对象均被选中，而位于窗口外部或与窗口边界相交的对象不能被选中。

（2）如果矩形窗口是从右向左定义的，是虚线框，框内颜色为绿色，则凡处在窗口内部与窗口相交的对象均被选中。

11.5.2 删除对象

在AutoCAD 2007中，可以用“删除”命令，删除选中的对象。

1. 使用方法

命令行：Erase↙（或E）；

下拉菜单：“修改”→“删除”；

工具栏：“修改”→“删除”图标。

2. 操作步骤

命令：_erase（或单击工具栏删除图标）

选择对象：找到 1 个（点选一个对象）

选择对象：指定对角点：找到3个，总计4个（窗选3个对象）

选择对象：

执行结果：删除选中的对象。

11.5.3 复制对象

在AutoCAD 2007中，可以使用“复制”命令，创建与原有对象相同的图形。执行该命令时，首先需要选择对象，然后指定位移的基点和位移矢量（相对于基点的方向和大小）。

使用“复制”命令还可以同时创建多个副本。在“指定第二个点或[退出（E）/放弃（U）<退出>:”提示下，通过连续指定位移的第二点来创建该对象的其他副本，直到按Enter键结束。

1. 使用方法

① 命令行：COPY；

② 菜单：“修改”→“复制”；

③ 工具栏：“修改”→“复制”图标；

④ 快捷菜单：选择要复制的对象，在绘图区域右击鼠标，从打开的快捷菜单上选择“复制”命令。

2. 操作步骤

命令：_copy（或单击工具栏复制图标）

选择对象：指定对角点：找到 2 个（用窗口选择对象）

选择对象：↙（按回车键结束对象选择）

指定基点或 [位移（D）] <位移>：指定第二个点或 <使用第一个点作为位移>：（指定基点）

指定第二个点或 [退出（E）/放弃（U）] <退出>：（指定第二点，复制到指定位置）

指定第二个点或 [退出（E）/放弃（U）] <退出>：（继续复制到另一位置）

执行结果：AutoCAD 将所选择的对象按这两点确定的位移矢量进行复制。

3. 提示、注意

① 当提示“指定基点或[位移（D）] <位移>”时，在绘图区域单击鼠标右键，从打开的快捷菜单上，也可以选择“位移（D）”命令。

② 当提示“指定第二个点或[退出（E）/放弃（U）]<退出>”时，也可以在绘图区域单击鼠标右键，从打开的快捷菜单上，选择“退出（E）”或者“放弃（U）”等有关操作。

③ 其他图形修改命令在操作过程中，也可以在绘图区域右击鼠标，从打开的快捷菜单上，选择选项进行有关操作，以后不再复述。

例 11-6　绘制如图 11-38 所示的图形。

（1）绘制矩形和圆

利用“矩形”命令与“圆”命令绘制一个矩形和一个圆，如图 11-38 左图所示。

（2）利用“复制”命令绘制圆

命令：_copy

选择对象：选择小圆

选择对象：↙（按回车结束选择对象）

指定基点或[位移（D）] <位移>：捕捉圆心点 A

指定位移的第二点：分别捕捉 B、C、D 三点。（将圆分别复制到 B、C、D 处）

完成全图。

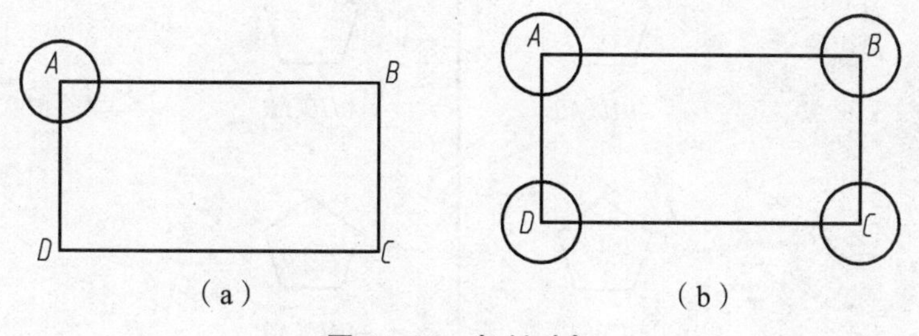

图 11-38　复制对象

11.5.4　镜像对象

在 AutoCAD 2007 中，可以使用“镜像”命令，将对象以镜像线对称复制。执行该命令时，需要选择要镜像的对象，然后依次指定镜像线上的两个端点，命令行将显示“删除原对象吗？[是（Y）/否（N）] <N>:”提示信息。如果直接按 Enter 键，则镜像复制对象，并保留原来的对象；如果输入 Y，则在镜像复制对象的同时删除原对象。

1. 使用方法

① 命令行：MIRRIR；

② 菜单：“修改”→“镜像”；

③ 工具栏：“修改”→“镜像”图标。

2. 操作步骤

命令：_mirror（或单击工具栏镜像图标）

选择对象：指定对角点：找到 4 个（选择镜像复制轴的上半部图形）

选择对象：↙（按回车键结束对象选择）

指定镜像线的第一点：指定镜像线的第二点：

要删除源对象吗？[是（Y）/否（N）] <N>：↙（不删除源对象）

执行结果：如图 11-39 所示。

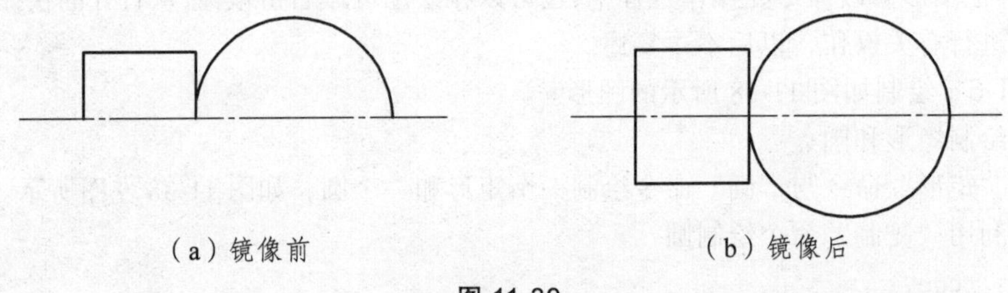

（a）镜像前　　（b）镜像后

图 11-39

在 AutoCAD 2007 中，使用系统变量 MIRRTEXT 可以控制文字对象的镜像方向。如果 MIRRTEXT 的值为 1，则文字对象完全镜像，镜像出来的文字变得不可读；如果 MIRRTEXT 的值为 0，则文字对象方向不镜像，如图 11-40 所示。

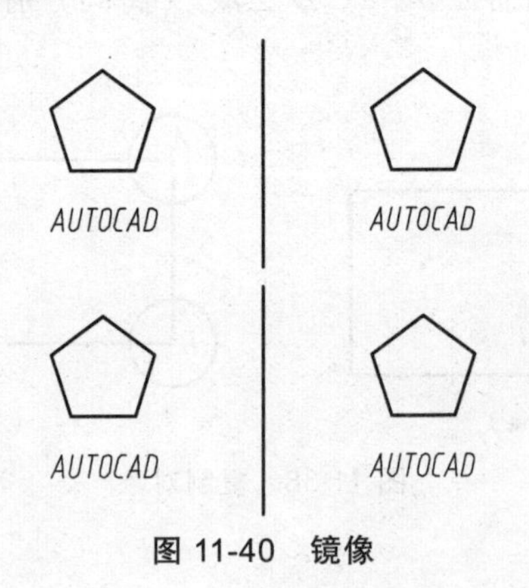

图 11-40 镜像

11.5.5 偏移对象

在 AutoCAD 2007 中，可以使用“偏移”命令，对指定的直线、圆弧、圆等对象作同心偏移复制。在实际应用中，常利用“偏移”命令的特性创建平行线或等距离分布图形。

默认情况下，需要指定偏移距离，再选择要偏移复制的对象，然后指定偏移方向，以复制出对象。

1. 使用方法

① 命令行：OFFSET；

② 菜单：“修改”→“偏移”；

③ 工具栏：“修改”→“偏移”图标。

2. 操作步骤

命令：_offset（或单击工具栏偏移图标）

当前设置：删除源 = 否　图层 = 源　OFFSETGAPTYPE = 0

指定偏移距离或 [通过（T）/删除（E）/图层（L）] <10.0000>：5↙（指定偏移距离）

选择要偏移的对象，或 [退出（E）/放弃（U）] <退出>：（选择偏移对象正五边形和圆）

指定要偏移的那一侧上的点，或 [退出（E）/多个（M）/放弃（U）] <退出>：（指定偏移的那一侧，在正五边形和圆外任意确定一点）

选择要偏移的对象，或 [退出（E）/放弃（U）] <退出>：↙

执行结果：如图 11-41 所示。

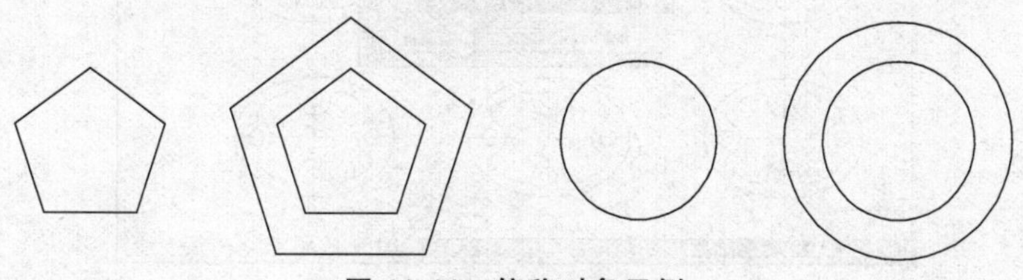

图 11-41　偏移对象示例

11.5.6　阵列对象

在 AutoCAD 2007 中，还可以通过“阵列”命令多重复制对象。选择“修改”→“阵列”命令（ARRAY），或在“修改”工具栏中单击“阵列”按钮，都可以打开“阵列”对话框，可以在该对话框中设置以矩形阵列或者环形阵列方式多重复制对象。

1. 使用方法

① 命令行：ARRAY；

② 菜单：“修改”→“阵列”；

③ 工具栏：“修改”→“阵列”图标。

2. 操作步骤

（1）矩形阵列

在“阵列”对话框中，选择“矩形阵列”单选按钮，可以以矩形阵列方式复制对象，如图 11-42 所示。

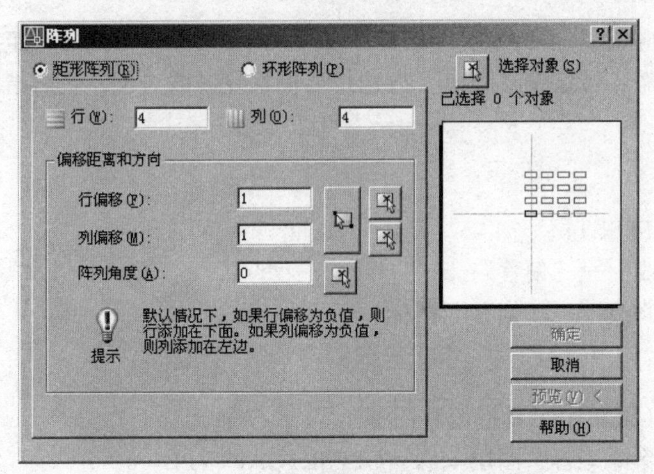

图 11-42 矩形阵列的“阵列”对话框

单击“预览”按钮将切换到绘图窗口，可预览阵列效果，如图 11-43 所示。

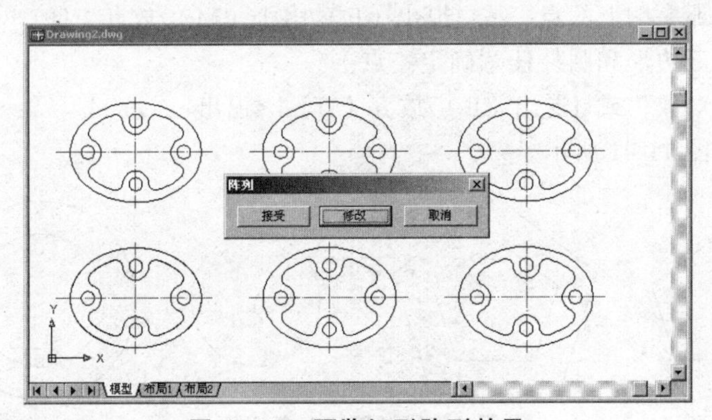

图 11-43 预览矩形阵列效果

（2）环形阵列

在“阵列”对话框中，选择“环形阵列”单选按钮，可以以环形阵列方式复制图形。如图 11-44 所示。

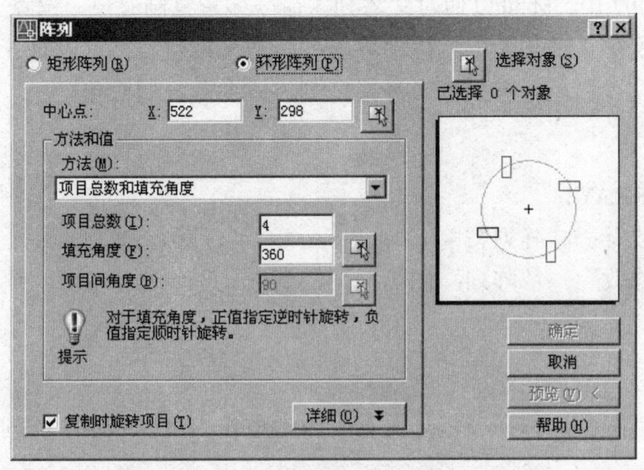

图 11-44 环形阵列的“阵列”对话框

3. 提示、注意

① 创建环形阵列时，阵列按逆时针还是按顺时针方向排列，取决于设置填充角度时输入的是正值还是负值。

② 在环形阵列中，阵列项数包括原有实体本身。

③ 在矩形阵列中，通过设置阵列角度可以进行斜向阵列。

11.5.7 移动对象

移动对象是指对象的重定位。可以在指定方向上按指定距离移动对象，对象的位置发生了改变，但方向和大小不改变。

1. 使用方法

① 命令行：MOVE；

② 菜单："修改"→"移动"；

③ 工具栏："修改"→"移动"图标；

④ 快捷菜单：选择要复制的对象，在绘图区域右击鼠标，从打开的快捷菜单中选择"移动"命令。

2. 操作步骤

命令：_move

选择对象：（选择要移动的对象）

指定基点或 [位移（D）] <位移>：（指定基点或移至点）

指定第二个点或 <使用第一个点作为位移>：

例 11-7　将图 11-45（a）所示的图形叠加，合并为一个图，如图 11-45（b）所示。

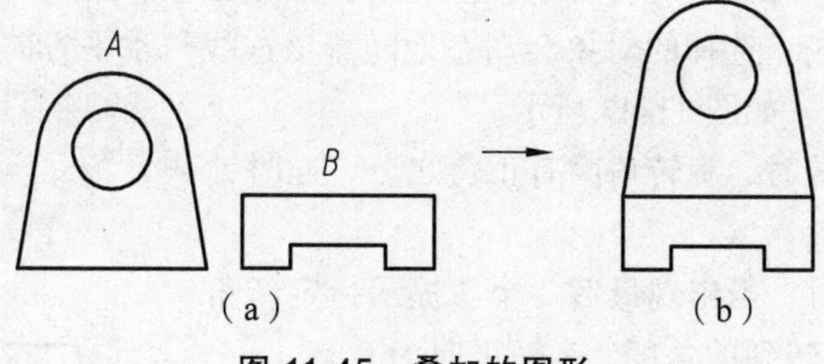

图 11-45　叠加的图形

命令：_move

选择对象：指定对角点：找到 6 个（选择 A 图）

选择对象：↙

指定基点或 [位移（D）] <位移>：指定第二个点或 <使用第一个点作为位移>：

（指定 A 图的右下角作为基点，指定 B 图的右上角作为第二个点，如图 11-46 所示）

结果如图 11-46 所示。

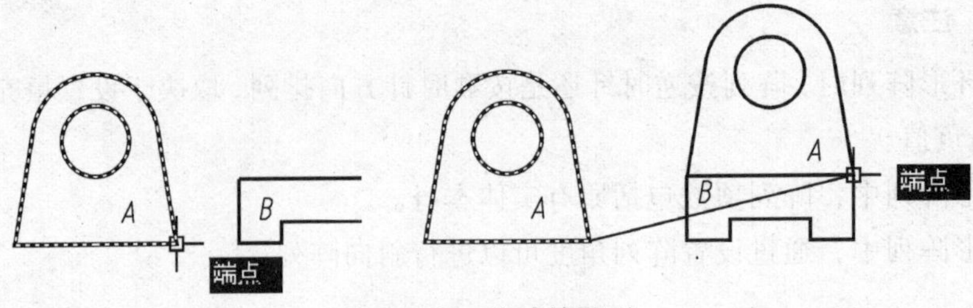

图 11-46 移动的图形

11.5.8 旋转对象

绕指定基点旋转图形中的对象。

1. 使用方法

① 命令行：ROTATE；

② 菜单："修改" → "旋转"；

③ 工具栏："修改" → "旋转" 图标；

④ 快捷菜单：选择要旋转的对象，在绘图区域右击鼠标，从打开的快捷菜单中选择"旋转"命令。

2. 操作步骤

命令：_rotate

UCS 当前的正角方向：ANGDIR = 逆时针 ANGBASE = 0

选择对象：(选择要旋转的对象)

指定基点：(指定旋转的基点)

指定旋转角度，或 [复制（C）/参照（R）] <0>：(指定旋转角度或其他选项)

3. 提示、注意

① 可以用拖动鼠标的方法旋转对象。选择对象并指定基点后，从基点到当前光标位置会出现一条连线，移动鼠标，选择的对象会动态地随着该连线与水平方向的夹角的变化而旋转，按回车会确认旋转操作。如图 11-47 所示。

② 当使用角度旋转时，旋转角度有正负之分，逆时针为正值，顺时针为负值。

③ 使用参照旋转时，当出现最后一个"提示指定新角度"时，可直接输入要转到的角度，X 轴正向为 0°。

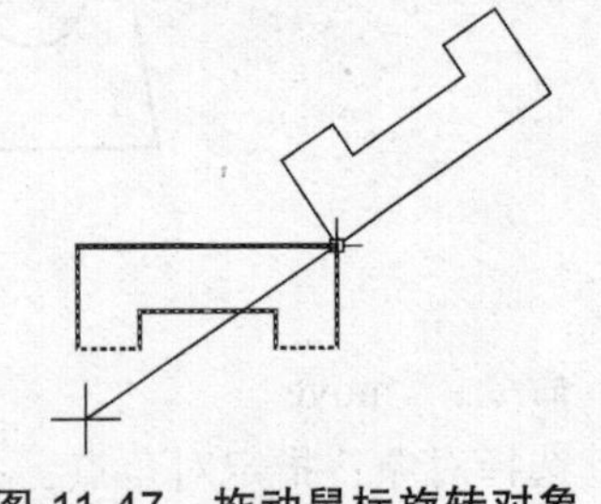

图 11-47 拖动鼠标旋转对象

11.5.9 修剪对象

"修剪"即按其他对象定义的剪切边界修剪对象。

1. 使用方法

① 命令行：TRIM；

② 菜单："修改"→"修剪"；

③ 工具栏："修改"→"修剪"图标。

2. 操作步骤

命令：_trim

当前设置：投影 = UCS，边 = 延伸

选择剪切边：

选择对象或 <全部选择>：（选择用作修剪边界的对象）↙（按回车键结束对象选择）

选择要修剪的对象，或按住 Shift 键选择要延伸的对象，或[栏选（F）/窗交（C）/投影（P）/边（E）/删除（R）/放弃（U）]：

3. 提示、注意

① 选择"窗交（C）"选项时，系统以窗交的方式选择被修剪对象。

② 被选择的对象可以互为边界和被修剪对象，此时系统会在选择的对象中自动判断边界。

③ 修剪图形时最后的一段或单独的一段是无法剪掉的，可以用删除命令删除。

11.5.10　延伸对象

"延伸"命令是指将对象的端点延伸到另一对象的边界线。

1. 使用方法

① 命令行：EXTEND；

② 菜单："修改"→"延伸"；

③ 工具栏："修改"→"延伸"图标。

2. 操作步骤

命令：_extend

当前设置：投影 = UCS，边 = 延伸

选择边界的边：

选择对象或 <全部选择>：（选择边界对象）

选择要延伸的对象，或按住 Shift 键选择要修剪的对象，或[栏选（F）/窗交（C）/投影（P）/边（E）/放弃（U）]：

延伸命令的使用方法和修剪命令的使用方法相似，不同之处在于：使用延伸命令时，如果在按下 Shift 键的同时选择对象，则执行修剪命令；使用修剪命令时，如果在按下 Shift 键的同时选择对象，则执行延伸命令。

11.5.11　缩放对象

在 X、Y 和 Z 方向按比例放大或缩小对象。

1. 使用方法

① 命令行：SCALE；

② 菜单：“修改”→“缩放”；

③ 工具栏：“修改”→“比例”图标；

④ 快捷菜单：选择要缩放的对象，在绘图区域右击鼠标，从打开的快捷菜单中选择“缩放”命令。

2. 操作步骤

命令：_scale

选择对象：（选择要缩放的对象）

指定基点：

指定比例因子或 [复制（C）/参照（R）] <1.0000>:

3. 提示、注意

① 比例缩放真正改变了图形的大小，和图形显示中缩放（ZOOM）命令的缩放不同，ZOOM 命令只改变图形在屏幕上的显示大小，图形本身大小没有任何变化。

② 采用比例因子缩放时，比例因子为 1 时，图形大小不变；小于 1 时图形将缩小；大于 1 时，图形将会放大。

例 11-8 如图 11-48 所示，将图 11-48（a）矩形放大 2 倍，变成图 11-48（b）大小的矩形，再将图 11-48（b）的矩形经过缩放，变为图 11-48（c）尺寸的矩形。在变换过程中，图形的长宽比保持不变。

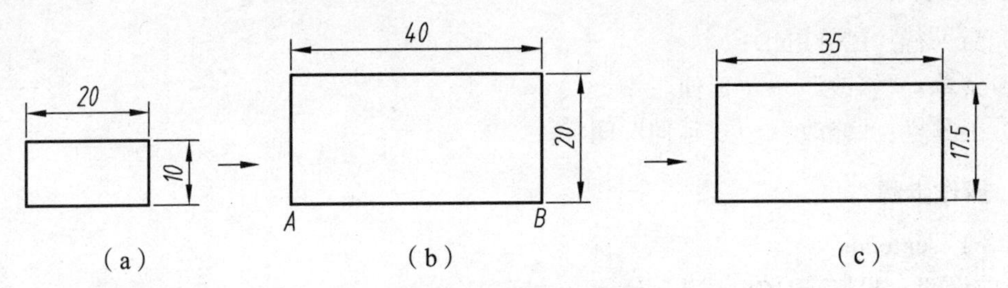

图 11-48 使用比例缩放命令进行绘图

（1）绘制矩形

命令：_rectang

指定第一个角点或 [倒角（C）/标高（E）/圆角（F）/厚度（T）/宽度（W）]:

指定另一个角点或 [面积（A）/尺寸（D）/旋转（R）]: @20，10

（2）利用比例因子对矩形进行缩放，将图 11-48（a）变为图 11-48（b）

命令：_scale

选择对象：选择矩形，找到 1 个

选择对象：↙

指定基点：指定矩形的左下角点（A 点）

指定比例因子或 [复制（C）/参照（R）]: 2

（3）利用参照对矩形进行缩放，将图 11-48（b）变为图 11-48（c）。

命令：_scale

选择对象：选择矩形，找到 1 个

选择对象：↙

指定基点：捕捉矩形上点 A

指定比例因子或 [复制（C）/参照（R）] <2.0000>：r

指定参照长度 <1.0000>：捕捉 A 点

指定第二点：捕捉 B 点

指定新的长度或 [点（P）] <1.0000>：35

11.5.12　圆角对象

圆角是指用指定半径的一段圆弧平滑连接两个对象的作图。

1. 使用方法

① 命令行：FILLET；

② 菜单："修改" → "圆角"；

③ 工具栏："修改" → "圆角" 图标。

2. 操作步骤

命令：_fillet

当前设置：模式 = 修剪，半径 = 0.000

选择第一个对象或[放弃（U）/多段线（P）/半径（R）/角度（A）/修剪（T）/多个（M）]:（选择第一个对象或其他选项）

选择第二个对象，或按住 shift 键选择要应用角点的对象：（选择第二个对象）

3. 提示、注意

① 倒圆角命令中的圆角半径值，以及倒圆角模式总是默认上次输入的值，所以在执行该命令时，一定要先看一看所给定的各项值是否正确，是否需要进行调整。

② 如图 11-49 所示，如果将图 11-49（a）变为图 12-49（b），使原来不平行的两条直线相交，可对其进行倒圆角，半径值为 0。

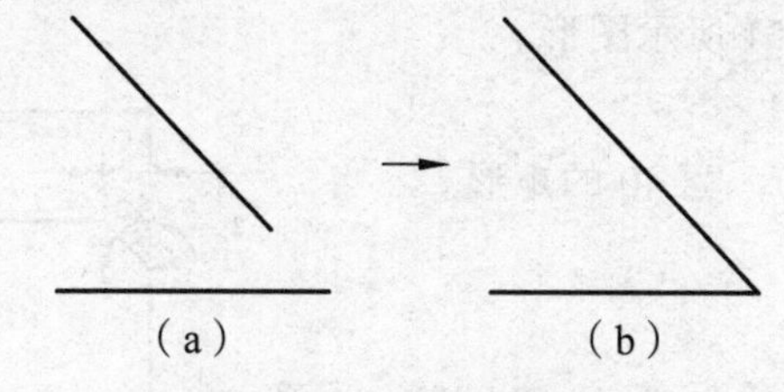

图 11-49　进行倒圆角

③ 若倒圆角半径大于某一边时，圆角不能生成。

④ 倒圆角命令可以应用圆弧连接，如图 11-50 所示，用 *R*10 的圆弧把图 11-50（a）和图 11-50（b）两条直线连接起来，即可用倒圆角命令。

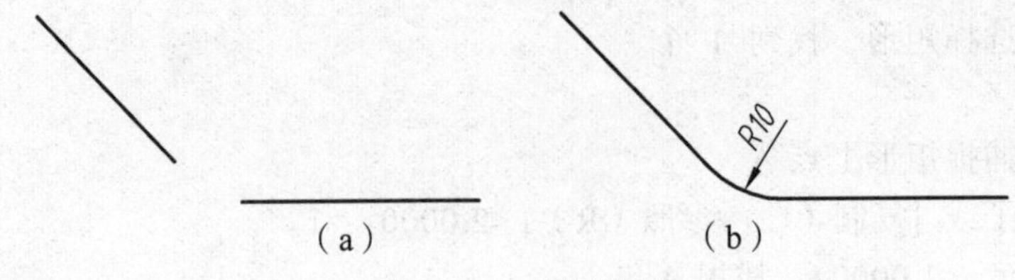

图 11-50　圆弧连接

11.5.13　倒角对象

“倒角”是指用斜线连接两个不平行的线型对象。

1. 使用方法

① 命令行：CHAMFER；

② 菜单：“修改”→“倒角”；

③ 工具栏：“修改”→“倒角”图标。

2. 操作步骤

命令：_chamfer

（“修剪”模式）当前倒角距离 1 = 0.0000，距离 2 = 0.0000

选择第一条直线或 [放弃（U）/多段线（P）/距离（D）/角度（A）/修剪（T）/方式（E）/多个（M）]:（选择第一条直线或其他选项）

选择第二条直线，或按住 Shift 键选择要应用角点的直线:（选择第二条直线）

3. 提示、注意

① 有时用户在执行“圆角”和“倒角”命令时，发现命令不执行或执行没有什么变化，那是因为系统默认圆角半径和斜线距离均为 0，如果不事先设定圆角半径或斜线距离，系统就以默认值 0 执行命令，所以图形没有变化。

② 倒角命令中的距离值，以及倒角模式总是默认上次输入的值，所以在执行该命令时，一定要先看一看所给定的各项值是否正确，是否需要进行调整。

③ 执行倒角命令时，当两个倒角距离不同的时候，要注意两条线的选中顺序。

例 11-9　绘制如图 11-51 所示图形。

（1）绘制矩形

利用直线命令绘制长 60，宽 40 的矩形。

（2）对矩形进行倒角

命令：_chamfer

（“修剪”模式）当前倒角距离 1 = 0.0000，距离 2 = 0.0000（提示当前所处的倒角模式及数值）

选择第一条直线或 [放弃（U）/多段线（P）/距离（D）/角度（A）/修剪（T）/方式（E）/多个（M）]: a（选择角度方式输入倒角值）

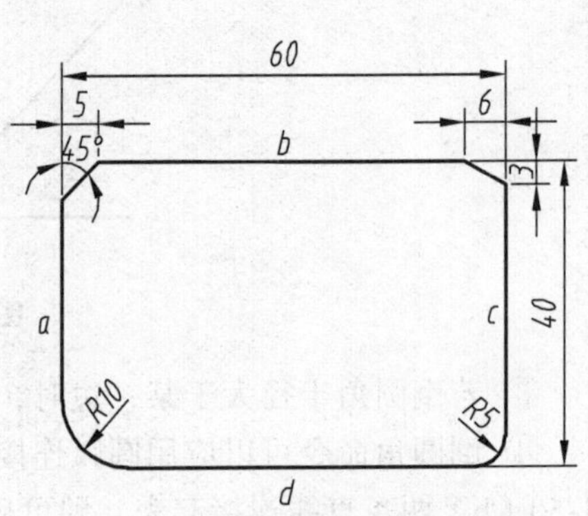

图 11-51　平面图形的绘制

指定第一条直线的倒角长度<0.0000>：5（第一条直线的倒角长度为 5）

指定第一条直线的倒角角度 <0>：45↙

选择第一条直线或 [放弃（U）/多段线（P）/距离（D）/角度（A）/修剪（T）/方式（E）/多个（M）]：选择直线 b

选择第二条直线，或按住 Shift 键选择要应用角点的直线：选择直线 a

（完成矩形左上角倒角的绘制）

命令：_chamfer

（“修剪”模式） 当前倒角长度 = 5.0000，角度 = 45

选择第一条直线或 [放弃（U）/多段线（P）/距离（D）/角度（A）/修剪（T）/方式（E）/多个（M）]：t（当前模式为“修剪”模式，根据图中尺寸，应对其进行修改）

输入修剪模式选项 [修剪（T）/不修剪（N）] <修剪>：n

选择第一条直线或 [放弃（U）/多段线（P）/距离（D）/角度（A）/修剪（T）/方式（E）/多个（M）]：d （选择距离（D）方式输入距离

指定第一个倒角距离 <0.0000>：6↙

指定第二个倒角距离 <6.0000>：3↙

选择第一条直线或 [放弃（U）/多段线（P）/距离（D）/角度（A）/修剪（T）/方式（E）/多个（M）]：选择直线 b

选择第二条直线，或按住 Shift 键选择要应用角点的直线：选择直线 c

（完成矩形右上角倒角的绘制）

（3）对矩形进行倒圆角

命令：_fillet

当前设置：模式 = 不修剪，半径 = 0.0000

选择第一个对象或 [放弃（U）/多段线（P）/半径（R）/修剪（T）/多个（M）]：t

输入修剪模式选项 [修剪（T）/不修剪（N）] <不修剪>：t

选择第一个对象或 [放弃（U）/多段线（P）/半径（R）/修剪（T）/多个（M）]：r 指定圆角半径 <0.0000>：10

选择第一个对象或 [放弃（U）/多段线（P）/半径（R）/修剪（T）/多个（M）]：选择直线 a

选择第二个对象，或按住 Shift 键选择要应用角点的对象：选择直线 d

（完成矩形左下角倒圆角的绘制）

命令：_fillet

当前设置：模式 = 修剪，半径 = 10.0000

选择第一个对象或 [放弃（U）/多段线（P）/半径（R）/修剪（T）/多个（M）]：r 指定圆角半径 <10.0000>：5

选择第一个对象或 [放弃（U）/多段线（P）/半径（R）/修剪（T）/多个（M）]：选择直线 c

选择第二个对象，或按住 Shift 键选择要应用角点的对象：选择直线 d

11.6 尺寸标注

在图形设计中，尺寸标注是绘图设计工作中的一项重要内容，因为绘制图形的根本目的是反映对象的形状,而图形中各个对象的真实大小和相互位置只有经过尺寸标注后才能确定。AutoCAD 2007 包含了一套完整的尺寸标注命令和实用程序，用户使用它们足以完成图纸中要求的尺寸标注。用户在进行尺寸标注之前，必须了解 AutoCAD 2007 尺寸标注的组成，标注样式的创建和设置方法。

11.6.1 尺寸标注概述

1. 尺寸标注的规则

在 AutoCAD 2007 中，对绘制的图形进行尺寸标注时应遵循以下规则：

① 物体的真实大小应以图样上所标注的尺寸数值为依据,与图形的大小及绘图的准确度无关。

② 图样中的尺寸以毫米（mm）为单位时，不需要标注计量单位的代号或名称。如采用其他单位，则必须注明相应计量单位的代号或名称，如度、厘米及米等。

③ 图样中所标注的尺寸为该图样所表示的物体的最后完工尺寸，否则应另加说明。

一般物体的每一尺寸只标注一次，并应标注在最后反映该结构最清晰的图形上。

2. 尺寸标注的组成

在机械制图或其他工程制图中，一个完整的尺寸标注应由标注文字、尺寸线、尺寸界线、尺寸线的端点符号及起点等组成，如图 11-52 所示。

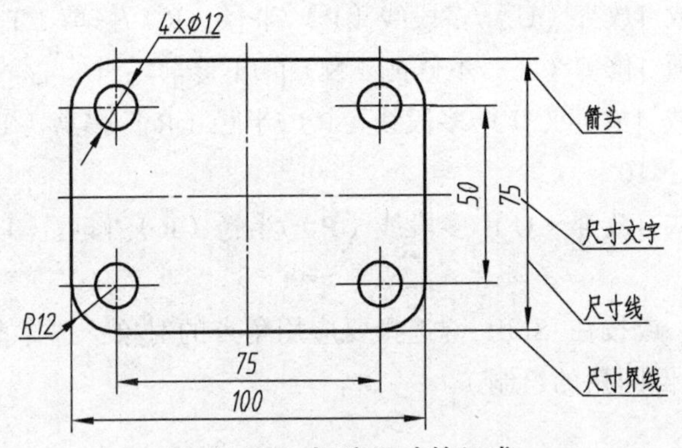

图 11-52 标注尺寸的组成

3. 尺寸标注的类型

AutoCAD 2007 提供了十余种标注工具用以标注图形对象，分别位于“标注”菜单或“标注”工具栏中。使用它们可以进行角度、直径、半径、线性、对齐、连续、圆心及基线等标注，如图 11-53 所示。

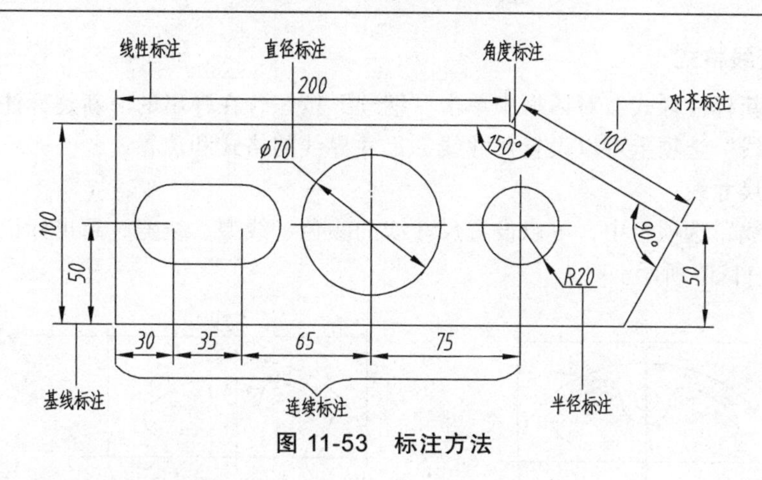

图 11-53　标注方法

4. 创建尺寸标注的基本步骤

在 AutoCAD 中对图形进行尺寸标注的基本步骤如下：

① 选择“格式”→“图层”命令，在打开的“图层特性管理器”对话框中创建一个独立的图层，用于尺寸标注。

② 选择“格式”→“文字样式”命令，在打开的“文字样式”对话框中创建一种文字样式，用于尺寸标注。

③ 选择“格式”→“标注样式”命令，在打开的“标注样式管理器”对话框设置标注样式。

④ 使用对象捕捉和标注等功能，对图形中的元素进行标注。

11.6.2　创建标注样式

在 AutoCAD 中，使用“标注样式”可以控制标注的格式和外观，建立强制执行的绘图标准，并有利于对标注格式及用途进行修改。

1. 新建标注样式

要创建标注样式，选择“格式”→“标注样式”命令，打开“标注样式管理器”对话框，如图 11-54 所示，单击“新建”按钮，在打开的“创建新标注样式”对话框中即可创建新标注样式，如图 11-55 所示。

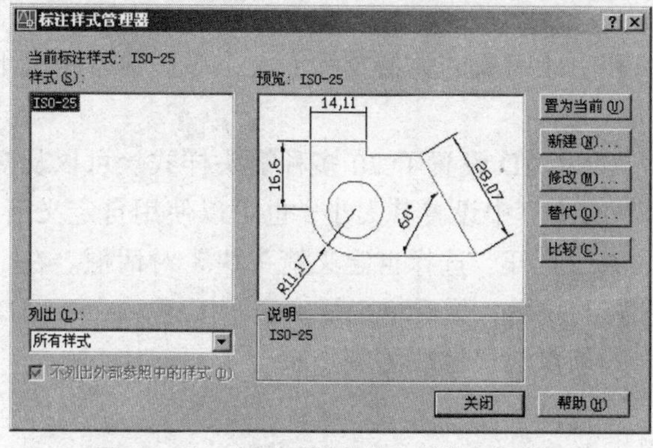

图 11-54　“标注样式管理器”对话框

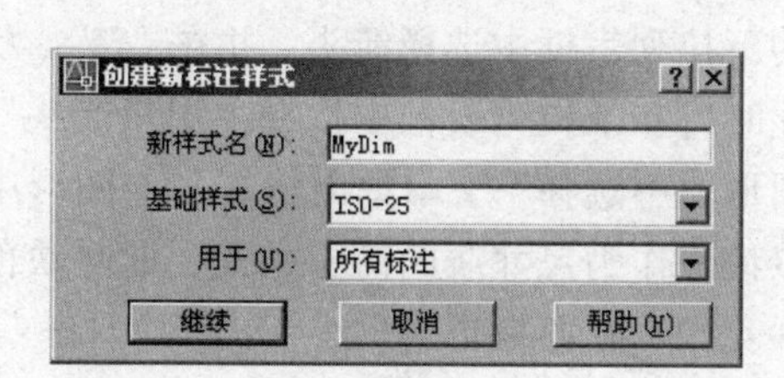

图 11-55　“创建新标注样式”对话框

2. 设置直线格式

在“创建新标注样式”对话框中单击“继续”按钮，在弹出的“新建标注样式”对话框中，使用“直线”选项卡可以设置尺寸线、尺寸界线的格式和位置。

（1）设置尺寸线

在“尺寸线”选项组中，可以设置尺寸线的颜色、线型、线宽、超出标记以及基线间距等属性，如图 11-56 所示。

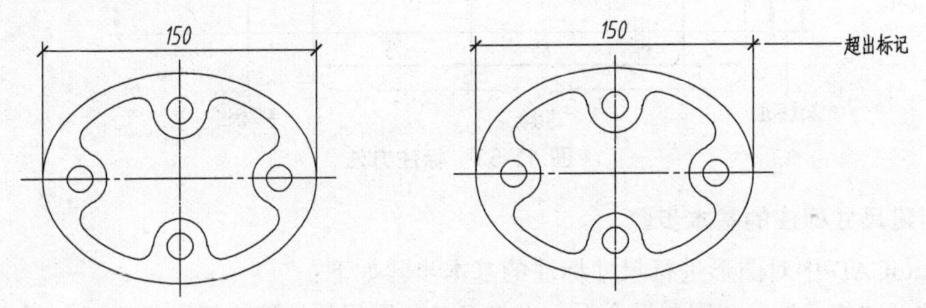

图 11-56　超出标记为 0 与不为 0 时的效果对比

（2）尺寸界线

在“尺寸界线”选项组中，可以设置尺寸界线的颜色、线宽、超出尺寸线的长度和起点偏移量、隐藏控制等属性，如图 11-57 所示。

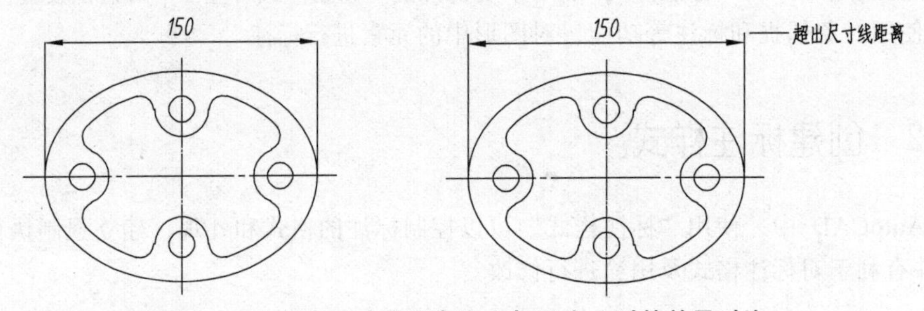

图 11-57　超出尺寸线距离为 0 与不为 0 时的效果对比

3. 设置符号和箭头格式

在“新建标注样式”对话框中，使用“符号和箭头”选项卡可以设置箭头、圆心标记、弧长符号和半径标注折弯的格式与位置。

（1）箭头

在“箭头”选项组中，可以设置尺寸线和引线箭头的类型及尺寸大小等。通常情况下，尺寸线的两个箭头应一致。

为了适用于不同类型的图形标注需要，AutoCAD 设置了 20 多种箭头样式。可以从对应的下拉列表框中选择箭头，并在“箭头大小”文本框中设置其大小。也可以使用自定义箭头，此时可在下拉列表框中选择“用户箭头”选项，打开“选择自定义箭头块”对话框。在“从图形块中选择”文本框内输入当前图形中已有的块名，然后单击“确定”按钮，AutoCAD 将以该块作为尺寸线的箭头样式，此时块的插入基点与尺寸线的端点重合。

（2）圆心标记

在“圆心标记”选项组中，可以设置圆或圆弧的圆心标记类型，如“标记”、“直线”和

“无”。其中，选择“标记”选项可对圆或圆弧绘制圆心标记；选择“直线”选项，可对圆或圆弧绘制中心线；选择“无”选项，则没有任何标记，如图 11-58 所示。当选择“标记”或“直线”单选按钮时，可以在“大小”文本框中设置圆心标记的大小。

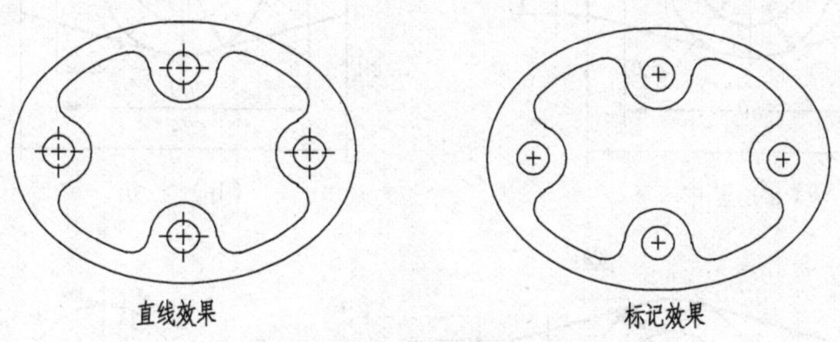

图 11-58　圆心标记类型

（3）弧长符号

在“弧长符号”选项组中，可以设置弧长符号显示的位置，包括“标注文字的前缀”、“标注文字的上方”和“无”3 种方式。

（4）半径标注折弯

在“半径标注折弯”选项组的“折弯角度”文本框中，可以设置标注圆弧半径时标注线的折弯角度大小。

4．设置文字格式

在“新建标注样式”对话框中，可以使用“文字”选项卡设置标注文字的外观、位置和对齐方式。

（1）文字外观

在“文字外观”选项组中，可以设置文字的样式、颜色、高度和分数高度比例，以及控制是否绘制文字边框等。部分选项的功能说明如下：

“分数高度比例”文本框：设置标注文字中的分数相对于其他标注文字的比例，AutoCAD 将该比例值与标注文字高度的乘积作为分数的高度。

“绘制文字边框”复选框：设置是否给标注文字加边框，如图 11-59 所示。

图 11-59　文字无边框与有边框效果对比

（2）文字位置

在“文字位置”选项组中，可以设置文字的垂直、水平位置以及从尺寸线的偏移量，如图 11-60 和图 11-61 所示。

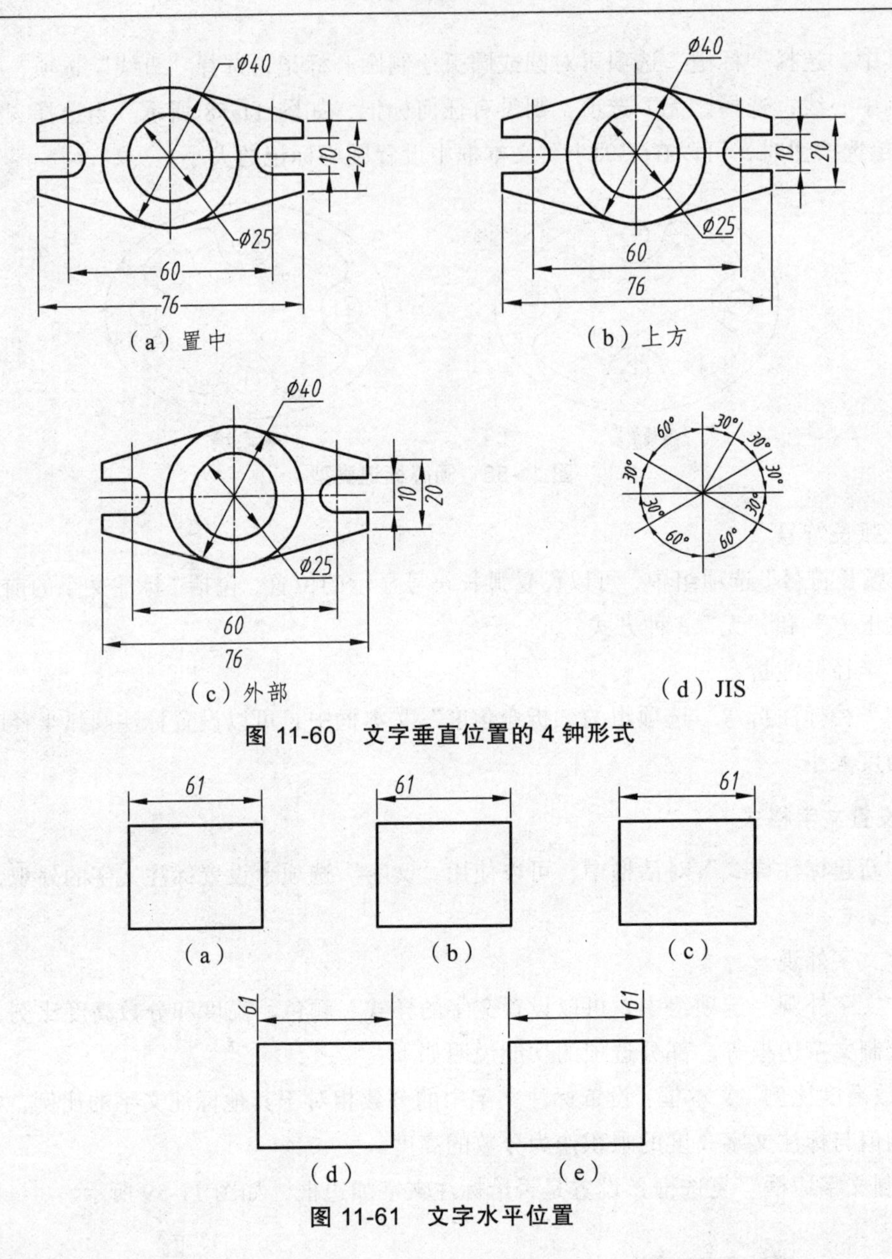

（a）置中　（b）上方

（c）外部　（d）JIS

图 11-60　文字垂直位置的 4 钟形式

（a）　（b）　（c）

（d）　（e）

图 11-61　文字水平位置

（3）文字对齐

在“文字对齐”选项组中，可以设置标注文字是保持水平还是与尺寸线平行，如图 11-62 所示。

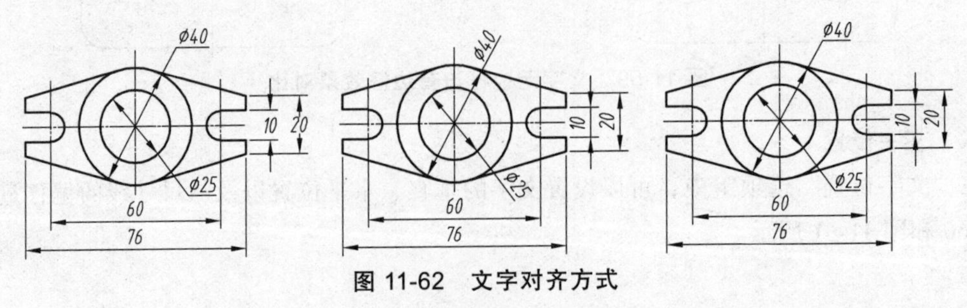

图 11-62　文字对齐方式

5. 设置调整格式

在“新建标注样式”对话框中，可以使用“调整”选项卡设置标注文字、尺寸线、尺寸箭头的位置。

（1）调整选项

在“调整选项”选项组中，可以确定当尺寸界线之间没有足够的空间同时放置标注文字和箭头时，应从尺寸界线之间移出对象。

（2）文字位置

在“文字位置”选项组中，可以设置当文字不在默认位置时的位置。

（3）标注特征比例

在“标注特征比例”选项组中，可以设置标注尺寸的特征比例，以便通过设置全局比例来增加或减少各标注的大小 。

（4）优化

在“优化”选项组中，可以对标注文本和尺寸线进行细微调整，该选项组包括以下两个复选框。

“手动放置文字”复选框：选中该复选框，则忽略标注文字的水平设置，在标注时可将标注文字放置在指定的位置。

“在尺寸界线之间绘制尺寸线”复选框：选中该复选框，当尺寸箭头放置在尺寸界线之外时，也可在尺寸界线之内绘制出尺寸线。

6. 设置主单位格式

在“新建标注样式”对话框中，可以使用“主单位”选项卡设置主单位的格式与精度等属性。

（1）线性标注

在“线性标注”选项组中可以设置线性标注的单位格式与精度，主要选项功能如下：

①“单位格式”下拉列表框：设置除角度标注之外的其余各标注类型的尺寸单位，包括“科学”、“小数”、“工程”、“建筑”、“分数”等选项。

②“精度”下拉列表框：设置除角度标注之外的其他标注的尺寸精度。

③“分数格式”下拉列表框：当单位格式是分数时，可以设置分数的格式，包括“水平”、“对角”和“非堆叠”3 种方式。

④“小数分隔符”下拉列表框：设置小数的分隔符，包括“逗点”、“句点”和“空格”3 种方式。

⑤“舍入”文本框：用于设置除角度标注外的尺寸测量值的舍入值。

⑥“前缀”和“后缀”文本框：设置标注文字的前缀和后缀，在相应的文本框中输入字符即可。

⑦“测量单位比例”选项组：使用“比例因子”文本框可以设置测量尺寸的缩放比例，AutoCAD 的实际标注值为测量值与该比例的乘积。选中“仅应用到布局标注”复选框，可以设置该比例关系仅适用于布局。

⑧“消零”选项组：可以设置是否显示尺寸标注中的“前导”和“后续”零。

（2）角度标注

在“角度标注”选项组中，可以使用“单位格式”下拉列表框设置标注角度时的单位，使用“精度”下拉列表框设置标注角度的尺寸精度，使用“消零”选项组设置是否消除角度尺寸的前导和后续零。

7. 设置单位换算格式

该选项卡用于对替换单位进行设置。

8. 设置公差格式

在“新建标注样式”对话框中，可以使用“公差”选项卡设置是否标注公差，以及以何种方式进行标注，如图 11-63 所示。

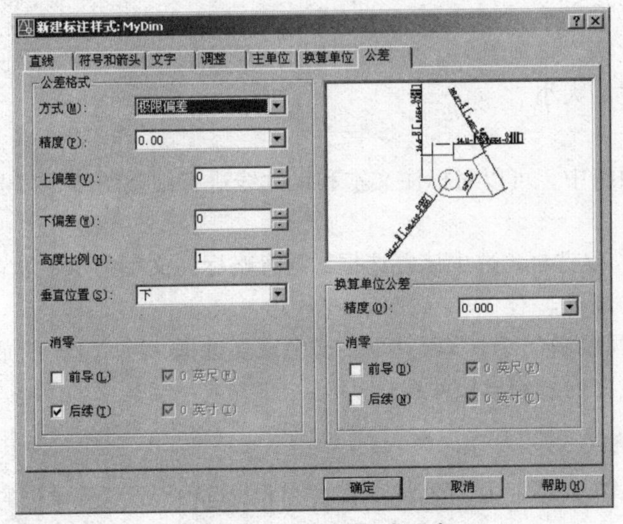

图 11-63 “公差”选项卡

11.6.3 线性标注

线性标注用于标注用户坐标系 *XOY* 平面中的两个点之间 *X* 方向或 *Y* 方向的距离。

1. 使用方法

① 命令行：DIMLINEAR（缩写名 DIMLIN）;

② 菜单：“标注”→“线性”;

③ 工具栏：“标注”→“线性”图标。

2. 操作步骤

命令：_dimlinear

指定第一条尺寸界线原点或 <选择对象>:（指定第一条尺寸界线原点或直接回车选择标注对象）

指定第二条尺寸界线原点:

指定尺寸线位置或[多行文字（M）/文字（T）/角度（A）/水平（H）/垂直（V）/旋转（R）]:（直接指定尺寸线位置或输入其他选项）

标注文字 = 50（显示两个点之间的位置）

11.6.4 对齐标注

在使用上述“线性标注”标注倾斜结构尺寸时，须选择旋转角度的方式标注。也可以直接使用对齐标注命令。这种命令标注的尺寸线与所标注轮廓线平行，标注的是两点之间的距离尺寸。

1. 使用方法

① 命令行：DIMALIGNED；

② 菜单：“标注”→“对齐”；

③ 工具栏：“标注”→“对齐”图标。

2. 操作步骤

执行对齐标注命令，命令行提示及操作步骤与线性标注相同。

例：用对齐标注标注图 11-64 中的三个尺寸。

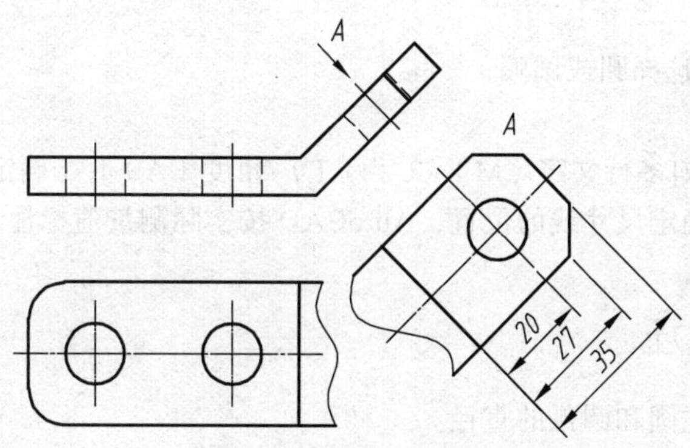

图 11-64 对齐标注

① 输入对齐标注命令；

② 在标注图样中使用捕捉功能，指定两条尺寸界线原点；

③ 在尺寸线位置处，拖动鼠标，确定尺寸线的位置。

11.6.5 角度标注

使用角度标注可以测量圆和圆弧的角度、两条直线间的角度，或者三点间的角度。

1. 使用方法

① 命令行：DIMANGULAR；

② 菜单：“标注”→“角度”；

③ 工具栏：“标注”→“角度”图标。

2. 操作步骤

命令：_dimangular

选择圆弧、圆、直线或<指定顶点>：（选择第一条直线）

选择第二条直线：

指定标注弧线位置或[多行文字（M）/文字（T）/角度（A）]：（确定尺寸线的位置）

标注文字 = 90

注意角度标注文字应该水平书写。

11.6.6 半径标注

半径标注用来标注圆和圆弧的半径。

1. 使用方法

① 命令行：DIMRADIUS；

② 菜单："标注" → "半径"；

③ 工具栏："标注" → "半径"图标。

2. 操作步骤

命令：_dimradius

选择圆弧或圆：（选择圆或圆弧）

标注文字 = 100

指定尺寸线位置或[多行文字（M）/文字（T）/角度（A）]:（确定尺寸线的位置）

在该提示下直接确定尺寸线的位置，AutoCAD 按实际测量值标注出圆或圆弧的半径。

11.6.7 直径标注

直径标注用来标注圆和圆弧的直径。

1. 使用方法

① 命令行：DIMDIAMETER；

② 菜单："标注" → "直径"；

③ 工具栏："标注" → "直径"图标。

2. 操作步骤

命令：_dimdiameter

选择圆弧或圆：（选择圆或圆弧）

标注文字 = 200

指定尺寸线位置或 [多行文字（M）/文字（T）/角度（A）]:（确定尺寸线的位置）

在该提示下直接确定尺寸线的位置，AutoCAD 按实际测量值标注出圆或圆弧的直径。

11.6.8 基线标注

使用基线标注可以创建一系列由相同的标注原点测量出来的标注。如图 11-65 所示。

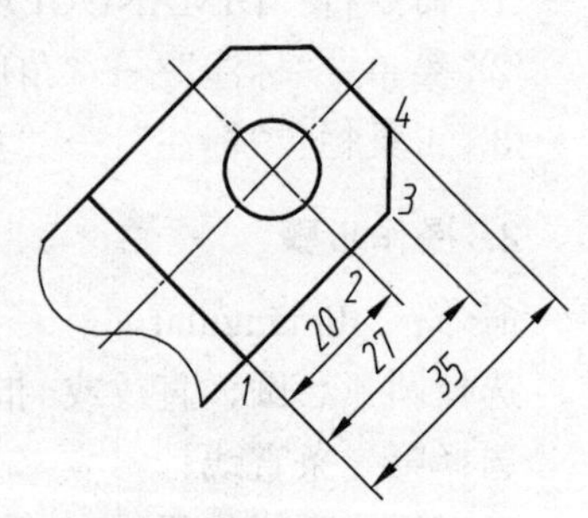

图 11-65 基线标注示例

1. 使用方法

① 命令行：DIMBASELINE；

② 菜单："标注"→"基线"；

③ 工具栏："标注"→"基线标注"图标。

2. 操作步骤

要创建基线标注，必须先创建（或选择）一个线性或角度标注作为基准标注。

命令：_dimlinear

指定第一条尺寸界线原点或 <选择对象>：（捕捉第一条尺寸界线的起点）

指定第二条尺寸界线原点：（捕捉第二条尺寸界线的起点）

指定尺寸线位置或[多行文字（M）/文字（T）/角度（A）/水平（H）/垂直（V）/旋转（R）]：（确定尺寸线的位置）

标注文字 = 20

命令：_dimbaseline

指定第二条尺寸界线原点或 [放弃（U）/选择（S）] <选择>：（捕捉第二条尺寸界线的起点）

标注文字 = 27

指定第二条尺寸界线原点或 [放弃（U）/选择（S）] <选择>：（捕捉第二条尺寸界线的起点）

标注文字 = 35

指定第二条尺寸界线原点或 [放弃（U）/选择（S）] <选择>：↙

执行结果如图 11-65 所示。

11.6.9　连续标注

连续标注是指标注相邻两尺寸或标注弧线共用同一尺寸线。如图 11-66 所示。

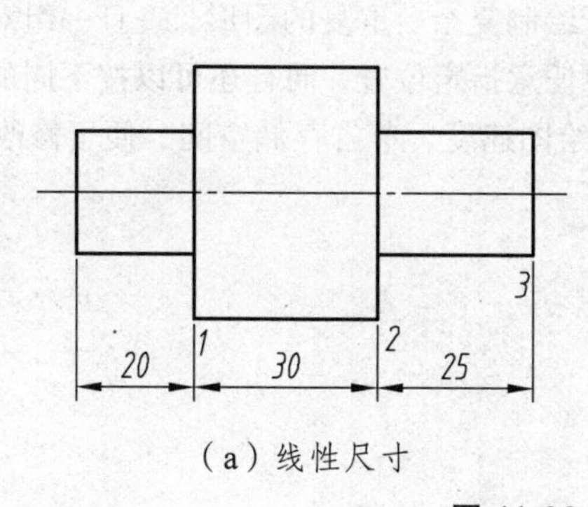

（a）线性尺寸

（b）角度尺寸

图 11-66　连续标注示例

1. 使用方法

① 命令行：DIMBASELINE；

② 菜单："标注"→"连续"；

③ 工具栏："标注"→"连续标注"图标。

2. 操作步骤

命令：_dimlinear

指定第一条尺寸界线原点或 <选择对象>：

指定第二条尺寸界线原点：

指定尺寸线位置或

[多行文字（M）/文字（T）/角度（A）/水平（H）/垂直（V）/旋转（R）]：

标注文字 = 20

命令：_dimcontinue

指定第二条尺寸界线原点或 [放弃（U）/选择（S）] <选择>：

标注文字 = 30

指定第二条尺寸界线原点或 [放弃（U）/选择（S）] <选择>：

标注文字 = 25

指定第二条尺寸界线原点或 [放弃（U）/选择（S）] <选择>：↙

执行结果如图 11-66（a）图所示。

11.7 图块及其属性应用

在绘制图形时，如果图形中有大量相同或相似的内容，或者所绘制的图形与已有的图形文件相同，则可以把要重复绘制的图形创建成块（也称为图块），并根据需要为块创建属性，指定块的名称、用途及设计者等信息，在需要时直接插入它们，从而提高绘图效率。

11.7.1 块的概念及功能

块是一个或多个对象组成的对象集合，常用于绘制复杂、重复的图形。一旦一组对象组合成块，就可以根据作图需要将这组对象插入到图中任意指定位置，而且还可以按不同的比例和旋转角度插入。在 AutoCAD 中，使用块可以提高绘图速度、节省存储空间、便于修改图形。

11.7.2 创建块

1. 使用方法

① 命令行：BLOCK 或 BMAKE 或 B；

② 菜单："绘图"→"块"→"创建"；

③ 工具栏："绘图"→"创建块"图标。

2. 操作步骤

选择"绘图"→"块"→"创建"命令（BLOCK），打开如图 11-67 所示的"块定义"对话框，可以将已绘制的对象创建为块。步骤为：输入块名→单击选择对象按钮→选择建块对象→单击拾取点按钮→用捕捉点取块上的特殊点→选择转换为块→完成块定义。

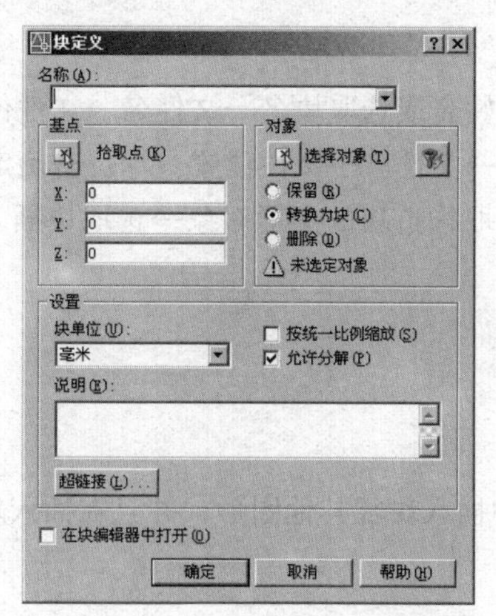

图 11-67　“块定义”对话框

3. 提示、注意

图块的名称最多为 31 个字符，必须符合命名规则，不能与已有的图块名相同；用 BLOCK 或 BMAKE 创建的块只能在创建它的图形中应用。

11.7.3　创建块文件

BLOCK 命令定义的块只能在同一张图形中使用，而不能插入到其他的图中，但是有些图块在许多图中要经常用到，这时可以用 WBLOCK 命令把图块作为一个独立图形文件写入磁盘，用户需要时可以调用到别的图形中。

1. 使用方法

命令行：WBLOCK。

2. 操作步骤

执行 WBLOCK 命令后将打开“写块”对话框，如图 11-68 所示。

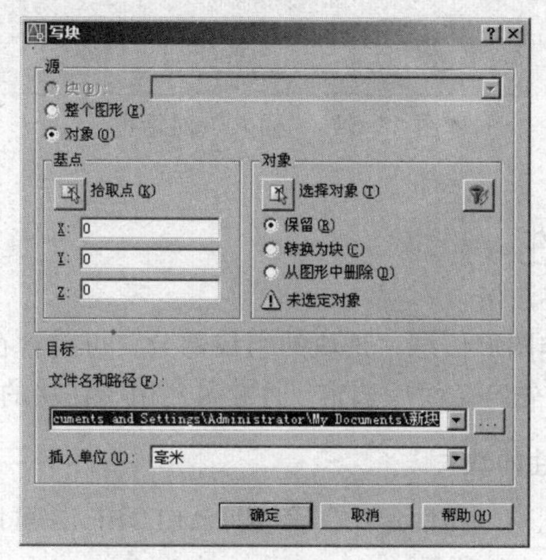

图 11-68　“写块”对话框

步骤如下：

① WBLOCK→块→输入姓名或选取块名→文件名→文件位置→确定；

② WBLOCK→整个图形→文件名→文件位置→单位→确定；

③ WBLOCK→对象→选取构造块的图形对象→选取块插入基点→文件名→文件位置→确定。

11.7.4 插入块文件

用户可以利用它在图形中插入块或其他图形，并且在插入块的同时还可以改变所插入块或图形的比例与旋转角度。

1. 使用方法

① 命令行：INSERT；

② 菜单："插入"→"块"；

③ 工具栏："绘图"或"插入点"→"插入块"。

2. 操作步骤

执行命令后，AutoCAD 打开"插入"对话框，如图 11-69 所示，利用此对话框可以指定要插入的图块及插入位置。

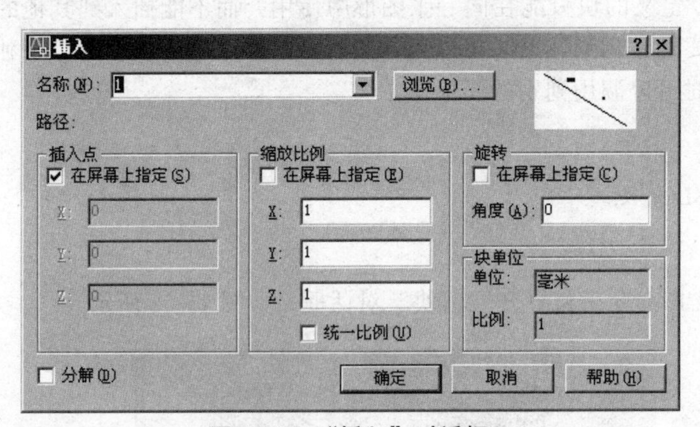

图 11-69 "插入"对话框

11.7.5 图块的属性

块属性是附属于块的非图形信息，是块的组成部分，可包含在块定义中的文字对象。在定义一个块时，属性必须预先定义而后选定。通常属性用于在块的插入过程中进行自动注释。

1. 创建并使用带有属性的块

选择"绘图"→"块"→"属性定义"命令（ATTDEF），可以使用打开的"属性定义"对话框创建块属性，如图 11-70 所示。

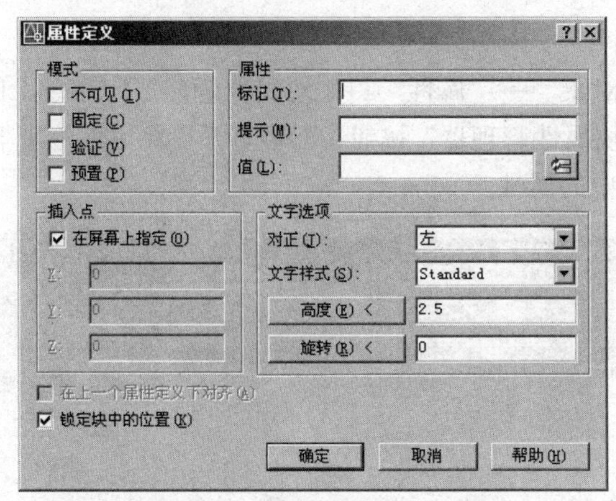

图 11-70 “属性定义”对话框

2. 在图形中插入带属性定义的块

在创建带有附加属性的块时，需要同时选择块属性作为块的成员对象。带有属性的块创建完成后，就可以使用“插入”对话框，在文档中插入该块。

3. 修改属性定义

选择“修改”→“对象”→“文字”→“编辑”命令（DDEDIT）或双击块属性，打开“编辑属性定义”对话框，如图 11-71 所示。使用“标记”、“提示”和“默认”文本框可以编辑块中定义的标记、提示及默认值属性。

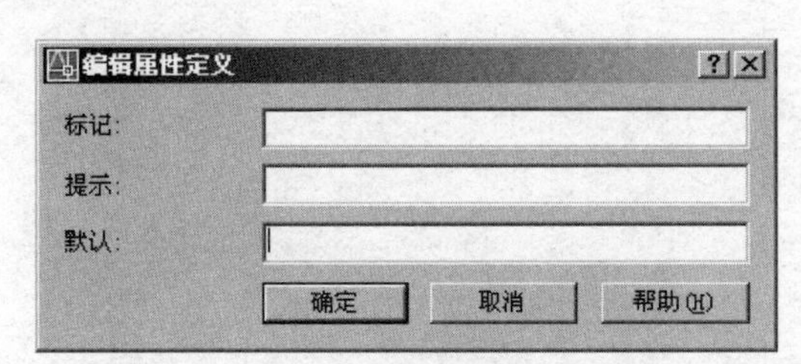

图 11-71 “编辑属性定义”对话框

4. 编辑块属性

选择“修改”→“对象”→“属性”→“单个”命令（EATTEDIT），或在“修改Ⅱ”工具栏中单击“编辑属性”按钮，都可以编辑块对象的属性。在绘图窗口中选择需要编辑的块对象后，系统将打开“增强属性编辑器”对话框，如图 11-72 所示。

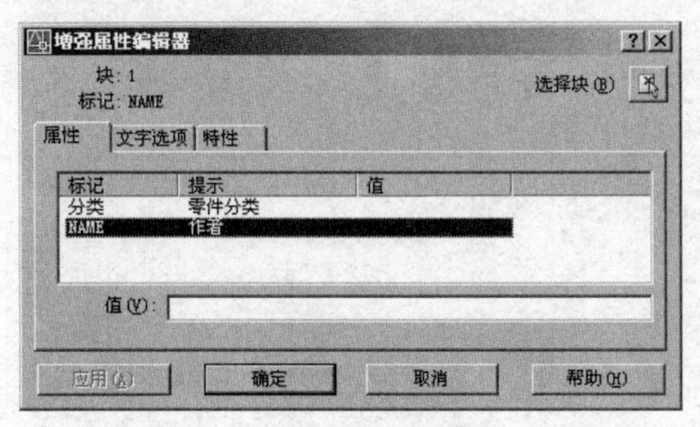

图 11.72 “增强属性编辑器”对话框

5. 块属性管理器

选择“修改”→“对象”→“属性”→“块属性管理器”命令（BATTMAN），或在“修改Ⅱ”工具栏中单击“块属性管理器”按钮，都可打开“块属性管理器”对话框，如图 11-73 所示，可在其中管理块中的属性。

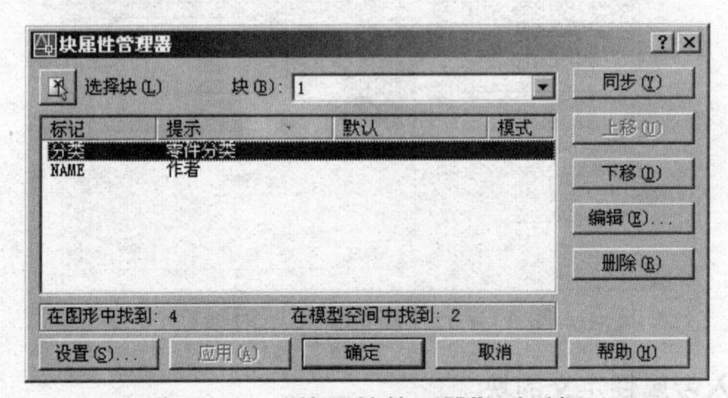

图 11-73 “块属性管理器”对话框

附　录

附录 A　螺纹

附表 A-1　普通螺纹（摘自 GB/T 193—2003）

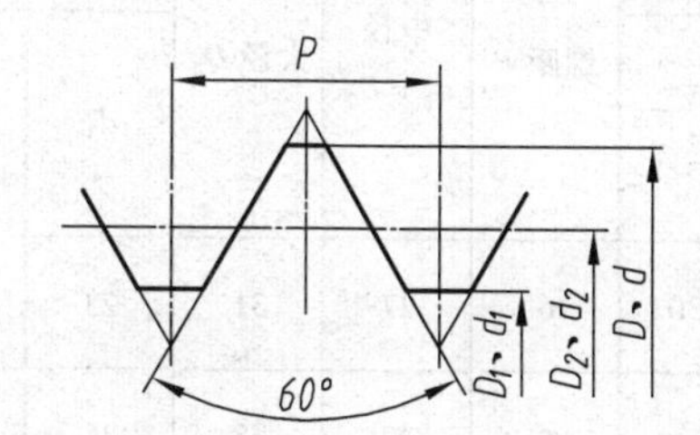

标记示例

公称直径 20mm，螺距为 2.5mm 的粗牙右旋普通螺纹：M24

公称直径 24mm，螺距为 1.5mm 的细牙左旋普通螺纹：M24×1.5LH

（单位：mm）

公称直径 D、d 第一系列	公称直径 D、d 第二系列	螺距 P 粗牙	螺距 P 细牙	粗牙小径 D_1、d_1
3		0.5	0.35	2.459
	3.5	0.6		2.850
4		0.7	0.5	3.242
	4.5	0.75		3.688
5		0.8		4.134
6		1	0.75	4.917
	7	1		5.917
8		1.25	1、0.75	6.647
10		1.5	1.25、1、0.75	8.376
12		1.75	1.25、1	10.106
	14	2	1.5、1.25、1	11.835
16		2	1.5、1	13.835
	18	2.5	2、1.5、1	15.294

公称直径 D、d 第一系列	公称直径 D、d 第二系列	螺距 P 粗牙	螺距 P 细牙	粗牙小径 D_1、d_1
20		2.5	2、1.5、1	17.294
	22	2.5		19.294
24		3		20.752
	27	3		23.752
30		3.5	(3)、2、1.5、1	26.211
	33	3.5	(3)、2、1.5	29.211
36		4	3、2、1.5	31.670
	39	4		34.670
42		4.5	4、3、2、1.5	37.129
	45	4.5		40.129
48		5		42.587
	52	5		46.587
56		5.5		50.046

注：1. 直径优先选用第一系列；括号内尺寸尽可能不用；第三系列未列入。

2. 中径（D_2、d_2）未列入。

3. M14×1.25 仅用于发动机的火花塞。

附表 A-2 梯形螺纹基本尺寸（摘自 GB/T 5796.3—2005）

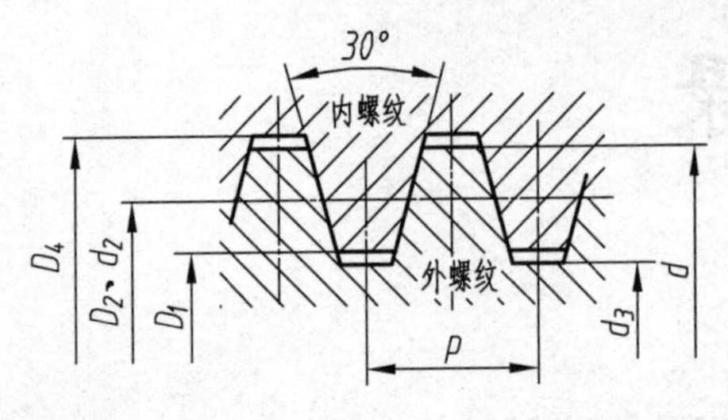

标记示例

公称直径为 36mm，螺距为 6mm，

右旋的单线梯形螺纹：Tr36 ×6

公称直径为 36mm，导程为 12mm，螺距为 6mm，

左旋的双线梯形螺纹：Tr36 ×12（P6）LH

（单位：mm）

公称直径 d		螺距 P	中径 $d_2=D_2$	大径 D_4	小径		公称直径 d		螺距 P	中径 $d_2=D_2$	大径 D_4	小径	
第一系列	第二系列				d_3	D_1	第一系列	第二系列				d_3	D_1
8		1.5	7.25	8.3	6.2	6.5		30	6	27	31	23	24
	9	2	8	9.5	6.5	7	32		6	29	33	25	26
10		2	9	10.5	7.5	8		34	6	31	35	27	28
	11	2	10	11.5	8.5	9	36		6	33	37	29	30
12		3	10.5	12.5	8.5	9		38	7	34.5	39	30	31
	14	3	12.5	14.5	10.5	11	40		7	36.5	41	32	33
16		4	14	16.5	11.5	12		42	7	38.5	43	34	35
	18	4	16	18.5	13.5	14	44		7	40.5	45	36	37
20		4	18	20.5	15.5	16		46	8	42	47	37	38
	22	5	19.5	22.5	16.5	17	48		8	44	49	39	40
24		5	21.5	24.5	18.5	19		50	8	46	51	41	42
	26	5	23.5	26.5	20.5	21	52		8	48	53	43	44
28		5	25.5	28.5	22.5	23		55	9	50.5	56	45	46

注：1. 应优先选用第一系列的直径。

2. 在每一个直径所对应的各个螺距中，本表仅摘录应优先选用的螺距和相应的基本尺寸。

附表 A-3　55°非密封管螺纹（摘自 GB/T 7307—2001）

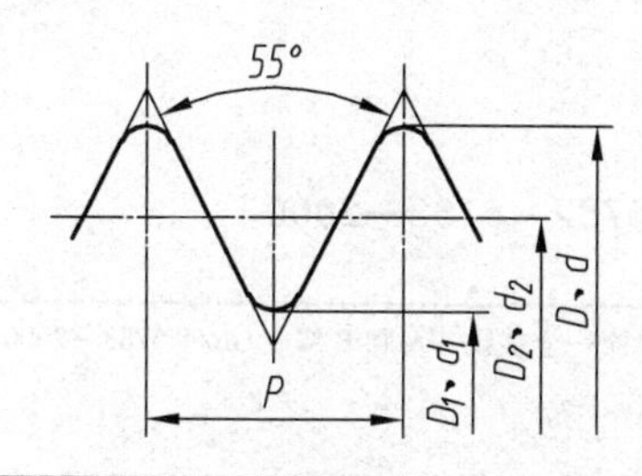

标记示例

尺寸代号 $1\frac{1}{2}$，右旋内螺纹：G1 $\frac{1}{2}$

尺寸代号 $1\frac{1}{2}$，A 级右旋外螺纹：G1 $\frac{1}{2}$A

尺寸代号 $1\frac{1}{2}$，B 级左旋外螺纹：G1 $\frac{1}{2}$B-LH

（单位：mm）

尺寸代号	每 25.4mm 内的牙数 n	螺距 P	基本直径		
			大径 $d = D$	中径 $d_2 = D_2$	小径 $d_1 = D_1$
1/8	28	0.907	9.728	9.147	8.566
1/4	19	1.337	13.157	12.301	11.445
3/8	19	1.337	16.662	15.806	14.950
1/2	14	1.814	20.955	19.793	18.631
5/8	14	1.814	22.911	21.749	20.587
3/4	14	1.814	26.441	25.279	24.117
7/8	14	1.814	30.201	29.039	27.877
1	11	2.309	33.249	31.770	30.291
$1\frac{1}{8}$	11	2.309	37.897	36.418	34.939
$1\frac{1}{4}$	11	2.309	41.910	40.431	38.952
$1\frac{1}{2}$	11	2.309	47.803	46.324	44.845
$1\frac{3}{4}$	11	2.309	53.746	52.267	50.788
2	11	2.309	59.614	58.135	56.656
$2\frac{1}{4}$	11	2.309	65.710	64.231	62.752
$2\frac{1}{2}$	11	2.309	75.184	73.705	72.226
$2\frac{3}{4}$	11	2.309	81.534	80.055	78.576
3	11	2.309	87.884	86.405	84.926
$3\frac{1}{2}$	11	2.309	100.330	98.851	97.372
4	11	2.309	113.030	111.551	110.072

注：本标准适用于管接头、旋塞、阀门及其附件。

附录 B　常用标准件

附表 B-1　六角头螺栓（摘自 GB/T 5782～5783—2000）

六角头螺栓—A 和 B 级（GB/T 5782—2000）　　六角头螺栓—全螺纹—A 和 B 级（GB/T 5783—2000）

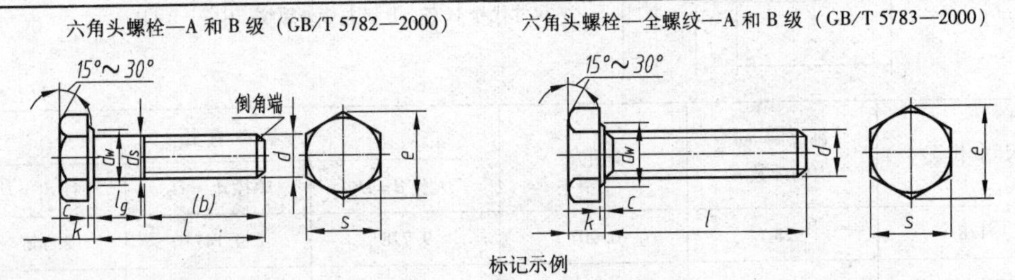

标记示例

螺纹规格 d = M12、公称长度 l = 50mm、性能等级为 8.8 级、表面氧化、产品等级为 A 级的六角头螺栓：

螺栓　GB/T 5782　M12 × 50

螺纹规格 d = M12、公称长度 l = 50mm、性能等级为 8.8 级、表面氧化、全螺纹、产品等级为 A 级的六角头螺栓：

螺栓　GB/T 5783　M12 × 80

（单位：mm）

螺纹规格	d	M4	M5	M6	M8	M10	M12	M16	M20	M24	M30	M36	M42	M48
b 参考	l≤125	14	16	18	22	26	30	38	46	54	66	—	—	—
	125 < l≤200	20	22	24	28	32	36	44	52	60	72	84	96	108
	l > 200	33	35	37	41	45	49	57	65	73	85	97	109	121
c_{max}		0.4	0.5			0.6				0.8			1	
k		2.8	3.5	4	5.3	6.4	7.5	10	2.5	15	18.7	22.5	26	30
d_{smax}		4	5	6	8	10	12	16	20	24	30	36	42	48
s_{max}		7	8	10	13	16	18	24	30	36	46	55	65	75
e_{min}	A	7.66	8.79	11.05	14.38	17.77	20.03	26.75	33.53	39.98	—	—	—	
	B	7.50	8.63	10.89	14.2	17.59	19.85	26.17	32.95	39.55	50.85	60.79	71.3	82.6
$d_{w\ min}$	A	5.88	6.88	8.88	11.63	14.63	16.63	22.49	28.19	33.61	—	—	—	
	B	5.74	6.74	8.74	11.47	14.47	16.47	22	27.7	33.25	42.75	51.11	59.95	69.45
l 范围	GB/T 5782	25～40	25～50	30～60	40～80	45～100	50～120	65～160	80～200	90～240	110～300	140～360	160～440	180～480
	GB/T 5783	8～40	10～50	12～60	16～80	20～100	25～120	30～150	40～150	50～150	60～200	70～200	80～200	90～200
l 系列	GB/T 5782	20～65（5 进位）、70～160（10 进位）、180～480（20 进位）												
	GB/T 5783	8、10、12、16、18、20～65（5 进位）、70～160（10 进位）、180、200												

注：1. 螺纹公差：6g；机械性能等级：8.8。

2. 产品等级：A 级用于 d = 1.6～24mm 和 l≤10d 或 l≤150mm（按较小值）；B 级用于 d > 24mm 或 l > 150mm（按较小值）。

3. 末端按 GB/T 2 规定。

附表 B-2　双头螺柱（摘自 GB/T 897～900—1998）

$b_m=1d$（GB/T 897—1988）　$b_m=1.25d$（GB/T 899—1988）　$b_m=1.5d$　（GB/T 899—1988）　$b_m=2d$　（GB/T 900—1988）

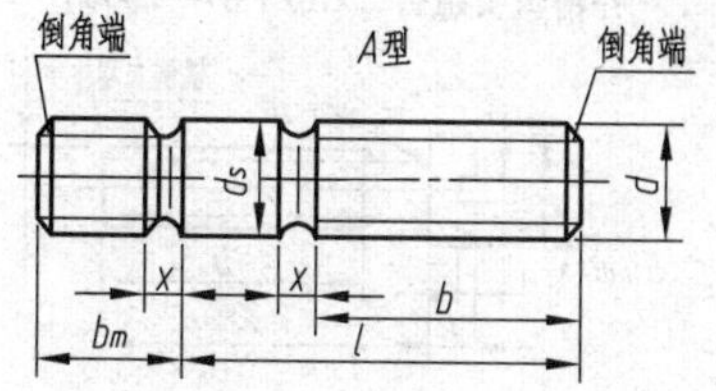

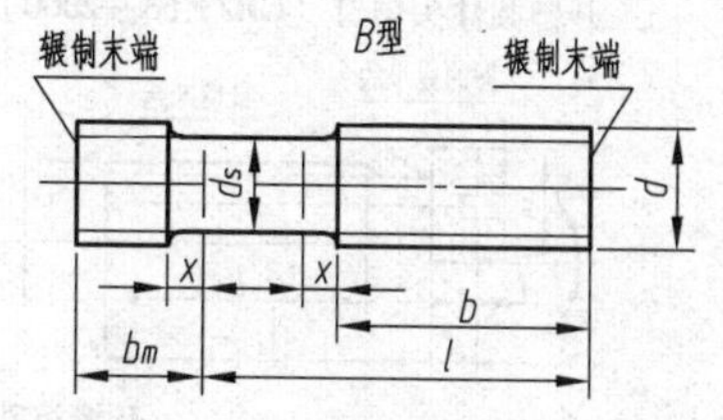

标记示例

两端均为粗牙普通螺纹，$d=10$mm，$l=50$mm，性能等级为 4.8 级、B 型、$b_m=1d$ 的双头螺柱：螺柱　GB/T 897　M10×50

旋入一端为粗牙普通螺纹，旋螺母一端为螺距 $P=1$mm 的细牙普通螺纹，$d=10$mm，$l=50$mm，性能等级为 4.8 级、A 型、$b_m=1d$ 的双头螺柱：螺柱　GB/T 897　AM10—M10×1×50

旋入一端为过渡配合的第一种配合，旋螺母一端为粗牙普通螺纹，$d=10$mm，$l=50$mm，性能等级为 8.8 级、B 型、$b_m=1d$ 的双头螺柱：螺柱　GB/T 897　GM10—M10×50—8.8

（单位：mm）

螺纹规格 d		M4	M5	M6	M8	M10	M12	M16	M20	M 24	M30	M36	M42	M48
b_m	GB/T 897	—	5	6	8	10	12	16	20	24	30	36	42	48
	GB/T 898	—	6	8	10	12	15	20	25	30	38	45	52	60
	GB/T 899	6	8	10	12	15	18	24	30	36	45	54	65	72
	GB/T 900	8	10	12	16	20	24	32	40	48	60	72	84	96
d_s		A 型 d_s = 螺纹大径，B 型 $d_s\approx$ 螺纹中径												
x		$1.5P$												
$\frac{l}{b}$		$\frac{25\sim40}{14}$	$\frac{25\sim50}{16}$	$\frac{25\sim30}{14}$ $\frac{32\sim75}{18}$	$\frac{25\sim30}{16}$ $\frac{32\sim90}{22}$	$\frac{30\sim38}{16}$ $\frac{40\sim120}{26}$ $\frac{130}{32}$	$\frac{32\sim40}{20}$ $\frac{45\sim120}{30}$ $\frac{130\sim180}{36}$	$\frac{40\sim55}{30}$ $\frac{60\sim120}{38}$ $\frac{130\sim200}{44}$	$\frac{45\sim65}{35}$ $\frac{70\sim120}{46}$ $\frac{130\sim200}{52}$	$\frac{55\sim75}{45}$ $\frac{80\sim120}{54}$ $\frac{130\sim200}{60}$	$\frac{70\sim90}{50}$ $\frac{95\sim120}{60}$ $\frac{130\sim200}{72}$ $\frac{210\sim250}{85}$	$\frac{80\sim110}{60}$ $\frac{120}{78}$ $\frac{130\sim200}{84}$ $\frac{210\sim300}{97}$	$\frac{85\sim110}{70}$ $\frac{120}{90}$ $\frac{130\sim200}{96}$ $\frac{210\sim300}{109}$	$\frac{95\sim110}{80}$ $\frac{120}{102}$ $\frac{130\sim200}{108}$ $\frac{210\sim300}{121}$
l 系列		16、(18)、20、(22)、25、(28)、30、(32)、35、(38)、40、45、50、(55)、60、(65)、70、(75)、80、(85)、90、(95)、100、110、120、130、140、150、160、170、180、190、200、210、220、230、240、250、260、280、300												

注：1. $b_m=d$，一般用于钢对钢；$b_m=(1.25\sim1.5)d$，一般用于钢对铸铁；$b_m=2d$，一般用于钢对铝合金。

2. 允许采用细牙螺纹和过渡配合螺纹。

3. 末端按 GB/T2 规定。

附表 B-3 螺钉（摘自 GB/T 65～68—2000）

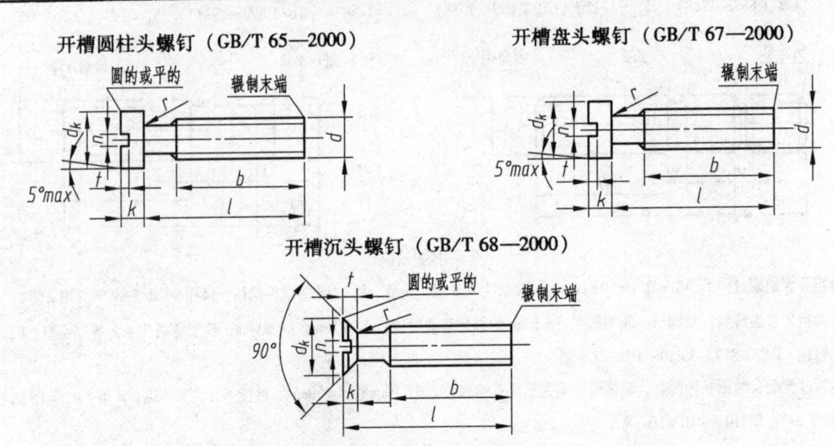

无螺纹部分杆径约等于螺纹中径或允许等于螺纹大径

标 记 示 例

螺纹规格 d = M5、公称长度 l = 20mm，性能等级为 4.8 级、不经表面处理的开槽沉头螺钉：螺钉 GB/T 65 M5×20

（单位：mm）

螺纹规格 d	P	b_{min}	n 公称	k_{max}			d_{kmax}			t_{min}			r	l 范围
				GB/T 65	GB/T 67	GB/T 68	GB/T 65	GB/T 67	GB/T 68	GB/T 65	GB/T 67	GB/T 68		
M3	0.5	25	0.8	2	1.8	1.65	5.5	5.6	5.5	0.85	0.7	0.6	0.1	4～30
M5	0.8	38	1.2	3.3	3.0	2.7	8.5	9.5	9.3	1.3	1.2	1.1	0.2	6～50
M6	1	38	1.6	3.9	3.6	3.3	10	12	11.3	1.6	1.4	1.2	0.25	8～60
M8	1.25	38	2	5	4.8	4.65	13	16	15.8	2	1.9	1.8	0.4	10～80
M10	1.5	38	2.5	6	6	5	16	20	18.3	2.4	2.4	2	0.4	12～80
l 系列			4、5、6、8、10、12、(14)、16、20、25、30、35、40、45、50、(55)、60、(65)、70、(75)、80											

注：螺钉机械性能等级：4.8 级，当材料为钢件时螺钉的机械性能等级多一个 5.8 级。

附表 B-4　紧定螺钉（摘自 GB/T 71～75—1985）

开槽锥端紧定螺钉（GB/T 71—1985）开槽平端紧定螺钉（GB/T 73—1985）

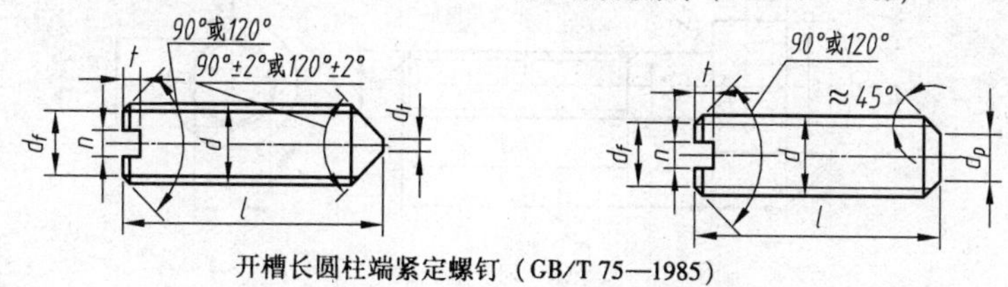

开槽长圆柱端紧定螺钉（GB/T 75—1985）

标　记　示　例

螺纹规格 d = M5，公称长度 l = 12mm，性能等级为 14H 级，表面氧化的开槽锥端紧定螺钉：螺钉　GB/T 71　M5 × 12

（单位：mm）

螺纹规格 d	P	$d_f \approx$	d_{tmax}	d_{pmax}	n	t	z_{max}	l 公称		
								GB/T 71	GB/T 73	GB/T 75
M3	0.5	螺纹小径	0.3	2	0.4	1.05	1.75	4～16	3～16	5～16
M4	0.7		0.4	2.5	0.6	1.42	2.25	6～20	4～20	6～20
M5	0.8		0.5	3.5	0.8	1.63	2.75	8～25	5～25	8～25
M6	1		1.5	4	1	2	3.25	8～30	6～30	10～30
M8	1.25		2	5.5	1.2	2.5	4.3	10～40	8～40	10～40
M10	1.5		2.5	7	1.6	3	5.3	12～50	10～50	12～50
M12	1.75		3	8.5	2	3.6	6.3	14～60	12～60	14～60
l 系列	2、2.5、3、4、5、6、8、10、12、(14)、16、20、25、30、40、45、50、(55)、60									

技术条件					
材　料		钢	不锈钢	螺纹公差：6g	产品等级：A
性能等级	GB/T 72 其他	14H、33H 14H、22H	Al-50、C4-50 Al-50		
表面处理	GB/T 72	（1）不经处理；（2）氧化；（3）镀锌钝化	不经处理		
	其他	（1）氧化；（2）镀锌钝化			

附表 B-5 内六角圆柱头螺钉（摘自 GB/T 70.1—2000）

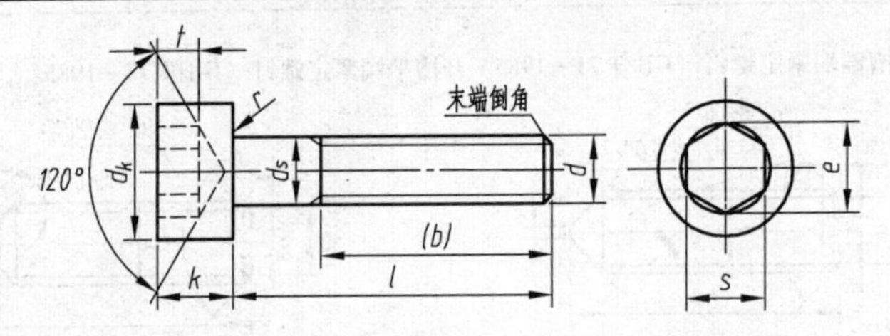

标 记 示 例

螺纹规格 d = M5，公称长度 l = 20 mm，性能等级为 8.8 级，表面氧化的 A 级内六角圆柱头螺钉：螺钉 GB/T 70.1 M5 × 20

（单位：mm）

螺纹规格 d	M3	M4	M5	M6	M8	M10	M12	(M14)	M16	M20	M24
P（螺距）	0.5	0.7	0.8	1	1.25	1.5	1.75	2	2	2.5	3
b 参考	18	20	22	24	28	32	36	40	44	52	60
d_{kmax}	5.5	7	8.5	10	13	16	18	21	24	30	36
k_{max}	3	4	5	6	8	10	12	14	16	20	24
t_{min}	1.3	2	2.5	3	4	5	6	7	8	10	12
s 公称	2.5	3	4	5	6	8	10	12	14	17	19
e_{min}	2.87	3.44	4.58	5.72	6.86	9.15	11.43	13.72	16.00	19.44	21.73
$d_{s\,max}$	$= d$										
r_{min}	0.1	0.2	0.2	0.25	0.4	0.4	0.6	0.6	0.6	0.8	0.8
l 范围	5 ~ 30	6 ~ 40	8 ~ 50	10 ~ 60	12 ~ 80	16 ~ 100	20 ~ 120	25 ~ 140	25 ~ 160	30 ~ 200	40 ~ 200
l 系列	5、6、8、10、12、16、20、25、30、35、40、45、50、55、60、65、70、80、90、100、110、120、130、140、150、160、180、200										

<table>
<tr><td rowspan="4">技术条件</td><td>材料</td><td>钢</td><td>不锈钢</td><td>有色金属</td><td>螺纹公差</td><td>产品等级</td></tr>
<tr><td>性能等级</td><td>3≤d≤39：
8.8、10.9、12.9</td><td>d≤24：A2-70、A4-70
24 < d≤39：
A2-50、A4-50</td><td>Cu2、Cu3</td><td rowspan="3">12.9 级：5g、6g
其他等级：6g</td><td rowspan="3">A</td></tr>
<tr><td rowspan="2">表面处理</td><td>氧化</td><td>简单处理</td><td>简单处理</td></tr>
<tr><td colspan="3">（1）电镀技术要求按 GB/T 5267
（2）非电解锌粉覆盖层技术要求按 ISO10683</td></tr>
</table>

注：括号内规格尽可能不采用。

附表 B-6　六角螺母（摘自 GB/T 6170、41—2000）

1 型六角螺母—A 和 B 级（GB/T 6170—2000）　　　六角螺母—C 级（GB/T 41—2000）

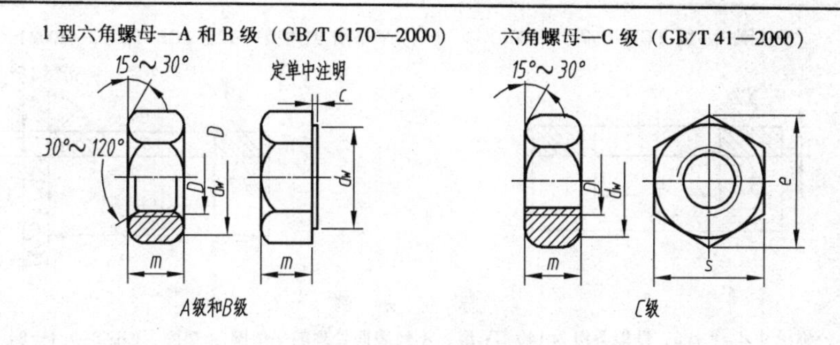

标　记　示　例

螺纹规格 D = M12、性能等级为 8 级、不经表面处理、产品等级为 A 级的 1 型六角螺母：螺母　GB/T 6170　M12

螺纹规格 D = 12、性能等级为 5 级、不经表面处理、产品等级为 C 级的六角螺母：螺母　GB/T 41　M12

（单位：mm）

螺纹规格 D		M4	M5	M6	M8	M10	M12	M16	M20	M24	M30	M36	M42	M48
P		0.7	0.8	1	1.25	1.5	1.75	2	2.5	3	3.5	4	4.5	5
c_{max}		0.4	0.5		0.6				0.8				1	
s_{max}		7	8	10	13	16	18	24	30	36	46	55	65	75
e_{min}	GB/T 6170	7.66	8.79	11.05	14.38	17.77	20.03	26.75	32.95	39.55	50.85	60.79	71.3	82.6
	GB/T 41	—	8.63	10.89	14.2	17.59	19.85	26.17	32.95	39.55	50.85	60.79	71.3	82.6
m_{max}	GB/T 6170	3.2	4.7	5.2	6.8	8.4	10.8	14.8	18	21.5	25.6	31	34	38
	GB/T 41	—	5.6	6.4	7.9	9.5	12.2	15.9	19	22.3	26.4	31.9	34.9	38.9
$d_{w\ min}$	GB/T 6170	5.9	6.9	8.9	11.6	14.6	16.6	22.5	27.7	33.3	42.8	51.1	60	69.5
	GB/T 41	—	6.7	8.7	11.5	14.5	16.5	22	27.7	33.3	42.8	51.1	60	69.5

技术条件			钢	不锈钢	有色金属	公差等级	产品等级
	性能等级	GB/T 6170	M3≤D≤M39：6、8、10	D≤M24：A2-70、A4-70 M24<D≤M39：A2-50、A4-50	Cu2、Cu3、Al4	7H	C
			不经处理	简单处理	简单处理		
		GB/T 41	钢			公差等级	产品等级
			D≤M16：5　M16<D≤39：4、5			6H	A B
			不经处理				

注：1. P—螺距。

2. A 级用于 D≤16 的螺母；B 级用于 D>16 的螺母；C 级用于 M5～M64 的螺母。

附表 B-7 平垫圈（摘自 GB/T 97.1～97.2—2002）

平垫圈—A 级（GB/T 97.1—2002）　　　平垫圈 倒角型—A 级（GB/T 97.2—2002）

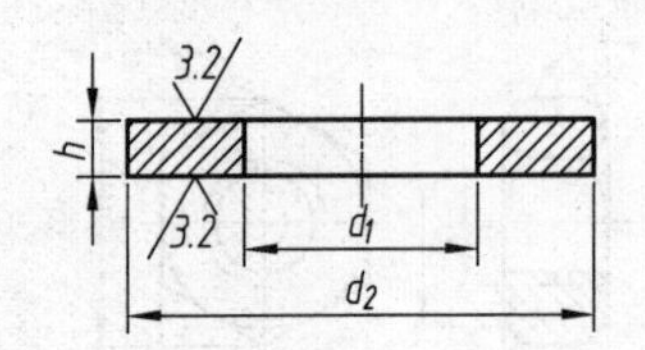

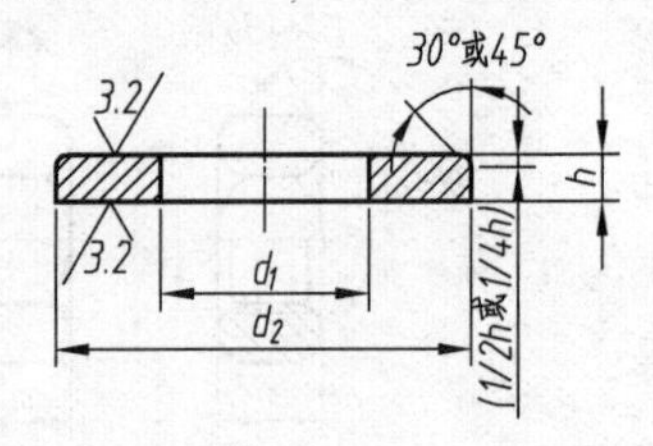

标 记 示 例

标准系列、公称尺寸 $d=8$ mm、性能等级为 140 HV 级、不经表面处理的平垫圈：垫圈　GB/T 97.1　8

（单位：mm）

公称尺寸（螺纹规格 d）	3	4	5	6	8	10	12	14	16	20	24	30	36
内径 d_1	3.2	4.3	5.3	6.4	8.4	10.5	13	15	17	21	25	31	37
外径 d_2	7	9	10	12	16	20	24	28	30	37	44	56	66
厚度 h	0.5	0.8	1	1.6	1.6	2	2.5	2.5	3	3	4	4	5

注：1. GB/T 97.2 规格 d 为 5～36。

2. $\sqrt{3.2}$ 用于 3mm < h ≤ 6mm。

附表 B-8 标准型弹簧挡圈（摘自 GB/T 93—1987）

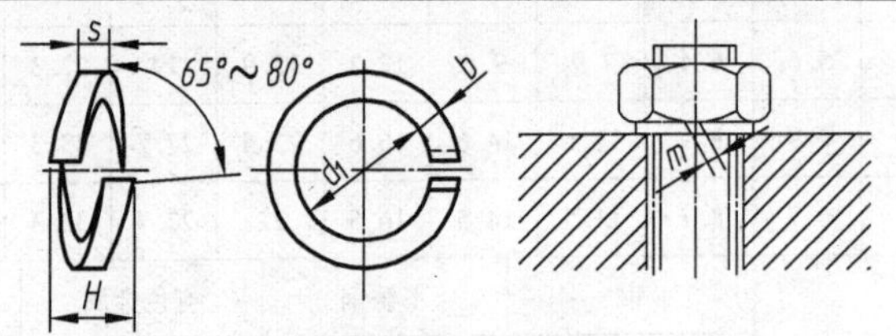

标 记 示 例

规格 16mm、材料为 65Mn、表面氧化的标准型弹簧垫圈：垫圈　GB/T 93　16

（单位：mm）

规格（螺纹大径）	3	4	5	6	8	10	12	16	20	24	30	36	42	48
$d_{1\min}$	3.1	4.1	5.1	6.1	8.1	10.2	12.2	16.2	20.2	24.5	30.5	36.6	42.6	49
$s=b$ 公称	0.8	1.1	1.3	1.6	2.1	2.6	3.1	4.1	5	6	7.5	9	10.5	12
m ≤	0.4	0.55	0.65	0.8	1.05	1.3	1.55	2.05	2.5	3	3.75	4.5	5.25	6
$H_{\max}$	2	2.75	3.25	4	5.25	6.5	7.75	10.25	12.5	15	18.75	22.5	26.25	30

注：1. 标记示例中材料为最常用的主要材料，其他技术条件按 GB/T 94.1 规定。

2. m 应大于零。

附表 B-9　轴用弹性挡圈（摘自 GB/T 894.1—1986）

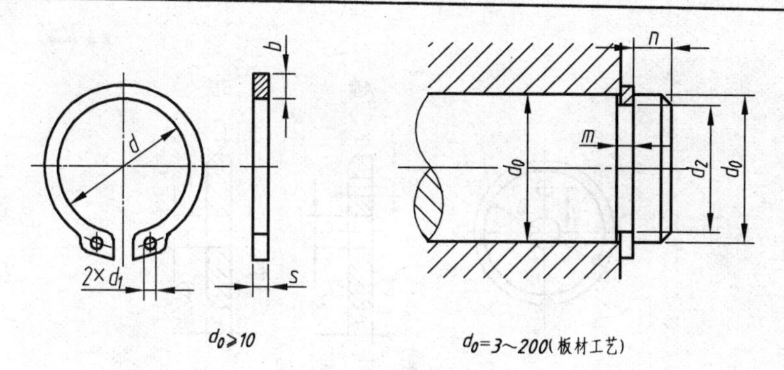

标　记　示　例

轴径 d_0 = 50mm、材料为 65Mn、热处理 44～51HRC、经表面氧化处理的 A 型的轴用弹形挡圈：挡圈　GB/T 894.1　50

（单位：mm）

轴径 d_0	挡圈						沟槽（推荐）				
	d		S		$b\approx$	d_1	d_2		m		$n\geqslant$
	基本尺寸	极限偏差	基本尺寸	极限偏差			基本尺寸	极限偏差	基本尺寸	极限偏差	
10	9.3	+0.10 −0.36	1	+0.05 −0.13	1.44	1.5	9.6	0 −0.058	1.1	+0.14 0	0.6
11	10.2				1.52		10.5	0 −0.11			0.8
12	11				1.72		11.5				
13	11.9				1.88	1.7	12.4				0.9
14	12.9						13.4				
15	13.8				2.00		14.3				1.1
16	14.7				2.32		15.2				1.2
17	15.7				2.48		16.2				
18	16.5						17				1.5
19	17.5					2	18				
20	18.5	+0.13 −0.42			2.68		19	0 −0.13			
21	19.5						20				
22	20.5						21				
24	22.2	+0.21 −0.42	1.2		3.32		22.9	0 −0.21	1.3		1.7
25	23.2						23.9				
26	24.2						24.9				
28	25.9				3.6		26.6				2.1
29	26.9				3.72		27.6				
30	27.9						28.6				
32	29.6				3.92	2.5	30.3	0 −0.25			2.6

附表 B-10 螺栓紧固轴用挡圈（摘自 GB/T 892—1986）

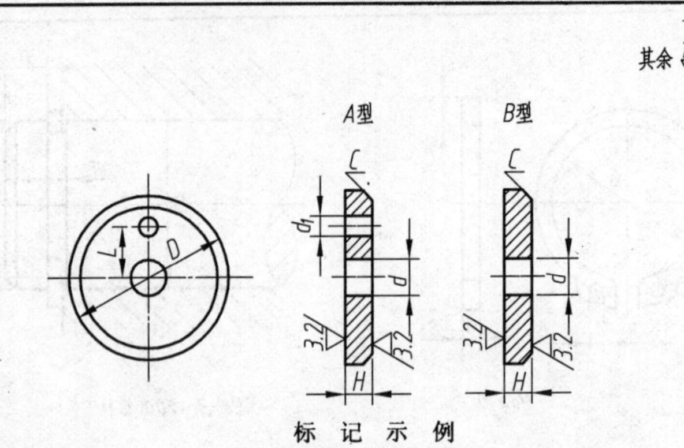

标 记 示 例

公称直径 $D=45$mm、材料为 Q235—A 级、不经表面处理的 A 型螺栓紧固轴端挡圈：挡圈 GB/T 892 45 钢

按 B 型制造时，应加标记 B：挡圈 GB/T 892 B45

（单位：mm）

<table>
<tr><th>轴径≤</th><th>公称直径 D</th><th>H</th><th>L</th><th>d</th><th>d_1</th><th>C</th><th>螺栓 GB/T 5783</th><th>圆柱销 GB/T 119.1</th><th>垫圈 GB/T 93</th></tr>
<tr><td>14</td><td>20</td><td rowspan="5">4</td><td rowspan="3">—</td><td rowspan="5">5.5</td><td rowspan="3">—</td><td rowspan="5">0.5</td><td rowspan="5">M5×16</td><td rowspan="3">—</td><td rowspan="5">5</td></tr>
<tr><td>16</td><td>22</td></tr>
<tr><td>18</td><td>25</td></tr>
<tr><td>20</td><td>28</td><td rowspan="2">7.5</td><td rowspan="2">2.1</td><td rowspan="2">A2×10</td></tr>
<tr><td>22</td><td>30</td></tr>
<tr><td>25</td><td>32</td><td rowspan="6">5</td><td rowspan="3">10</td><td rowspan="6">6.6</td><td rowspan="6">3.2</td><td rowspan="6">1</td><td rowspan="6">M6×20</td><td rowspan="6">A3×12</td><td rowspan="6">6</td></tr>
<tr><td>28</td><td>35</td></tr>
<tr><td>30</td><td>38</td></tr>
<tr><td>32</td><td>40</td><td rowspan="3">12</td></tr>
<tr><td>35</td><td>45</td></tr>
<tr><td>40</td><td>50</td></tr>
<tr><td>45</td><td>55</td><td rowspan="6">6</td><td rowspan="3">16</td><td rowspan="6">9</td><td rowspan="6">4.2</td><td rowspan="6">1.5</td><td rowspan="6">M8×20</td><td rowspan="6">A4×14</td><td rowspan="6">8</td></tr>
<tr><td>50</td><td>60</td></tr>
<tr><td>55</td><td>65</td></tr>
<tr><td>60</td><td>70</td><td rowspan="3">20</td></tr>
<tr><td>65</td><td>75</td></tr>
<tr><td>70</td><td>80</td></tr>
<tr><td>75</td><td>90</td><td rowspan="2">8</td><td rowspan="2">25</td><td rowspan="2">13</td><td rowspan="2">5.2</td><td rowspan="2">2</td><td rowspan="2">M12×25</td><td rowspan="2">A5×16</td><td rowspan="2">12</td></tr>
<tr><td>80</td><td>100</td></tr>
</table>

附表 B-11 普通平键（摘自 GB/T 1095～1096—2003）

GB/T 1095—2003 平键 键槽的剖面尺寸

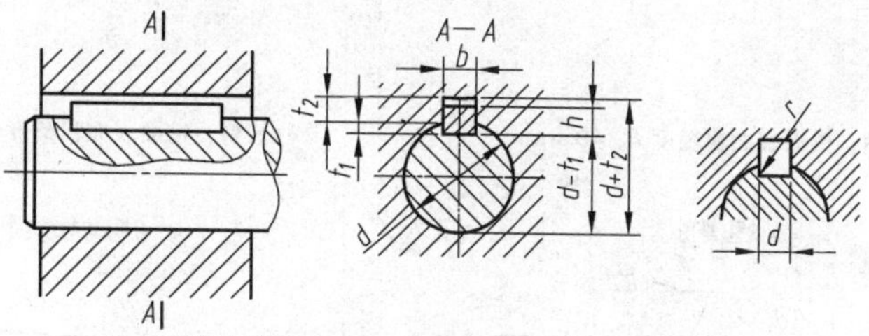

GB/T 1096—2003 普通平键的型式尺寸

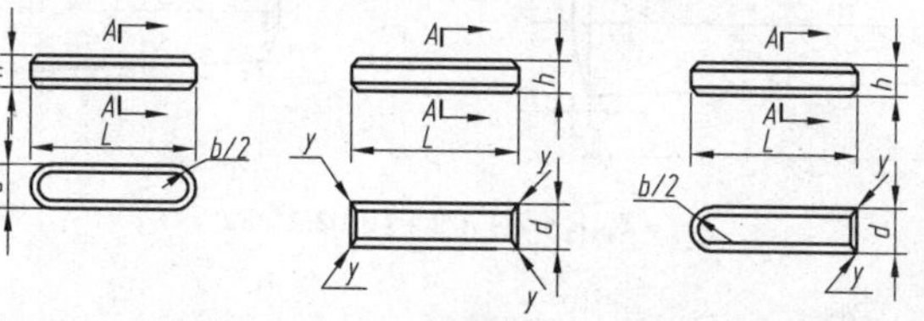

A 型　　B 型　　C 型

注：$y \leqslant s_{max}$，$s = r$。

标 记 示 例

宽度 $b=16$mm、高度 $h=10$mm、长度 $L=100$mm 的普通 A 型平键：GB/T 1096 键 16×10×100

（单位：mm）

轴径 d	键的公称尺寸			键槽										半径 r	
				宽度 b						深度					
				b	极限偏差					轴		毂			
					松联结		正常联结		紧密联结						
	b	h	L		轴 H9	毂 D10	轴 N9	毂 JS9	轴和毂 P9	t_1	极限偏差	t_2	极限偏差	最小	最大
6～8	2	2	6～20	2	+0.025 0	+0.060 +0.020	−0.004 −0.029	+0.0125	−0.006 −0.031	2	+0.1 0	1.0		0.08	0.16
>8～10	3	3	6～36	3						1.8		1.4			
>10～12	4	4	8～45	4	+0.030 0	+0.078 +0.030	0 −0.030	±0.015	−0.012 −0.042	2.5		1.8			
>12～17	5	5	10～56	5						3.0		2.3		0.16	0.25
>17～22	6	6	14～70	6						3.5		2.8			
>22～30	8	7	18～90	8	+0.036 0	+0.098 +0.040	0 −0.036	±0.018	−0.015 −0.051	4.0		3.3			
>30～38	10	8	22～110	10						5.0	+0.2 0	3.3	+0.2 0	0.25	0.40
>38～44	12	8	28～140	12	+0.043 0	+0.120 +0.050	0 −0.043	+0.0215	−0.018 −0.061	5.0		3.3			
>44～50	14	9	36～160	14						5.5		3.8			
>50～58	16	10	45～180	16						6.0		4.3			
>58～65	18	11	50～200	18						7.0		4.4			
L 系列	6、8、10、12、14、16、18、20、22、25、28、32、36、40、45、50、56、63、70、80、90、100、110、125、140、160、180、200														

注：$(d-t_1)$ 和 $(d+t_2)$ 的极限偏差按相应的 t_1 和 t_2 的极限偏差选取，但 $(d-t_1)$ 的极限偏差值应取负号。

附表 B-12　圆锥销（摘自 GB/T 117—2000）

A 型：锥面表面粗糙度 $R_a = 0.8\mu m$　　　　B 型：锥面表面粗糙度 $R_a = 3.2\mu m$

$r_1 = d$，$r_2 \approx d + a/2 + (0.02l)^2/8a$

标 记 示 例

公称直径 d = 6mm、公称长度 l = 30mm、材料为 35 钢、热处理硬度 28 ~ 38 HRC、表面氧化处理的 A 型圆锥销：

销　GB/T 117　6 × 30

（单位：mm）

d h10		2	2.5	3	4	5	6	8	10	12	16	20
a≈		0.25	0.3	0.4	0.5	0.63	0.8	1	1.2	1.6	2	2.5
l（商品范围）		10 ~ 35		12 ~ 45	14 ~ 65	18 ~ 60	22 ~ 90	22 ~ 120	26 ~ 160	32 ~ 180	40 ~ 200	45 ~ 200
l 系列		10、12、14、16、18、20、22、24、26、28、30、32、35、40、45、50、55、60、65、70、75、80、85、90、95、100、120、140、160、180、200										
技术条件	材料	易切钢：Y12、Y15；碳素钢：35、45；合金钢：30CrMnSiA；不锈钢：1Cr13、2Cr13 等										
	表面处理	① 钢：不经处理；氧化；磷化；镀锌钝化。② 不锈钢：简单处理。③ 所有公差仅适用于涂、镀前的公差										

注：1. 公称长度大于 200mm，按 20mm 递增。

2. d 的其他公差，如 a11、c11、f8 由供需双方协议。

附表 B-13 圆柱销（不淬硬钢和奥氏体不锈钢）（摘自 GB/T 119.1—2000）

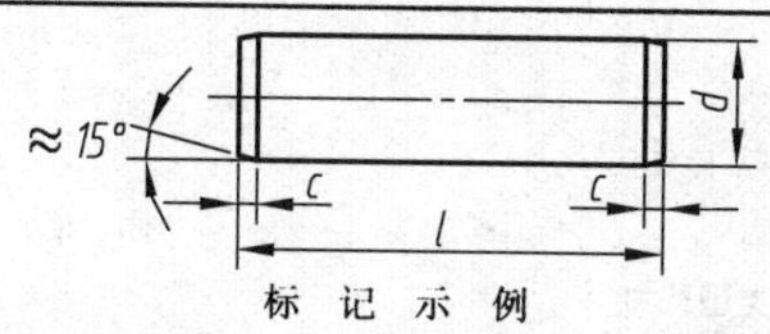

标 记 示 例

公称直径 d = 6mm、公差 m6、公称长度 l = 30mm、材料为钢、不经淬火、不经表面处理的圆柱销：

销 GB/T 119.1 6m6 × 30

公称直径 d = 6mm、公差 m6、公称长度 l = 30mm、材料为 A1 组奥氏体不锈钢、表面简单处理的圆柱销：

销 GB/T 119.1 6m6 × 30-A1

（单位：mm）

d m6/h8		2	2.5	3	4	5	6	8	10	12	16	20
c≈		0.35	0.4	0.5	0.63	0.8	1.2	1.6	2	2.5	3	3.5
l（商品范围）		6 ~ 20	6 ~ 24	8 ~ 30	8 ~ 40	10 ~ 50	12 ~ 60	14 ~ 80	18 ~ 95	22 ~ 140	26 ~ 180	35 ~ 200
l 系列		6，8，10，12，14，16，18，20，22，24，26，28，30，32，35，40，45，50，55，60，65，70，75，80，85，90，95，100，120，140，160，180，200										
技术条件	材料	钢（不经淬火）、奥氏体不锈钢 A1										
	表面粗糙度	公差 m6：$R_a \leqslant 0.8\mu m$； h8：$R_a \leqslant 1.6\mu m$。										
	表面处理	① 钢：不经处理；氧化；磷化；镀锌钝化。② 不锈钢：简单处理。③ 所有公差仅适用于涂、镀前的公差										

注：1. 公称长度大于 200mm，按 20mm 递增。

2. d 的其他公差，如 a11、c11、f8 由供需双方协议。

附表 B-14 开口销（摘自 GB/T 91—2000）

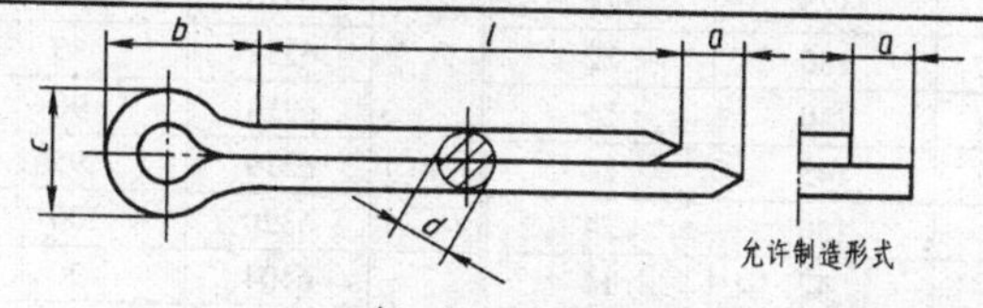

标 记 示 例

公称规格为 5mm、长度 l = 50mm、材料为 Q215 或 Q235、不经表面处理的开口销：销 GB/T 91 5 × 50

（单位：mm）

公称规格 d		2	2.5	3.2	4	5	6.3	8	10	13
c	max	3.6	4.6	5.8	7.4	9.2	11.8	15.0	19.0	24.8
	min	3.2	4.0	5.1	6.5	8.0	10.3	13.1	16.6	21.7
b≈		4	5	6.4	8	10	12.6	16	20	26
a_{max}		2.5		3.2	4				6.3	
l（商品范围）		10 ~ 40	12 ~ 50	14 ~ 63	18 ~ 80	22 ~ 100	32 ~ 125	40 ~ 160	45 ~ 200	71 ~ 250
l 系列		10、12、14、16、18、20、22、25、28、32、36、40、45、50、56、63、71、80、90、100、112、125、140、160、180、200、224、250								
材料		① 碳素钢：Q215、Q235；② 铜合金：H63 ③ 不锈钢：1Cr17Ni7、0Cr18Ni9Ti								
表面处理		① 钢：不经处理；磷化；镀锌钝化。② 铜、不锈钢：简单处理。								

注：1. 公称规格等于开口销孔直径。对销孔直径推荐的公差：公称规格 ≤ 1.2：H13；公称规格 > 1.2：H14。

2. 用于铁道和在 U 形销中承受交变横向力的场合，推荐使用的开口销规格，应较本表规格加大一档。

附表 B-15 深沟球轴承（摘自 GB/T 276—1994）

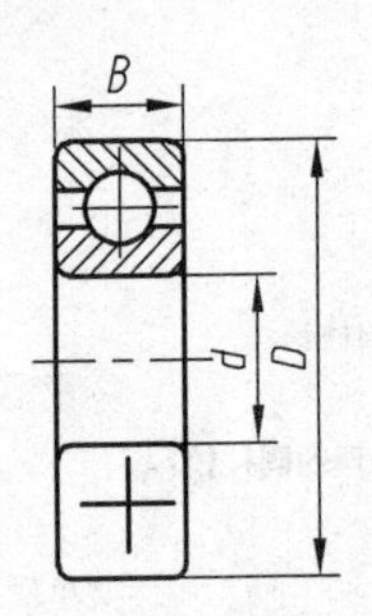

类型代号

6

标 记 示 例

尺寸系列代号为（02），内径代号为06的深沟球轴承：

滚动轴承6206 GB/T 276—1994

（单位：mm）

轴承型号		外形尺寸			轴承型号		外形尺寸		
		d	D	B			d	D	B
(1)0系列	6004	20	42	12	(0)3系列	6304	20	52	15
	6005	25	47	12		6305	25	62	17
	6006	30	55	13		6306	30	72	19
	6007	35	62	14		6307	35	80	21
	6008	40	68	15		6308	40	90	23
	6009	45	75	16		6309	45	100	25
	6010	50	80	16		6310	50	110	27
	6011	55	90	18		6311	55	120	29
	6012	60	95	18		6312	60	130	31
	6013	65	100	18		6313	65	140	33
	6014	70	110	20		6314	70	150	35
	6015	75	115	20		6315	75	160	37
	6016	80	125	22		6316	80	170	39
	6017	85	130	22		6317	85	180	41
	6018	90	140	24		6318	90	190	43
	6019	95	145	24		6319	95	200	45
	6020	100	150	24		6320	100	215	47
(0)2系列	6204	20	47	14	(0)4系列	6404	20	72	19
	6205	25	52	15		6405	25	80	21
	6206	30	62	16		6406	30	90	23
	6207	35	72	17		6407	35	100	25
	6208	40	80	18		6408	40	110	27
	6209	45	85	19		6409	45	120	29
	6210	50	90	20		6410	50	130	31
	6211	55	100	21		6411	55	140	33
	6212	60	110	22		6412	60	150	35
	6213	65	120	23		6413	65	160	37
	6214	70	125	24		6414	70	180	42
	6215	75	130	25		6415	75	190	45
	6216	80	140	26		6416	80	200	48
	6217	85	150	28		6417	85	210	52
	6218	90	160	30		6418	90	225	54
	6219	95	170	32		6419	95	240	55
	6220	100	180	34		6420	100	250	58

附表 B-16　圆锥滚子轴承（摘自 GB/T 297—1994）

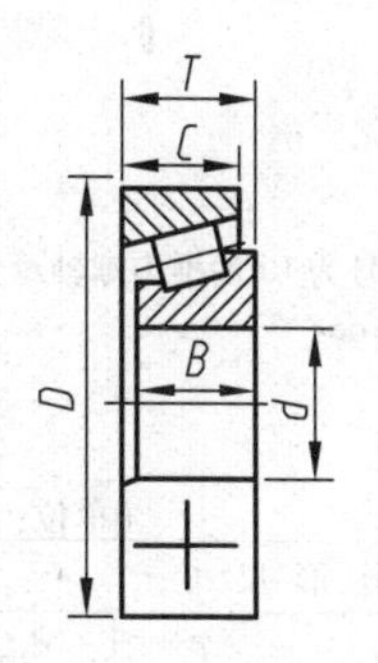

类型代号
3

标 记 示 例

尺寸系列代号为 03、内径代号为 12 的圆锥滚子轴承：
滚动轴承：30312 GB/T 297—1994

（单位：mm）

轴承型号		外形尺寸				
		d	D	T	B	C
02系列	30204	20	47	15.25	14	12
	30205	25	52	16.25	15	13
	30206	30	62	17.25	16	14
	30207	35	72	18.25	17	15
	30208	40	80	19.75	18	16
	30209	45	85	20.75	19	16
	30210	50	90	21.75	20	17
	30211	55	100	22.75	21	18
	30212	60	110	23.75	22	19
	30213	65	120	24.75	23	20
	30214	70	125	26.25	24	21
	30215	75	130	27.25	25	22
	30216	80	140	28.25	26	22
	30217	85	150	30.50	28	24
	30218	90	160	32.50	30	26
	30219	95	170	34.50	32	27
	30220	100	180	37	34	29
03系列	30304	20	52	16.25	15	13
	30305	25	62	18.25	17	15
	30306	30	72	20.75	19	16
	30307	35	80	22.75	21	18
	30308	40	90	25.25	23	20
	30309	45	100	27.25	25	22
	30310	50	110	29.25	27	23
	30311	55	120	31.50	29	25
	30312	60	130	33.50	31	26
	30313	65	140	36	33	28
	30314	70	150	38	35	30
	30315	75	160	40	37	31
	30316	80	170	42.50	39	33
	30317	85	180	44.50	41	34
	30318	90	190	46.50	43	36
	30319	95	200	49.50	45	38
	30320	100	215	51.50	47	39

轴承型号		外形尺寸				
		d	D	T	B	C
22系列	32204	20	47	19.25	18	15
	32205	25	52	19.25	18	16
	32206	30	62	21.25	20	17
	32207	35	72	24.25	23	19
	32208	40	80	24.75	23	19
	32209	45	85	24.75	23	19
	32210	50	90	24.75	23	19
	32211	55	100	26.75	25	21
	32212	60	110	29.75	28	24
	32213	65	120	32.75	31	27
	32214	70	125	33.25	31	27
	32215	75	130	33.25	31	27
	32216	80	140	35.25	33	28
	32217	85	150	38.50	36	30
	32218	90	160	42.50	40	34
	32219	95	170	45.50	43	37
	32220	100	180	49	46	39
23系列	32304	20	52	22.25	21	18
	32305	25	62	25.25	24	20
	32306	30	72	28.75	27	23
	32307	35	80	32.75	31	25
	32308	40	90	35.25	33	27
	32309	45	100	38.25	36	30
	32310	50	110	42.25	40	33
	32311	55	120	45.50	43	35
	32312	60	130	48.50	46	37
	32313	65	140	51	48	39
	32314	70	150	54	51	42
	32315	75	160	58	55	45
	32316	80	170	61.50	58	48
	32317	85	180	63.50	60	49
	32318	90	190	67.50	64	53
	32319	95	200	71.50	67	55
	32320	100	215	77.50	73	60

附表 B-17 推力球轴承（摘自 GB/T 301—1995）

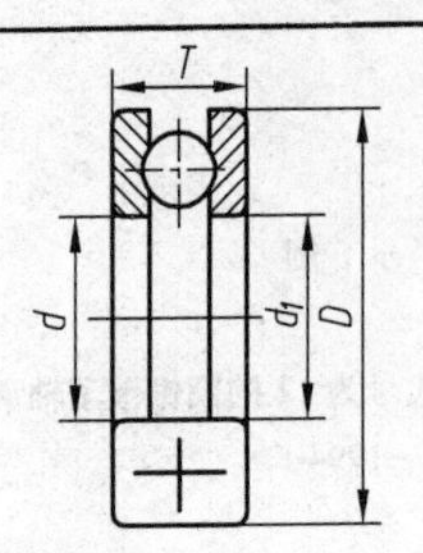

类型代号
5

标 记 示 例

尺寸系列代号为 13，内径代号为 10 的推力球轴承：
滚动轴承 51310 GB/T 301—1995

（单位：mm）

轴承型号		外形尺寸				轴承型号		外形尺寸			
		d	D	T	$d_{1\min}$			d	D	T	$d_{1\min}$
11系列	51104	20	35	10	21	13系列	51304	20	47	18	22
	51105	25	42	11	26		51305	25	52	18	27
	51106	30	47	11	32		51306	30	60	21	32
	51107	35	52	12	37		51307	35	68	24	37
	51108	40	60	13	42		51308	40	78	26	42
	51109	45	65	14	47		51309	45	85	28	47
	51110	50	70	14	52		51310	50	95	31	52
	51111	55	78	16	57		51311	55	105	35	57
	51112	60	85	17	62		51312	60	110	35	62
	51113	65	90	18	67		51313	65	115	36	67
	51114	70	95	18	72		51314	70	125	40	72
	51115	75	100	19	77		51315	75	135	44	77
	51116	80	105	19	82		51316	80	140	44	82
	51117	85	110	19	87		51317	85	150	49	88
	51118	90	120	22	92		51318	90	155	50	93
	51120	100	135	25	102		51320	100	170	55	103
12系列	51204	20	40	14	22	14系列	51405	25	60	24	27
	51205	25	47	15	27		51406	30	70	28	32
	51206	30	52	16	32		51407	35	80	32	37
	51207	35	62	18	37		51408	40	90	36	42
	51208	40	68	19	42		51409	45	100	39	47
	51209	45	73	20	47		51410	50	110	43	52
	51210	50	78	22	52		51411	55	120	48	57
	51211	55	90	25	57		51412	60	130	51	62
	51212	60	95	26	62		51413	65	140	56	68
	51213	65	100	27	67		51414	70	150	60	73
	51214	70	105	27	72		51415	75	160	65	78
	51215	75	110	27	77		51416	80	170	68	83
	51216	80	115	28	82		51417	85	180	72	88
	51217	85	125	31	88		51418	90	190	77	93
	51218	90	135	35	93		51420	100	210	85	103
	51220	100	150	38	103		51422	110	230	95	113

附录 C　常用零件工艺结构要素

附表 C-1　零件倒角与倒圆（摘自 GB/T 6403.4—1986）

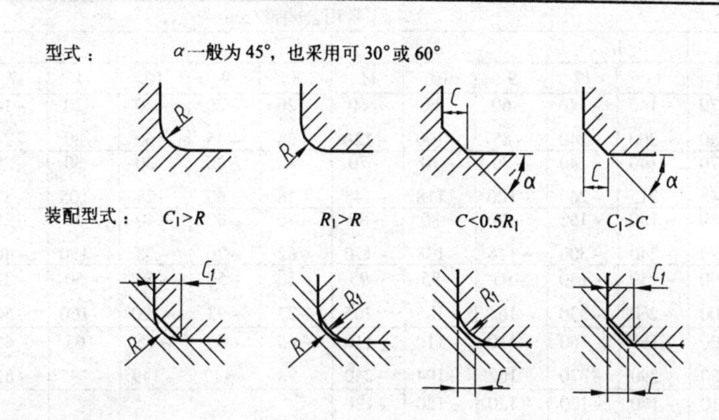

（单位：mm）

直径 D、d	≤3	>3~6	>6~10	>10~18	>18~30	>30~50	>50~80	>80~120	>120~180	>180~250
R C	0.2	0.4	0.6	0.8	1.0	1.6	2.0	2.5	3.0	4.0

直径 D、d	>250~320	>320~400	>400~500	>500~630	>630~800	>800~1000	>1000~1250	>1250~1600
R C	5.0	6.0	8.0	10	12	16	20	25

附表 C-2　砂轮越程槽（摘自 GB/T 6403.5—1986）

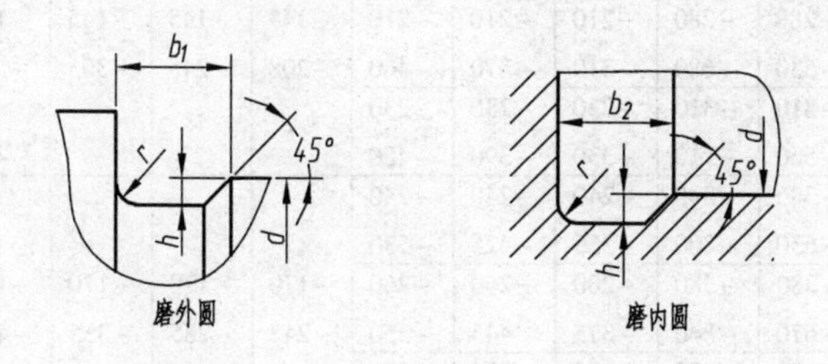

（单位：mm）

d	~10			>10~50		>50~100		>100	
b_1	0.6	1.0	1.6	2.0	3.0	4.0	5.0	8.0	10
b_2	2.0	3.0		4.0		5.0		8.0	10
h	0.1	0.2		0.3	0.4		0.6	0.8	1.2
r	0.2	0.5		0.8	1.0		1.6	2.0	3.0

附录 D　极限与配合

附表 D-1　轴的极限偏差（摘自 GB/T 1800.4—1999）

基本尺寸/mm		常用公差带/μm												
		a	b		c			d				e		
大于	至	11	11	12	9	10	11	8	9	10	11	7	8	9
—	3	-270 -330	-140 -200	-140 -240	-60 -85	-60 -100	-60 -120	-20 -34	-20 -45	-20 -60	-20 -80	-14 -24	-14 -28	-14 -39
3	6	-270 -345	-140 -215	-140 -260	-70 -100	-70 -118	-70 -145	-30 -48	-30 -60	-30 -78	-30 -105	-20 -32	-20 -38	-20 -50
6	10	-280 -370	-150 -240	-150 -300	-80 -116	-80 -138	-80 -170	-40 -62	-40 -76	-40 -98	-40 -130	-25 -40	-25 -47	-25 -61
10	14	-290	-150	-150	-95	-95	-95	-50	-50	-50	-50	-32	-32	-32
14	18	-400	-260	-330	-165	-165	-205	-77	-93	-120	-160	-50	-59	-75
18	24	-300	-160	-160	-110	-110	-110	-65	-65	-65	-65	-40	-40	-40
24	30	-430	-290	-370	-162	-194	-240	-98	-117	-149	-195	-61	-73	-92
30	40	-310 -470	-170 -330	-170 -420	-120 -182	-120 -220	-120 -280	-80 -119	-80 -142	-80 -180	-80 -240	-50 -75	-50 -89	-50 -112
40	50	-320 -480	-180 -340	-180 -430	-130 -192	-130 -230	-130 -290							
50	65	-340 -530	-190 -380	-190 -490	-140 -214	-140 -260	-140 -330	-100 -146	-100 -174	-100 -220	-100 -290	-60 -90	-60 -106	-60 -134
65	80	-360 -550	-200 -390	-200 -500	-150 -224	-150 -270	-150 -340							
80	100	-380 -600	-220 -440	-220 -570	-170 -257	-170 -310	-170 -399	-120 -174	-120 -207	-120 -260	-120 -340	-72 -107	-72 -126	-72 -159
100	120	-410 -630	-240 -460	-240 -590	-180 -267	-180 -320	-180 -400							
120	140	-520 -710	-260 -510	-260 -660	-200 -300	-200 -360	-200 -450							
140	160	-460 -770	-280 -530	-280 -680	-210 -310	-210 -370	-210 -460	-145 -208	-145 -245	-145 -305	-145 -395	-85 -125	-85 -148	-85 -185
160	180	-580 -830	-310 -560	-310 -710	-230 -330	-230 -390	-230 -480							
180	200	-660 -950	-340 -630	-340 -800	-240 -355	-240 -425	-240 -530							
200	225	-740 -1030	-380 -670	-380 -840	-260 -375	-260 -445	-260 -550	-170 -242	-170 -285	-170 -355	-170 -460	-100 -146	-100 -172	-100 -215
225	250	-820 -1110	-420 -710	-420 -880	-280 -395	-280 -465	-280 -570							
250	280	-920 -1240	-480 -800	-480 -1000	-300 -430	-300 -510	-300 -620	-190 -271	-190 -320	-190 -400	-190 -510	-110 -162	-110 -191	-110 -240
280	315	-1050 -1370	-540 -860	-540 -1060	-330 -460	-330 -540	-330 -650							
315	355	-1200 -1560	-600 -960	-800 -1170	-360 -500	-360 -590	-360 -720	-210 -299	-210 -350	-210 -440	-210 -570	-125 -182	-125 -214	-125 -265
355	400	-1350 -1710	-680 -1040	-680 -1250	-400 -540	-400 -630	-400 -760							

（续）

基本尺寸/mm		常用公差带/μm															
		f					g			h							
大于	至	5	6	7	8	9	5	6	7	5	6	7	8	9	10	11	12
—	3	−6 −10	−6 −12	−6 −16	−6 −20	−6 −31	−2 −6	−2 −8	−2 −12	0 −4	0 −6	0 −10	0 −14	0 −25	0 −40	0 −60	0 −100
3	6	−10 −15	−10 −18	−10 −22	−10 −28	−10 −40	−4 −9	−4 −12	−4 16	0 −5	0 −8	0 −12	0 −18	0 −30	0 −48	0 −75	0 −120
6	10	−13 −19	−13 −22	−13 −28	−13 −35	−13 −49	−5 −11	−5 −14	−5 −20	0 −6	0 −9	0 −15	0 −22	0 −36	0 −58	0 −90	0 −150
10	14	−16 −24	−16 −27	−16 −34	−16 −43	−16 −59	−6 −14	−6 −17	−6 −24	0 −8	0 −11	0 −18	0 −27	0 −43	0 −70	0 −110	0 −180
14	18																
18	24	−20 −29	−20 −33	−20 −41	−20 −53	−20 −72	−7 −16	−7 −20	−7 −28	0 −9	0 −13	0 −21	0 −33	0 −52	0 −84	0 −130	0 −210
24	30																
30	40	−25 −36	−25 −41	−25 −50	−25 −64	−25 −87	−9 −20	−9 −25	−9 −34	0 −11	0 −16	0 −25	0 −39	0 −62	0 −100	0 −160	0 −250
40	50																
50	65	−30 −43	−30 −49	−30 −60	−30 −76	−30 −104	−10 −23	−10 −29	−10 −40	0 −13	0 −19	0 −30	0 −46	0 −74	0 −120	0 −190	0 −300
65	80																
80	100	−36 −51	−36 −58	−36 −71	−36 −90	−36 −123	−12 −27	−12 −34	−12 −47	0 −15	0 −22	0 −35	0 −54	0 −87	0 −140	0 −220	0 −350
100	120																
120	140	−43 −61	−43 −68	−43 −83	−43 −106	−43 −143	−14 −32	−14 −39	−14 −54	0 −18	0 −25	0 −40	0 −63	0 −100	0 −160	0 −250	0 −400
140	160																
160	180																
180	200	−50 −70	−50 −79	−50 −96	−50 −122	−50 −165	−15 −35	−15 −44	−15 −61	0 −20	0 −29	0 −46	0 −72	0 −115	0 −185	0 −290	0 −460
200	225																
225	250																
250	280	−56 −79	−56 −88	−56 −108	−56 −137	−56 −186	−17 −40	−17 −49	−17 −69	0 −23	0 −32	0 −52	0 −81	0 −130	0 −210	0 −320	0 −520
280	315																
315	355	−62 −87	−62 −98	−62 −119	−62 −151	−62 −202	−18 −43	−18 −54	−18 −75	0 −25	0 −36	0 −57	0 −89	0 −140	0 −230	0 −360	0 −570
355	400																

（续）

基本尺寸/mm		常用公差带/μm														
		js			k			m			n			p		
大于	至	5	6	7	5	6	7	5	6	7	5	6	7	5	6	7
—	3	±2	±3	±5	+4 0	+6 0	+10 0	+6 +2	+8 +2	+12 +2	+8 +4	+10 +4	+14 +4	+10 +6	+12 +6	+16 +6
3	6	±2.5	±4	±6	+6 +1	+9 +1	+13 +1	+9 +4	+12 +4	+16 +4	+13 +8	+16 +8	+20 +8	+17 +12	+20 +12	+24 +12
6	10	±3	±4.5	±7	+7 +1	+10 +1	+16 +1	+12 +6	+15 +6	+21 +6	+16 +10	+19 +10	+25 +10	+21 +15	+24 +15	+30 +15
10 14	14 18	±4	±5.5	±9	+9 +1	+12 +1	+19 +1	+15 +7	+18 +7	+25 +7	+20 +12	+23 +12	+30 +12	+26 +18	+29 +18	+38 +18
18 24	24 30	±4.5	±6.5	±10	+11 +2	+15 +2	+23 +2	+17 +8	+21 +8	+29 +8	+24 +15	+28 +15	+36 +15	+31 +22	+35 +22	+43 +22
30 40	40 50	±5.5	±8	±12	+13 +2	+18 +2	+27 +2	+20 +9	+25 +9	+34 +9	+28 +17	+33 +17	+42 +17	+37 +26	+42 +26	+51 +26
50 65	65 80	±6.5	±9.5	±15	+15 +2	+21 +2	+32 +2	+24 +11	+30 +11	+41 +11	+33 +20	+39 +20	+50 +20	+45 +32	+51 +32	+62 +32
80 100	100 120	±7.5	±11	±17	+18 +3	+25 +3	+38 +3	+28 +13	+35 +13	+48 +13	+38 +23	+45 +23	+58 +23	+52 +37	+59 +37	+72 +37
120 140 160	140 160 180	±9	±12.5	±20	+21 +3	+28 +3	+43 +3	+33 +15	+40 +15	+55 +15	+45 +27	+52 +27	+67 +27	+61 +43	+68 +43	+83 +43
180 200 225	200 225 250	±10	±14.5	±23	+24 +4	+33 +4	+50 +4	+37 +17	+46 +17	+63 +17	+51 +31	+60 +31	+77 +31	+70 +50	+79 +50	+96 +50
250 280	280 315	±11.5	±16	±26	+27 +4	+36 +4	+56 +4	+43 +20	+52 +20	+72 +20	+57 +34	+66 +34	+86 +34	+79 +56	+88 +56	+108 +56
315 355	355 400	±12.5	±18	±28	+29 +4	+40 +4	+61 +4	+46 +21	+57 +21	+78 +21	+62 +37	+73 +37	+94 +37	+87 +62	+98 +62	+119 +62

（续）

基本尺寸/mm		常用公差带/μm														
		r			s			t			u		v	x	y	z
大于	至	5	6	7	5	6	7	5	6	7	6	7	6	6	6	6
—	3	+14 +10	+16 +10	+20 +10	+18 +14	+20 +14	+24 +14	—	—	—	+24 +18	+28 +18	—	+26 +20	—	+32 +26
3	6	+20 +15	+23 +15	+27 +15	+24 +19	+27 +19	+31 +19	—	—	—	+31 +23	+35 +23	—	+36 +28	—	+43 +35
6	10	+25 +19	+28 +19	+34 +19	+29 +23	+32 +23	+38 +23	—	—	—	+37 +28	+43 +28	—	+43 +34	—	+51 +42
10	14	+31 +23	+34 +23	+41 +23	+36 +28	+39 +28	+46 +28	—	—	—	+44 +33	+51 +33	—	+51 +40	—	+61 +50
14	18							—	—	—			+50 +39	+56 +45	—	+71 +60
18	24	+37 +28	+41 +28	+49 +28	+44 +35	+48 +35	+56 +35	—	—	—	+54 +41	+62 +41	+60 +47	+67 +54	+76 +63	+86 +73
24	30							+50 +41	+54 +41	+62 +41	+61 +48	+69 +48	+68 +55	+77 +64	+88 +75	+101 +88
30	40	+45 +34	+50 +34	+59 +34	+54 +43	+59 +43	+68 +43	+59 +48	+64 +48	+73 +48	+76 +60	+85 +60	+84 +68	+96 +80	+110 +94	+128 +112
40	50							+65 +54	+70 +54	+79 +54	+86 +70	+95 +70	+97 +81	+113 +97	+130 +114	+152 +136
50	65	+54 +41	+60 +41	+71 +41	+66 +53	+72 +53	+83 +53	+79 +66	+85 +66	+96 +66	+106 +87	+117 +87	+121 +102	+141 +122	+163 +144	+191 +172
65	80	+56 +80	+62 +43	+73 +43	+72 +59	+78 +59	+89 +59	+88 +75	+94 +75	+105 +75	+121 +102	+132 +102	+139 +120	+165 +146	+193 +174	+229 +210
80	100	+66 +51	+73 +51	+86 +51	+86 +71	+93 +71	+106 +71	+106 +91	+113 +91	+126 +91	+146 +124	+159 +124	+168 +146	+200 +178	+236 +214	+280 +258
100	120	+69 +54	+76 +54	+89 +54	+94 +79	+101 +79	+114 +79	+110 +104	+126 +104	+136 +104	+166 +144	+179 +144	+194 +172	+232 +210	+276 +254	+332 +310
120	140	+81 +63	+88 +63	+103 +63	+110 +92	+117 +92	+132 +92	+140 +122	+147 +122	+162 +122	+195 +170	+210 +170	+227 +202	+273 +248	+325 +300	+390 +365
140	160	+83 +65	+90 +65	+150 +65	+118 +100	+125 +100	+140 +100	+152 +134	+159 +134	+174 +134	+215 +190	+230 +190	+253 +228	+305 +280	+365 +340	+440 +415
160	180	+86 +68	+93 +68	+108 +68	+126 +108	+133 +108	+148 +108	+164 +146	+171 +146	+186 +146	+235 +210	+250 +210	+227 +252	+335 +310	+405 +380	+490 +465
180	200	+97 +77	+106 +77	+123 +77	+142 +122	+151 +122	+168 +122	+185 +166	+195 +166	+212 +166	+265 +236	+282 +236	+313 +284	+379 +350	+454 +425	+549 +520
200	225	+100 +80	+109 +80	+126 +80	+150 +130	+159 +130	+176 +130	+200 +180	+209 +180	+226 +180	+287 +258	+304 +258	+339 +310	+414 +385	+499 +470	+604 +575
225	250	+104 +84	+113 +84	+130 +84	+160 +140	+169 +140	+186 +140	+216 +196	+225 +196	+242 +196	+313 +284	+330 +284	+369 +340	+454 +425	+549 +520	+669 +640
250	280	+117 +94	+126 +94	+146 +94	+181 +158	+290 +158	+210 +158	+241 +218	+250 +218	+270 +218	+347 +315	+367 +315	+417 +385	+507 +475	+612 +580	+742 +710
280	315	+121 +98	+130 +98	+150 +98	+193 +170	+202 +170	+222 +170	+263 +240	+272 +240	+292 +240	+382 +350	+402 +350	+457 +425	+557 +525	+682 +650	+822 +790
315	355	+133 +108	+144 +108	+165 +108	+215 +190	+226 +190	+247 +190	+293 +268	+304 +268	+325 +268	+426 +390	+447 +290	+511 +475	+626 +590	+766 +730	+936 +900
355	400	+139 +114	+150 +114	+171 +114	+233 +208	+244 +208	+265 +208	+319 +294	+330 +294	+351 +294	+471 +435	+492 +435	+566 +530	+696 +660	+856 +820	+1036 +1000

注：基本尺寸小于1mm时，各级的a和b均不采用。

附表 D-2 孔的极限偏差（摘自 GB/T 1800.4—1999）

基本尺寸/mm		常用公差带/μm													
		A	B		C	D				E		F			
大于	至	11	11	12	11	8	9	10	11	8	9	6	7	8	9
—	3	+330 +270	+200 +140	+240 +140	+120 +60	+34 +20	+45 +20	+60 +20	+80 +20	+28 +14	+39 +14	+12 +6	+16 +6	+20 +6	+31 +6
3	6	+345 +270	+215 +140	+260 +140	+145 +70	+48 +30	+60 +30	+78 +30	+105 +30	+38 +20	+50 +20	+18 +10	+22 +10	+28 +10	+40 +10
6	10	+370 +280	+240 +150	+300 +150	+170 +80	+62 +40	+76 +40	+98 +40	+170 +40	+47 +25	+61 +25	+22 +13	+28 +13	+35 +13	+49 +13
10 14	14 18	+400 +290	+260 +150	+330 +150	+205 +95	+77 +50	+93 +50	+120 +50	+160 +50	+59 +32	+75 +32	+27 +16	+34 +16	+43 +16	+59 +16
18 24	24 30	+430 +300	+290 +160	+370 +160	+240 +110	+98 +65	+117 +65	+149 +65	+195 +65	+73 +40	+92 +40	+33 +20	+41 +20	+53 +20	+72 +20
30	40	+470 +310	+330 +170	+420 +170	+280 +120	+119 +80	+142 +80	+180 +80	+240 +80	+89 +50	+112 +50	+41 +25	+50 +25	+64 +25	+87 +25
40	50	+480 +320	+340 +180	+430 +180	+290 +130										
50	65	+530 +340	+389 +190	+490 +190	+330 +140	+146 +100	+170 +100	+220 +100	+290 +100	+106 +60	+134 +80	+49 +30	+60 +30	+76 +30	+104 +30
65	80	+550 +360	+330 +200	+500 +200	+340 +150										
80	100	+600 +380	+440 +220	+570 +220	+390 +170	+174 +120	+207 +120	+260 +120	+340 +120	+126 +72	+159 +72	+58 +36	+71 +36	+90 +36	+123 +36
100	120	+630 +410	+460 +240	+590 +240	+400 +180										
120	140	+710 +460	+510 +260	+660 +260	+450 +200	+208 +145	+245 +145	+305 +145	+395 +145	+148 +85	+185 +85	+68 +43	+83 +43	+106 +43	+143 +43
140	160	+770 +520	+530 +280	+680 +280	+460 +210										
160	180	+830 +580	+560 +310	+710 +310	+480 +230										
180	200	+950 +660	+630 +340	+800 +340	+530 +240	+240 +170	+285 +170	+355 +170	+460 +170	+172 +100	+215 +100	+79 +50	+96 +50	+122 +50	+165 +50
200	225	+1030 +740	+670 +380	+840 +380	+550 +260										
225	250	+1110 +820	+710 +420	+880 +420	+570 +280										
250	280	+1240 +920	+800 +480	+1000 +480	+620 +300	+271 +190	+320 190	+400 +190	+510 +190	+191 +110	+240 +110	+88 +56	+108 +56	+137 +56	+186 +56
280	315	+1370 +1050	+860 +540	+1060 +540	+650 +330										
315	355	+1560 +1200	+960 +600	+1170 +600	+720 +360	+299 +210	+350 +210	+440 +210	+570 +210	+214 +125	+265 +125	+98 +62	+119 +62	+151 +62	+202 +62
355	400	+1710 +1350	+1040 +680	+1250 +680	+760 +400										

（续）

基本尺寸/mm		常用公差带/μm														
		G		H							JS			K		
大于	至	6	7	6	7	8	9	10	11	12	6	7	8	6	7	8
—	3	+8 +2	+12 +2	+6 0	+10 0	+14 0	+25 0	+40 0	+60 0	+100 0	±3	±5	±7	0 -6	0 -10	0 -11
3	6	+12 +4	+16 +4	+8 0	+12 0	+18 0	+30 0	+48 0	+75 0	+120 0	±4	±6	±9	+2 -6	+3 -9	+5 -13
6	10	+14 +5	+20 +5	+9 0	+15 0	+22 0	+36 0	+58 0	+90 0	+150 0	±4.5	±7	±11	+2 -7	+5 -10	+6 -16
10	14	+17 +6	+24 +6	+11 0	+18 0	+27 0	+43 0	+70 0	+110 0	+180 0	±5.5	±9	±13	+2 -9	+6 -12	+8 -19
14	18															
18	24	+20 +7	+28 +7	+13 0	+21 0	+33 0	+52 0	+84 0	+130 0	+210 0	±6.5	±10	±16	+2 -11	+6 -15	+10 -22
24	30															
30	40	+25 +9	+34 +9	+16 0	+25 0	+39 0	+62 0	+100 0	+160 0	+250 0	±8	±12	±19	+3 -13	+7 -18	+12 -27
40	50															
50	65	+29 +10	+40 +10	+19 0	+30 0	+46 0	+74 0	+120 0	+190 0	+300 0	±9.5	±15	±23	+4 -15	+9 -21	+14 -32
65	80															
80	100	+34 +12	+47 +12	+22 0	+35 0	+54 0	+87 0	+140 0	+220 0	+350 0	±11	±17	±27	+4 -18	+10 -25	+16 -33
100	120															
120	140	+39 +14	+54 +14	+25 0	+40 0	+63 0	+100 0	+160 0	+250 0	+400 0	±12.5	±20	±31	+4 -21	+12 -28	+20 -43
140	160															
160	180															
180	200	+44 +15	+61 +15	+29 0	+46 0	+72 0	+115 0	+185 0	+290 0	+460 0	±14.5	±23	±36	+5 -24	+13 -33	+22 -50
200	225															
225	250															
250	280	+49 +17	+69 +17	+32 0	+52 0	+81 0	+130 0	+210 0	+320 0	+520 0	±16	±26	±40	+5 -27	+16 -36	+25 -56
280	315															
315	355	+54 +18	+75 +18	+36 0	+57 0	+89 0	+140 0	+230 0	+360 0	+570 0	±18	±28	±44	+7 -29	+17 -40	+28 -61
355	400															

（续）

基本尺寸/mm		常用公差带/μm														
		M			N			P		R		S		T		U
大于	至	6	7	8	6	7	8	6	7	6	7	6	7	6	7	7
—	3	-2 -8	-2 -12	-2 -16	-4 -10	-4 -14	-4 -18	-6 -12	-6 -16	-10 -16	-10 -20	-14 -20	-14 -24	—	—	-18 -28
3	6	-1 -9	0 -12	+2 -16	-5 -13	-4 -16	-2 -20	-9 -17	-8 -20	-12 -20	-11 -23	-16 -24	-15 -27	—	—	-19 -31
6	10	-3 -12	0 -15	+1 -21	-7 -16	-4 -19	-3 -25	-12 -21	-9 -24	-16 -25	-13 -28	-20 -29	-17 -32	—	—	-22 -37
10	14	-4 -15	0 -18	+2 -25	-9 -20	-5 -23	-3 -20	-15 -26	-11 -29	-20 -31	-16 -34	-25 -36	-21 -39	—	—	-26 -44
14	18															
18	24	-4 -17	0 -21	+4 -29	-11 -24	-7 -28	-3 -36	-18 -31	-14 -35	-24 -37	-20 -41	-31 -44	-27 -48	—	—	-33 -54
24	30													-37 -50	-33 -54	-40 -61
30	40	-4 -20	0 -25	+5 -34	-12 -28	-8 -33	-3 -42	-21 -37	-17 -42	-29 -45	-25 -50	-38 -54	-34 -59	-43 -59	-39 -64	-51 -76
40	50													-49 -65	-45 -70	-61 -76
50	65	-5 -24	0 -30	+5 -41	-14 -33	-9 -39	-4 -50	-26 -45	-21 -51	-35 -54	-30 -60	-47 -66	-42 -72	-60 -79	-55 -85	-86 -106
65	80									-37 -56	-32 -62	-53 -72	-48 -78	-69 -88	-64 -94	-91 -121
80	100	-6 -28	0 -35	+6 -43	-16 -38	-10 -45	-4 -58	-30 -52	-24 -59	-44 -66	-38 -73	-64 -86	-58 -93	-84 -106	-78 -113	-111 -146
100	120									-47 -69	-41 -76	-72 -94	-66 -101	-97 -119	-91 -126	-131 -166
120	140	-8 -33	0 -40	+8 -55	-20 -45	-12 -52	-4 -67	-36 -61	-28 -68	-56 -81	-48 -88	-85 -110	-77 -117	-115 -140	-107 -147	-155 -195
140	160									-58 -83	-50 -90	-93 -118	-85 -125	-137 -152	-110 -159	-175 -215
160	180									-61 -86	-53 -93	-101 -126	-93 -133	-139 -164	-131 -171	-195 -235
180	200	-8 -37	0 -46	+9 -63	-22 -51	-14 -60	-5 -77	-41 -70	-33 -79	-68 -97	-60 -106	-113 -142	-101 -155	-157 -186	-149 -195	-219 -265
200	225									-71 -100	-63 -109	-121 -150	-113 -159	-171 -200	-163 -209	-241 -287
225	250									-75 -104	-67 -113	-131 -160	-123 -169	-187 -216	-179 -225	-317 -263
250	280	-9 -41	0 -52	+9 -72	-25 -57	-14 -66	-5 -86	-47 -79	-36 -88	-85 -117	-74 -126	-149 -181	-138 -190	-209 -241	-198 -250	-295 -347
280	315									-89 -121	-78 -130	-161 -193	-150 -202	-231 -263	-220 -272	-330 -382
315	355	-10 -46	0 -57	+11 -78	-26 -62	-16 -73	-5 -94	-51 -87	-41 -98	-97 -133	-87 -144	-179 -215	-169 -226	-257 -293	-247 -304	-369 -426
355	400									-103 -139	-93 -150	-197 -233	-187 -244	-283 -319	-273 -330	-414 -471

注：基本尺寸小于1mm时，各级的A和B均不采用。

附录 E　常用材料及热处理名词解释

附表 E-1　常用铸铁牌号（摘自 GB/T 5612—2008）

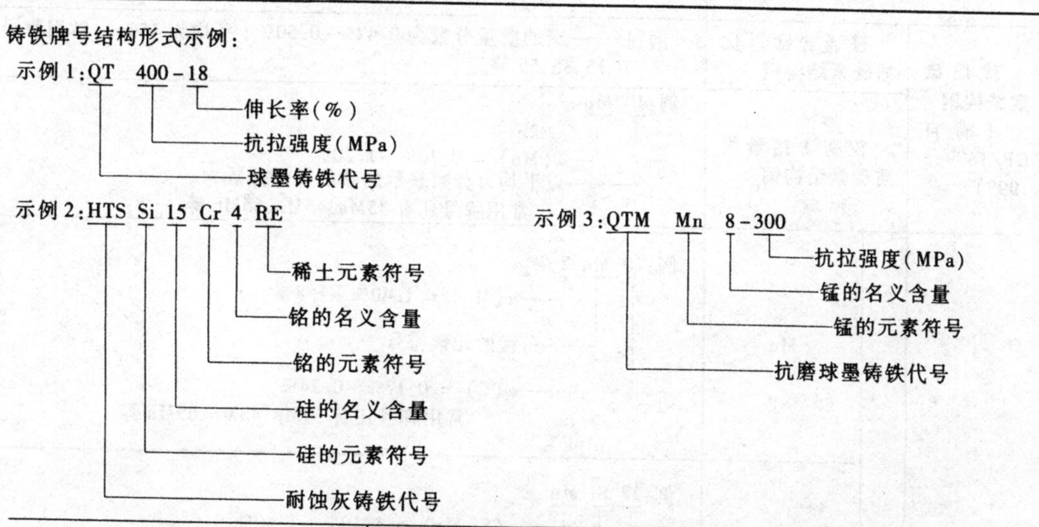

铸铁名称	代号	牌号表示方法实例
灰铸铁	HT	
灰铸铁	HT	HT250,HTCr-300
奥氏体灰铸铁	HTA	HTANi20Cr2
冷硬灰铸铁	HTL	HTLCr1Ni1Mo
耐磨灰铸铁	HTM	HTMCu1CrMo
耐热灰铸铁	HTR	HTRCr
耐蚀灰铸铁	HTS	HTSNi2Cr
球墨铸铁	QT	
球墨铸铁	QT	QT400-18
奥氏体球墨铸铁	QTA	QTANi30Cr3
冷硬球墨铸铁	QTL	QTLCrMo
抗磨球墨铸铁	QTM	QTMMn8-30
耐热球墨铸铁	QTR	QTRSi5
耐蚀球墨铸铁	QTS	QTSNi20Cr2
蠕墨铸铁	RuT	RuT420
可锻铸铁	KT	
白心可锻铸铁	KTB	KTB350-04
黑心可锻铸铁	KTH	KTH350-10
珠光体可锻铸铁	KTZ	KTZ650-02
白口铸铁	BT	
抗磨白口铸铁	BTM	BTMCr15Mo
耐热白口铸铁	BTR	BTRCr16
耐蚀白口铸铁	BTS	BTSCr28

附表 E-2 常用钢材牌号表示方法

名称			说明
碳素结构钢（摘自 GB/T 700—2006）			举例：Q235AF 解释：Q——钢材屈服点字母 235——屈服点值，MPa（有 195、215、235、275 四种） A——质量等级符号（分 A、B、C、D 四级） F——脱氧方法（F 为沸腾钢，Z 为镇静钢，TZ 为特殊镇静钢）
优质碳素结构钢（摘自 GB/T699—1999）	普通含锰量优质碳素结构钢		例：45——碳的质量分数为 0.42%~0.50%（平均为 45%），常用牌号还有 15,35,55 等
	较高含锰量优质碳素结构钢		例：40 Mn Mn——w(Mn) = 0.70% ~1.20% 40——以平均万分数表示的碳的质量分数 常用牌号还有 35Mn、45Mn、65Mn 等
合金结构钢（摘自 GB/T 3077—1999）	钢组	Mn	例：20 Mn 2 2——w(Mn) = 1.40% ~1.8% Mn——锰的元素符号 20——w(C) = 0.17% ~0.24% 常用牌号还有 30Mn、45Mn、65Mn 等
		SiMn	例：27 Si Mn Mn——w(Si,Mn) = 1.10% ~1.40% Si——硅的元素符号 27——w(C) = 0.24% ~0.32%
		Cr	例：15 Cr Cr——w(Cr) = 0.70% ~1.00% 15——w(C) = 0.12% ~0.18% 常用牌号还有 20Cr、40Cr 等
		CrMnTi	例：20 Cr Mn Ti Ti——w(Ti) = 0.04% ~0.10% Mn——w(Mn) = 0.80% ~1.10% Cr——w(Cr) = 0.17% ~0.37% 20——w(C) = 0.17% ~0.23%
		CrMnMo	例：20 Cr Mn Mo Mo——w(Mo) = 0.04% ~0.10% Mn——w(Mn) = 0.80% ~1.10% Cr——w(Cr) = 0.17% ~0.37% 20——w(C) = 0.17% ~0.23%

续表

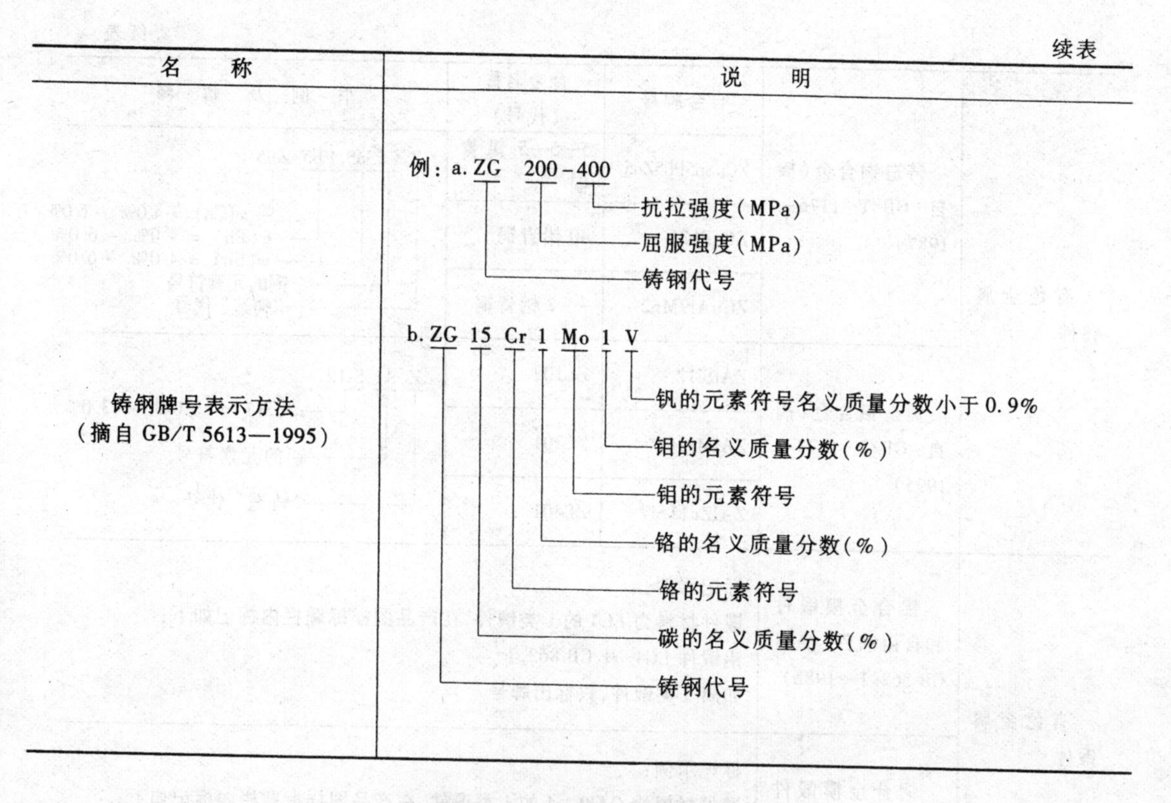

名　称	说　明
铸钢牌号表示方法 （摘自 GB/T 5613—1995）	例：a. ZG 200-400 抗拉强度（MPa） 屈服强度（MPa） 铸钢代号 b. ZG 15 Cr 1 Mo 1 V 钒的元素符号名义质量分数小于 0.9% 钼的名义质量分数（%） 钼的元素符号 铬的名义质量分数（%） 铬的元素符号 碳的名义质量分数（%） 铸钢代号

附表 E-3　常用有色金属材料

	产品名称	组　号	金属或合金牌号举例	
			汉字牌号	代　号
有色金属及合金产品牌号表示方法	铝及铝合金（GB/T 3190—2008）	工业纯铝	四号工业纯铝	1035
		硬铝	十二号硬铝	7003
		超硬铝	4 号超硬铝	7A04
	纯铜（GB/T 5231—2001）	纯铜	二号铜	T2
	黄铜（GB/T 5231—2001）	普通黄铜	68 黄铜	H68
		铅黄铜	59—1 铅黄铜	HPb59—1
	青铜（GB/T 5231—2001）	锡青铜	6.5—0.1 锡青铜	QSn6.5—0.1
		铝青铜	10—3—1.5 铝青铜	QAl10—3—1.5
		硅青铜	3—1 硅青铜	QSi3—1
	轴承合金（GB/T 5231—2001）	锡基轴承合金	8—3 锡锑轴承合金	ChSnSb8—3
		铅基轴承合金	0.25 铅锑轴承合金	ChPbSb2.5

续表

		合金牌号	合金名称（代号）	举例及解释
有色金属铸件	铸造铜合金（摘自 GB/T 1176—1987）	ZCuSn5Pb5Zn5	5—5—5 锡青铜	Z CuSn5 Pb5 Zn5 w(Zn) = 4.0% ~ 6.0% w(Pb) = 4.0% ~ 6.0% w(Sn) = 4.0% ~ 6.0% 铜的元素符号 “铸造”代号
		ZCuPb30	30 铅青铜	
		ZCuAl9Mn2	9—2 铝青铜	
	铸造铝合金（摘自 GB/T 1173—1995）	ZAlSi12	ZL102	Z Al Si12 w(Si) = 10.0% ~ 13.0% 铝的元素符号 “铸造”代号
		ZAlMg10	ZL301	
		ZAlZn11Si7	ZL401	
有色金属锻件	铝合金模锻件和自由锻件（摘自 CB 862.1—1988）	标记示例： 锻件材料为 LC4 的 1 类锻件，在产品图样标题栏内标记如下： 铝锻件 LC4—1 CB 862.1 如属 3 类锻件，只标出牌号		
	铜合金模锻件和自由锻件（摘自 CB 862.2—1988）	标记示例： 锻件材料为 QAl9—4 的 1 类锻件，在产品图样标题栏内标记如下： 青铜锻 QAl9—4—1 CB 862.2 如属 3 类锻件，只标出牌号		

附表 E-4　热处理名词解释（摘自 GB/T 7232—2012）

名　词	解　　释
热处理	将固态金属或合金采用适当的方式进行加热、保温和冷却以获得所需要的组织结构与性能的工艺
退　火	将金属或合金加热到适当温度，保持一定时间，然后缓慢冷却的热处理工艺
正　火	将钢材或钢件加热到 Ac_3（或 Ac_{cm}）以上 30～50 °C，保温适当的时间后，在静止的空气中冷却的热处理工艺
淬　火	将钢件加热到 Ac_3 或 Ac_1 以上某一温度，保持一定时间，然后以适当速度冷却获得马氏体或贝氏体组织的热处理工艺
调　质	钢件淬火及高温回火的复合热处理工艺
表面淬火	仅对工艺表层进行淬火的工艺，一般包括感应淬火、火焰淬火等
深冷处理	钢件淬火冷却到室温后，继续在 0 °C 以下的介质中冷却的热处理工艺
回　火	钢件淬硬后，再加热到 Ac_1 点以下的某一温度，保持一定时间，然后冷却到室温的热处理工艺
渗　碳	为了增加钢件表面的含碳量和一定的碳浓度样度，将钢件在渗碳介质中加热并保温使碳原子渗入表层的化学热处理工艺
渗氮（氮化）	在一定温度下使活性氮原子渗人工件表面的化学热处理工艺
时效处理	合金工件经固溶热处理后在室温或稍高于室温保温，以达到沉淀硬化目的（包括人工时效处理和自然时效处理）

参考文献

[1] 仝基斌、晏群主编. 机械制图[M]. 北京：机械工业出版社，2011.
[2] 郭克希、王建国. 机械制图[M]. 北京：机械工业出版社，2010.
[3] 王兰美、冯秋官. 机械制图[M]. 北京：高等教育出版社，2010.
[4] 张绍群、孙晓娟主编. 机械制图[M]. 北京：北京大学出版社，2007.
[5] 何铭新、钱可强、徐祖茂主编. 机械制图[M]. 北京：高等教育出版社，2010.
[6] 俞巧云、胡红专编著. 机械制图[M]. 合肥：中国科学技术大学出版社，2007.
[7] 陆润民、许纪旻编著. 机械制图[M]. 北京：清华大学出版社，2006.
[8] 杨老记、马英主编. 机械制图[M]. 北京：机械工业出版社，2006.
[9] 张萌克主编. 机械制图[M]. 北京：机械工业出版社，2010.
[10] 中华人民共和国国家标准　机械制图[S]. 北京：中国标准出版社，2004.
[11] 中华人民共和国国家标准　技术制图[S]. 北京：中国标准出版社，1999.
[12] 中华人民共和国国家标准《机械制图》汇编[M]. 北京：中国标准出版社，2004.
[13] 中华人民共和国国家标准《技术制图》汇编[M]. 北京：中国标准出版社，2004.
[14] 中华人民共和国国家标准　产品几何技术规范（GPS）技术产品文件中表面结构的表示方法[S]. 北京：中国标准出版社，2007.
[15] 中华人民共和国国家标准　产品几何技术规范（GPS）几何公差、形状、方向、位置和跳动公差标注[S]. 北京：中国标准出版社，2008.
[16] 机械设计手册编委会. 机械设计手册[M]. 北京：机械工业出版社，2004.
[17] 徐灏主编. 机械设计手册[M]. 第 2 版. 北京：机械工业出版社，2000.
[18] 张鄂主编. 现代设计方法[M]. 北京：高等教育出版社，2013.
[19] 张鄂主编. 现代设计方法[M]. 西安：西安交通大学出版社，1999.
[20] 张鄂主编. 现代设计理论与方法. 北京：科学出版社，2007.